Günter D. Roth

Sterne und Planeten
erkennen und beobachten

Das *PRAXISBUCH*
mit übersichtlichen Himmelskarten,
aktuellen Beobachtungsdaten und
neuen Ergebnissen der Weltraumforschung

Photo Seite 1:
Las Campanas, das Bergobservatorium des Carnegie-Instituts in den chilenischen Anden auf 2280 m Höhe, ein idealer Standort zur Erforschung des Südhimmels.

Photo Seite 2/3:
Blick in die Milchstraße in Richtung Sternbild Schütze (Sagittarius). Bereits im Fernglas und kleinen Teleskop sehen wir prachtvolle Sternwolken und Gasnebel.

Photo rechts:
Der Helix-Nebel, ein planetarischer Nebel im Sternbild Wassermann (Aquarius). Planetarische Nebel zeigen einen bestimmten Zustand in der Sternentwicklung an. Über 50 000 dieser Nebel soll es in unserer Milchstraße geben.

Photo Seite 6/7:
Leuchtende Gaswolken am Sonnenrand, die Protuberanzen, erheben sich 50 000 und mehr Kilometer über die Photosphäre.

Vorwort

Das Interesse an der Astronomie wird angetrieben von dem Wunsch, mehr über die außerirdischen Welten zu erfahren und zugleich das menschliche Dasein besser zu verstehen. Der Sternenhimmel vermittelt die Botschaft von unserer Vorgeschichte. Das Licht der Sterne war bis zu uns Millionen und Milliarden Jahre unterwegs. Mit unserer Beobachtung machen wir einen kosmischen Rückblick. Wir nähern uns damit dem Anfang des Universums.

Wir machen astronomische Erfahrungen mit einfachen Beobachtungen mit bloßen Augen oder mit Hilfe eines kleinen Fernrohrs. Anregungen dazu und Hilfe bei der Orientierung am Himmel gibt dieses Buch. Gegenüber den bisherigen Auflagen wurde das Format deutlich vergrößert.

Auf jeweils einer Doppelseite findet der Benutzer einen Himmelsausschnitt und zwei besonders ausgewählte Einzelobjekte für Feldstecher und Fernrohre. Auf 27 Himmelsausschnitten wird der gesamte mit freiem Auge sichtbare Sternenhimmel der nördlichen und südlichen Erdhemisphäre abgebildet.

Durch genaue Angaben kann jeder die Sternenwelt bis zur 5. Größenklasse erkennen, die verschiedenen Objekte am Himmel auffinden und die vielfältigen Erscheinungen mit freiem Auge, dem Feldstecher und der Kamera verfolgen und festhalten. Diese Beobachtungen reichen von Sonnenflecken und Mondkratern bis zum pulsierenden Leben veränderlicher Sterne und den bizarren Formen kosmischer Gasnebel.

Die moderne astronomische Forschung beschränkt sich nicht auf Beobachtungen mit bloßen Augen. Heute stehen High-Tech-Instrumente mit digitalen Detektoren und Computer auf den Sternwarten. Zur Vertiefung seiner eigenen Sternerfahrung und zur Beobachtung der Fragen, die sich dem Leser dabei stellen, bietet das Buch im zweiten Teil den aktuellen Wissensstand über alle Objekte des Himmels. Dabei werden in einem eigenen Abschnitt die modernen astronomischen Meßmethoden an Beispielen vorgestellt und die Forschungsziele beschrieben. In den letzten Jahren hat neben der erdgebundenen astronomischen Beobachtung der Einsatz von Raumsonden immer stärker an Bedeutung gewonnen.

Neu in dieser Auflage sind auch die Übersicht besonderer Himmelsereignisse in den kommenden Jahren (z. B. Sonnen- und Mondfinsternisse) und ein Glossar, das wichtige Fachausdrücke erklärt.

Dieser »Himmelsführer« geht auf eine Anregung von Dr. Georg Walterspiel zurück. Kein zahlenschweres und problemvolles Astronomiebuch sollte entstehen. Vielmehr ein einprägsamer Leitfaden, um selbst Ausschau zu halten nach den Sternen und in der kosmischen Landschaft. Dazu bedarf es neben des erläuternden Textes der anschaulichen Abbildungen. Die Graphikerin Barbara von Damnitz und der international bekannte und anerkannte Astrophotograph Dr. Hans Vehrenberg haben viel Anteil an der Form, die dieses Buch bekommen hat. Ich danke beiden und den anderen Bildautoren für ihre ideenreiche Mitarbeit.

Für die neue Auflage habe ich von verschiedenen Seiten Informationen und Bildvorlagen bekommen. Auch an dieser Stelle bedanke ich mich für diese Unterstützung. Besonders nennen darf ich M. Rosa und R. M. West (Europäische Südsternwarte, Garching), L. D. Schmadel (Astronomisches Recheninstitut, Heidelberg), H. J. Staude (Redaktion Sterne und Weltraum, Heidelberg), J. Trümper (Max-Planck-Institut für Extraterrestrische Physik, Garching) sowie K. Löchel, Jena (Finsternisse) und J. Meeus, Erps-Kwerps (Ephemeriden).

Günter D. Roth

Inhalt

Das Urerlebnis Sternenhimmel

Jeder Mensch hat früher oder später sein Erlebnis mit den geheimnisvoll glitzernden Sternen am nächtlichen Himmel. Wenn keine Straßenbeleuchtung blendet oder Stadtdunst die Sterne verdunkelt – draußen auf dem Land, im Urlaub, auf den Bergen oder am Meer – gibt es sie noch, die wirklich dunklen Nächte und den sternübersäten Himmel. Dann werden Gedanken wach über das menschliche Sein und das Weltall. Es keimt der Wunsch, mehr über das Universum zu erfahren und die außerirdischen Landschaften, die sich vielfältig präsentieren. Bereits am Tag erinnert die Sonne an das Außerirdische. Und das weiße Licht des Vollmonds kann kein Flutlicht der Großstadt ganz verdrängen. Das Interesse ist geweckt, der Weg für erste Beobachtungen geebnet.

Schon die Menschen, die vor Jahrtausenden als Jäger und Sammler auf der Erde unterwegs waren, verfolgten das Geschehen am Himmel und versuchten, aus Gesetzmäßigkeiten Nutzen für den Alltag zu ziehen: Der ewige Wechsel von Tag und Nacht. Der tägliche Aufgang und Untergang der Sonne. Ihr unterschiedlich hoher Stand am Himmel im Verlauf eines Jahres. Schließlich die Erscheinungen des zunehmenden und abnehmenden Mondes. Diese Abläufe am Himmel bewirkten zweierlei: Sie erschienen den Menschen einmal als Zeichen einer großen Weltordnung, zum anderen waren sie Zeitmarken für die Menschen: der Tag, der Monat, das Jahr.

Je seßhafter die Menschen wurden, ihre Staatsformen strukturierter und ihre Handelsbeziehungen vernetzter, desto wichtiger wurde ein geordnetes Kalender- und Zeitwesen. In späteren Jahrhunderten setzte die Entdeckung der Welt mit dem Schiff navigatorische Kenntnisse voraus. Auch dabei war die Präzision der Gestirne unentbehrlich.

Warum ist es in der Nacht dunkel?

Wir erleben den Sternenhimmel mit bloßen Augen, ohne optische Hilfsmittel. Der sternübersäte nächtliche Himmel spricht nicht nur das Gemüt an, er führt auch zu einem bemerkenswerten Naturphänomen: Warum ist es in der Nacht dunkel? Antwort auf diese Frage haben in der Neuzeit immer wieder Astronomen gesucht. Was sie dabei bewegt hat, war die Überlegung, daß diese einfache Beobachtung verknüpft zu sein scheint mit dem Aufbau des Weltalls. Einer der ersten, der die Frage stellte, war Johannes Kepler im Jahre 1610. Nach ihm der Kometenentdecker Edmond Halley 1720 und rund 100 Jahre später, 1826, Wilhelm Olbers.

Olbers brachte es in seinem Paradox (»Widerspruch«) auf einen Punkt: Wenn das Universum gleichmäßig mit Sternen ausgefüllt und räumlich und zeitlich unendlich wäre, dann müßte der Nachthimmel bei fehlender Absorbtion (z.B. verursacht durch kosmische Gase und Stäube) hell strahlen. Es müßte eine Helligkeit sein, die ungefähr der mittleren Oberflächenhelligkeit der Sterne gleichkommen würde. Und das würde der Helligkeit unserer Sonne entsprechen.

Das Gegenteil sehen wir. Noch im 19. Jahrhundert machte der berühmte Schriftsteller Edgar Allen Poe einen Erklärungsversuch, der der Lösung nahe war. Im Weltraum beobachtet man Sterne nur bis zu einer bestimmten Distanz. Danach schauen wir ins Dunkle, in dem noch keine Sterne existieren. Also ist es in der Nacht dunkel. Dabei ging Edgar Allen Poe von der Annahme aus, daß es Sterne erst von einem bestimmten Zeitpunkt an gibt. Die Astrophysiker des 20. Jahrhunderts stellten diese Annahme auf festen Boden. Das Weltall, das wir gegenwärtig beobachten, hat ein endliches Alter und dehnt sich aus. Und das erklärt, warum die Nacht dunkel ist.

Die Entstehung der Sternbilder

Der erste Versuch einer Orientierung am nächtlichen Sternenhimmel mißglückt nicht selten. Zu verwirrend ist die Vielzahl der hellen und weniger hellen Sterne, die der Beobachter bereits mit bloßen Augen wahrnimmt. Je länger man in die Dunkelheit starrt, so daß sich die Augen anpassen und empfindlicher für schwächere Lichteindrücke werden, um so schwieriger erscheint dem Ungeübten die Zuordnung von Sternen zu fest umrissenen Sternbildern.

Und doch sind Sternbilder von dem Zeitpunkt an, seit Menschen sich mit dem ge-

Anblick des eindrucksvollen Sternbilds Orion mit dem berühmten Nebel. Jahr für Jahr ein faszinierendes Erlebnis für jeden Sternfreund – auch ohne Teleskop. Einzigartig die unverkennbare Sternlinie aus 3 Sternen der 2. Größenklasse nahe dem Himmelsäquator, die den Gürtel des Orion markiert und auch Jakobsstab heißt.

Das Sternbild Wassermann aus dem Atlas
»Vorstellung der Gestirne« von dem Berliner Astronomen Johann Elert Bode, erschienen 1782.
Auf 30 Karten wird der ganze Himmel einschließlich der südlichen Hemisphäre dargestellt.
Auch ein Verzeichnis von mehr als 5000 Fixsternen
mit Angabe der Koordinaten und Helligkeiten
gehört dazu.

stirnten Himmel beschäftigen, eine feste Einrichtung. Sicher dienten sie von Anfang an der Orientierung. Der Aufgang oder der Untergang einer bestimmten Konstellation wurde als Zeitmarke benützt, als Zeichen für den Beginn einer neuen Jahreszeit. Da gab es ganz praktische Überlegungen, astronomisches Wissen für den Alltag nützlich zu machen. Ein Beispiel: Das Erscheinen des hellen Sterns Sirius im Sternbild Großer Hund (Canis Maior) in der Morgendämmerung signalisierte den alten Ägyptern den Beginn der Nilüberschwemmungen, die für die Landwirtschaft so überaus wichtig waren und es heute noch sind. (Warum viele Sternbilder nur zu bestimmten Jahreszeiten sichtbar sind, wird im nächsten Hauptkapitel, ab S. 17, erklärt.)

Die in früheren Zeiten stark ausgeprägte Wechselbeziehung zwischen Mensch und Kosmos kommt in den religiösen Überzeugungen zum Ausdruck, die Sterne und Sternbilder Göttern zugeordnet haben. So ist z. B. die altägyptische Göttin Sopdet (griechisch »Sothis«) die Verkörperung des Sterns Sirius. In ihr sahen die alten Ägypter die Göttin der Fruchtbarkeit und der unentbehrlichen Nässe (Nilüberschwemmungen!). Mit dem Stern Sirius wurde im alten Persien der Sterngott Tishtrya in Beziehung gesetzt. Auch dieser Gott war für Feuchtigkeit und Regen zuständig.

Mit zu den ältesten Sternbildern gehören diejenigen des Tierkreises. 20 000 Jahre bereits soll das Sternbild Wassermann bekannt sein. Sein Erscheinen am Morgenhimmel kündete den Assyrern die Regenzeit an. Die 12 Sternbilder des Tierkreises sind erst nach und nach figürlich und namentlich geprägt worden. Entsprechend der Zahlenmystik der Sumerer, die Ureinwohner Assyriens, mit einer großen Bedeutung der Zahl 7, könnte der Tierkreis aus 7 Sternbildern bestanden haben. Später rückte die heilige Zahl 12 in den Mittelpunkt, ein Argument für die Erweiterung der Tierkreissternbilder auf 12. Die Tierkreissternbilder bestehen nicht aus den hellsten Sternen am Himmel. Aber man schenkt ihnen besondere Aufmerksamkeit, weil der scheinbare Jahreslauf der Sonne am Himmel, verursacht durch die Bewegung der Erde um die Sonne, durch diese Sternbilder führt. Es ist das auch die Linie der Finsternisse oder Ekliptik (vgl. S. 20). Sonnen- und Mondfinsternisse können nur stattfinden, wenn sich der Mond als Neu- oder Vollmond auf der Ekliptik befindet. Diese Beziehungen waren den Menschen bereits im Altertum bekannt, einschließlich der Bewegung der 5 hellen Planeten Merkur, Venus,

Mars, Jupiter und Saturn im Bereich der Ekliptik. Die Tierkreissternbilder hatten die wichtige Funktion von Positionsmarkierungen. Und mit ihnen war der Anfang gemacht, den Himmel in Sternbilder zu gliedern.

Als Kreisel um die Sonne

Der große Beobachter des Altertums Hipparch entdeckte im Jahre 150 v.Chr. eine interessante Positionsveränderung der Sterne für den Betrachter auf der Erde. Die Sterne wandern scheinbar parallel zur Ekliptik gegenüber dem »Widderpunkt« vorwärts. Vor rund zweitausend Jahren befand sich der Schnittpunkt von Ekliptik und Himmelsäquator (vgl. S. 20) im Tierkreisbild des Widders. Dieser Schnittpunkt wird auch Frühlingspunkt genannt, weil sich dort zur Frühlings-Tagundnachtgleiche der nördlichen Erdhemisphäre die Sonne befindet. Heute ist der Frühlingspunkt im Tierkreisbild der Fische. Er verweilt im Mittel 2150 Jahre in jedem Tierkreisbild. Das nächste wird das Sternbild Wassermann sein, und in 25 800 Jahren rückt der Frühlingspunkt wieder vom Sternbild Widder in das Sternbild Fische. Hipparch hat das Phänomen entdeckt. Aber erst der große englische Physiker Isaak Newton lieferte im 17. Jahrhundert dafür die Erklärung. Auf ihrer Bahn um die Sonne vollführt die Erde eine Kreiselbewegung mit einer Periode von rund 25 800 Jahren. Im Glossar auf Seite 172 wird diese Erscheinung, die den Namen Präzession bekommen hat, näher erläutert.

Zu den scheinbaren Sternbewegungen zählen zwei weitere, die durch die Bewegung der Erde ausgelöst werden: die tägliche Drehung der Erde um ihre Achse und die Bahn der Erde um die Sonne. Mehr darüber auf den Seiten 18 und 20.

Sternbilder sind nichts für die Ewigkeit, auch wenn die Sterne für die Beobachter in scheinbar festgefügten Sternbildern am nächtlichen Himmel auf- und untergehen. Die Sternbilder sind Produkte menschlicher Einbildungskraft. Es ist meist nicht einfach, in der Gruppierung von Sternen eine bestimmte Götter- oder Sagengestalt oder ein Tier figürlich zu erkennen. Manchmal gelingt es leichter, etwa bei den Sternbildern Adler und Schwan, die zu den Leitsternbildern des »Sommerdreiecks« gehören, oder beim Sternbild Skorpion, das in südlichen Breiten sehr eindrucksvoll die Gestalt des Skorpions am Himmel bildet.

Trotzdem: Alle Sternbilder sind Menschenwerk, und was als mehr oder minder zu-

sammengehörige Konstellation erscheint, besteht in Wirklichkeit aus Sternen, die im Weltall meist weit voneinander entfernt ihre Bahn ziehen und physikalisch nichts miteinander zu tun haben. Ausnahmen bilden »Sternfamilien«, zum Beispiel Sternhaufen, die eine gemeinsame Entwicklung durchmachen. Aber darüber wird auf Seite 142 in diesem Buch mehr berichtet. Und weil sie nicht zusammengehören, wird sich das Aussehen der meisten Sternbilder im Verlauf der Zeit wieder ändern.

Leitsternbilder

Irgendwann hat wohl jeder Mensch einmal etwas vom Sternbild Großer Wagen (= Großer Bär) gehört oder gelesen. Viele haben das unverwechselbare Sternbild im Frühjahr hoch am Himmel gesehen. Es verschwindet in keiner Jahreszeit in unseren Breiten ganz vom Himmel. In jeder klaren Nacht ist es bereit, dem Beobachter den Polarstern und damit den Himmelsnordpol zu weisen (siehe S. 21). Der Große Wagen zählt zu den Leitsternbildern, die es dem Betrachter erleichtern, sich unter den Sternen zurechtzufinden. Wegen seiner ganzjährigen Sichtbarkeit in Mitteleuropa wird das Sternbild auch als zirkumpolar bezeichnet.

Jede Jahreszeit hat ihre Leitsternbilder. Ausgezeichnet sind sie durch eine einprägsame Konstellation, die von hellen bis sehr hellen Sternen gebildet wird. Die wichtigsten Leitsternbilder werden auf den folgenden Seiten, zusammen mit den Sternbildern des Tierkreises, vorgestellt. Ausführlich erscheinen diese Sternbilder zusammen mit den anderen des nördlichen und südlichen Himmels auf den Karten und in den Beschreibungen von Seite 34 bis Seite 87. Dort gibt es die Anregung für den Beobachter, der mit einem Feldstecher oder mit einem kleinen Fernrohr auf Entdeckung gehen will. Eine tabellarische Übersicht aller 88 Sternbilder befindet sich auf Seite 14.

Leitsternbilder können auch Wegweiser in der Nacht auf der Erde sein – vorausgesetzt es ist klar. Neben dem Großen Bären als Richtungsweiser nach Norden dienten die Sternbilder Orion und Jungfrau zur Erkennung der Ost-West-Richtung.

Leitsternbilder

Besonders wichtig für das Zurechtfinden am Himmel sind Sternbilder, die die Orientierung nach den beiden Himmelspolen und nach dem Himmelsäquator ermöglichen. Die Leitsternbilder sind dabei behilflich.

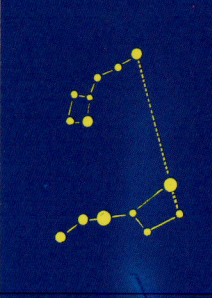

Großer und Kleiner Bär (Ursa maior, Ursa minor): Der Große Bär (auch Großer Wagen genannt) ist das markanteste Sternbild des nördlichen Himmels. Die verlängerte Hinterachse des Großen Wagens weist zum Polarstern im Sternbild Kleiner Bär (s. auch S. 40 und S. 42). Das große W des Sternbilds Cassiopeia (s. S. 34) kann auch zum Auffinden des Polarsterns benützt werden. Das Sternbild ist zirkumpolar.

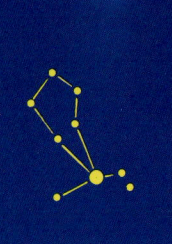

Bootes (Bärenhüter): Sehr heller Hauptstern Arcturus in der Mitte auf einem gedachten Bogen von der Deichsel des Großen Wagens zum Hauptstern Spica in der Jungfrau. Auffällig gelblichrote Färbung des Arcturus (s. auch S. 62). Im Mai und Juni steht Arcturus in mittleren nördlichen Breiten hoch über dem südlichen Horizont.

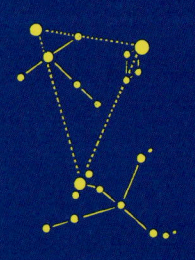

Sommerdreieck: Es wird gebildet von den Sternen Wega (Sternbild Leier, Lyra), Deneb (Sternbild Schwan, Cygnus) und Atair (Sternbild Adler, Aquila). Ein fast gleichschenkliges Dreieck am nördlichen Sommerhimmel (s. auch S. 48). Die nach Osten verlängerte Gerade Wega–Deneb weist auf die Sternbilder Pegasus und Andromeda, letzteres mit dem berühmten Andromeda-Nebel.

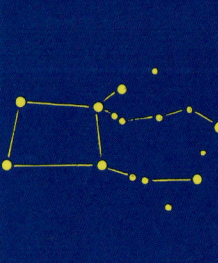

Pegasus-Viereck: Das großflächige Sternbild Pegasus ist eine Orientierungshilfe am nördlichen Herbsthimmel. In unmittelbarer Nähe (östlich) das Sternbild Andromeda mit dem berühmten Spiralnebel (s. auch S. 68). Die westliche Seite des Vierecks weist in Richtung β–α Pegasi nach Süden auf den hellen Stern Fomalhaut im Sternbild Südlicher Fisch.

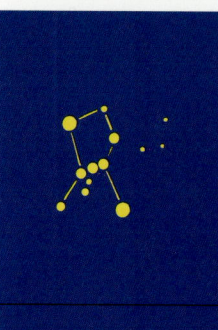

Sternbild Orion: Ein auffälliges Sternbild mit 3 hellen »Gürtelsternen« nahe dem Himmelsäquator. Unterhalb der Gürtelsterne der Orion-Nebel. Östlich vom Orion das Sternbild Großer Hund mit Sirius (s. auch S. 56). Das Sternbild des Orion befindet sich etwa in der Mitte des Kreisbogens, der die hellen Sterne Capella im Sternbild Fuhrmann (s. S. 38) im Norden und Canopus im Sternbild Carina im Süden verbindet.

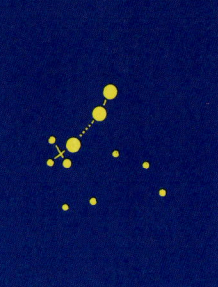

Kreuz des Südens und Kentaur (Crux und Centaurus). Das Kreuz ist das kleinste Sternbild am ganzen Himmel. Zusammen mit den beiden Hauptsternen des Kentaur (Alpha ist ein herrlicher Doppelstern!) die Orientierungshilfe am Südhimmel (s. auch S. 78). Mit fast gleichem Polabstand gegenüber dem Kreuz des Südens befindet sich der sehr helle Fixstern Achernar (s. S. 72) im Sternbild Eridanus.

Tierkreissternbilder

Die Tierkreissternbilder haben dieselben Namen wie die Tierkreiszeichen. Sie dürfen aber nicht miteinander verwechselt werden, da die Sternbilder nicht mehr mit den Zeichen übereinstimmen. Wenn also z. B. in der Astrologie die Rede davon ist, daß sich ein Wandelstern (der Mond oder ein Planet) im Tierkreiszeichen Stier befindet, steht dieses Gestirn am Himmel tatsächlich im Sternbild Widder.

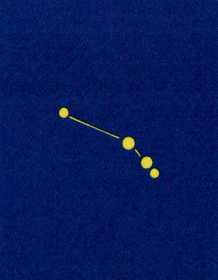

Sternbild Widder (Aries): Erstes der 12 Tierkreissternbilder. Der Widderpunkt bezeichnete den Sonnenstand am 21. März vor rund 2000 Jahren, war damals also identisch mit dem Sonnenstand zur Frühlings-Tagundnachtgleiche im Nordhalbkugel im Sternbild Widder (s. auch S. 52). Länge in der Ekliptik 26°–50°. Für das Tierkreiszeichen Widder ist der Anfangspunkt in der Ekliptik 0°.

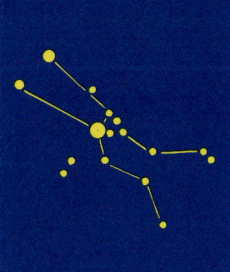

Sternbild Stier (Taurus): Hauptstern der rötliche Aldebaran. Im Sternbild das bekannte Siebengestirn (Plejaden), ein offener Sternhaufen und Gegenstand vieler Märchen und Sagen bei allen Völkern (s. auch S. 54). Länge in der Ekliptik 50°–89°. Für das Tierkreiszeichen Stier ist der Anfangspunkt in der Ekliptik 30°.

Sternbild Zwillinge (Gemini): Tierkreissternbild mit den markanten Sternen Castor und Pollux. Im Sternbild Zwillinge erreicht die Sonne am 21.6. ihre nördliche Extremstellung (s. auch S. 56). Länge in der Ekliptik 89°–119°. Für das Tierkreiszeichen Zwillinge ist der Anfangspunkt in der Ekliptik 60°.

Sternbild Krebs (Cancer): Ein unscheinbares Sternbild zwischen Zwillingen und Löwe mit dem offenen Sternhaufen der Praesepe, in der Mitte auf der Verbindungslinie zwischen den Sternen Pollux und Regulus (s. auch S. 58). Länge in der Ekliptik 119°–139°. Für das Tierkreiszeichen Krebs ist der Anfangspunkt in der Ekliptik 90°.

Sternbild Löwe (Leo): Sternbild mit dem Stern 1. Größe Regulus, in der Sage das Herz des Löwen. Regulus ist der hellste Stern in unmittelbarer Nähe zur Ekliptik. Regulus-Bedeckungen durch Mond und Planeten (s. auch S. 58). Länge in der Ekliptik 139°–174°. Für das Tierkreiszeichen Löwe ist der Anfangspunkt in der Ekliptik 120°.

Sternbild Jungfrau (Virgo): Mit dem Hauptstern Spica, 1. Größenklasse. Der Name bedeutet soviel wie »Kornähre« und war im Altertum für das ganze Sternbild bezeichnend. In diesem Sternbild steht die Sonne zum Zeitpunkt der Tagundnachtgleiche bei Herbstanfang (23. September, s. auch S. 60). Länge in der Ekliptik 174°–214°. Für das Tierkreiszeichen Jungfrau ist der Anfangspunkt in der Ekliptik 150°.

Sternbild Waage (Libra): Dieses Sternbild zählten die Babylonier noch nicht selbständig. Die Sterne wurden dem Sternbild Skorpion zugeordnet. Das unscheinbare Sternbild führte man ein, um die Zahl der Tierkreissternbilder auf 12 zu bringen (s. auch S. 62). Länge in der Ekliptik 214°–239°. Für das Tierkreiszeichen Waage ist der Anfangspunkt in der Ekliptik 180°.

Sternbild Skorpion (Scorpio): Das Sternbild zeigt verblüffend deutlich die Gestalt des Skorpions. Das prächtigste Sternbild des äquatornahen Himmels! Auffällig der rote Hauptstern Antares (»dem Mars gleichend«, s. auch S. 65). Länge in der Ekliptik 239°–245°. Für das Tierkreiszeichen Skorpion ist der Anfangspunkt in der Ekliptik 210°.

Sternbild Schütze (Sagittarius): In diesem Sternbild erreicht die Sonne am 22.12. ihre südliche Extremstellung im Tierkreis. Reich an eindrucksvollen Milchstraßen-Partien (s. auch S. 66). Länge in der Ekliptik 265°–301°. Zwischen 245° und 265° befindet sich das Sternbild Ophiuchus (Schlangenträger), das kein Tierkreissternbild ist! Für das Tierkreiszeichen Schütze ist der Anfangspunkt in der Ekliptik 240°.

Sternbild Steinbock (Capricornus): Einst hieß das Sternbild »Ziegenfisch«, Hinweis auf ein Tier halb Ziege und halb Fisch. Die Wandlung zum Steinbock ist schon etwas rätselhaft (s. auch S. 66). Länge in der Ekliptik 301°–329°. Für das Tierkreiszeichen Steinbock ist der Anfangspunkt in der Ekliptik 270°.

Sternbild Wassermann (Aquarius): Gilt als eines der ältesten Sternbilder überhaupt. Das Alter des Namens diesen Sternbildes wird auf 20 000 Jahre geschätzt! Das der meisten anderen Tierkreissternbilder auf etwa 10 000 Jahre (s. auch S. 68). Länge in der Ekliptik 329°–351°. Für das Tierkreiszeichen Wassermann ist der Anfangspunkt in der Ekliptik 300°.

Sternbild Fische (Pisces): Das letzte Sternbild des Tierkreises. Heute steht die Sonne zum Zeitpunkt der Tagundnachtgleiche – 21. März – in diesem Sternbild (Widderpunkt; s. auch S. 52). Länge in der Ekliptik 351°–26°. Für das Tierkreiszeichen Skorpion ist der Anfangspunkt in der Ekliptik 330°.

Die 88 Sternbilder des nördlichen und südlichen Himmels

Form und Zahl der Sternbilder ist nicht immer gleich gewesen. Das Ergebnis einer langen geschichtlichen Entwicklung waren die Konstellationen des Sternenhimmels der griechischen Astronomen (Almagest des Ptolemaios um 150 n. Chr.). Seit Beginn der Neuzeit, insbesondere während des Zeitalters der Entdeckungen, wurden neue Sternbilder geschaffen.

Wissenschaftlich sind heute 88 Sternbilder anerkannt, die 1928 der Astronom E. Delporte im Auftrag der Internationalen Astronomischen Union abgesteckt hat. In wissenschaftlichen Veröffentlichungen werden die Namen der Sternbilder in der Regel abgekürzt mit 3 Buchstaben verwendet. Die Übersicht enthält in alphabetischer Ordnung die lateinischen Namen der Sternbilder mit ihren drei- und vierbuchstabigen Abkürzungen, die deutschen Namen und die Flächeninhalte in Quadratgrad nach den internationalen Sternbildgrenzen.

Lateinische Namen	Dreibuchstabige Abkürzungen	Vierbuchstabige Abkürzungen	Deutscher Name	Flächeninhalt in Quadratgrad
Andromeda	And	Andr	Andromeda	721
Antlia	Ant	Antl	Luftpumpe	239
Apus	Aps	Apus	Paradiesvogel	206
Aquarius	Aqr	Aqar	Wassermann	980
Aquila	Aql	Aqil	Adler	653
Ara	Ara	Arae	Altar	238
Aries	Ari	Arie	Widder	441
Auriga	Aur	Auri	Fuhrmann	657
Bootes	Boo	Boot	Bootes	905
Caelum	Cae	Cael	Stichel	125
Camelopardus	Cam	Caml	Giraffe	756
Cancer	Cnc	Canc	Krebs	506
Canes venatici	CVn	CVen	Jagdhunde	467
Canis maior	CMa	CMaj	Großer Hund	380
Canis minor	CMi	CMin	Kleiner Hund	183
Capricornus	Cap	Capr	Steinbock	414
Carina	Car	Cari	Schiffskiel	494
Cassiopeia	Cas	Cass	Kassiopeja	599
Centaurus	Cen	Cent	Kentaur	1060
Cepheus	Cep	Ceph	Kepheus	588
Cetus	Cet	Ceti	Walfisch	1231
Chamaeleon	Cha	Cham	Chamäleon	131
Circinus	Cir	Circ	Zirkel	93
Columba	Col	Colm	Taube	270
Coma (Berenices)	Com	Coma	Haar der Berenike	386
Corona austrina	CrA	CorA	Südliche Krone	128
Cornona borealis	CrB	CorB	Nördliche Krone	179
Corvus	Crv	Corv	Rabe	184
Crater	Crt	Crat	Becher	282
Crux	Cru	Cruc	Kreuz (des Südens)	68
Cygnus	Cyg	Cygn	Schwan	805
Delphinus	Del	Delf	Delphin	189
Dorado	Dor	Dora	Schwertfisch	179
Draco	Dra	Drac	Drache	1083
Equuleus	Equ	Equl	Füllen	72
Eridanus	Eri	Erid	(Fluß) Eridanus	1138
Fornax	For	Forn	Chemischer Ofen	397

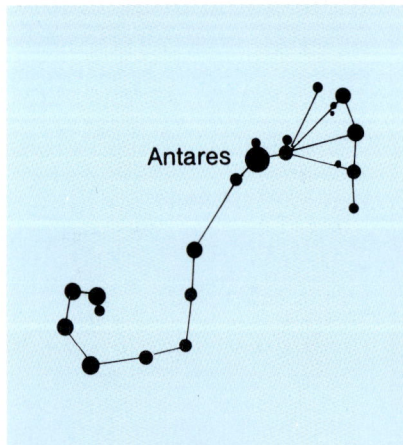

Dreimal Sternbild Skorpion:
Oben historische Darstellung, 18. Jahrhundert;
Mitte ein Photo, kurz belichtet;
unten das Sternbild gezeichnet.

Lateinische Namen	Dreibuchstabige Abkürzungen	Vierbuchstabige Abkürzungen	Deutscher Name	Flächeninhalt in Quadratgrad
Gemini	Gem	Gemi	Zwillinge	514
Grus	Gru	Grus	Kranich	365
Hercules	Her	Herc	Herkules	1225
Horologium	Hor	Horo	Uhr	249
Hydra	Hya	Hyda	Wasserschlange	1303
Hydrus	Hyi	Hydi	(Südl.) Wasserschlange	243
Indus	Ind	Indi	Indianer	294
Lacerta	Lac	Lacr	Eidechse	201
Leo (maior)	Leo	Leon	(Großer) Löwe	947
Leo minor	LMi	LMin	Kleiner Löwe	232
Lepus	Lep	Leps	Hase	290
Libra	Lib	Libr	Waage	538
Lupus	Lup	Lupi	Wolf	334
Lynx	Lyn	Lync	Luchs	545
Lyra	Lyr	Lyra	Leier	285
Mensa	Men	Mens	Tafelberg	153
Microsopium	Mic	Micr	Mikroskop	209
Monoceros	Mon	Mono	Einhorn	481
Musca	Mus	Musc	Fliege	138
Norma	Nor	Norm	Lineal	165
Octans	Oct	Octn	Oktant	292
Ophiuchus	Oph	Ophi	Schlangenträger	948
Orion	Ori	Orio	Orion	594
Pavo	Pav	Pavo	Pfau	377
Pegasus	Peg	Pegs	Pegasus	1136
Perseus	Per	Pers	Perseus	615
Phoenix	Phe	Phoe	Phönix	469
Pictor	Pic	Pict	Maler, Staffelei	247
Pisces	Psc	Pisc	Fische	890
Piscis austrinus	PsA	PscA	Südlicher Fisch	245
Puppis	Pup	Pupp	Achterschiff	673
Pyxis	Pyx	Pyxi	Kompaß	221
Reticulum	Ret	Reti	Netz	114
Sagitta	Sge	Sgte	Pfeil	80
Sagittarius	Sgr	Sgtr	Schütze	867
Scorpius	Sco	Scor	Skorpion	497
Sculptor	Scl	Scul	Bildhauerwerkstatt	475
Scutum	Sct	Scut	Schild (des Sobieski)	109
Serpens	Ser	Serp	Schlange	637
Sextans	Sex	Sext	Sextant	313
Taurus	Tau	Taur	Stier	797
Telescopium	Tel	Tele	Fernrohr	251
Triangulum australe	TrA	TrAu	Südliches Dreieck	109
Triangulum (boreale)	Tri	Tria	(Nördliches) Dreieck	132
Tucana	Tuc	Tucn	Tukan	294
Ursa maior	UMa	UMaj	Großer Bär (Großer Wagen)	1279
Ursa minor	UMi	UMin	Kleiner Bär	256
Vela	Vel	Velr	Schiffssegel	500
Virgo	Vir	Virg	Jungfrau	1294
Volans	Vol	Voln	Fliegender Fisch	141
Vulpecula	Vul	Vulp	Fuchs	268

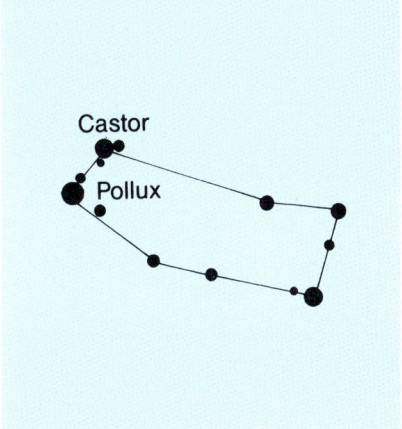

Dreimal Sternbild Zwillinge:
Oben historische Darstellung, 18. Jahrhundert;
Mitte ein Photo, kurz belichtet;
unten das Sternbild gezeichnet.

Von der Erddrehung und dem Jahreslauf der Sonne

Es gibt Dinge in unserem Leben, die nehmen wir selbstverständlich hin. Jeden Morgen wachen wir auf und stellen fest, daß es wieder Tag wird – besonders frühzeitig im Sommer, besonders spät im Winter. Mal scheint die Sonne, mal ist es wolkig oder es regnet oder schneit. Aber auf jeden Fall: Der Nacht folgt wieder der Tag. Das ist das einfachste Beispiel, daß kosmische Einflüsse unser Dasein nachhaltig und unabänderlich gestalten. Wir müssen uns deshalb mit ihnen beschäftigen.

Im Osten geht die Sonne morgens auf. Es wird Tag. Im Westen geht die Sonne abends unter. Es wird Nacht. Warum? Weil sich unsere Erde dreht. Nun ist freilich die Stelle, an der der Auf- und Untergang der Sonne erfolgt, nicht jeden Tag die gleiche. Sie bewegt sich innerhalb bestimmter Grenzen und ist von der geographischen Breite abhängig.

Die Jahreszeiten

Genau im Osten geht die Sonne nur auf
● am Tag des Frühlingsanfanges (also der 21. März auf der Nordhalbkugel und der 23. September auf der Südhalbkugel) und
● am Tag des Herbstanfanges (also der 23. September auf der Nordhalbkugel und der 21. März auf der Südhalbkugel der Erde).

Natürlich geht an diesen Tagen dann die Sonne auch genau im Westen unter! Sonst gibt es Abweichungen nördlich und südlich des Ost- bzw. Westpunktes. Die größte nördliche Abweichung findet statt
● am Tag der Sommersonnenwende auf der Nordhalbkugel (21. Juni) = der Tag der Wintersonnenwende auf der Südhalbkugel;

die größte südliche Abweichung
● am Tag der Wintersonnenwende auf der Nordhalbkugel (22. Dezember) = der Tag der Sommersonnenwende auf der Südhalbkugel.

Der Ablauf der Jahreszeiten wird verursacht durch den Lauf der Erde um die Sonne und die Neigung ihrer Polachse gegen die Erdbahnachse: Die Äquatorebene der Erde ist 23,5 Grad gegen die Bahnebene der Erde geneigt (vgl. Abb. S. 19).

Die Tageslänge

Die Abweichungen vom Ost- bzw. Westpunkt sind um so größer, je höher die geographische Breite eines Ortes ist. Und so ist auch die Dauer von Tag und Nacht mit der geographischen Breite verschieden:
● am Äquator (= 0 Grad geographische Breite) beträgt die Tageslänge des längsten und kürzesten Tages des Jahres je 12 Stunden, d. h. die Tage sind immer gleich lang;
● in 45 Grad geographischer Breite beträgt der längste Tag 15 Stunden und 26 Minuten, der kürzeste Tag 8 Stunden und 34 Minuten – also ein Unterschied von schon fast 7 Stunden;
● an den Polen (= 90 Grad geographische Breite) schließlich dauert ein Polartag 186 Tage (Nordpol) und 179 Tage (Südpol), entsprechend die Polarnacht 179 Tage (Nordpol) und 186 Tage (Südpol).

Tag und Nacht sind die Auswirkungen der täglichen Umdrehung der Erde (1 Tag = 24 Stunden). Die jährliche Bewegung der Erde um die Sonne wiederum führt zu den Jahreszeiten Frühjahr, Sommer, Herbst und Winter. Sie verlaufen für die Nordhalbkugel und Südhalbkugel unserer Erde entgegengesetzt (siehe oben!).

Es wird dunkel: die Dämmerung

Aus Erfahrung weiß jeder, daß es nicht plötzlich Tag und nicht plötzlich Nacht wird. Dazwischen liegt die noch mehr oder minder lange Dämmerung. Für sie verantwortlich ist ebenfalls die Erdatmosphäre, der wir auch die Zerstreuung des Sonnenlichtes am Tageshimmel und damit »blauen Himmel«, mit Wolken »grauen Himmel« – auf

Seit Nikolaus Kopernikus (1473–1543) hat das heliozentrische Weltbild mit der Sonne im Mittelpunkt das geozentrische mit der Erde als Mittelpunkt abgelöst. Die groß dargestellten Planeten sind – von links nach rechts – Neptun, Jupiter, Saturn und Uranus.

jeden Fall »hellen Tage« verdanken. Und steht die Sonne bereits oder noch unter dem Horizont, so werden bis zu einer Sonnentiefe von 18 Grad die oberen Luftschichten noch vom Sonnenlicht erfaßt. Diese Luftschichten zerstreuen es und erzeugen jene Himmelsaufhellung, die als Dämmerung bezeichnet wird.

In jeder Sekunde herrschen

- auf rund der Hälfte der Erdoberfläche heller Tag,
- auf 15 % der Erdoberfläche Dämmerung,
- auf 35 % der Erdoberfläche Nacht.

Die kurze Dämmerung in den Tropen geht zurück auf die Sonnenbahn, die dort besonders steil auf dem Horizont steht. Die »Weißen Nächte« in den gemäßigten Breiten im Hochsommer werden verursacht vom geringen Stand der Sonne unter dem Horizont. Praktisch ist für ein paar Wochen die ganze Nacht über Dämmerung!

Die Sichtbarkeit der Sterne setzt dunkle Nacht voraus. Sowohl Mondschein wie Dämmerung stören den Anblick des gestirnten Himmels. Zwar sind hellere Sterne auch unter diesen Begleitumständen sichtbar, ja mit einigem Geschick findet man sogar am Tageshimmel zum Beispiel den Planeten Venus oder den außerordentlich hellen Fixstern Sirius und ein paar andere helle Gestirne. Aber für den Sternenhimmel in seiner Gesamtheit ist die dunkle Nacht notwendig. Und selbstverständlich ein klarer, wolkenloser Himmel.

Die tägliche Himmelsdrehung

Die sprichwörtliche astronomische Präzision verblüfft immer wieder aufs neue. Nimmt es da wunder, daß die Genauigkeit der Himmelserscheinungen Menschen veranlaßt hat, Gestirne anzubeten und sie zu den Beherrschern des menschlichen Schicksals zu erklären? Aller astrologischer Aberglaube nimmt hier seinen Anfang.

Das überwältigende Erlebnis, das jeder von uns überall auf der Erde immer wieder machen kann: Der Beobachter des gestirnten

Himmels hat bei längerer Betrachtung den Eindruck, daß sich eine mit Sternen gespickte Hohlkugel beständig um eine feste Achse dreht, die durch den Standort des Beobachters auf der still stehenden Erde geht. Ja, sein Standort erscheint dem Beobachter schlicht als Zentrum der sich drehenden Himmelskugel. Diese tägliche Himmelsdrehung ist in der Tat für den Beobachter auf der Erde die eindrucksvollste und rascheste aller Bewegungen am Himmel. Alle Gestirne: Sonne, Mond, Planeten und Fixsterne sind ihr unterworfen.

Nun, es ist bekannt, daß die Rotation der Erde um ihre Achse von West nach Ost dem Himmel jenen täglichen Umschwung von Ost nach West verleiht.

Der Scheitelpunkt über dem Beobachter (senkrecht!) ist der Zenit. Schaut man vom Zenit um einen rechten Winkel senkrecht nach unten sieht man den Horizont, genau genommen die Punkte des Mathematischen Horizonts, die alle die Höhe 0° haben. In der Beobachtungspraxis ist es der Landschaftshorizont, der über dem Mathematischen Horizont liegt.

Die Visierlinie Südpunkt im Horizont – Zenit – Himmelsnordpol – Nordpunkt bildet den Großkreis des Meridians (Mittagslinie) am Himmel. Die Sterne bewegen sich (scheinbar!) in unseren Breiten zwischen Südpunkt und Himmelsnordpol durch den Meridian und erreichen dort ihre größte Höhe (Obere Kulmination). Zwischen Himmelsnordpol und Nordpunkt kreuzen sie den Meridian in geringster Höhe (Untere Kulmination).

Kamera ausgerichtet auf den südlichen Himmelspol und 2 Stunden belichtet. H. Vehrenberg hat diese Aufnahme auf einer seiner Südafrika-Expeditionen mit einer kleinen Astro-Kamera von 71 mm Öffnung und 250 mm Brennweite auf Ilford HPS Platte gemacht. Auch mit Handkameras sind Experimente lohnend.

Die Erddrehung im Bild

Mit Hilfe eines Photoapparates läßt sich die Himmelsdrehung besonders schön dokumentieren: Kamera mit höher empfindlichem Schwarzweißfilm laden, Blende voll aufmachen, auf unendlich einstellen, Belichtung auf B (Drahtauslöser mit Klemmschraube) und ein paar Stunden belichten. Die Kamera steht dabei am besten auf einem Stativ und ist für die Aufnahme auf den Himmelsnord- oder Himmelssüdpol ausgerichtet. Während der Belichtungszeit dreht sich der Himmel scheinbar weiter (in Wirklichkeit dreht sich ja die Erde!), und auf dem Film bilden sich die Sterne in mehr oder minder langen und zum Pol hin gebogenen Lichtspuren ab (vgl. Photo). Wie bei allen Aufnahmen des Sternenhimmels empfiehlt sich eine mondlose, klare Nacht für dieses kleine und doch so aussagekräftige Experiment. Daß die Sterne bei der täglichen scheinbaren Drehung des Himmelsgewölbes parallele Kreise ziehen, macht die Aufnahme anschaulich klar.

Himmelsnordpol und Himmelssüdpol sind die Lager, in denen die Achse der scheinbar drehenden Himmelskugel läuft. Der Beobachter sieht von seinem Standpunkt immer nur auf einen Himmelspol, den nördlichen oder den südlichen. Und es wird diejenige Hälfte der Erde, von der aus der Himmelsnordpol zu sehen ist, als die Nordhalbkugel, die andere Hälfte mit Blick auf den Himmelssüdpol als Südhalbkugel bezeichnet. Der Erdäquator trennt im geographischen Koordinatensystem beide Erdhalbkugeln voneinander. Entsprechend gibt es auch den Himmelsäquator, der in allen seinen Punkten genau 90 Grad von den beiden Himmelspolen entfernt ist.

Äquatorialkoordinaten

Der Weg ist nicht weit, um sich ein einfaches Erd- und Himmelsgradnetz auszudenken. Das Fundament ist die Äquatorebene der Erde, die ja gleichzeitig auch die Rotationsebene der gedachten Himmelskugel ist. Die sich drehende Achse steht zum Erd- bzw. Himmelsäquator senkrecht. Ein Stern wird in dieses System wie folgt eingepaßt:

1. Angabe des Winkelabstandes vom Äquator. Sterne, die den gleichen Abstand vom Äquator haben, liegen auf einem sogenannten Parallelkreis.
2. Angabe, von welchem Ort über oder unter dem Äquator sich der Stern auf einem Parallelkreis befindet. Sterne, die den gleichen Basispunkt auf dem Äquator besitzen, liegen auf einem Meridian.

Sternspuren zu beiden Seiten des Himmelsäquators bei längerer Belichtungszeit. Nur Sterne auf dem Himmelsäquator bilden eine geradlinige Spur. Die nördlich oder südlich vom Himmelsäquator gelegenen Sternspuren weisen deutlich eine zum Himmelsnordpol bzw. Himmelssüdpol hohle Krümmung auf.

Die Äquatorebene der Erde ist 23,5° gegen die Erdbahnebene geneigt. Die Einfallswinkel der Sonnenstrahlen sind je nach dem Ort der Erde auf ihrer Bahn verschieden. Das erklärt die Jahreszeiten. Diese sind auf der Nordhalbkugel entgegengesetzt zur Südhalbkugel. Die jährlichen Abweichungen des Beginns der Jahreszeiten um etwa 1 Tag sind dem in unserem Kalender alle 4 Jahre wiederkehrenden Schaltjahr zuzuschreiben.

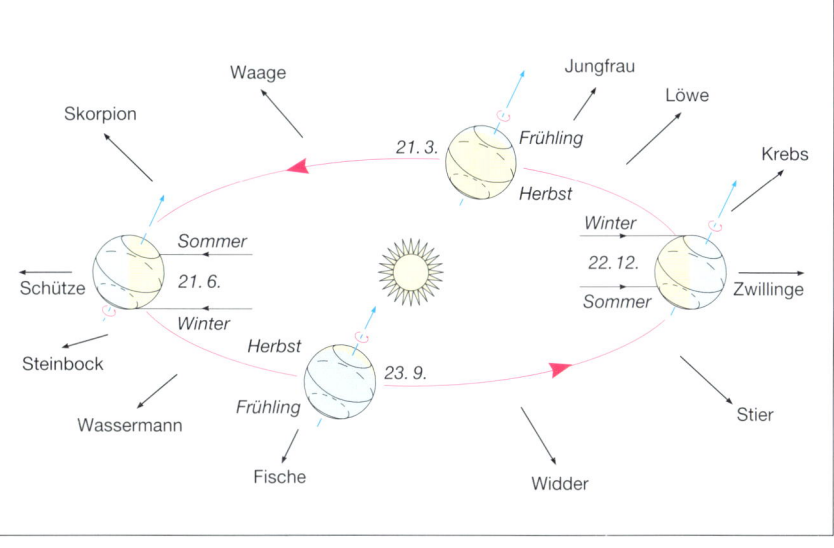

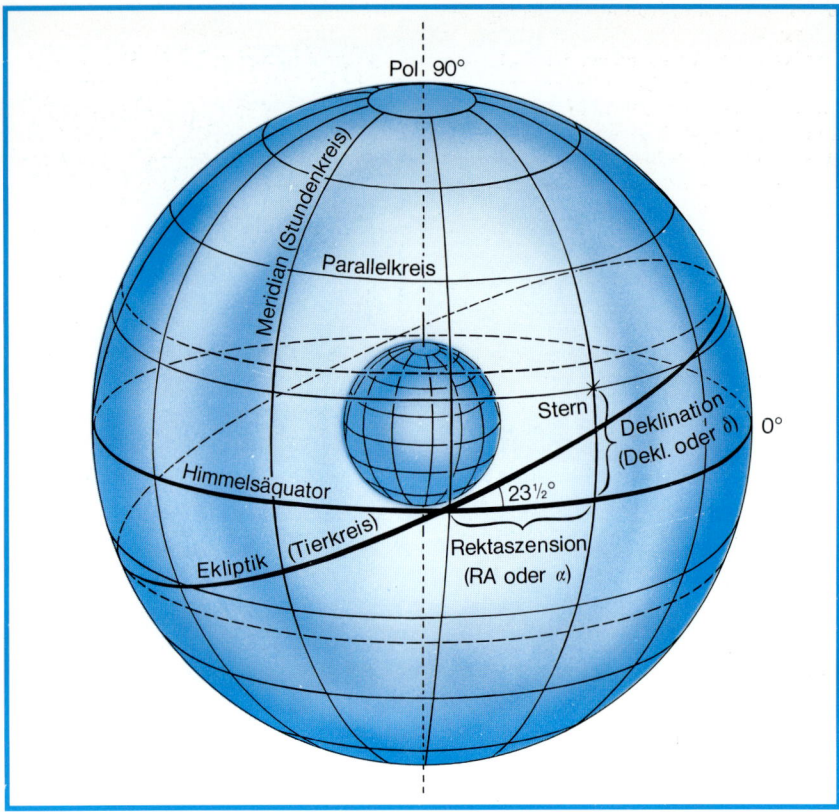

Ekliptik (»Linie der Finsternisse«), weil Sonnen- und Mondfinsternisse nur möglich sind, wenn die Mondbahn die Ekliptik schneidet.

Die Fixsterne der 12 Tierkreissternbilder gruppieren sich im Weltraum um die Erdbahnebene. Von der Erde aus betrachtet durchwandert die Sonne während des jährlichen Umlaufs der Erde um die Sonne einmal die Tierkreissternbilder und verursacht dadurch deren im Jahreslauf wechselnde Sichtbarkeit. Die in direkter oder benachbarter Richtung zur Sonne stehenden Fixsterne sind für den Beobachter von der Erde aus unsichtbar. Wenn also die Sonne im Sternbild des Widders steht, ist dieses Sternbild von der Erde aus gerade nicht sichtbar (vgl. Abb. S. 19). Am ehesten gelingt es in der Morgen- und Abenddämmerung, das Sternbild, vor dem die Sonne steht, zu »errechnen«, da man dann die benachbarten Sternbilder erkennen kann. Jeweils ein halbes Jahr später haben diese Sternbilder dann ihre günstigste Sichtbarkeit am Nachthimmel.

Im Bereich der Tierkreissternbilder finden wir auch den Mond und die Planeten am Himmel. Ursache ist die geringe Neigung ihrer Bahnebenen gegen die Erdbahnebene.

Die jährliche Himmelsdrehung

Der Sternenhimmel verändert sich nicht nur im Verlauf einer Nacht (tägliche Himmelsdrehung als Folge der Erdrotation). Auch im Verlauf eines Jahres wechselt die Sichtbarkeit des Sternenhimmels allmählich. Wer von Sommer- oder Wintersternbildern spricht, kommt der Erscheinung schon ein wenig näher.

Auch ist es üblich, davon zu sprechen, daß die Sonne im Jahreslauf durch die Tierkreissternbilder Widder, Stier, Zwillinge, Krebs, Löwe, Jungfrau, Waage, Skorpion, Schütze, Steinbock, Wassermann und Fische wandert.

Tag für Tag legt die Erde ein Stück auf ihrer Runde um die Sonne zurück. Und Tag für Tag verschiebt sich der Himmelsanblick ein wenig. Angenommen, jemand könnte am selben Ort und bei klarem Wetter jede Nacht um 24 Uhr die Sterne beobachten, so stellt er jedesmal eine kleine Veränderung fest, und zwar

● auf der Nordhalbkugel entgegen dem Uhrzeigersinn;

Etwas zu kompliziert? Sicher macht es das obenstehende Bild klar und deutlich. Die Parallelkreise sind verschieden groß. In Polnähe werden sie immer kleiner. Am größten werden sie in Äquatornähe. Dagegen sind die Meridiane stets von derselben Länge. Sie kommen sich auf dem Weg zu den Polen näher. Die beiden oben genannten Angaben zur Ortsbestimmung eines Sterns im System haben zu festen Begriffen geführt, die für die Erde bestimmt jeder kennt:

Erdnordpol – Himmelsnordpol
Erdsüdpol – Himmelssüdpol
Geographische
Breite – Deklination
Geographische
Länge – Rektaszension
Schnittpunkt Erd- – Schnittpunkt
äquator mit Erd- Ekliptik (aufsteigender
Nullmeridian Ast) mit Himmels-
(Greenwich) äquator (Frühlings-
punkt)

Der Punkt Null der geographischen Länge ist Greenwich (London). Eine willkürliche Wahl? Nun, die Engländer waren, als die

Sache aktuell wurde (1675) auf dem Weg zur führenden Seefahrernation der Erde. Niemand machte ihnen diese Entscheidung streitig. Sie wurde 1884 sogar offiziell von allen Staaten anerkannt.

Der Punkt Null an der Himmelskugel für die Rektaszension ist die Position auf dem Himmelsäquator, die die Sonne am 21. März innehat. Die Astronomen zählen die Rektaszensionen entsprechend der Bewegung des Basispunktes der Sonne auf dem Himmelsäquator während des scheinbaren jährlichen Laufes unseres Tagesgestirns von 0 Grad bis 360 Grad (= von 0 Uhr bis 24 Uhr).

Von dem scheinbaren Jahreslauf der Sonne war bereits kurz auf Seite 17 die Rede. Wieder ist es die Erde, die bei ihrem Umlauf um die Sonne (1 Umlauf = 1 Jahr) den scheinbaren Jahreslauf der Sonne am Himmel verursacht. Es ist gut, sich diese Zusammenhänge zu merken. Der scheinbare Jahreslauf der Sonne vollzieht sich auf einem Großkreis, der zum Himmelsäquator um 23,5 Grad geneigt ist. Bekannter ist dieser Großkreis unter dem Namen Tierkreis oder

NORD

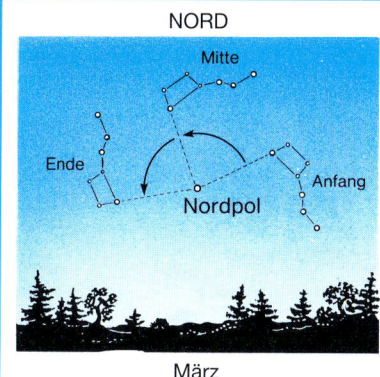

März

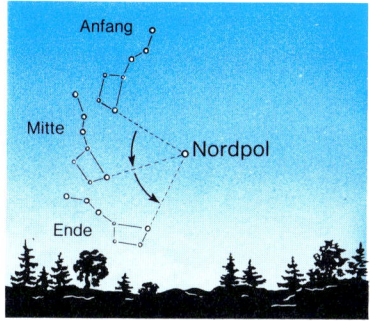

Juni

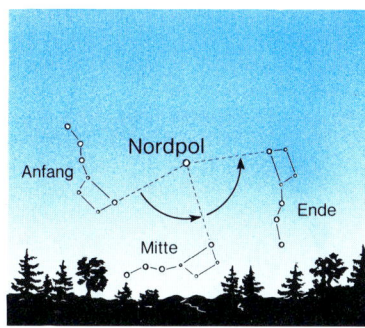

September

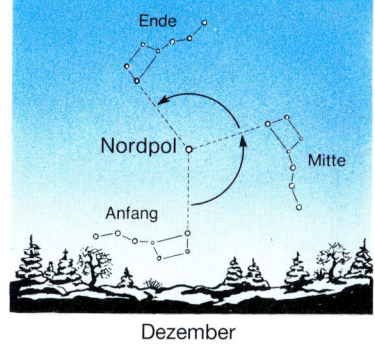

Dezember

● auf der Südhalbkugel mit dem Uhrzeigersinn.

Der Drehsinn ist also auf der Nordhalbkugel anders als auf der Südhalbkugel. So auch bei der täglichen Himmelsdrehung (siehe auch Abbildungen links und rechts):

● Auf der Nordhalbkugel erfolgt die tägliche Himmelsdrehung entgegen dem Uhrzeigersinn;

● auf der Südhalbkugel erfolgt sie im Uhrzeigersinn.

Um das nachzuprüfen, nehme man eine Taschenuhr und halte sie so gen Himmel, daß das Ziffernblatt zum Beschauer weist und die Rückseite zu dem am Ort beobachtbaren Himmelspol. Am besten, man fixiert ein Sternbild über einem Dach, Kamin oder Baum, weil so am leichtesten die Verschiebung nach einer halben oder ganzen Stunde bestimmt werden kann.

Nicht ganz so schnell geht es selbstverständlich mit dem Nachweis des Drehsinns bei der jährlichen Himmelsdrehung. Wieder ist ein irdischer Fixpunkt eine nützliche Markierung. Innerhalb von 1–2 Wochen – bei Beobachtung des gleichen Sternbilds zur gleichen Zeit – ist eine Verschiebung nachweisbar.

Spielereien? Im Gegenteil. Auf diese einfache und überzeugende Weise hat jeder die Möglichkeit, kosmische Bewegungen selbst kennenzulernen und nachzuweisen. Das Raumschiff Erde ist ständig unterwegs! Die tägliche Drehung der Erde um ihre Achse und ihr jährlicher Weg rund um die Sonne liefern zwei Zeitmarken – den Tag und das Jahr. Auch dazu gibt es ebenso einfache wie aufschlußreiche Experimente.

Links:
Die jährliche Bewegung am Beispiel des Sternbildes des Großen Bären (Ursa maior), auch Großer Wagen genannt, zu Anfang der vier Jahreszeiten (März = Frühjahr, Juni = Sommer; September = Herbst; Dezember = Winter). Die Darstellung gilt für 50 Grad nördliche Breite. Die Bezeichnung »Anfang«, »Mitte« und »Ende« entsprechen dem Verlauf der Erscheinungen am Nachthimmel. Die unterschiedliche Länge der Drehbewegung ist auf die unterschiedliche Nachtlänge (und damit Sichtbarkeit der Sternbilder) zurückzuführen.

Rechts:
Die jährliche Bewegung am Beispiel des Sternbildes Kreuz des Südens und der Sterne α und β des Sternbildes Kentaur (Centaurus) zu Anfang der vier Jahreszeiten (März = Herbst, Juni = Winter; September = Frühling, Dezember = Sommer. Die Darstellung gilt für angefähr 40 Grad südliche Breite. Die Bezeichnungen »Anfang«, »Mitte« und »Ende« entsprechen dem Verlauf der Erscheinung am Nachthimmel.

SÜD

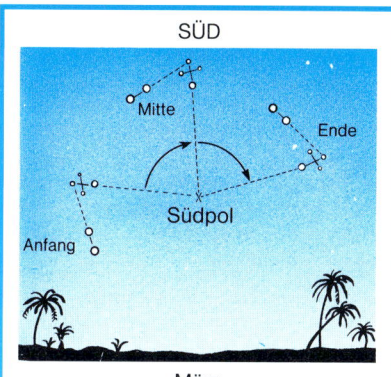

März

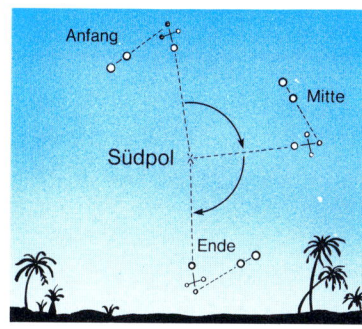

Juni

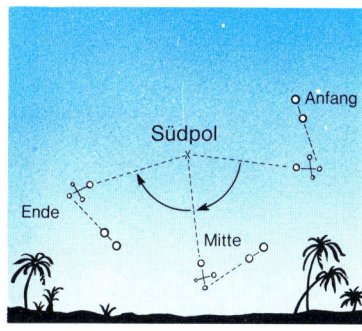

September

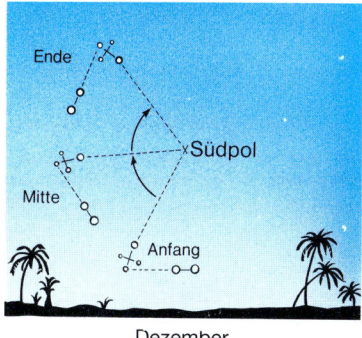

Dezember

Die Sonne als Zeitmesser

Zur Zeitmessung bieten sich verschiedene Möglichkeiten an: Die tägliche scheinbare Bewegung des Sternenhimmels oder eines Gestirns, zum Beispiel der Sonne. Die Sonne ist keine sehr genaue Zeitmarke, weil sie sich mit unterschiedlicher Geschwindigkeit in der gegen den Äquator geneigten Ekliptik bewegt. Für die Ungleichförmigkeit gibt es zwei Ursachen:

- Die Erdbahn um die Sonne ist eine Ellipse und kein Kreis. Deshalb kann die Sonne in gleicher Zeit nicht die gleichen Bahnbögen am Himmel zurücklegen.
- Die Projektion der Bahnbögen auf den Himmelsäquator, auf dem die Zeit gemessen wird, gibt wegen der gegenseitigen Neigung Äquator – Ekliptik ungleichmäßige Abschnitte.

Um ein Gleichmaß zu bekommen, hat man die mittlere Sonnenzeit eingeführt. Hierbei bewegt sich eine »gedachte« Sonne mit gleichförmiger Geschwindigkeit auf dem Äquator. Wahre und mittlere Sonnenzeit sind Ortszeiten – von Ort zu Ort auf der Erde verschieden. Der Zeitunterschied zwischen mittlerer und wahrer Sonnenzeit heißt Zeitgleichung. Am größten ist die Zeitgleichung (wahre Sonnenzeit minus mittlere Sonnenzeit) am 11. Februar (–14,3 min) und am 3. November (+16,4 min). Am 16. April, 14. Juni, 2. September und 25. Dezember ist die Zeitgleichung Null.

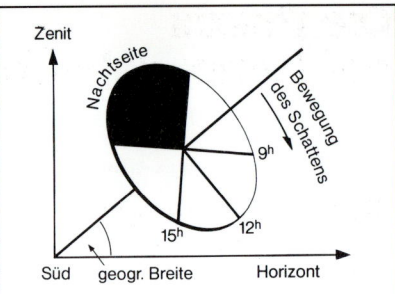

Einfache Sonnenuhr (Äquinoktialuhr). Der Stab (= Gnomon) ist auf den Himmelspol ausgerichtet. Der Schatten wird auf einer im Himmelsäquator liegenden Scheibe (Ring) mit gleichförmig durchlaufender Teilung abgelesen (vgl. Text).

Die Sonnenuhr ist die älteste Uhr. Sie hat sich aus dem Gnomon, ein langer schattenwerfender Stab, entwickelt. In einem chinesischen Schriftstück wird erstmals um 1100 v. Chr. das Gnomon erwähnt. Stets liegt das Gnomon in der Meridianebene. Es ist so geneigt, daß die Verlängerung seiner Richtung immer zum Himmelspol weist. Das bedeutet auch, daß das Gnomon gegen die Horizontalebene um einen Winkel geneigt ist, der der geographischen Breite am Ort entspricht. Aus der Lage des Schattens des von der Sonne beschienenen Stabes läßt sich die wahre Sonnenzeit (= wahre Ortszeit) bestimmen.

Neben dem schattenwerfenden Stab ist das Zifferblatt das zweite Element der Sonnenuhr. Es kann grundsätzlich auf jeder Fläche angebracht werden. Bei der Äquinoktialuhr (siehe Abb. links) befindet sich die Projektionsebene für den Schatten parallel zum Äquator, d. h. senkrecht zum Gnomon. Entsprechend der gleichförmigen Drehung der Erde um ihre Achse dreht sich der Schatten jede Stunde um 15 Grad um den Stab. Für den Gebrauch während des Winterhalbjahres muß das Gnomon zur unteren Seite der Schattenebene durchgehen. Bei horizontalen Sonnenuhren liegt die Schattenebene in der Ebene des Horizonts. Hier sind die Winkel zwischen den Stundenlinien, über die der Schatten läuft, unterschiedlich groß. Das ist auch bei der vertikalen Sonnenuhr der Fall, deren Zifferblatt senkrecht zur Meridianebene steht (siehe Foto unten).

Über Sonnenuhren gibt es umfangreiche Spezialliteratur mit Bauanleitungen. Auch das »Handbuch für Sternfreunde« (siehe S. 173) enthält ein Kapitel mit Konstruktionsvorschlägen.

Die Zeit zwischen zwei aufeinanderfolgenden Durchgängen der Sonne durch den Frühlingspunkt (siehe S. 20) entspricht einem Jahr. Durch Beobachtung des längsten und kürzesten Schattens, den das Gnomon am Mittag wirft, kann man angenähert die Zeiten der Sonnenwenden (siehe S. 17) bestimmen. Der Schatten, den ein Gnomon bestimmter Länge Mittag für Mittag auf den Boden zeichnet, ist nie gleich lang, sondern ist abhängig von der scheinbaren Bewegung der Sonne auf der Ekliptik. Mit dem Nachweis der Sonnenwenden macht das Gnomon indirekt auch auf die Schiefe der Ekliptik (siehe S. 20) aufmerksam.

Über die verschiedenen Zeiten (Sternzeit, Sonnenzeit) siehe »Meyers Handbuch Weltall« oder »Handbuch für Sternfreunde« (Literaturverzeichnis S. 173).

Sonnenuhr am steilen Barockgiebel der Ratsherrntrinkstube in Rothenburg o. T. über der Hauptstadtuhr (1683), einer Kalenderuhr und dem Reichsadler. Die Entstehungszeit der Sonnenuhr wird mit 1768 angegeben.

Die Praxis
der Himmelsbeobachtung

Sternbeobachtungen in verschiedenen geographischen Breiten

Wir haben kennengelernt: die Veränderung des Sternenhimmels im Verlauf einer Nacht (tägliche Drehung der Erde) und die Veränderung des Sternenhimmels im Verlauf eines Jahres (Bewegung der Erde um die Sonne).

Der Horizont begrenzt den Anblick des Sternenhimmels und schränkt ihn für jeden Beobachtungsort auf eine Hälfte der scheinbaren Himmelskugel ein. Dabei gilt:

● Für alle Beobachtungsorte auf dem gleichen Breitenkreis wird im Verlauf einer Erdumdrehung der gleiche Sternenhimmel sichtbar. »Im Verlauf einer Erdumdrehung«, das heißt: Es besteht im Anblick des gleichen Himmelsausschnitts ein zeitlicher Unterschied zwischen den Beobachtungsorten.

Mit der geographischen Breite ändert sich der Horizont, die sichtbare Hälfte der scheinbaren Himmelskugel verschiebt sich nach Süden bzw. Norden – eine sehr wichtige Tatsache für den Sternfreund. Wo immer wir auch auf der Erde beobachten, befindet sich eine Hälfte des Himmelsäquators über

New Technology Telescope (NTT) der Europäischen Südsternwarte (ESO) in Chile. Das Teleskop mit 3,58 m Spiegeldurchmessr befindet sich in einem neuartigen Schutzbau, der von der üblichen Kuppelform abweicht. Das Gebäude folgt den Bewegungen des Teleskops während der Beobachtung.

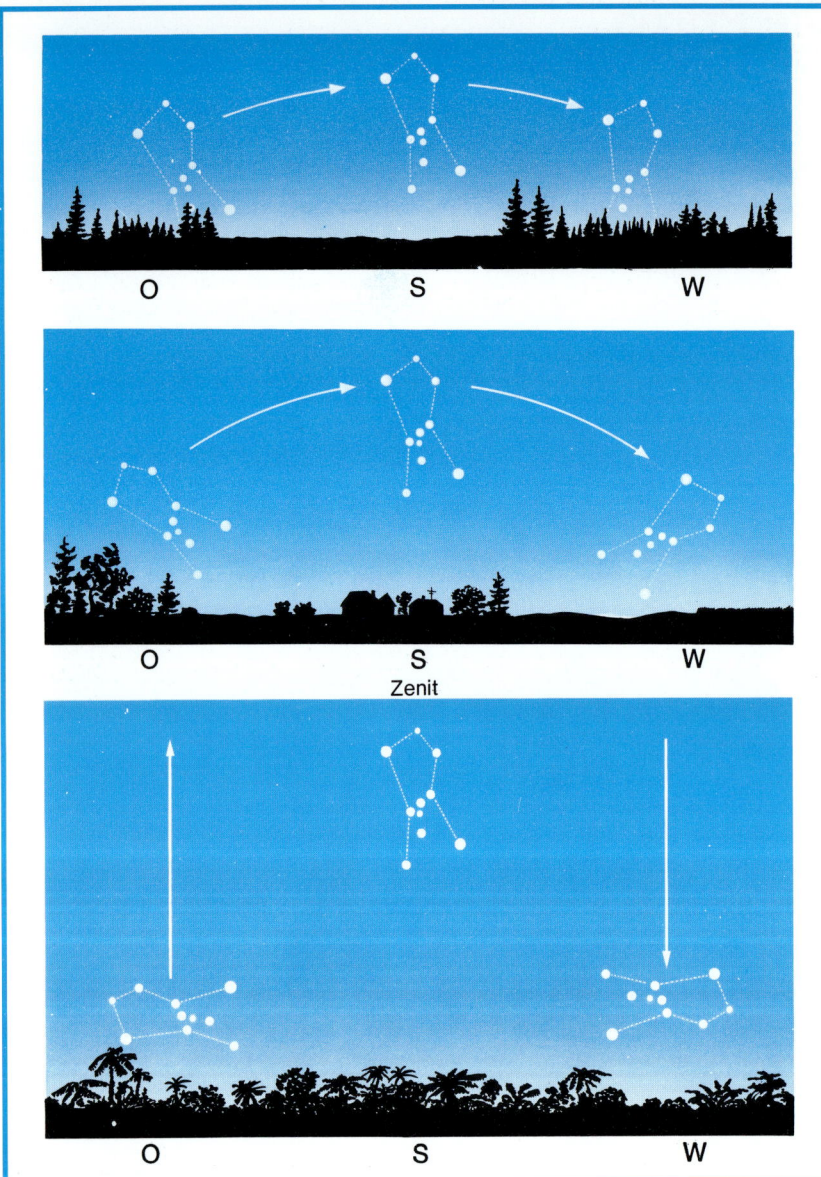

Zenit

Die Bahnen von Sternbildern in verschiedenen geographischen Breiten

Die täglichen Gestirnbahnen sind in verschiedenen geographischen Breiten verschieden. Dazu als Beispiel das bekannte Sternbild Orion, das sowohl auf der Nordhalbkugel wie auf der Südhalbkugel der Erde gut zu beobachten ist. Aufgang (Osthimmel), Kulmination, Untergang (Westhimmel) in 66° nördlicher Breite (oben) in 45° nördlicher Breite (Mitte), in 0° Breite (= am Äquator) (unten). Für den Beobachter am Äquator der Erde beschreiben die Sterne um den Nordpunkt des Horizontes Halbkreise. Der Himmelspol liegt in der Horizontlinie. Die Sternbilder gehen senkrecht auf und unter.

dem Horizont, die andere unter dem Horizont. Ein Stern auf dem Äquator wird also eine halbe Erdumdrehung lang sichtbar und ebenso lange unsichtbar sein. Daneben gibt es an jedem Beobachtungsort ständig sichtbare und ständig unsichtbare Sterne. Das veranlaßt zur folgenden Einteilung: An einem Beobachtungsort kann es geben:
1. Eine Zone mit dem Himmelspol in der Mitte, die ständig beobachtbar ist. Man spricht auch vom Zirkumpolargebiet und den Zirkumpolarsternen.
2. Eine Zone mit dem Himmelsäquator in der Mitte, die zeitweise sichtbar ist. Die Sterne gehen in ihr auf und unter.
3. Eine Zone mit dem entgegengesetzten Himmelspol in der Mitte, die ständig unsichtbar ist.

Wichtig: Neben der Größe des Zirkumpolargebietes und der Breite der teilweise sichtbaren Äquatorzone ändert sich mit der geographischen Breite auch die Sichtbarkeitsdauer der Sterne.

Die drei vorgenannten Zonen verteilen sich über die Erde wie in der Tabelle links unten angegeben.

Alle Gestirne werden für den Beobachter nur dann wahrnehmbar, wenn sie über dem Horizont stehen. Das ist die Bedingung für die »geographische Sichtbarkeit«. Neben ihr spielt die »jahreszeitliche Sichtbarkeit« eine maßgebliche Rolle, die vom scheinbaren Lauf der Sonne auf der Ekliptik abhängig ist. Ein ausgezeichnetes Fachbuch, das die Erscheinungen der Himmelskugel bis in alle Einzelheiten darstellt, ist Helmut Werners »Vom Polarstern bis zum Kreuz des Südens« (nur antiquarisch erhältlich). Wir beschränken uns auf Elementares und unterstützen das Verständnis mit den Sternkarten im vorderen und hinteren Einbanddeckel und den Tafeln »Die Bahnen von Sternbildern in verschiedenen geographischen Breiten« auf dieser Doppelseite.

Sichtbarkeitsdauer der Sterne

Geographische Breite	Sichtbarer Sternhimmel insgesamt	Ständig sichtbar	Zeitweise sichtbar	Ständig unsichtbar
Nordpol	50 %	50 %	0	50 %
45° nördl.	85 %	15 %	70 %	15 %
Äquator	100 %	0	100 %	0
45° südl.	85 %	15 %	70 %	15 %
Südpol	50 %	50 %	0	50 %

Aufgang, Kulmination und Untergang des Orion in 12° südlicher Breite (oben), in 23° südlicher Breite (Mitte), in 56° südlicher Breite (unten). Auf der südlichen Erdhalbkugel sind Norden und Süden vertauscht! Wo man noch Sterne des nördlichen Himmels sieht, legt eine ganz einfache Beziehung fest: 90 Grad minus Sterndeklination (Nord) = geographische Breite (Süd), wo der Stern gerade über dem Horizont erscheint. Beispiel: der Stern Alpha Gemini (Kastor im Sternbild Zwillinge) hat die Deklination +32°. Rechnung: 90°–32° = 58° südlicher Breite. Diese Breite ist die südlichst mögliche, um den Stern noch über dem Horizont zu sehen. Siehe unten und Seite 32.

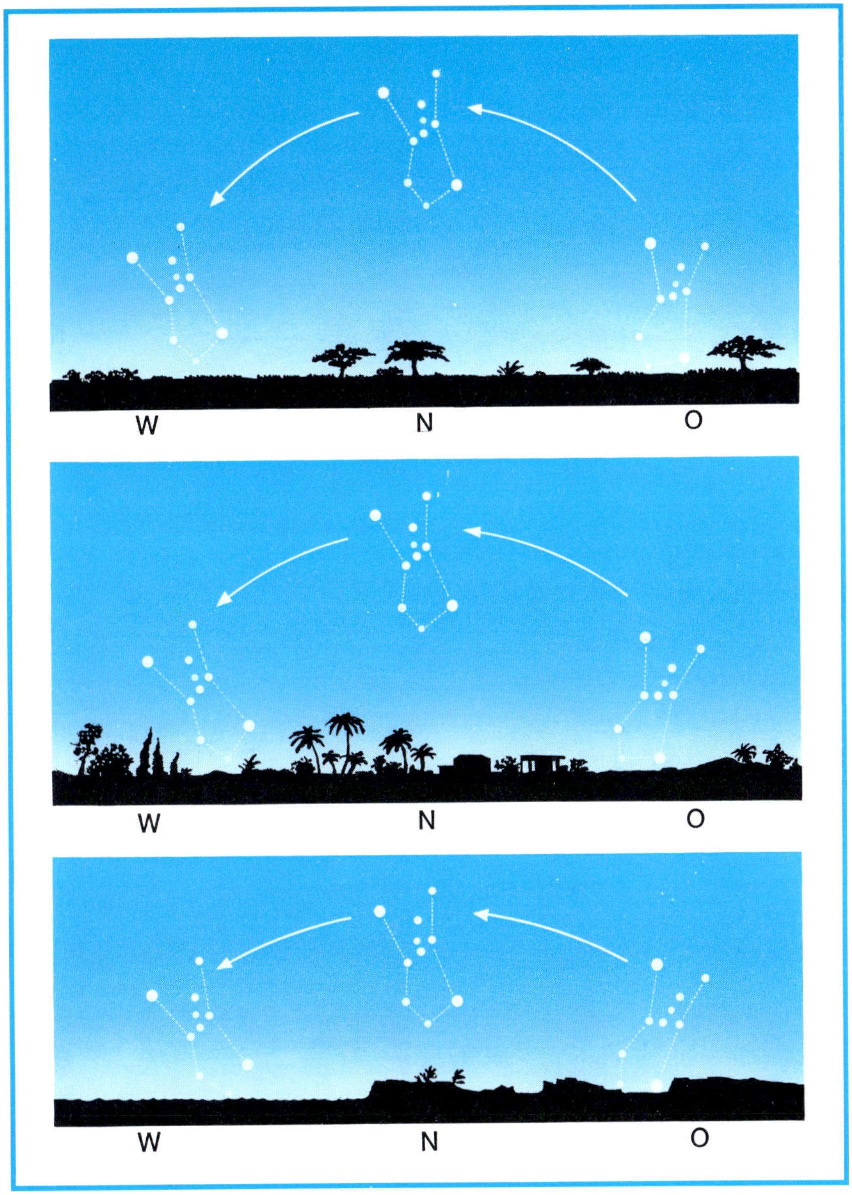

Höhenmessungen mit einfachen Mitteln

Die Messung der Höhenwinkel von Sternen und Planeten war schon im Altertum eine wichtige Aufgabe der Astronomen. Ein ebenso einfaches wie lehrreiches Instrument dazu ist der Pendelquadrant. Jeder kann ihn einfach aus Pappe, Holz, Kunststoff, Aluminium oder Messing herstellen.

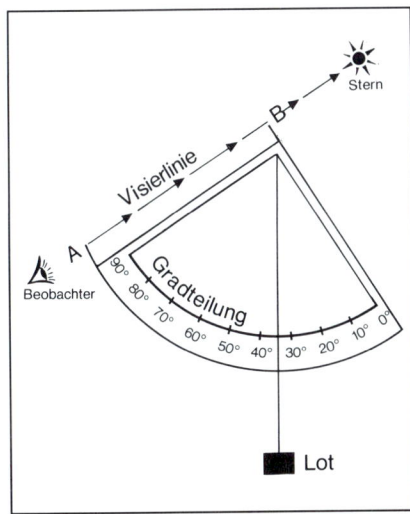

Der Pendelquadrant.

Das Prinzip sieht so aus (siehe Abb. oben): Wenn man an der Kante A-B entlang einen Stern anvisiert, zeigt das Lot auf der Teilung den Höhenwinkel des Sterns an. Je genauer die Visierkante des Quadranten zur Nullrichtung der Teilung senkrecht steht, um so genauer sind alle Messungen. Die stets vorhandenen Restfehler können wir bei diesem Experiment einmal unbeachtet lassen. Was kann der Sternfreund nun messen? Da

ist zum Beispiel die Bestimmung der geographischen Breite des Beobachters. Zu diesem Zweck sucht man sich einen hellen Fixstern, beispielsweise Sirius im Sternbild Großer Hund (Canis maior), recht auffällig am Abendhimmel in der Zeit von November bis März. Anfang März erreicht Sirius seinen höchsten Stand über dem Horizont zwischen 18h30 und 19h30. In Abständen von 5 Minuten werden nun die Höhen des

Sterns über dem Horizont mit dem Pendelquadranten gemessen. Höchster Stand über dem Horizont für den Beobachter auf der Nordhalbkugel Blickrichtung Süden; für den Beobachter auf der Südhalbkugel der Erde Blickrichtung Norden. Der Kulminationspunkt (so wird der Punkt der größten Höhe über dem Horizont genannt) sei am 4. März, 20 Uhr, und die gemessene Höhe 23 Grad an einem bestimmten Ort auf der

Nordhalbkugel. Zu diesem Wert wird die Deklination (siehe S. 20) des Sterns hinzugezählt. Sie beträgt aufgerundet minus 17 Grad. Die Rechnung lautet: 23 + 17 = 40. Das entspricht der Höhe des Himmelsäquators über dem Horizont im Meridian (siehe S. 20). Augenfällig macht das auch die Abbildung unten. Und die einfache Beziehung »90 Grad minus Höhe des Himmelsäquator = geographische Breite«, führt schnell zum Resultat: + 50 Grad. Man merke für die Nordhalbkugel):

● Die Deklination mit dem Vorzeichen plus wird von der Höhenmessung abgezogen.
● Auf der Südhalbkugel ist es genau umgekehrt!
● Die Deklination mit dem Vorzeichen minus wird zur Höhenmessung dazugezählt.

Deklination und Rektaszension heller Sterne findet man im Text zu den nachfolgenden Sternkarten (S. 34–87).

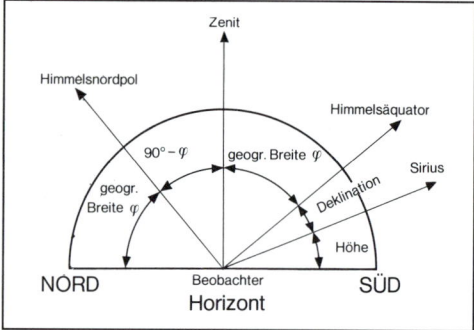

Winkelbeziehungen zur Bestimmung der geographischen Breite mit Hilfe des Pendelquadranten.

Elektronische Hilfsmittel

Die Bestimmung der geographischen Breite und Länge eines Standorts auf der Erde ist mit Hilfe einfacher Sonnen- oder Sternbeobachtungen möglich. Die Anleitung dazu gibt das »Astronomische Praktikum I« von Otto Zimmermann.

Seit 1993 ist die Standortbestimmung mit Satellitenhilfe jedermann nach dem »Global Positioning System« (GPS) möglich. Man benötigt dazu einen GPS-Empfänger, mit dem die Ortungssignale der 23 Navstar-Satelliten aufgenommen werden. Kostenpunkt für den Empfänger: etwas mehr als ein D-Netz-Telefon. Die Standortbestimmung ist auf 1–5 m genau.

Mikroelektronik und Computertechnik machen den Himmel auf dem Bildschirm mög-

Das Sternbild Großer Bär (Ursa maior) als Beispiel für scheinbare Winkelabstände der Sterne am Himmel. Siehe dazu die Tabelle rechts mit den Sternnamen und den Abständen (vgl. auch S. 42).

Der Sternenhimmel auf dem Bildschirm. Mit Hilfe des Computers kann heute jeder seine eigene Sternkarte herstellen. Software, wie z. B. TheSky, wird reichlich angeboten (siehe auch S. 159).

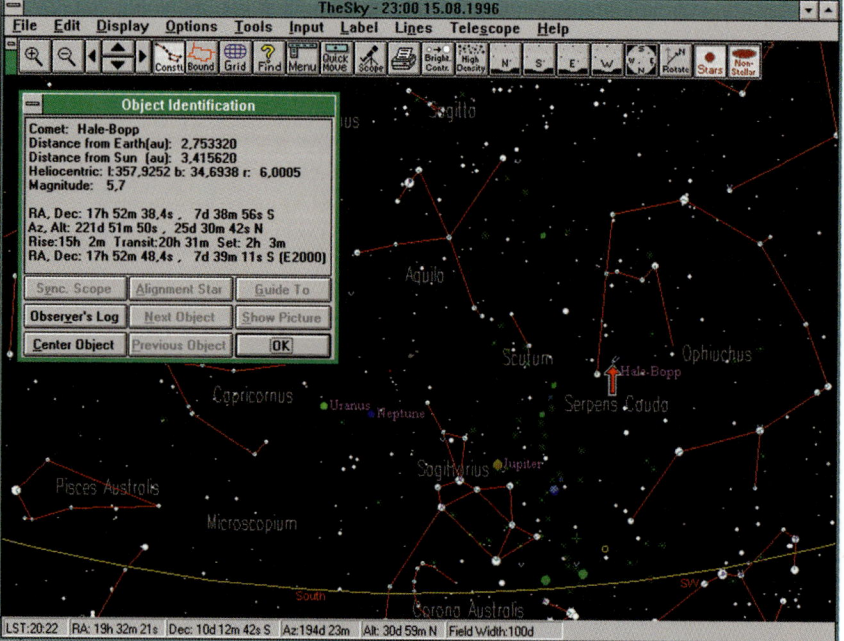

lich. Die Computerastronomie beschränkt sich nicht auf die Berechnung von Positionen von Sonne, Mond und Planeten. Es gibt heute bereits eine Reihe von Astroprogrammen, die den Computer zum Heimplanetarium machen und den Sternenhimmel für einen gewünschten Beobachtungsort an einem bestimmten Tag und eine bestimmte Stunde auf dem Monitor erscheinen lassen. Dieses Bild kann mit Hilfe eines Druckers auch zur fertigen Sternkarte ausgedruckt werden. Hinweise auf Astroprogramme siehe S. 173.

Scheinbare Winkelabstände der Sterne

Zur Bestimmung des Gesichtsfelddurchmessers eines Feldstechers oder Fernrohrs ist es hilfreich, wenn die scheinbaren Winkelabstände von Sternen bekannt sind. Das in unseren Breiten das ganze Jahr über sichtbare Sternbild Großer Bär (Ursa maior) bietet sich als Testobjekt an (vgl. Photo links oben):

Sterne		Abstand
Benetnasch	– Mizar	4°53′
Dubhe	– Merak	5°38′
Mizar	– Megrez	9°78′
Mizar	– Phekda	13°15′
Merak	– Alioth	15°53′
Mizar	– Dubhe	19°35′

Die Strahlen aus dem Weltraum

Chemiker und Physiker beobachten die Natur nicht nur, sie können mit ihr auch experimentieren. Sie machen z. B. Versuche im Laboratorium. Sie können zudem auf Versuchsergebnisse aus allen Gebieten der Chemie und Physik zurückgreifen, z. B. aus den Bereichen der Optik, Akustik oder Mechanik. Die Astronomen haben im wörtlichen Sinn wenig in Händen, sieht man einmal ab vom Mondgestein, das die Sonden auf die Erde gebracht haben, oder von Meteoriten, die unbeschädigt auf die Erdoberfläche gelangt sind. Die weitaus überwiegende Masse der Informationen für die astronomische Forschung stammt aus der elektromagnetischen Strahlung, die von verschiedenen Strahlungsempfängern erfaßt wird.

Kleinbildaufnahme der Milchstraße. Jeder Sternfreund kann das machen!

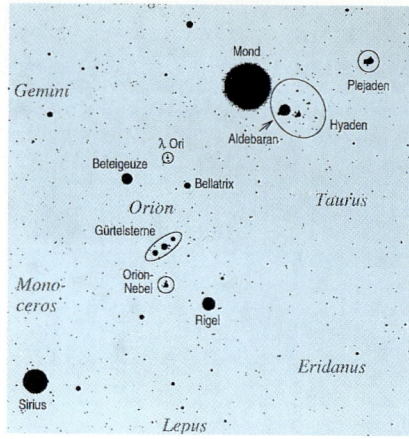

Unterschiedliches Erscheinungsbild des gleichen Himmelsausschnittes, der mit verschiedenen Methoden erfaßt wurde.

Links:
Das Sternbild Orion mit Mond (Halbmond), gezeichnet nach dem Anblick mit bloßen Augen.

Oben:
Skelettkarte mit Mond und den wichtigsten Sternen der Orion-Region.

Rechts:
Das Sternbild mit Mond (große helle Scheibe rechts oben) nach einer Photographie im sichtbaren Licht.

Rechts außen: Das Sternbild mit Mond (kleine gelbliche Mondsichel rechts oben) nach einer Aufnahme im Röntgenbereich.

Alle Aussagen über die Eigenschaften der Himmelskörper liefern die Untersuchungen der Strahlen aus dem Weltraum. Das Spektrum der elektromagnetischen Strahlung ist breit. Es gibt das sichtbare Licht, das von Violett über Blau und Grün bis zu Gelb und Rot reicht. An das sichtbare Rot schließt das für menschliche Augen unsichtbare Infrarot an. Es gibt den Bereich der Wärmestrahlung und der Radiowellen. Die kurzwelligsten und energiereichsten Strahlen sind die kosmische Höhenstrahlung und die Röntgenstrahlung. Sie werden von der Erdatmosphäre fast vollständig verschluckt (vgl. Grafik S. 133).

Gemeinsam ist allen Strahlen aus dem Weltraum, daß es sich um elektromagnetische Wellen handelt, die sich mit Lichtgeschwindigkeit ausbreiten. Das Licht pflanzt sich mit der Geschwindigkeit 300 000 Kilometer pro Sekunde fort. Sehr verschieden dagegen sind die Strahlenarten in bezug auf ihre Wellenlänge, Intensität und Zusammensetzung.

Jeder Strahlungsempfänger hat »seinen Himmel«

Der Sternfreund, der seinen Blick zum ersten Mal auf den nächtlichen Himmel richtet, ist meistens verblüfft über die geringe Anzahl von Sternen, die er auf Anhieb mit bloßen Augen sieht. Vor allem dann, wenn er aus dem hellen Zimmer seiner Wohnung in die dunkle Nacht tritt. Erst allmählich wird die Zahl der Sterne größer, wenn sich die Augen an die Dunkelheit gewöhnt haben.

Die Anpassung des Auges an die Dunkelheit heißt Adaption. Der Zeitraum bis zur völligen Anpassung der Augen an die Dunkelheit dauert eine halbe Stunde und länger! Die Adaption ist für astronomische Beobachtungen sowohl mit bloßen Augen als auch in Verbindung mit einem Feldstecher oder Fernrohr (»visuelle Beobachtung«) unverzichtbar. Jede unerwünschte Lichteinwirkung (Blendung) schadet der Adaption und beeinträchtigt die Qualität der Beobachtung.

Hintergrundaufhellungen durch den Nachthimmel und ganz besonders Mondlicht setzen die Grenzgröße der mit bloßen Augen sichtbaren Sterne herab. In einer dunklen, klaren Nacht nimmt der geübte Beobachter Sterne bis zur 6. Größenklasse wahr. Das sind am Nord- und Südhimmel zusammen etwa 6000 Sterne.

Der nach den Augen älteste Strahlungsempfänger ist die photographische Emulsion. In der Wissenschaft ist sie inzwischen weitgehend durch elektronische Strahlungsempfänger ersetzt worden. Für die Anfertigung von Aufnahmen großer Sternfelder und insbesondere für die Amateurphotographie spielt sie immer noch eine Rolle. Hinweise für himmelsphotographische Arbeiten auf Seite 159.

Die meisten Aufnahmen von Himmelsobjekten in diesem Buch sind photographische. Wer den Himmel visuell beobachtet und zum Vergleich oder zur Orientierung ein Photo heranzieht, wird rasch Unterschiede feststellen:

- die Photos zeigen im Vergleichsfeld mehr Sterne,
- die Lichteindrücke auf Photos sind viel intensiver, als sie der Beobachter visuell ausmacht,
- die Photos zeigen Farben, die der visuelle Beobachter nicht sieht.

Auch Photos, aufgenommen mit Fernrohren verschieden langer Brennweite und kürzeren oder längeren Belichtungszeiten, vermitteln unterschiedliche Eindrücke. Die Photos der Plejaden (»Siebengestirn«) auf Seite 55 und Seite 143 sind dafür Beispiele. Die Aufnahme auf Seite 55 zeigt ein größeres Feld. Die Aufnahmeoptik war kurzbrennweitiger als diejenige des Photos auf Seite 143.

Die photographischen Astroaufnahmen haben wesentlich zur Objektivierung von Meßvorgängen beigetragen. Ihre additive Wirkung auf geringe Strahlungseindrücke bringt eine große Detail- und Kontrastausbeute. Über das nach wie vor interessante Gebiet Astrophotographie gibt es Spezialpublikationen (siehe S. 173). Das gilt auch für die neuen photo-elektronischen Strahlungsempfänger, Photomultiplier und ganz besonders die Halbleiter-Detektoren (CCD – Charge Coupled Device). Die auf Seite 173 genannten Handbücher geben dazu die notwendigen Informationen.

Wie unterschiedlich die Intensität der Strahlung ist und wie unterschiedlich sie mit Hilfe der Strahlungsempfänger umgesetzt wird, machen die drei Beispiele des Sternbilds Orion mit Mond anschaulich:
1. Zeichnung nach Beobachtung mit bloßen Augen,
2. photographische Aufnahme,
3. Röntgenbild in der ROSAT-Himmelsdurchmusterung.

Für den nichtprofessionellen Betrachter des Himmels sind die visuellen Eindrücke die unmittelbarsten (Stichwort »Urerlebnis Sternenhimmel«). Zur Orientierung und Vertiefung braucht er aber das photographische und photo-elektronische Bild. Deshalb ist es hilfreich, wenn man die Unterschiede kennt.

Die erreichbare Grenzgröße von Sternen bei der visuellen Beobachtung hängt in erster Linie ab von der Öffnung des Instruments. In gewisser Hinsicht auch von der gewählten Vergrößerung. Dazu folgende Übersicht:

Feldstecher	7 x 50 bis 10^m,
	10 x 50 bis 10,2^m;
63-mm-Refraktor	V 34x bis 11,2^m,
	V 53x bis 11,5^m;
100-mm-Refraktor	V 40x bis 12,3^m,
	V 100x bis 12,8^m;
180-mm-Spiegel	V 45x bis 13,4^m,
	V 112x bis 13,9^m.

Zum Vergleich: Ein Spiegelteleskop mit 1,5 m Öffnung erreicht visuell bei etwa 200facher Vergrößerung Sterne nahe der 17. Größenklasse.

Ganz anders ist die Situation in der Astrophotographie mit Unterstützung einer CCD-Kamera: In wenigen Minuten erreicht der 180-mm-Spiegel den Grenzwert des großen 1,5-m-Teleskops!

Bausteine des Universums sind die Galaxien. Eines dieser großen Sternsysteme ist der Andromeda-Nebel. Schon mit bloßen Augen ist er im Sternbild Andromeda als blasser Fleck auszumachen. Die Wiedergabe der Spiralstruktur und die Auflösung in Einzelsterne gelingt erst auf länger belichteten Photos.

Die Sternbilder und ihre interessantesten Objekte

Der Anblick des Sternenhimmels in einer mondlosen, klaren Nacht ist schön und verwirrend zugleich. Die Sterne scheinen Legion zu sein und von einer Orientierung in dieser Vielzahl scheint keine Rede zu sein. Oder doch? Man muß sich etwas Zeit nehmen, das Auge ruhen lassen und sich auf helle, auffällige Sterne konzentrieren. Ja, und es gibt die »Leitsternbilder«, die an anderer Stelle bereits vorgestellt worden sind (siehe S. 12).

Eine sichere Orientierung beginnt bei den Himmelspolen und den sie umgebenden Leitsternbildern; am Nordhimmel der Große Bär (Ursa maior), auch Großer Wagen genannt, am Südhimmel das Kreuz des Südens mit den beiden Hauptsternen des Sternbildes Kentaur (Crux, Centaurus). Siehe dazu Abbildungen auf S. 21.

Weitere Anhaltspunkte am Himmel sind die Sternbilder Orion, Jungfrau und Adler, denen allen gemeinsam ist, daß sie auf dem Himmelsäquator liegen. Etwas nördlich vom Himmelsäquator finden wir das auffällig quadratische Sternbild Pegasus. Die Tabelle unten gibt einen Überblick über die Sichtbarkeit dieser Sternbilder: Im Durchschnitt geht ein Sternbild jeden Monat 2 Stunden früher auf. Bitte beachten Sie diese Regel bei der Benützung der Sternkarten auf S. 34 ff.

Entfernungen im Weltraum

Wer mit seinem Feldstecher oder Fernrohr den nächtlichen Himmel anschaut, wird sich sofort Gedanken über die Größenverhältnisse im Weltraum machen, vor allem über die Entfernungen. Wir sind es gewöhnt, von unseren alltäglichen Erfahrungen ausgehend, Entfernungen »zu begreifen«. Alte Bauern sprechen von der Wegstunde, die zwei Dörfer trennt. Wer mit dem Auto unterwegs ist, stellt an Hand seines Tageskilometerzählers fest, daß er heute wieder ein paar hundert Kilometer gefahren ist. Und diese Kilometer sehen wir förmlich, weil sich Erinnerungen an Städte und Landschaften damit verbinden. Es ist das persönliche Erlebnis der Entfernung. Und wer liest, daß der Erdumfang am Äquator etwa 40 000 km beträgt, der kann das immer noch in Beziehung zu seinen jährlich gefahrenen Auto-Kilometern bringen. Schnell wachsen die Entfernungen aber an, wenn der Mensch die Erde verläßt. Wir erinnern uns noch alle an jenen 20. Juli 1969: Die Mondfähre »Eagle« war gelandet. Zum erstenmal haben Menschen einen anderen Himmelskörper erreicht, den Mond. Runde 385 000 km ist dieser Weltraumnachbar von der Erde entfernt.

Nachfolgende Tabelle gibt Auskunft über die Entfernungen der großen Himmelskörper des Sonnensystems von der Erde (in Millionen Kilometern):

Sonne	149,6
Mond	0,384405
Merkur	75 bis 225
Venus	35 bis 255
Mars	60 bis 400
Jupiter	600 bis 970
Saturn	1200 bis 1650
Uranus	2600 bis 3150
Neptun	4350 bis 4700
Pluto	4300 bis 7500

Die Entfernungen der Planeten von der Erde sind deshalb nicht gleichmäßig, da ja der jeweilige Standort des Planeten und der Erde während des Umlaufs um die Sonne verschieden ist (siehe auch Zeichnungen auf S. 106). Wieviele Kilometer die Planeten auf ihrer Bahn um die Sonne zurücklegen,

Sichtbarkeit wichtiger Sternbilder im Verlauf des Jahres

Sternbild	Aufgang im Osten	Mitternacht im Süden (Nordhalbkugel) im Norden (Südhalbkugel)	Untergang im Westen
Orion	August	Mitte Dezember	April
Jungfrau	November	Mitte April	Juli
Adler	Februar	Mitte Juli	November
Pegasus	April	Mitte September	Januar

darüber unterrichtet folgende Aufstellung (in Millionen Kilometern).

Merkur	360	Saturn	9000
Venus	680	Uranus	18 000
Erde	940	Neptun	28 000
Mars	1400	Pluto	37 000
Jupiter	4900		

Jahr für Jahr rennt also unsere Erde die Strecke von 940 Millionen km um die Sonne. Sie entwickelt dabei die mittlere Bahngeschwindigkeit von 29,8 km in der Sekunde! Das ergibt die im Straßenverkehr konkurrenzlose Geschwindigkeit von 107 280 km/h. Der unserem Sonnensystem nächstgelegene Fixstern heißt Alpha Centauri (siehe Sternkarte auf S. 78). Er ist von der Sonne »nur« 4,3 Lichtjahre entfernt. Ein Lichtjahr entspricht umgerechnet 9,4605 Billionen Kilometern. Vielleicht ist folgendes Modell eine kleine Hilfe zum besseren Verständnis. Hier wird jede Million Kilometer auf einen Zentimeter verkürzt. Dann wäre
die Entfernung Sonne – Erde 1,5 m,
die Entfernung Sonne – Jupiter 7,78 m,
die Entfernung Sonne – Pluto 59,10 m,
die Entfernung Sonne – Alpha Centauri
410 000 m.
Das Modell-Sonnensystem könnten wir bequem im Kölner Dom oder mit noch mehr Spielraum im New Yorker Empire State Building unterbringen. Allerdings: Was dann den nächsten Fixstern angeht, müssen wir uns zu einem längeren Ausflug entscheiden: Befindet sich das Sonnensystem im Kölner Dom, so findet Alpha Centauri seinen Platz erst in Nürnberg. Vergleichsweise entspricht das der Strecke New York–Washington. Es lohnt sich schon, sich ein paar Gedanken über Entfernungen im Weltraum zu machen, bevor man den Sternenhimmel betrachtet. Diese Dimensionen müssen wir auch beachten, wenn es um den Raum geht, den bemannte und unbemannte Weltraumsonden durchmessen können. Eines ist sicher: Der Spaziergang mit den Augen zur Milchstraße ist der einzige Weg des Menschen, dorthin zu kommen. Er bringt genügend Überraschungen und viele Erlebnisse demjenigen, der aus Freude an der Natur eine Nacht am Fernrohr erlebt. Aber auch ein kleiner Feldstecher leistet für den Anfang bereits sehr gute Dienste. Es ist erstaunlich, was an die Dunkelheit angepaßte Augen mit ihm sehen!

Sternfeldaufnahme mit den beiden offenen Sternhaufen Hyaden (links unten) und Plejaden (rechts oben), deren hellste Sterne mit bloßen Augen gut zu erkennen sind. Der helle, rötliche Stern auf dem Photo ist Aldebaran, der Hauptstern des Sternbilds Stier (Taurus).

Gebrauchsanweisung für die Sternkarten

Auf den Seiten 34–86 ist der gesamte auf unserer Erde sichtbare Sternenhimmel mit den Sternen bis zur 5. Größenklasse abgebildet, vom Polarstern bis zum Kreuz des Südens. Eine Doppelseite bildet jeweils eine Einheit.

Linke Seite: Sie zeigt den Ausschnitt der Sternkarte im Vergleich zum gesamten sichtbaren Sternenhimmel und enthält die Beschreibung der wichtigsten Sterne und Sternbilder. Der Ausschnitt in der Sternkarte entspricht einem Himmelsfeld von 40 Grad mal 60 Grad. Die abgebildeten Sterne sind alle mit freiem Auge zu sehen.

Rechte Seite: Photographierte Umgebungskarte zweier interessanter Himmelsobjekte (Doppelstern, Sternhaufen, Gasnebel usw.) für die Beobachtung mit dem Feldstecher oder einem kleinen astronomischen Fernrohr. Der photographierte Ausschnitt entspricht etwa 4° Gesichtsfeld. Das Gesichtsfeld eines leistungsstarken Feldstechers, z. B. Fujinon FMT-SX 16×70 oder Zeiss 15×60, umfaßt etwa 4°; mehr über geeignete Instrumente auf S. 155 ff.

Um das Aufsuchen der beschriebenen Himmelsobjekte leichter zu machen, sind diese in der großen Übersichtskarte auf der linken Seite mit Kreisen markiert. Die Karte enthält außer den beiden »Spezial-Objekten« noch eine Reihe von anderen Himmelsobjekten, die mit Symbolen gekennzeichnet sind. Die Symbole werden jeweils unten links neben der Sternkarte erklärt.

Sichtbarkeit: Wann ist der jeweilige Ausschnitt am nächtlichen Himmel zu sehen? Mit Hilfe der auf S. 12 beschriebenen Leitsternbilder und deren Sichtbarkeit sowie mit den Sternkarten für die jahreszeitliche Sichtbarkeit des Sternenhimmels auf der Nord- bzw. Südhalbkugel der Erde (siehe Sternkarten im vorderen und im hinteren Einbanddeckel) fällt die Bestimmung nicht schwer. Eine einfache Formel gestattet die Berechnung der Deklination jener nördlichsten bzw. südlichsten Sterne, die am Beobachtungsort gerade noch zu sehen sind.

Beispiel für Seite 34: Der Beobachtungsort in Südamerika hat $\varphi = -40°$. Dann gilt: 90° −40° = 50°. Bis zur Deklination +50° sind alle Sterne des Nordhimmels sichtbar, also auch die Sterne β und γ Andromedae.
Beispiel für Seite 60: Der Beobachtungsort in Europa hat $\varphi = +55°$. Dann gilt: 90° − 55° = 35°. Bis zur Deklination −35° sind alle Sterne des Südhimmels sichtbar, also auch die Sterne γ Corvi und α Virginis.

Die Sternkarten beginnen
● Dekl. +90 Grad bis +30 Grad, RA von 0 bis 360 Grad (Karte 1 mit 9);
● Dekl. +30 Grad bis –30 Grad, RA von 0 bis 360 Grad (Karte 10 mit 18);
● Dekl. –30 Grad bis –90 Grad, RA von 0 bis 360 Grad (Karte 19 mit 27).

Die einzelnen Sternkarten überschneiden sich etwas, um den Übergang zu erleichtern. Die am Ende aufgeführten »hellen Sterne« im jeweils vorgestellten Himmelsausschnitt sollen Anhaltspunkte sein und mit der Angabe der Position den Vergleich mit anderen Sternkarten oder astronomischen Jahrbüchern möglich machen.

Namen: Die Bezeichnung der Sterne ist – zumindest der helleren – üblich mit einem griechischen Buchstaben und dem lateinischen Sternbildnamen. Der Name des Sterns in Klammern ist ein meist auf arabischen Ursprung zurückgehender Eigenname. Die Namen der Sternbilder sind deutsch und lateinisch (in Klammern) angegeben. In den Sternkarten sind nur die lateinischen Namen der Sternbilder verzeichnet. Die Angaben auf der rechten Seite für die »Ausschnitte im Fernrohr« betreffen die Benennung des vorgestellten Objekts mit einer Katalognummer (z. B. M 42; s. auch S. 144/145) und – sofern üblich – mit einem Eigennamen bzw. einer speziellen Bezeichnung (z. B. Großer Orion-Nebel). Außerdem werden angegeben die Art des Objekts (z. B. Sternhaufen, Gasnebel usw.) und folgende astronomische Daten:
● Rektaszension (RA), gemessen in Stunden (^{h}) und Minuten (^{m}), vgl. Seite 20;
● Deklination (Dekl.), gemessen in Bogengrad (°) und Bogenminuten ('), vgl. Seite 20; RA und Dekl. beziehen sich auf das Äquinoktium 2000.0.
● scheinbare Helligkeit, ein Vergleichswert für die Größenklasse eines Sterns (abgekürzt ^{m}), vgl. Seite 139;
● bei veränderlichen Sternen die Periode, gemessen in Tagen (^{d});
● bei Doppelsternen und anderen interessanten Objekten die Distanz in Bogensekunden (").

Die einführenden und erklärenden Texte auf jeder Doppelseite beschreiben zum einen die Sternbilder des vorgestellten Himmelsausschnitts (linke Textseite) beziehungsweise geben Beobachtungshinweise für die Objekte im Fernrohrausschnitt (rechte Textseite).

Eine ganze Reihe von Fachbegriffen, betreffend astronomische Objekte, technische Verfahren und Instrumente sowie Fremdwörter und Abkürzungen werden im Glossar ab Seite 169 kurz erläutert.

1 Andromeda und Cassiopeia

1923 bestimmte Edwin Powell Hubble erstmals die Entfernung des Andromeda-Nebels. Das war der Nachweis, daß die Spiralnebel selbständige Sternsysteme sind.

Sichtbarkeit Um Mitternacht über Südhorizont (mittlere Ortszeit): Oktober. – Die Sterne im Kartenausschnitt stehen jeden Monat ungefähr 2 Stunden früher über dem Südhorizont: November 22^h, Dezember 20^h.

Andromeda (Andromeda) Als Fortsetzung des Pegasus-Vierecks (s. S. 68) ist das Sternbild mit 4 helleren Sternen, die eine leicht gekrümmte Kette bilden, ein auffälliges Objekt am nördlichen Himmel. Das Sternbild ist nur teilweise zirkumpolar, also das ganze Jahr über sichtbar.

Cassiopeia (Cassiopeia) Ein zirkumpolares Sternbild, dessen W-förmige Anordnung der helleren Sterne am Himmel auffällt. Das Sternbild befindet sich etwa in der Mitte zwischen den Sternbildern Andromeda und Cepheus. Antike griechische Schlüssel lassen oft ein W-förmiges Aussehen erkennen. Das Sternbild wurde deshalb von den alten Griechen wegen seiner Form auch mit einem Schlüssel verglichen.

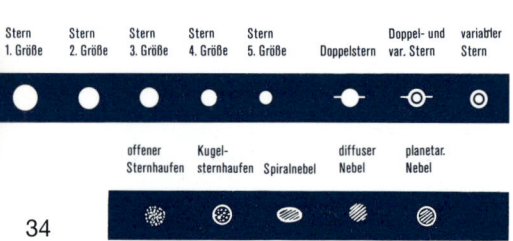

Stern 1. Größe	Stern 2. Größe	Stern 3. Größe	Stern 4. Größe	Stern 5. Größe	Doppelstern	Doppel- und var. Stern	variabler Stern
		offener Sternhaufen	Kugel-sternhaufen	Spiralnebel	diffuser Nebel	planetar. Nebel	

34

Andromeda-Nebel

= M 31 = NGC 224.
Spiralnebel
(Galaxie); RA 0^{h}42^{m}7;
Dekl. +41°16'; 4^m.
Der Andromeda-Nebel ist
eine der nächsten Gala-
xien und läßt bereits im
Feldstecher deutlich die
charakteristische Form
erkennen, wie sie das
Photo zeigt.

NGC 752

Offener Sternhaufen;
RA 1^{h}57^{m}8;
Dekl. +37°41'; 5,7^m.
Der offene Sternhaufen
NGC 752 ist im Bildaus-
schnitt unmittelbar rechts
von der Bildmitte zu se-
hen (Pfeil). Die lockere Ansammlung von Sternen ist
unverkennbar. Das Objekt
befindet sich am Himmel
noch innerhalb der Gren-
zen des Sternbildes
Andromeda.

Beobachtungshinweise für den Andromeda-Nebel

Nimmt man ein etwas größeres Amateur-
fernrohr (3–4 Zoll Öffnung), erscheint der
helle Kern kräftiger, jedoch erkennt man
noch nichts von der tatsächlichen Gestalt.
Es ist der Astrophotographie vorbehalten,
Spiralarme und Einzelsterne sichtbar zu
machen (vgl. Photo S. 30). Nicht nur wegen
seiner Nähe (690 000 Parsec = 2 250 000
Lichtjahre) ist der Andromeda-Nebel interessant. Nach seinen Dimensionen und seiner Struktur hat er viel Gemeinsames mit
unserem Milchstraßensystem. Er ist deshalb ein bevorzugtes Forschungsobjekt.
Schon mit freiem Auge ist in dunkler Nacht
der Nebel als länglicher Lichtfleck auszumachen. Der Beobachter sucht das Objekt
ausgehend von den Sternen β und μ Andromedae. Die Verlängerung der Verbindungslinie beider Sterne führt geradewegs zum
Andromeda-Nebel.

Beobachtungshinweise für NGC 752

Beim Aufsuchen geht man vom hellen Stern
γ Andromedae aus. Von dort südlicher in
Richtung auf den Stern β Trianguli. Im Gesichtsfeld eines Weitwinkelfeldstechers
(Gesichtsfeld ca. 7 Grad) erscheint der offene Sternhaufen zusammen mit dem Stern
β Trianguli. Die beiden helleren Sterne links
am Rand des Bildausschnittes sind die
Sterne 59 und 58 Andromedae; sie liegen
auf der Linie γ Andromedae nach β Trianguli und können ebenfalls als Stützpunkte
beim Aufsuchen verwendet werden.
Die Himmelsgegend ist nur noch Randge-
biet der Milchstraße. Der offene Sternhaufen NGC 752 ist so im Feldstecher oder
kleinen Fernrohr ein durchaus auffälliges
und lohnendes Objekt. Eine Beobachtung
mit bloßen Augen ist auch unter sehr guten
Umständen nicht möglich. Der Sternhaufen
hat die scheinbare Helligkeit 5,7^m und einen
scheinbaren Durchmesser von 45 Bogenminuten (Vollmond 30).

Die hellen Sterne

β Andromedae (Mirach); RA 1^{h}09^{m}7; Dekl. +35°37'; 2,4^m	α Cassiopeiae (Schedir); RA 0^{h}40^{m}5; Dekl. +56°32'; 2,5^m
γ Andromedae (Alamak); RA 2^{h}03^{m}9; Dekl. +42°20'; 2,2^m	β Cassiopeiae (Cheph); RA 0^{h}09^{m}2; Dekl. +59°09'; 2,4^m

2 Giraffe und Perseus

Das Sternbild Perseus spiegelt am Himmel eine Hauptfigur der antiken Sternsage von Andromeda, der äthiopischen Königstochter, und Perseus, ihrem Retter.

Sichtbarkeit Um Mitternacht über Südhorizont (Mittlere Ortszeit): November. – Die Sterne im Kartenausschnitt stehen jeden Monat ungefähr 2 Stunden früher über dem Südhorizont: Dezember 22^h, Januar 20^h.

Giraffe (Camelopardus) Ein in mittleren nördlichen Breiten zirkumpolares – damit das ganze Jahr über sichtbares – Sternbild. Recht unscheinbar zwischen den Sternbildern Cassiopeia und Fuhrmann.

Perseus (Perseus) Ein in mittleren nördlichen Breiten teilweise noch zirkumpolares Sternbild. Leicht zwischen den Sternbildern Andromeda (mit dem berühmten Spiralnebel!) und Fuhrmann aufzufinden. Die Lage mitten in der Milchstraße erhöht in dunkler Nacht noch den Eindruck des Sternreichtums. Der Name Perseus führt zurück in die Mythen der alten Griechen.

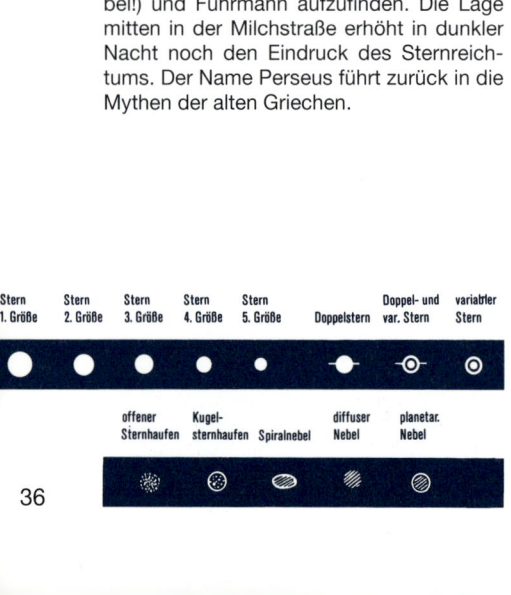

Stern 1. Größe	Stern 2. Größe	Stern 3. Größe	Stern 4. Größe	Stern 5. Größe	Doppelstern	Doppel- und var. Stern	variabler Stern
●	●	●	●	●	●	◉	◉

	offener Sternhaufen	Kugel-sternhaufen	Spiralnebel	diffuser Nebel	planetar. Nebel
	⬡	⬡	⬭	⬭	⬭

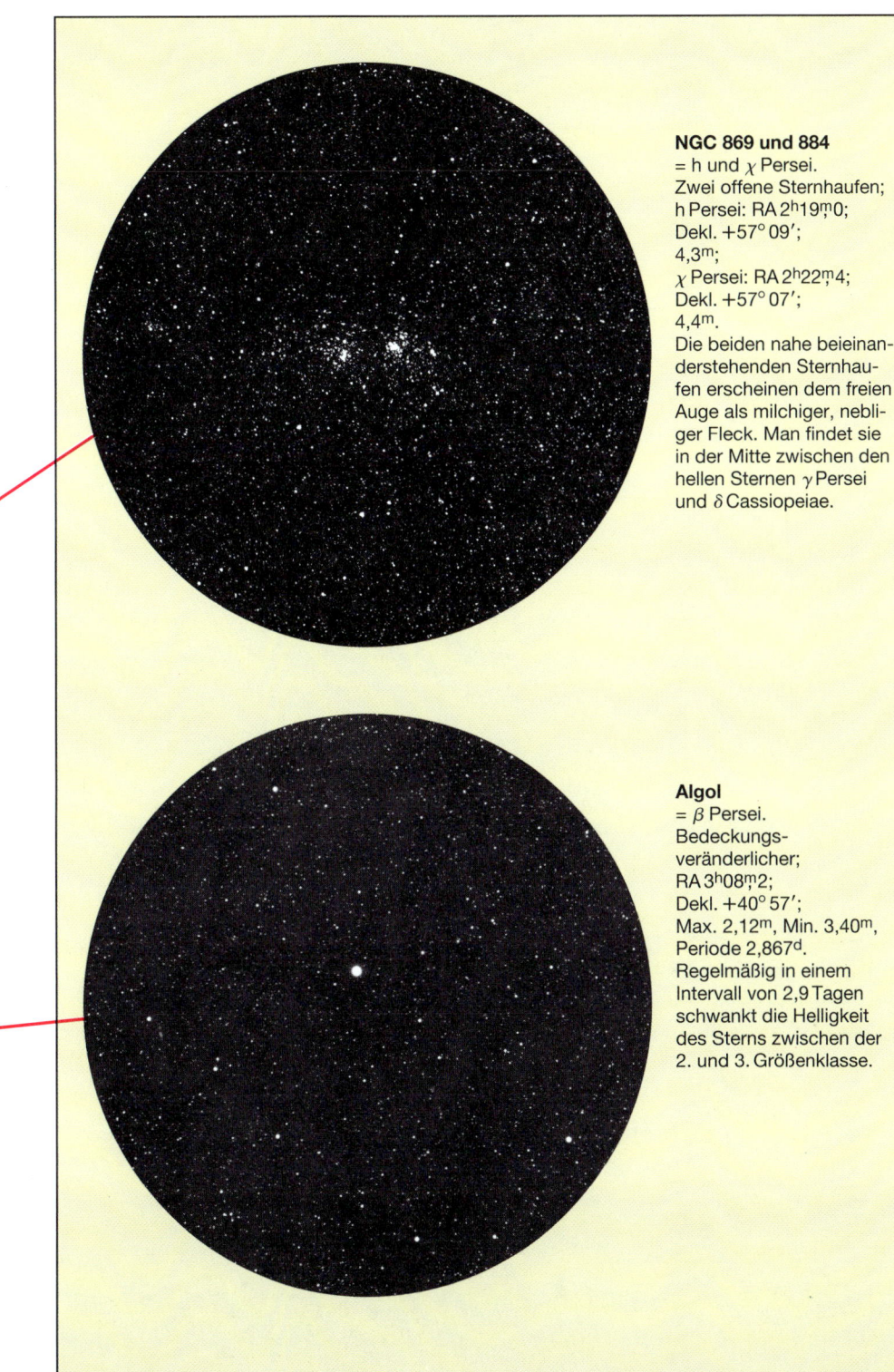

NGC 869 und 884

= h und χ Persei.
Zwei offene Sternhaufen;
h Persei: RA 2ʰ19ᵐ0;
Dekl. +57° 09′;
4,3ᵐ;
χ Persei: RA 2ʰ22ᵐ4;
Dekl. +57° 07′;
4,4ᵐ.
Die beiden nahe beieinan-
derstehenden Sternhau-
fen erscheinen dem freien
Auge als milchiger, nebli-
ger Fleck. Man findet sie
in der Mitte zwischen den
hellen Sternen γ Persei
und δ Cassiopeiae.

Algol

= β Persei.
Bedeckungs-
veränderlicher;
RA 3ʰ08ᵐ2;
Dekl. +40° 57′;
Max. 2,12ᵐ, Min. 3,40ᵐ,
Periode 2,867ᵈ.
Regelmäßig in einem
Intervall von 2,9 Tagen
schwankt die Helligkeit
des Sterns zwischen der
2. und 3. Größenklasse.

Beobachtungshinweise für NGC 869 und 884

Die beiden offenen Sternhaufen entfalten
ihre wahre Pracht erst im Feldstecher oder
im astronomischen Fernrohr bei nicht zu
hoher Vergrößerung (20–40fach). Hans Vehrenberg weist darauf hin, daß der Beobachter bei guten Sichtbedingungen sogar Farb-
unterschiede in den beiden Haufen feststellen kann. Die Zahl der Sterne in beiden
Haufen zusammen beträgt bis zur 15. Größenklasse über 600.

Es ist ein sogenannter Doppelsternhaufen,
dessen Alter die Fachleute mit 3 Millionen
Jahren angeben. Astronomisch bedeutet
das, daß er sehr jung ist! In unserem Ausschnitt ist der linke Sternhaufen das Objekt
χ Persei und der rechte das Objekt h Persei.

Beobachtungshinweise für Algol

Bei einiger Übung ist die Helligkeitsschwan-
kung unschwer auch ohne Fernrohr zu beobachten. Algol ist sozusagen der Ahne
einer ganzen Klasse von Sternen, den Bedeckungsveränderlichen, denn heute weiß
man, daß die Helligkeitsschwankungen auf
den Bewegungsmechanismus zweier sich
umkreisender Sterne zurückzuführen sind.
Stehen die beiden Sterne nebeneinander,
ist die Gesamthelligkeit größer, als wenn ein
Stern den anderen bedeckt. Das bloße Auge
sieht nichts vom Doppelstern, aber es registriert die Helligkeitsänderung. Da Algol ein
so prominenter Vertreter seines Typs ist,
werden die Zeitangaben seines Lichtwechsels in Jahrbüchern (siehe S. 173) veröffentlicht.

Algol ist im Ausschnitt der helle Stern in der
Mitte. Er bildet mit den Sternen α Persei
und γ Andromedae ungefähr ein rechtwinkeliges Dreieck.

Die hellen Sterne

α Persei (Algenib);
RA 3ʰ24ᵐ3;
Dekl. +49° 52′;
1,8ᵐ

β Persei (Algol);
RA 3ʰ08ᵐ2;
Dekl. +40° 57′;
2,1ᵐ–3,4ᵐ
(veränderlich)

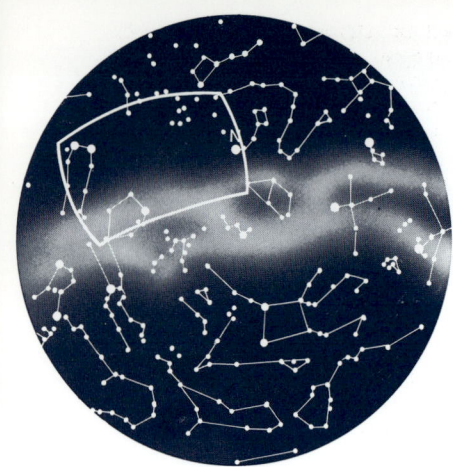

3 Fuhrmann

Auf alten Sternkarten, die die Sternbilder figürlich darstellen, sieht man den Fuhrmann, der eine Ziege auf dem Rücken trägt. Wahrscheinlich gab es in der Antike ein selbständiges Sternbild Ziege mit dem Stern Capella.

Sichtbarkeit Um Mitternacht über Südhorizont (Mittlere Ortszeit): Dezember. – Die Sterne im Kartenausschnitt stehen jeden Monat ungefähr 2 Stunden früher über dem Südhorizont: Januar 22^h, Februar 20^h.

Fuhrmann (Auriga) Ein markantes, teilweise zirkumpolares Sternbild, das nördlich zwischen den Sternbildern Stier und Zwillingen zu suchen ist. Eine Hilfe beim Auffinden ist die fünfeckige Form, die die hellen Sterne dem Sternbild geben. Dabei gehört der südlichste dieser 5 Sterne genaugenommen zum Sternbild Stier. Fast unmittelbar auf der Verbindungslinie zwischen Stern α Ursae maioris und α Tauri (der rötlich leuchtende Aldebran!) liegt der Hauptstern im Sternbild Fuhrmann mit Namen Capella (das Ziegenböcklein). Capella ist der fünfthellste Fixstern (nach Sirius, Canopus, α Centauri und Wega), den wir beobachten können. In Mitteleuropa ist der Stern zirkumpolar.

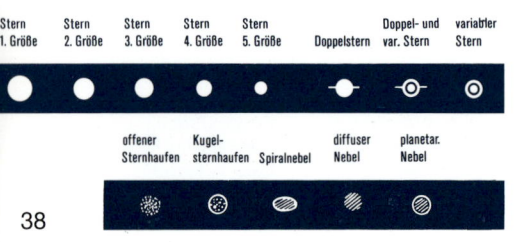

Stern 1. Größe
Stern 2. Größe
Stern 3. Größe
Stern 4. Größe
Stern 5. Größe
Doppelstern
Doppel- und var. Stern
variabler Stern
offener Sternhaufen
Kugel-sternhaufen
Spiralnebel
diffuser Nebel
planetar. Nebel

α Polaris
M 82
M 81
Ursa maior
γ
α
Camelopardus
β
Lynx
Capella
α
ε
β
Auriga
ϑ
M 38
M 36
M 37
Castor
α
Pollux
β
Gemini

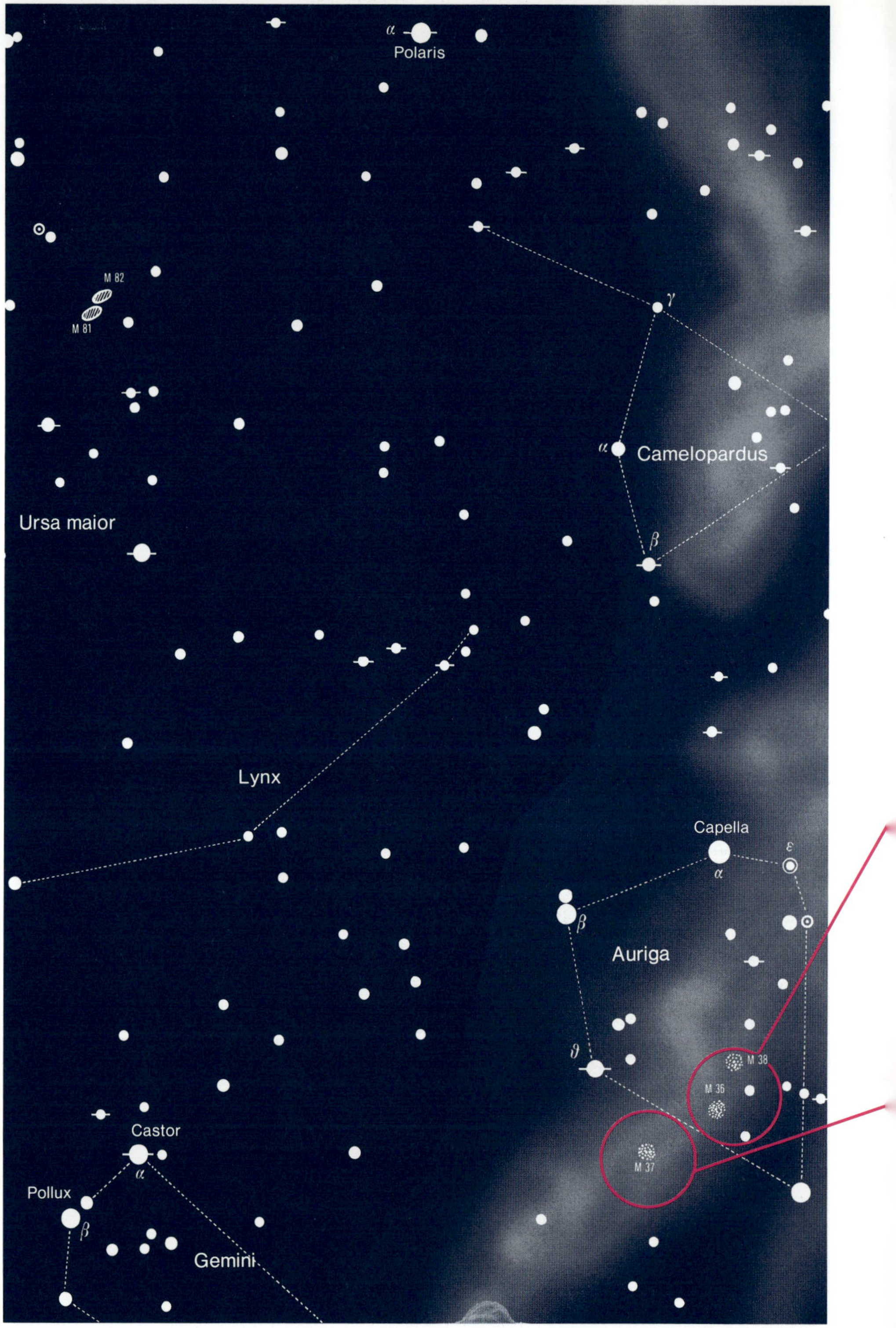

M 36 und M 38

M 36 = NGC 1960.
Offener Sternhaufen;
RA 5^{h}36^{m}1;
Dekl. +34° 08';
6,0^m.
M 38 = NGC 1912.
Offener Sternhaufen;
RA 5^{h}28^{m}7;
Dekl. +35° 50';
6,4^m.
Links im Bild befindet
sich M 36 und ganz oben
am Rand M 38 (Pfeile).
Unterhalb von M 38 zeigt
das Photo einen weiteren
offenen Sternhaufen
(NGC 1907).

M 37

= NGC 2099.
Offener Sternhaufen;
RA 5^{h}52^{m}4;
Dekl. +32° 33';
5,6^m.
Das Milchstraßengebiet
im südlichen Teil des
Sternbildes Fuhrmann ist
reich an offenen Stern-
haufen. M 37 verdient be-
sondere Beachtung, weil
dieser offene Sternhaufen
das eindrucksvollste aller
Objekte in dieser Region
ist.

Beobachtungshinweise für M 36 und 38

Im Ausschnitt ebenfalls dargestellt (Mitte
rechts) die Umgebung des Sterns φ Aurigae
mit einer deutlichen Sterngruppierung. Das
Feld insgesamt liegt mitten in der Milchstraße. Beim Aufsuchen hilft die Verbindungslinie zwischen den Sternen ϑ Aurigae
und ι Aurigae: In der Mitte zwischen beiden
Sternen entdeckt der Beobachter unschwer
M 36. Hat er einen sog. Weitwinkelfeldstecher (s. S. 160), so hat er – wenn M 36 in
der Mitte des Gesichtsfeldes ist – auch
M 38 und M 37 im Gesichtsfeld, da die
Strecke zwischen M 38 und M 37 nur etwa
7 Grad beträgt. M 37 wird unten ausführlich
vorgestellt. Bei M 38 beachte man den besonderen Sternreichtum.

Beobachtungshinweise für M 37

Die Auflösung in Einzelsterne gelingt ohne
weiteres im kleinen Fernrohr (Dreizöller mit
30–40facher Vergrößerung). H. Vehrenberg
macht in seinem »Messier-Buch« aufmerksam: »Nahe der Mitte steht ein auffallend
orangefarben leuchtender Stern.« Die Zahl
der Einzelsterne beläuft sich auf etwa 200.
Schätzungen hinsichtlich des Alters geben
200 Millionen Jahre und hinsichtlich der
Entfernung 1450 parsec an.
Zum Aufsuchen empfiehlt sich die oben für
M 36 angegebene Hilfe, dieser Sternhaufen
steht etwa 4 Grad von M 37 entfernt. Man
kann also mit den meisten Feldstechern
beide Objekte gleichzeitig in das Gesichtsfeld bekommen.

Die hellen Sterne

α Aurigae (Capella);	β Aurigae
RA 5^{h}16^{m}7;	(Menkalinan);
Dekl. +46° 00';	RA 5^{h}59^{m}5;
0^m	Dekl. +44° 57';
	Max. 1,9^m,
	Min. 2,0^m;
	Periode 3,96^d

4 Großer Bär, Kleiner Löwe und Luchs

Weniger Sterne als gewohnt beobachten wir in diesem Himmelsabschnitt. Ursachen sind der Aufbau der Milchstraße und der Standort unseres Sonnensystems darin.

Sichtbarkeit Um Mitternacht über Südhorizont (Mittlere Ortszeit): Februar. – Die Sterne im Kartenausschnitt stehen jeden Monat ungefähr 2 Stunden früher über dem Südhorizont: März 22^h, April 20^h.

Großer Bär (Ursa maior) Ausführliche Beschreibung s. S. 42. Die Isländer sahen in ihm früher den »Wagen des höchsten Gottes«. In altgriechischer Zeit gar galt es als Nymphe Helike, ein ziemlich herbes Mädchen mit patschnassen Haaren, das auf die Erde Schneestürme, Hagelschauer und eisige Kälte schickt.

Kleiner Löwe (Leo minor) Ein unscheinbares Sternbild zwischen den Sternbildern Großer Bär und Löwe.

Luchs (Lynx) Die Gegend ist ausgesprochen sternarm. Das Sternbild Luchs ist noch zirkumpolar. Man findet seine Sterne zwischen den Sternbildern Zwillinge und Großer Bär. Nahe dem Stern α Lyncis befindet sich der Doppelstern 38 Lyncis. Mit 2,8 Bogensekunden Distanz ein Objekt für den Dreizöller.

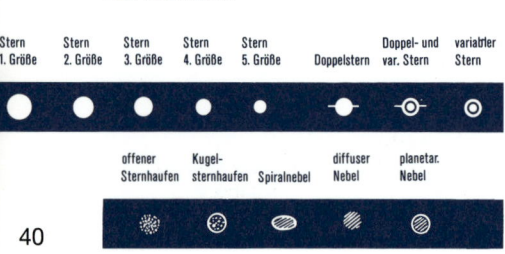

Stern 1. Größe	Stern 2. Größe	Stern 3. Größe	Stern 4. Größe	Stern 5. Größe	Doppelstern	Doppel- und var. Stern	variabler Stern

	offener Sternhaufen	Kugelsternhaufen	Spiralnebel	diffuser Nebel	planetar. Nebel

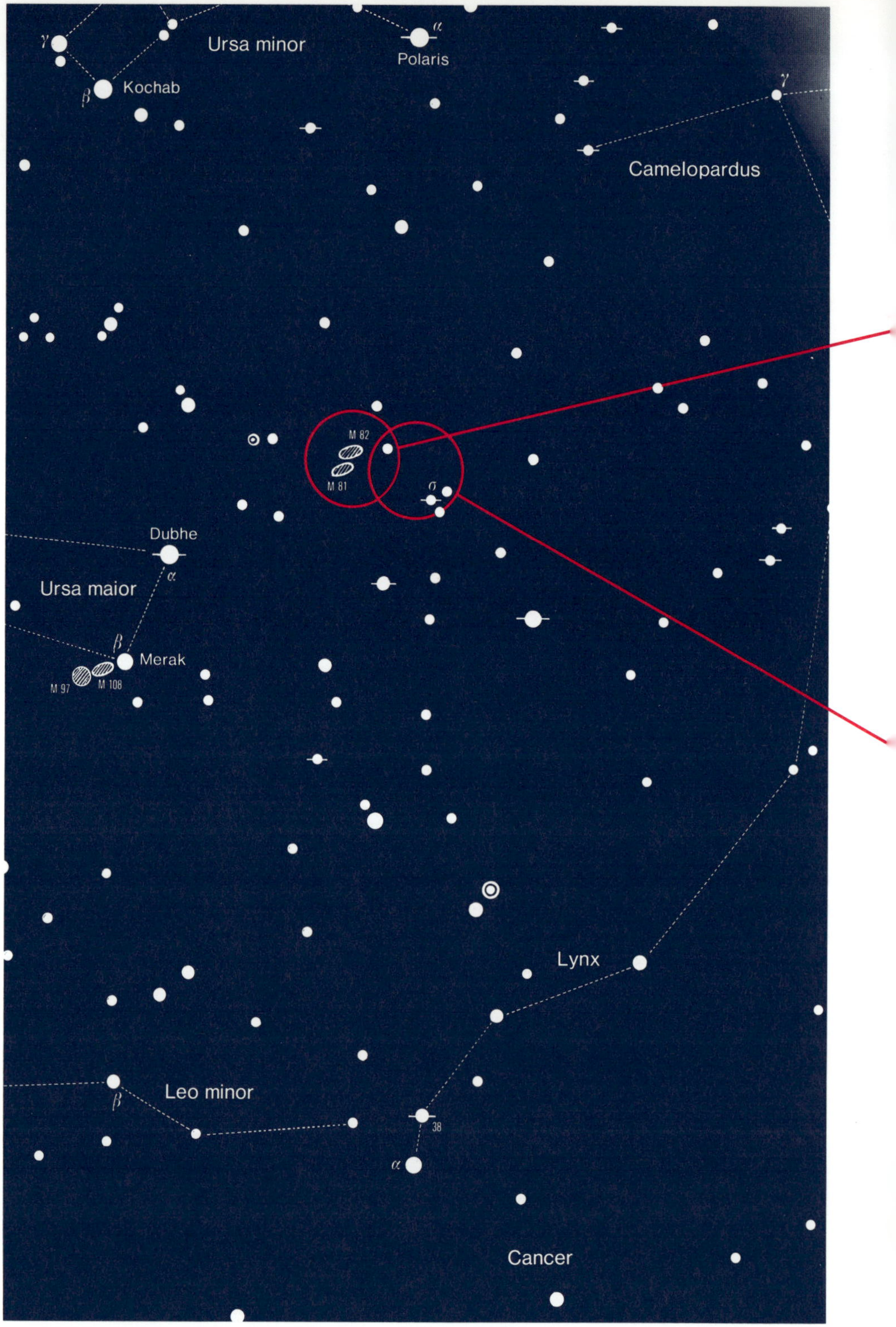

Ursa minor
Polaris
Kochab
β
γ

Camelopardus
γ

M 82
M 81
σ

Dubhe
α
Ursa maior
β
Merak
M 97   M 108

Lynx

Leo minor
β
38
α

Cancer

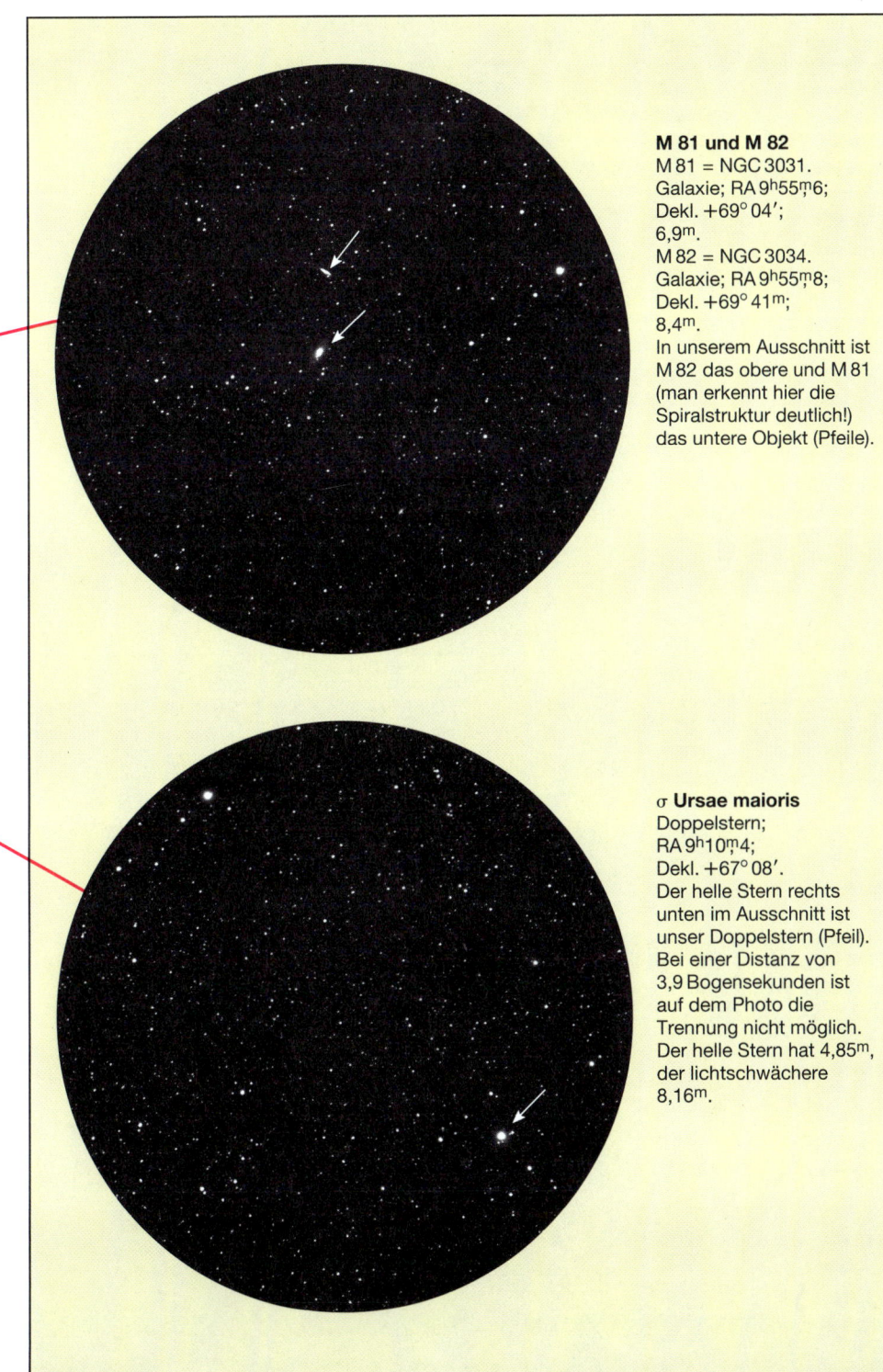

M 81 und M 82

M 81 = NGC 3031.
Galaxie; RA 9^{h}55^{m}6;
Dekl. +69° 04′;
6,9^m.
M 82 = NGC 3034.
Galaxie; RA 9^{h}55^{m}8;
Dekl. +69° 41^m;
8,4^m.
In unserem Ausschnitt ist
M 82 das obere und M 81
(man erkennt hier die
Spiralstruktur deutlich!)
das untere Objekt (Pfeile).

σ Ursae maioris

Doppelstern;
RA 9^{h}10^{m}4;
Dekl. +67° 08′.
Der helle Stern rechts
unten im Ausschnitt ist
unser Doppelstern (Pfeil).
Bei einer Distanz von
3,9 Bogensekunden ist
auf dem Photo die
Trennung nicht möglich.
Der helle Stern hat 4,85^m,
der lichtschwächere
8,16^m.

Beobachtungshinweise für M 81 und 82

Die beiden Spiralnebel sind ungefähr gleich hell. Für die Erkennbarkeit ist es besonders wichtig, daß der Beobachter in dunkler, mondloser Nacht ans Werk geht. Streulicht von Straßenbeleuchtungen usw. macht sich unliebsam bemerkbar. Aber auch in dunkler Nacht ist nicht damit zu rechnen, mit dem Feldstecher oder einem kleinen Fernrohr mehr als zwei verwaschen aussehende Nebelfleckchen wahrzunehmen. Photos mit großen Fernrohren zeigen, daß insbesondere M 81 eine verblüffende Ähnlichkeit mit dem Andromeda-Nebel hat. M 82 ist wegen einer starken Radiostrahlung bekannt geworden.

Beobachtungshinweise für σ Ursae maioris

In einem vierzölligen Fernrohr dürfte die Auflösung des Doppelsterns keine Schwierigkeiten bereiten. Je größer der Helligkeitsunterschied zwischen den Komponenten bei einem Doppelstern ist, um so schwieriger wird allerdings die Auflösung: Der hellere Stern überstrahlt den Begleiter. So ist es durchaus möglich, daß ein Fernrohr einen Doppelstern nicht trennt, obwohl rein rechnerisch die angegebene Distanz von der Optik aufgelöst werden müßte. Der Versuch, σ Ursae maioris mit dem Dreizöller zu trennen, wird deshalb wahrscheinlich kaum gelingen. Die Luftverhältnisse spielen bei einem solchen Versuch natürlich auch eine Rolle.

Die hellen Sterne

β Ursae maioris (Merak) RA 11^{h}01^{m}8; Dekl. +56° 23′	α Ursae maioris; (Dubhe) RA 11^{h}03^{m}7; Dekl. +61° 45′

41

5 Großer Bär und Jagdhunde

Das Sternbild Großer Bär hat in vielen Kulturkreisen eine Rolle gespielt. Bei den Römern hießen die 7 Hauptsterne die »Sieben Dreschochsen«, die sich ständig um den Himmelspol bewegen.

Sichtbarkeit Um Mitternacht über Südhorizont (Mittlere Ortszeit): März. – Die Sterne im Kartenausschnitt stehen jeden Monat ungefähr 2 Stunden früher über dem Südhorizont: April 22^h, Mai 20^h.

Großer Bär (Ursa maior) Das Sternbild ist auch unter dem Namen »Himmelswagen« (Großer Wagen) bekannt. 4 helle Sterne bilden den »Wagen«, 3 nicht minder helle Sterne die »Deichsel«. Für die Bärengestalt werden lichtschwächere Sterne herangezogen.

Bekannt ist die Orientierung zum Nordpol: die Verbindungslinie zwischen den Sternen Merak und Dubhe weist auf den Pol. Ihre fünffache Verlängerung führt zum Polarstern.

Jagdhunde (Canes venatici) Die hellsten Sterne in diesem unscheinbaren Sternbild sind zwischen 4. und 5. Größenklasse. Das Sternbild ist vor allem wegen der Häufung von Spiralnebeln bekannt.

Stern 1. Größe	Stern 2. Größe	Stern 3. Größe	Stern 4. Größe	Stern 5. Größe	Doppelstern	Doppel- und var. Stern	variabler Stern

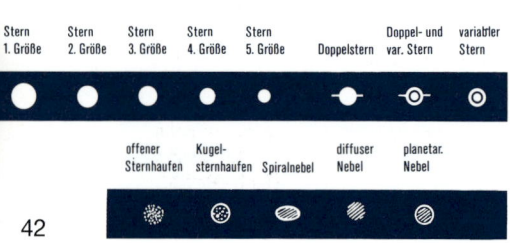

offener Sternhaufen | Kugel-sternhaufen | Spiralnebel | diffuser Nebel | planetar. Nebel

Polaris

Ursa minor

Kochab

Draco

M 82
M 81

Dubhe

Ursa maior

M 101

Alkor

Mizar

Alioth

Megrez

Merak

M 108

M 97

Phekda

M 109

Benetnasch

M 51

M 106

M 63

M 94

Canes venatici

Leo minor

Galactic North Pole ✕

Coma Berenices

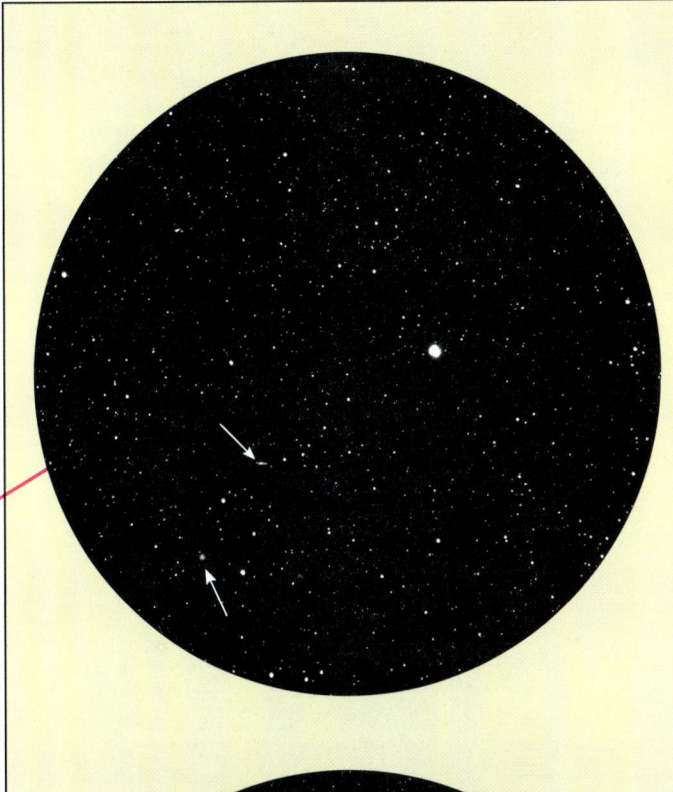

M 97 und M 108

M 97 = NGC 3587.
Planetarischer Nebel;
RA 11^{h}14^{m}8;
Dekl. +55° 01';
12,0^m.
M 108 = NGC 3556.
Spiralnebel;
RA 11^{h}11^{m}5;
Dekl. +55° 40';
10,1^m.
In einer stockdunklen
Nacht kann man sich an
sie mit einem 4–5zölligen
Fernrohr oder auch mit
einem Feldstecher
15 × 60 heranwagen.
M 97 unterer Pfeil,
M 108 oberer Pfeil.

Beobachtungshinweise für M 97 und 108

Startplatz ist der helle Stern Merak des Sternbildes Großer Bär (in unserem Ausschnitt der helle Stern in der Mitte). Hat man ihn z. B. im Feldstecher am Rand des Gesichtsfeldes, so sieht man gleichzeitig beide Objekte, M 97 und M 108, und zwar im Ausschnitt links unterhalb der Mitte zum linken Rand hin (Pfeile). Mehr als zwei winzige, zart-verwaschene Fleckchen darf sich der Beobachter allerdings nicht erwarten. Die Sichtbarkeit hängt sehr vom Zustand der Atmosphäre ab (Trübung!).

Der planetarische Nebel M 97 heißt auch der »Eulen-Nebel«. Zum Thema planetarische Nebel siehe auch die Ausführungen auf den Seiten 49 und 147.

Die scheinbare Helligkeit von M 97 liegt bei 12,0^m, die von M 108 bei 10,0^m. Damit hat man auch zwei Testobjekte für die Optik – und natürlich für den Beobachter.

Beobachtungshinweise für α Canum venaticorum

Als Doppelstern ist er ein leichtes Objekt für ein 2zölliges astronomisches Fernrohr. Die Distanz beträgt fast 20 Bogensekunden. Der Helligkeitsunterschied zwischen beiden Sternen beträgt 2,9^m zu 5,5^m.

Der hellere der beiden Sterne ist zugleich noch ein veränderlicher Stern, dessen scheinbare Helligkeit um etwa 1/10 Größenklasse schwankt. Die Länge der Lichtwechselperiode, also die Zeit von einem Maximum zum nächsten, beträgt 5,47 Tage. Der Stern ist Prototyp einer Klasse veränderlicher Sterne, die seinen Namen führt. Er gehört zu den physisch veränderlichen Sternen (das sind Sterne, deren Gashülle pulsiert).

α Canum venaticorum

Doppel- und veränderlicher Stern;
RA 12^{h}56^{m}0;
Dekl. +38° 19';
2,9^m bzw. 5,5^m; 19,4''.
Dieser hellste Stern im Sternbild Jagdhunde (Canes venatici) führt auch die Bezeichnungsnummer 12. Wer schöne Namen schätzt, kann den Stern Cor Caroli (Karls Herz) nennen. Im Photo am linken Bildrand (Pfeil).

Die hellen Sterne

γ Ursae maioris (Phekda); RA 11^{h}53^{m}8; Dekl. +53° 42'; 2,4^m	ε Ursae maioris (Alioth); RA 12^{h}54^{m}0; Dekl. +55° 58'; 1,8^m
	η Ursae maioris (Benetnasch); RA 13^{h}47^{m}5; Dekl. +49° 19'; 1,9^m

6 Bootes (Bärenhüter) und Kleiner Bär

Sternbilder dienten vielfach als Navigationshilfen. Die phönizischen Seefahrer bevorzugten das Sternbild Kleiner Bär, die Griechen den Großen Bären. Der Kleine Bär heißt deshalb auch Ursa Phoenice.

Sichtbarkeit Um Mitternacht über Südhorizont (Mittlere Ortszeit): Mai. – Die Sterne im Kartenausschnitt stehen jeden Monat ungefähr 2 Stunden früher über dem Südhorizont: Juni 22ʰ, Juli 20ʰ.

Bootes Der Name hat sich für das Sternbild eingebürgert, obwohl es der lateinische ist. Es gibt Übersetzungen wie: Bärenhüter oder Ochsentreiber. Auf dieser Karte sehen wir nur den nördlichen Teil des Sternbildes. Zum Sternbild Bootes siehe weiter noch Karte 15 auf Seite 62.

Kleiner Bär (Ursa minor) Das zirkumpolare Sternbild hat als Stern Alpha den berühmten Polaris, den Polarstern. Er ist vom nördlichen Himmelspol nur knapp 1 Grad entfernt. Der Abstand zum Nordpol bleibt nicht gleich; derzeit nähert sich der Stern scheinbar dem Pol (bis zum Jahr 2115). Polaris ist ein Doppelstern mit etwa 18 Bogensekunden Distanz. Der zweite

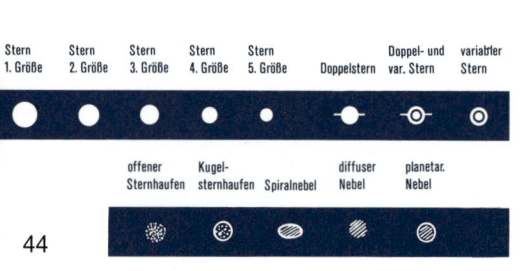

Stern 1. Größe	Stern 2. Größe	Stern 3. Größe	Stern 4. Größe	Stern 5. Größe	Doppelstern	Doppel- und var. Stern	variabler Stern

	offener Sternhaufen	Kugelsternhaufen	Spiralnebel	diffuser Nebel	planetar. Nebel

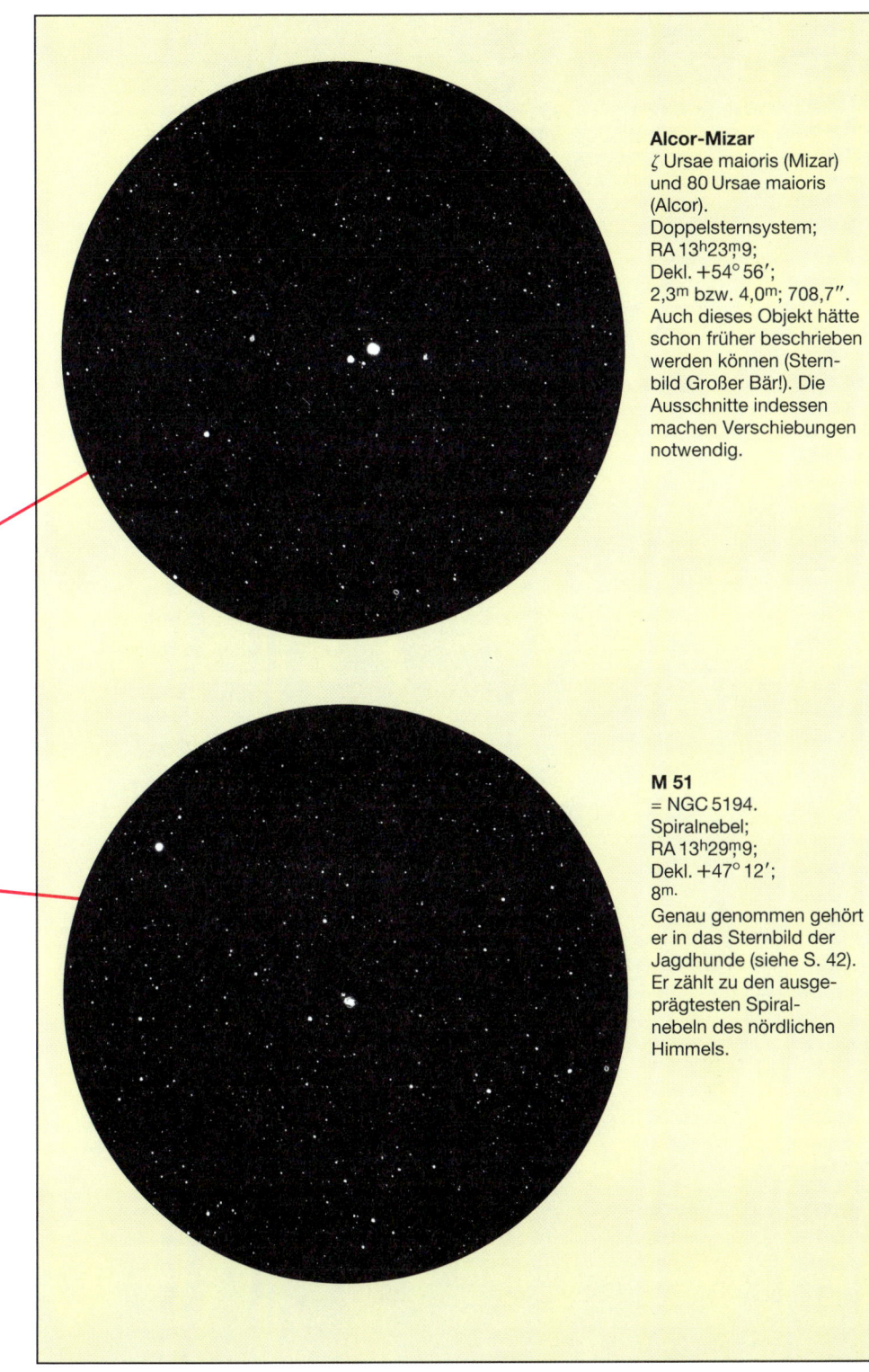

Alcor-Mizar

ζ Ursae maioris (Mizar) und 80 Ursae maioris (Alcor). Doppelsternsystem; RA 13h23m9; Dekl. +54° 56'; 2,3m bzw. 4,0m; 708,7". Auch dieses Objekt hätte schon früher beschrieben werden können (Sternbild Großer Bär!). Die Ausschnitte indessen machen Verschiebungen notwendig.

M 51

= NGC 5194. Spiralnebel; RA 13h29m9; Dekl. +47° 12'; 8m. Genau genommen gehört er in das Sternbild der Jagdhunde (siehe S. 42). Er zählt zu den ausgeprägtesten Spiralnebeln des nördlichen Himmels.

Stern hat aber nur die Helligkeit 9m. Der hellere Stern ist zwischen 1,9m und 2,0m veränderlich.

Beobachtungshinweise für Alcor-Mizar

Mizar ist ein Deichselstern des Großen Himmelswagens. Im Abstand von 11 Bogenminuten (!) steht Alcor, das Reiterlein, ein Stern 4. Größenklasse. Dieses Doppelsterngespann eignet sich ausgezeichnet als Sehschärfentest. Wer sehr gute Augen hat, kann ohne Hilfe eines Fernrohrs beide Sterne gerade noch trennen!

Der hellere Stern, Mizar, 2,4m hell, ist selbst wiederum ein Doppelstern. Zu seiner Auflösung braucht man allerdings einen großen Feldstecher (22fache Vergrößerung!) oder besser ein 2zölliges Astro-Fernrohr. Die Distanz beträgt 14 Bogensekunden.

Beobachtungshinweise für M 51

Entdeckt wurde das 8 Größenklassen helle Objekt bereits im Jahr 1773 durch den Franzosen Messier, dessen Name ja mit dem Katalog von über 100 Sternhaufen, Nebeln und Galaxien verbunden ist.

Im kleinen Fernrohr sieht M 51 fast wie ein verwaschener Doppelstern aus, was auf zwei hellere Kerne des Spiralnebels zurückzuführen ist. Dicht bei ihm (nördlich) ist noch eine andere Galaxie (NGC 5195), ungefähr 10,5m hell. Es ist eine sogenannte »Hintergrundgalaxie«, also kein echter Begleiter von M 51.

H. Vehrenberg empfiehlt zur Auffindung folgende Regel: »Man teile die Verbindung von η Ursae maioris nach α Canum venaticorum in drei Teile und suche M 51 am Ende des ersten Drittels.« Hat man übrigens schon einmal diese Verbindungslinie zwischen den beiden genannten Sternen, dann lohnt es sich noch, zu Beginn des dritten Drittels nach M 63 zu suchen, einer Galaxie mit Helligkeit 9,5m.

Die hellen Sterne

γ Bootis (Ceginus);
RA 14h32m0;
Dekl. +38° 18';
3,2m

α Ursae minoris (Polaris);
RA 2h31m8;
Dekl. +89° 16';
2,0m (veränderlich)

β Ursae minoris (Kochab);
RA 14h50m7;
Dekl. +74° 09';
2,0m

7 Drache und Herkules

Der Drache verkörpert in der Sagenwelt des Altertums Gefahr und Unheil. Der Stern α Draconis war vor 5000 Jahren der Polarstern.

Sichtbarkeit Um Mitternacht über Südhorizont (Mittlere Ortszeit): Juni. – Die Sterne im Kartenausschnitt stehen jeden Monat ungefähr 2 Stunden früher über dem Südhorizont: Juli 22^h, August 20^h.

Drache (Draco) Das zirkumpolare Sternbild erstreckt sich nördlich vom Sternbild Herkules zwischen Großem und Kleinem Bären. Die Konstellation ist nicht besonders auffällig. Die Sterne Beta und Gamma können als der aufgerissene Rachen des Drachen gedeutet werden.

Herkules (Hercules) Das teilweise zirkumpolare Sternbild ist hier auf der Karte nur mit seiner nördlichen Hälfte dargestellt. Sie verdient Aufmerksamkeit, weil wir dort zwei bekannte Kugelsternhaufen auffinden können: M 13 und M 92. Für die südliche Hälfte des Sternbildes siehe Karte 16 auf Seite 64. Der Stern η Draconis ist ein Doppelstern für den Vierzöller. Obwohl die Distanz etwa 5″ beträgt, ist der Stern wegen des Helligkeitsunterschieds (2^m bzw. 7–8,7^m) schwierig.

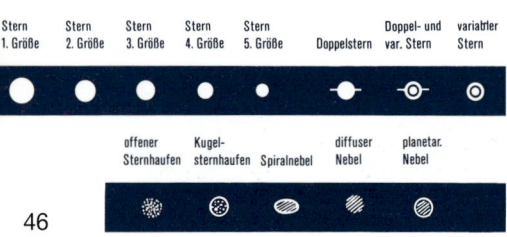

Stern 1. Größe	Stern 2. Größe	Stern 3. Größe	Stern 4. Größe	Stern 5. Größe	Doppelstern	Doppel- und var. Stern	variabler Stern
		offener Sternhaufen	Kugelsternhaufen	Spiralnebel	diffuser Nebel	planetar. Nebel	

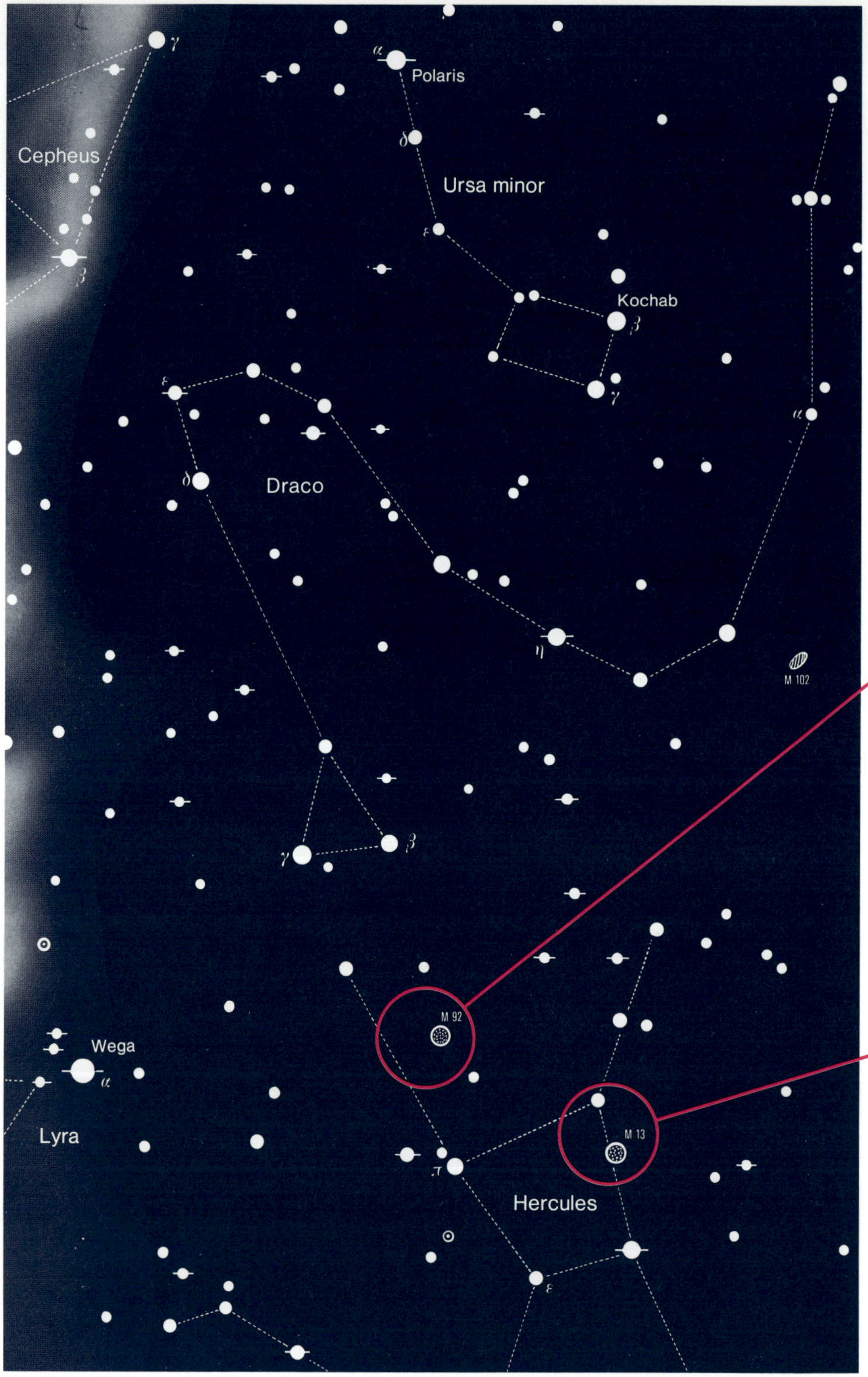

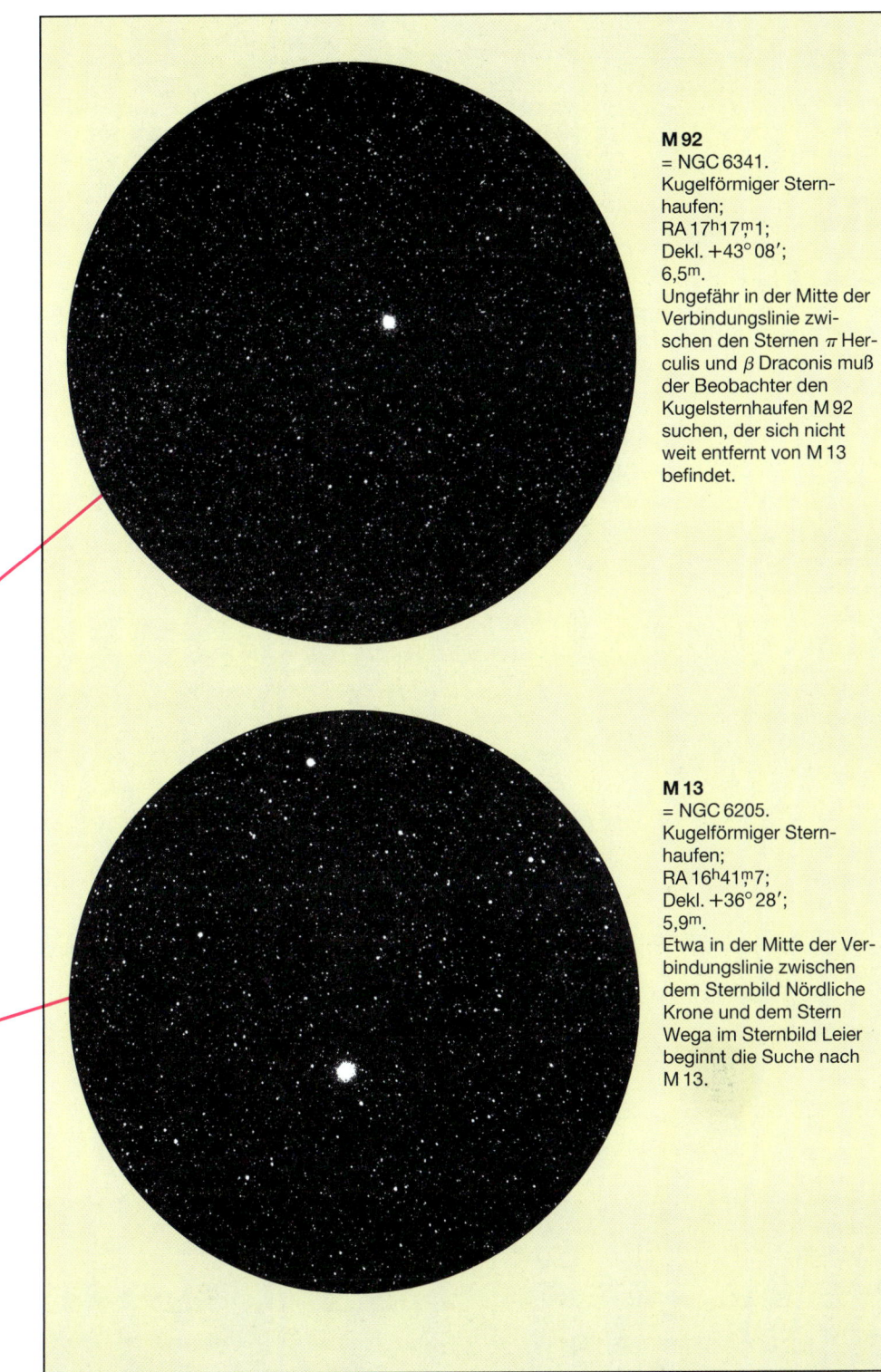

M 92

= NGC 6341.
Kugelförmiger Stern-
haufen;
RA 17^h17^m1;
Dekl. $+43° 08'$;
$6,5^m$.
Ungefähr in der Mitte der
Verbindungslinie zwi-
schen den Sternen π Herculis und β Draconis muß
der Beobachter den
Kugelsternhaufen M 92
suchen, der sich nicht
weit entfernt von M 13
befindet.

M 13

= NGC 6205.
Kugelförmiger Stern-
haufen;
RA 16^h41^m7;
Dekl. $+36° 28'$;
$5,9^m$.
Etwa in der Mitte der Ver-
bindungslinie zwischen
dem Sternbild Nördliche
Krone und dem Stern
Wega im Sternbild Leier
beginnt die Suche nach
M 13.

Beobachtungshinweise für M 92

Weder scheinbare Helligkeit ($6,5^m$) noch scheinbarer Durchmesser (8 Bogenminu-ten) können mit M 13 in Wettbewerb treten. Und trotzdem ist es interessant, gerade deshalb das Objekt einmal anzuschauen und Vergleiche anzustellen. Mit bloßen Augen sieht man gar nichts. Auch der Feld-stecher tut sich schwer, um am Rand Ein-zelsterne aufzulösen. Erfolg hat der Beob-achter hier erst mit dem Vierzöller. Die Konzentration der Sterne, die ja die kugel-förmigen Sternhaufen charakterisiert – im Gegensatz zu den offenen Sternhaufen –, kann man auch bei M 92 nur ahnen, denn sogar mit sehr großen Fernrohren gelingt es nicht, das Zentrum eines kugelförmigen Sternhaufens in Einzelsterne aufzulösen.

Beobachtungshinweise für M 13

Der Kugelsternhaufen ist nur wenige Grad vom Stern η Herculis (der helle Stern oben in unserem Ausschnitt!) entfernt. Bereits mit bloßen Augen ist M 13 als verwaschener Stern ungefähr von der Größenklasse 6^m auszumachen.
Eine Steigerung bringt die Beobachtung mit dem Feldstecher. Der Kugelsternhaufen hat den beachtlichen scheinbaren Durchmes-ser von 23 Bogenminuten und ist damit nicht nur der schönste, sondern auch der größte des Nordhimmels.
Wiederum eine Steigerung des Eindrucks für den Beobachter ist die Verwendung eines 3–4zölligen Astro-Fernrohrs mit Ver-größerungen zwischen 30- und 50fach. Aus dem »Nebel ohne Sterne«, wie ihn das freie Auge sieht, wird mit gesteigerter Optik ein Diadem am Himmel. Schon der Feldstecher zeigt ein Rudel von Sternen. Die Zahl der Einzelsterne wächst mit der Öffnung des Fernrohrs. Zählungen der Einzelsterne noch außerhalb des Zentrums gelangen bis über 40 000 (vgl. Photo S. 146)!

Die hellen Sterne

β Draconis (Rastaben);	γ Draconis (Ettanin);
RA 17^h30^m4;	RA 17^h56^m6;
Dekl. $+52° 18'$;	Dekl. $+51° 29'$;
$2,8^m$	$2,2^m$

8 Leier und Schwan

Der helle Stern Wega im Sternbild Leier ist vielleicht die Geburtsstätte eines Planetensystems. Infrarotbeobachtungen zeigen, daß der Stern heller als erwartet und von einem Materiering umgeben ist, aus dem Planeten entstehen könnten.

Sichtbarkeit Um Mitternacht über Südhorizont (Mittlere Ortszeit): Juli. – Die Sterne im Kartenausschnitt stehen jeden Monat ungefähr 2 Stunden früher über dem Südhorizont: August 22^h, September 20^h.

Leier (Lyra) Ein sehr einprägsames, kompaktes Sternbild, das teilweise noch zirkumpolar ist. Der Hauptstern Wega, der hellste Stern des nördlichen Himmels, bildet zusammen mit Deneb im Sternbild Schwan und Atair im Sternbild Adler das »Sommerdreieck«, die recht auffällige Figur eines fast gleichschenkeligen Dreiecks am nördlichen Sommerhimmel.

Schwan (Cygnus) Ein gleichfalls recht markantes Sternbild zwischen Leier und Pegasus. Das Sternbild ist teilweise noch zirkumpolar. Mit etwas Phantasie läßt die Anordnung der hellen Sterne die Formen des fliegenden Schwans erkennen. Der Kopf des Schwans ist der Stern β Cygni (Albireo), ein lohnender Doppelstern für den Feldstecher.

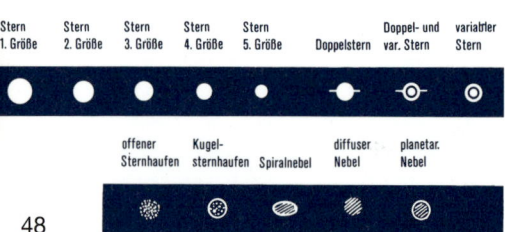

Stern 1. Größe	Stern 2. Größe	Stern 3. Größe	Stern 4. Größe	Stern 5. Größe	Doppelstern	Doppel- und var. Stern	variabler Stern

offener Sternhaufen	Kugel- sternhaufen	Spiralnebel	diffuser Nebel	planetar. Nebel

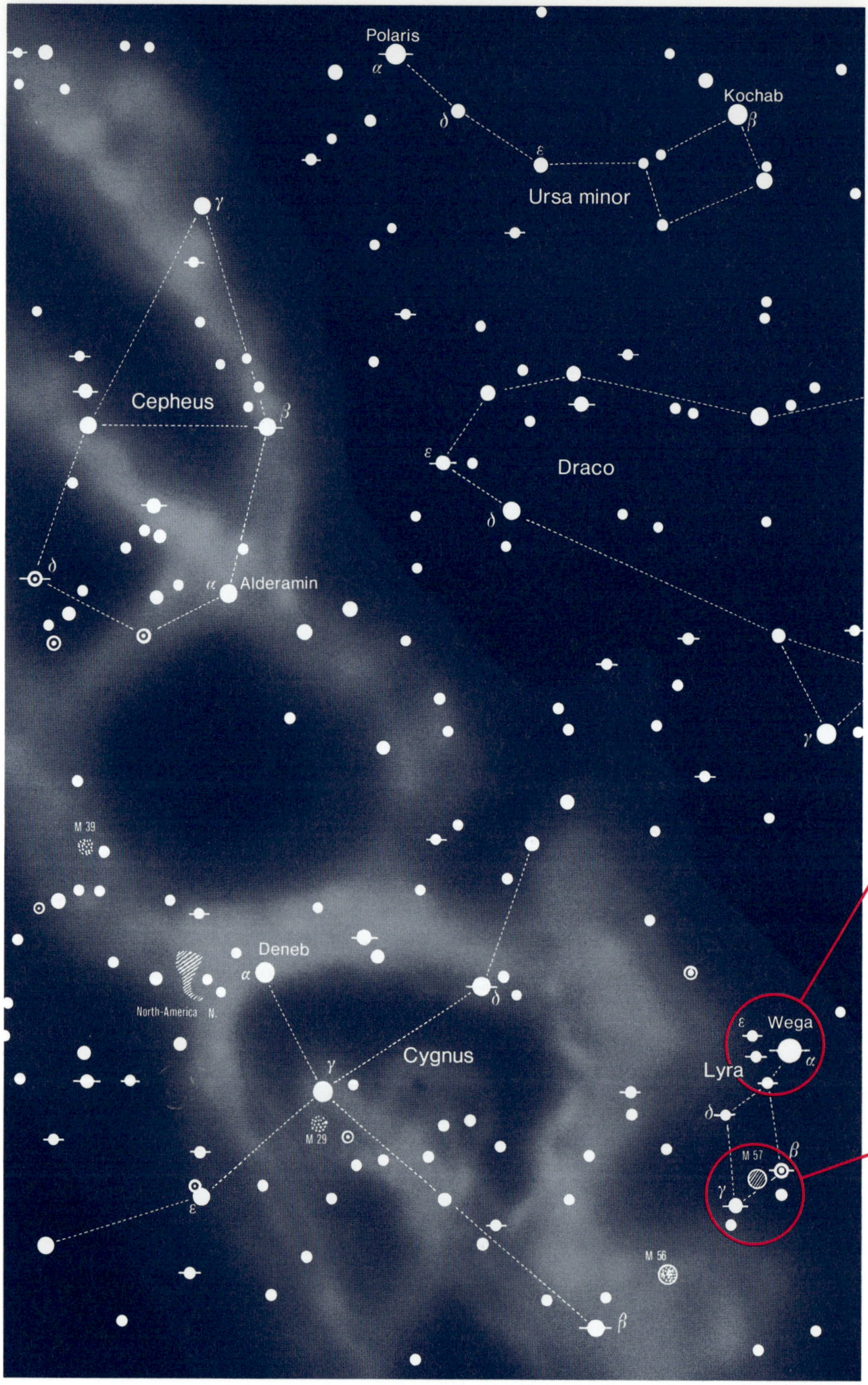

48

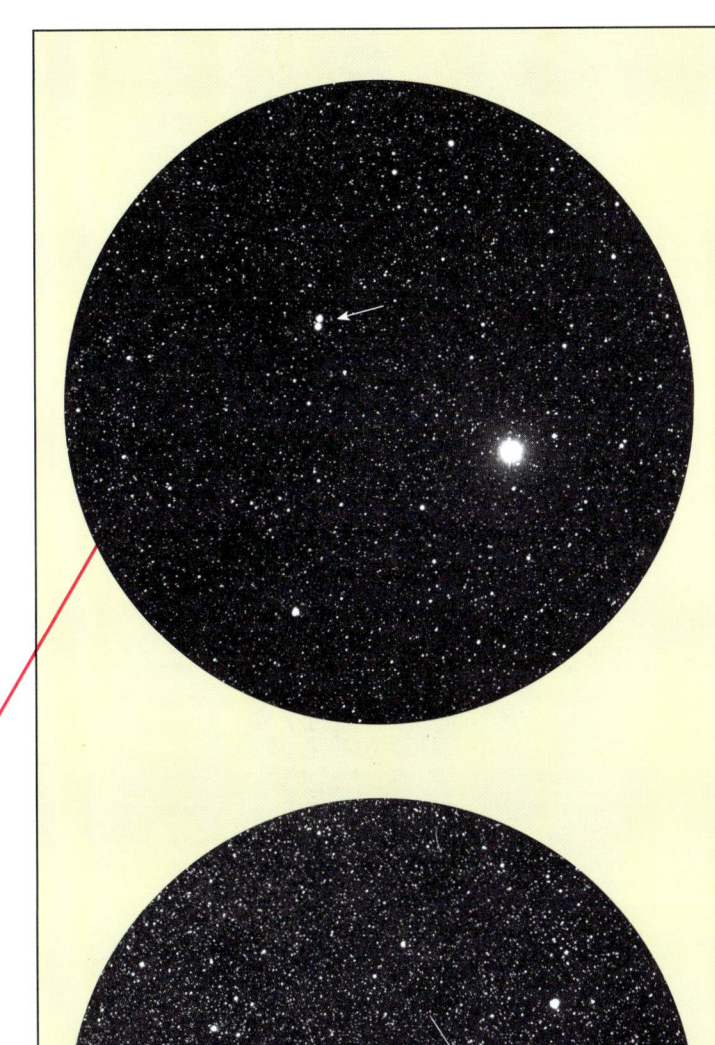

ε Lyrae

Doppelstern;
ε^1: RA 18h44m3;
Dekl. +39° 40';
5,00m bzw. 6,1m;
2,6″.
ε^2: RA 18h44m4;
Dekl. +39° 37';
5,2m bzw. 5,5m;
2,3″.

2 Grad links von Wega findet der Beobachter einen Stern ungefähr 4. Größenklasse, der sich bei näherem Hinschauen als Doppelstern erweist (Pfeil).

Ringnebel in der Leier

= M 57 = NGC 6720.
Planetarischer Nebel;
RA 18h53m6;
Dekl. +33° 02';
9,7m.

Nahe der Bildmitte und in Richtung zum Rand rechts oben fallen zwei hellere Sterne auf: γ Lyrae und β Lyrae. Sie befinden sich etwa in 2,5 Grad Entfernung. Ungefähr in der Mitte der Strecke, näher an β Lyrae, sucht man den planetarischen Nebel M 57 (Pfeil).

Beobachtungshinweise für ε Lyrae

Augentest: Rund 200 Bogensekunden Distanz trennen scharfe Augen ohne optische Hilfsmittel! In unserem Ausschnitt ist der Doppelstern ε Lyrae links von der Bildmitte deutlich erkennbar. Der Doppelstern hat nun die Besonderheit, daß jeder Begleiter wiederum doppelt ist! Um das festzustellen, reicht der Feldstecher nicht mehr aus; jedoch gelingt die Trennung ohne Schwierigkeiten in einem 3zölligen Fernrohr.

Der hellere Stern links unten im Bildausschnitt ist ζ Lyrae. Der Stern bildet zusammen mit ε Lyrae und Wega ein fast gleichseitiges Dreieck am Himmel. ζ Lyrae ist ebenfalls ein Doppelstern mit der Distanz von 44 Bogensekunden und demzufolge bereits in einem kleinen Feldstecher mit etwa 8facher Vergrößerung auflösbar. Übrigens: Wer genau hinschaut, wird das Sternpünktchen auf dem Photo eiförmig erkennen, was die Duplizität bereits andeutet.

Beobachtungshinweise für den Ringnebel in der Leier

M 57 ist unter dem Namen Ringnebel in der Leier viel bekannter. Mit dem Feldstecher sieht man nicht mehr als ein sternförmiges Objekt 9. Größenklasse. Nicht mehr und nicht weniger bietet uns auch das Ausschnittphoto. Beobachtet der Sternfreund mit einem Dreizöller, so wandelt sich das »Sternchen« in eine winzige, fahl aussehende Scheibe. Die typische Ringform wird erst von 6–8 Zoll Öffnung für den Beobachter wahrnehmbar. Sehr große Fernrohre zeigen dann noch den Zentralstern (15. Größenklasse!), der das Gas des Nebels mit Hilfe seiner Ultraviolettstrahlung zum Leuchten bringt.

Der Stern β Lyrae verdient übrigens auch die Beachtung des Betrachters: Er ist der Prototyp einer Klasse veränderlicher Sterne (Periode 12,9 Tage, Max. 3,3m, Min. 4,2m). Er hat drei Begleiter mit 7m (Distanz 46″), 9m (67″) und 9m (86″).

Die hellen Sterne

α Cygni (Deneb);
RA 20h41m7;
Dekl. +45° 17';
1,3m

γ Cygni (Sadir);
RA 20h22m2;
Dekl. +40° 15';
2,2m

α Lyrae (Wega);
RA 18h36m9;
Dekl. +38° 47';
0,0m

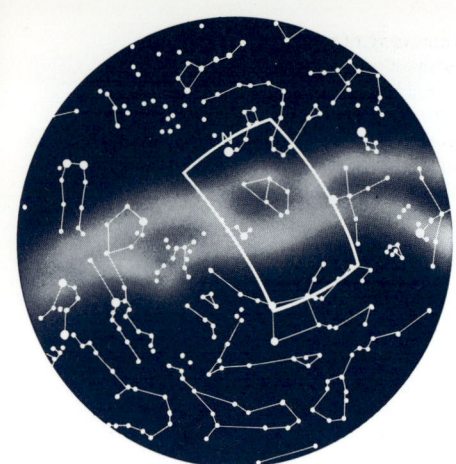

9 Eidechse und Kepheus

1784 entdeckte John Goodricke den kurzperiodischen veränderlichen Stern δ Cephei. Mittlerweile kennen die Astronomen über 500 Sterne dieses Typs, deren jeweilige Periode so genau ist, daß man in Beziehung zur Leuchtkraft Entfernungen im Weltall messen kann.

Sichtbarkeit Um Mitternacht über Südhorizont (Mittlere Ortszeit): August. – Die Sterne im Kartenausschnitt stehen jeden Monat ungefähr 2 Stunden früher über dem Südhorizont: September 22^h, Oktober 20^h.

Eidechse (Lacerta) Das Sternbild entspricht einer nord-südlich ausgerichteten Sternkette zwischen den Sternbildern Schwan und Andromeda.

Kepheus (Cepheus) Historisch ist es dem griechischen Sagenkreis zuzuordnen; Cepheus ist der Ehemann der Cassiopeia und der Vater der Andromeda – Namen, die als Sternbilder in der Nachbarschaft ja wohlbekannt sind. Zu finden ist das Sternbild Kepheus in der Mitte zwischen den Sternbildern Schwan, Cassiopeia und Kleiner Bär. In der astronomischen Wissenschaft bekannt geworden ist das Sternbild durch den Stern Delta, einen klassischen veränderlichen Stern. Zum Sternbild gehören einige sternreiche Milchstraßenpartien.

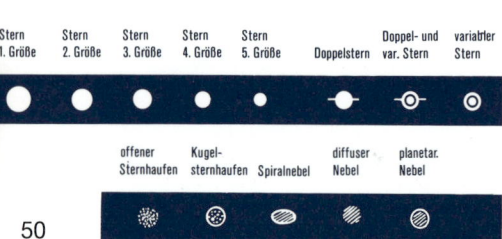

Stern 1. Größe
Stern 2. Größe
Stern 3. Größe
Stern 4. Größe
Stern 5. Größe
Doppelstern
Doppel- und var. Stern
variabler Stern
offener Sternhaufen
Kugel-sternhaufen
Spiralnebel
diffuser Nebel
planetar. Nebel

Camelopardus
Polaris
Ursa minor
Draco
Cepheus
Alderamin
Cassiopeia
Schedir
M 103
M 52
M 39
Lacerta
Pegasus

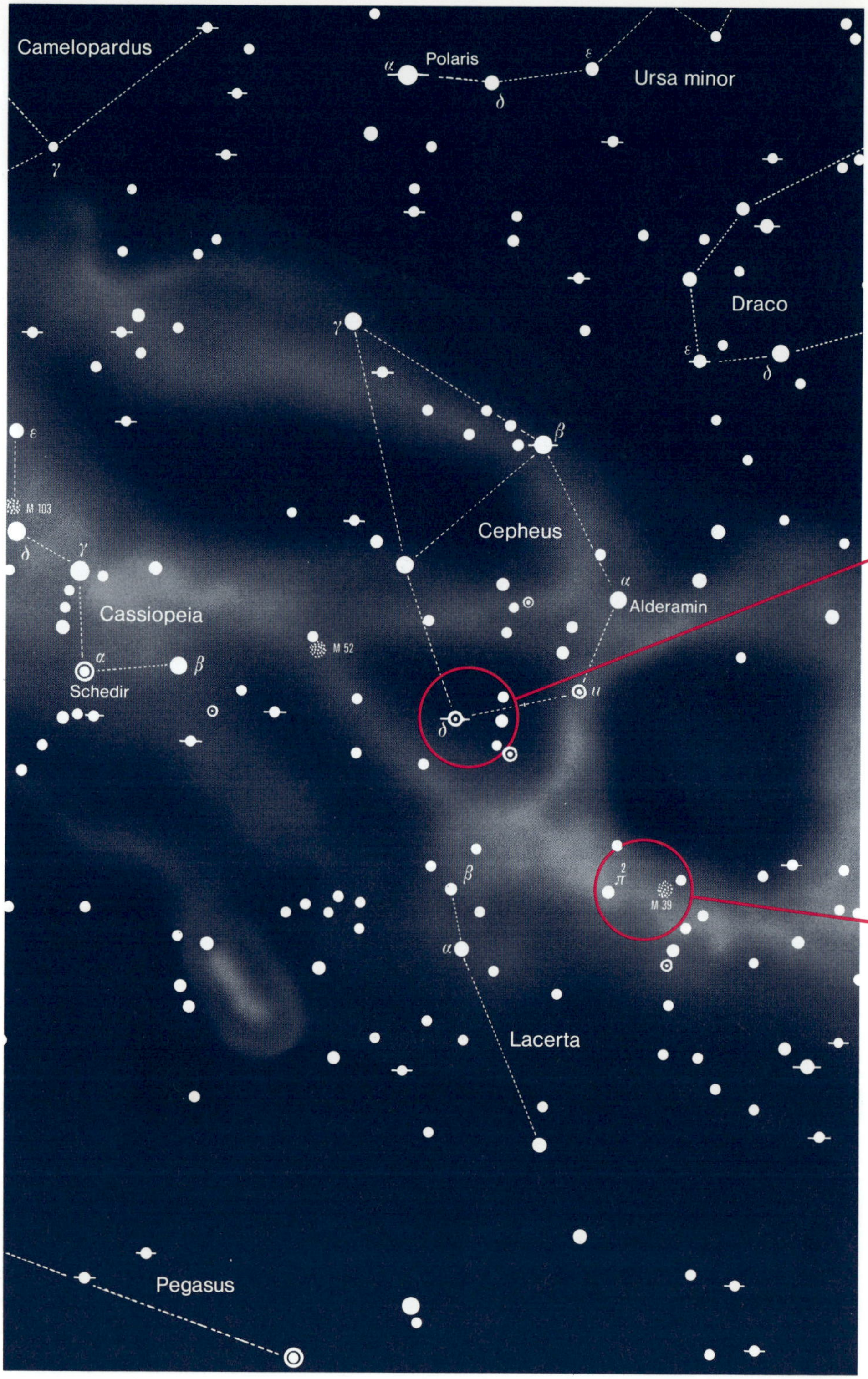

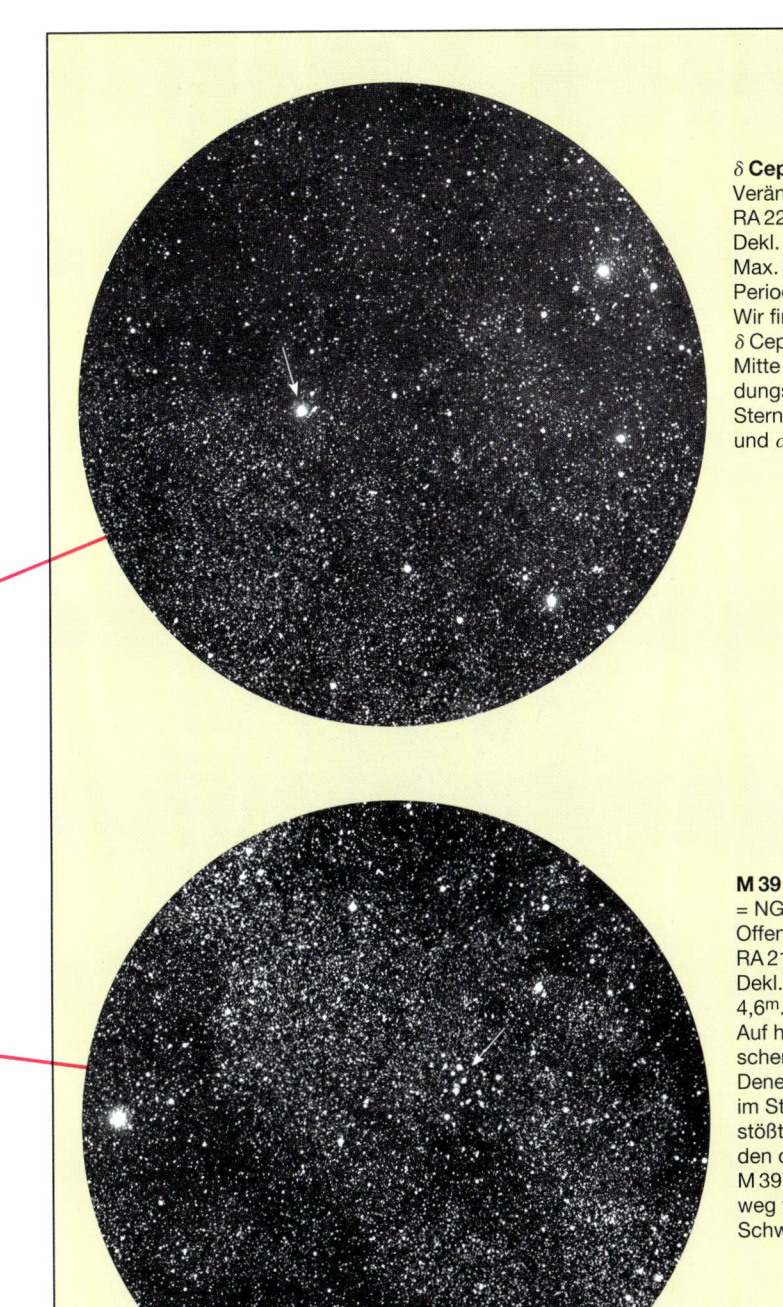

δ Cephei

Veränderlicher Stern;
RA 22^{h}29^{m}2;
Dekl. +58° 25′;
Max. 3,48^m, Min. 4,37^m;
Periode 5,366^d.
Wir finden den Stern
δ Cephei (Pfeil) in der
Mitte auf der Verbin-
dungslinie zwischen den
Sternen γ Cassiopeiae
und α Cygni.

M 39

= NGC 7092.
Offener Sternhaufen;
RA 21^{h}32^{m}2;
Dekl. +48° 26′;
4,6^m.
Auf halbem Weg zwi-
schen δ Cephei und
Deneb, dem Hauptstern
im Sternbild Schwan,
stößt der Beobachter auf
den offenen Sternhaufen
M 39 (Pfeil), nicht weit
weg vom Stern π^2 im
Schwan.

Beobachtungshinweise für δ Cephei

Fast halbkreisförmig ist δ Cephei umgeben
von den Sternen λ Cephei, ζ Cephei und
ε Cephei. Delta Cephei ist veränderlich zwischen 3,5^m und 4,4^m. Die Lichtwechselperiode dauert 5 Tage und 6,75 Stunden.
Der Stern ist der Urtyp einer Klasse von veränderlichen Sternen, die die Wissenschaftler in die Lage versetzt haben, über den
Aufbau des Weltraums wesentlich Neues zu
erfahren: die streng periodisch pulsierenden Sterne. Es ist sehr lehrreich, selbst einmal eine oder mehrere Lichtwechselpe-
rioden zu beobachten. Charakteristisch für
die Cepheiden – so heißt die nach Delta benannte Klasse – ist der Helligkeitsunterschied von einer Größenklasse, ein rascher
Helligkeitsanstieg und ein langsamer Helligkeitsabfall und die verblüffende Konstanz
der Periode. Cepheiden sind bereits in
anderen Milchstraßensystemen (Galaxien)
entdeckt worden. Sie helfen mit, Entfernungen im Kosmos zu bestimmen.

Beobachtungshinweise für M 39

Verhältnismäßig weit auseinandergezogene
Sterne kennzeichnen diesen Sternhaufen
deutlich und weisen auf seinen Typ hin.
M 39 hat die scheinbare Helligkeit 4,6^m. Er
ist ein Objekt schon für den kleinen Feldstecher. Zum Sternhaufen gehören etwa
30 Einzelsterne.
Dem Betrachter dieses Ausschnitts werden
die eigenartig geformten Dunkelgebiete in
der Milchstraße auffallen; besonders links
der Mitte zum Rand. Auch beim Beobachten sind sie nicht zu übersehen. Sehr auffällig ist auch die Teilung der Milchstraße in
den Sternbildern Schwan und Schütze–
Skorpion (siehe Seite 64), die durch Wolken
absorbierender interstellarer Materie verursacht wird.

Die hellen Sterne

α Cephei	β Cephei
(Alderamin);	(Alphirk);
RA 21^{h}18^{m}6;	RA 21^{h}28^{m}7;
Dekl. +62° 35′;	Dekl. +70° 34′;
2,5^m	3,2^m

10 Fische, Walfisch und Widder

Der Stern β Arietis, genannt Sheratan oder Sharatan, markierte im Jahr 150 v. Chr. den Punkt der Frühlings-Tag-und-Nachtgleiche.

Sichtbarkeit Um Mitternacht über Südhorizont (Mittlere Ortszeit): Oktober. – Die Sterne im Kartenausschnitt stehen jeden Monat ungefähr 2 Stunden früher über dem Südhorizont: November 22^h, Dezember 20^h.

Fische (Pisces) Das Sternbild führt am Himmel ein recht unscheinbares Dasein. Erwähnenswert ist, daß sich in diesem Tierkreissternbild die Ekliptik und der Himmelsäquator schneiden. Es ist der sogenannte Frühlingspunkt, der Nullpunkt, von dem aus die Rektaszension (RA) gezählt wird.

Walfisch (Cetus) Ein ausgedehntes Sternbild, dessen meisten Sterne südlich des Himmelsäquators liegen. Berühmt ist der veränderliche Stern Mira, über den auf Seite 139 und 141 berichtet wird.

Widder (Aries) Ein Tierkreissternbild. Der Stern Gamma (γ) ist ein Doppelstern, der mit einem kleinen astronomischen Fernrohr (2-Zöller) bequem aufgelöst werden kann. Vor 2000 Jahren fiel der Frühlingspunkt in dieses Sternbild. Wegen der Präzession liegt er heute im Sternbild der Fische.

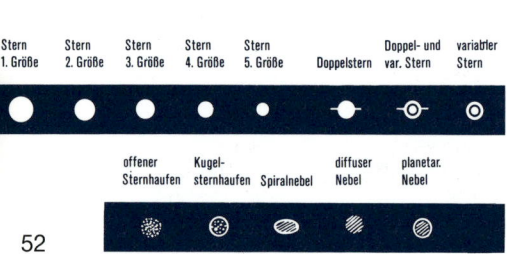

Stern 1. Größe	Stern 2. Größe	Stern 3. Größe	Stern 4. Größe	Stern 5. Größe	Doppelstern	Doppel- und var. Stern	variabler Stern

	offener Sternhaufen	Kugelsternhaufen	Spiralnebel	diffuser Nebel	planetar. Nebel

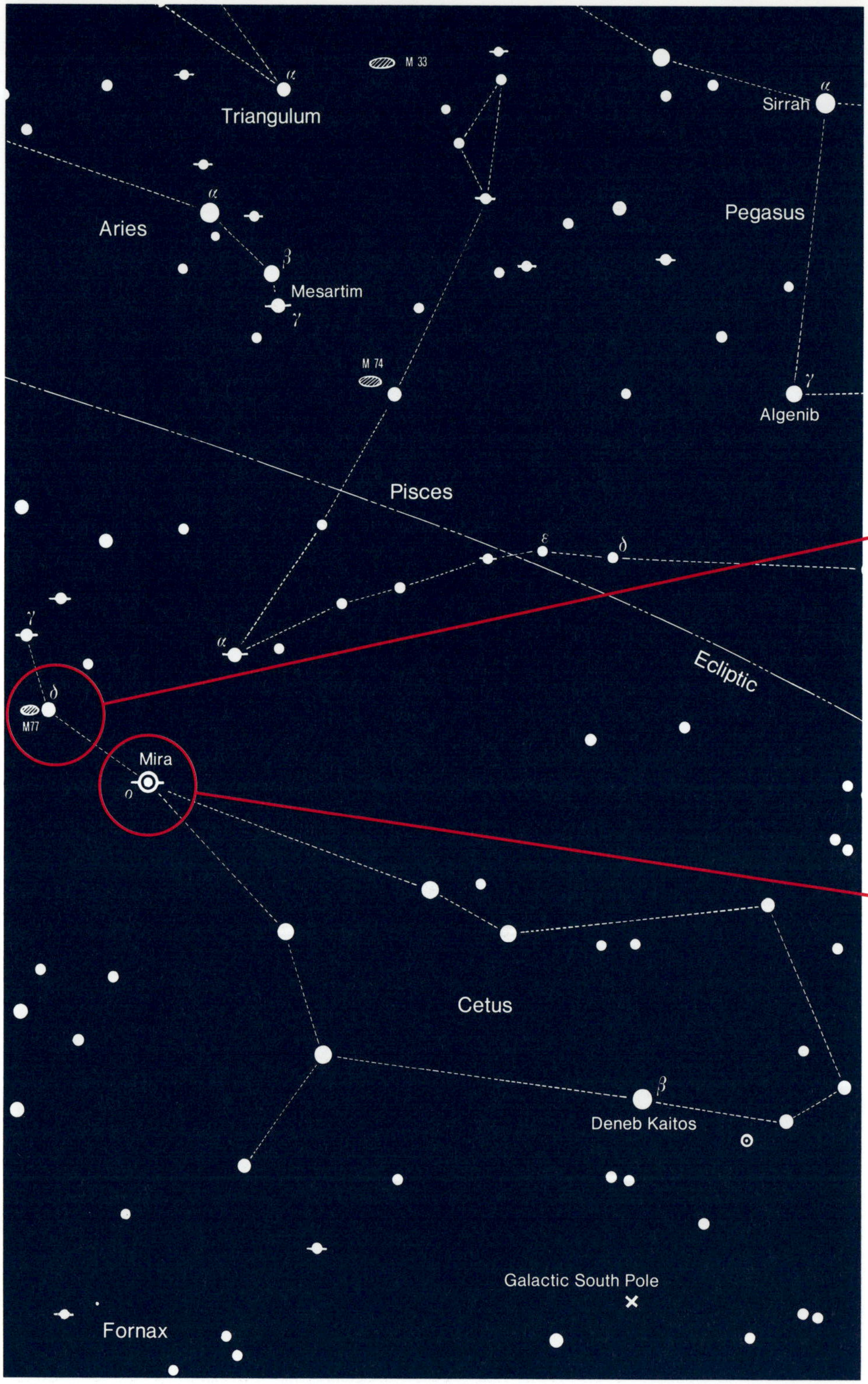

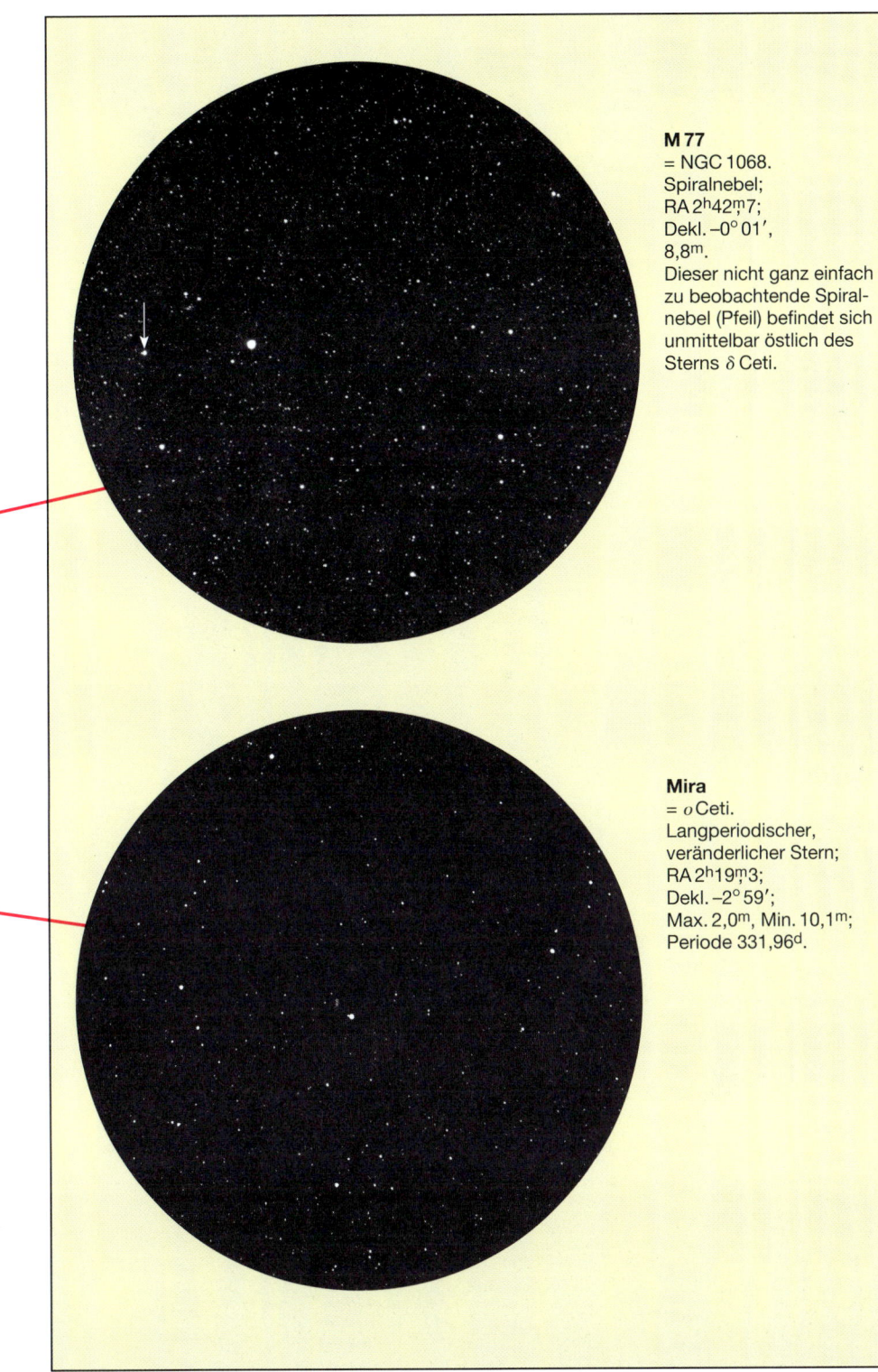

M 77

= NGC 1068.
Spiralnebel;
RA 2^{h}42^{m}7;
Dekl. −0° 01′,
8,8^m.
Dieser nicht ganz einfach
zu beobachtende Spiral-
nebel (Pfeil) befindet sich
unmittelbar östlich des
Sterns δ Ceti.

Mira

= o Ceti.
Langperiodischer,
veränderlicher Stern;
RA 2^{h}19^{m}3;
Dekl. −2° 59′;
Max. 2,0^m, Min. 10,1^m;
Periode 331,96^d.

Beobachtungshinweise für M 77

Es ist der hellste Spiralnebel einer größeren
Gruppe in dieser Gegend (insgesamt über
40!). Die Astronomen sprechen von einem
Galaxienhaufen, wie wir ihn in noch größe-
rem Umfang im Bereich des Sternbildes
Jungfrau nachweisen können (siehe dazu
S. 60).
Für die Auffindung ist unbedingt ein sehr
leistungsstarker Feldstecher (14 × 100 oder
22 × 80) bzw. ein dreizölliges Astro-Fernrohr notwendig. Dazu eine klare Nacht fernab von einer Stadt mit aufgehelltem Him-
melshintergrund. Ausgangspunkt für die
Suche ist der Stern δ Ceti. Ein knappes
Grad östlich davon entdeckt man zwei ungefähr gleich helle Sterne (siehe Ausschnitt
links!), die mit dem Spiralnebel ein gleichseitiges Dreieck bilden. Spiralnebel sind –
mit wenigen Ausnahmen – für die visuelle
Beobachtung schwierig. Das Objekt erscheint dem Beobachter als zartes nebeli-
ges Sternchen (Pfeil).

Beobachtungshinweise für Mira

Der Stern darf für sich in Anspruch nehmen,
der erste veränderliche Stern zu sein, der
systematisch beobachtet worden ist. Die
Lichtschwankungen wurden bereits im
Jahr 1596 entdeckt. Auffällig ist die rötliche
Farbe des Sterns (Bildmitte) – übrigens ein
Charakteristikum der langperiodischen Veränderlichen, die meist sogenannte rote Rie-
sensterne sind.
Ursache für die Veränderlichkeit sind wahrscheinlich physikalische Vorgänge im Stern
(Pulsation S. 141). Die Helligkeitsänderung
vollzieht sich übrigens nicht gleichmäßig,
und die maximale Helligkeit von Mira kann
zwischen der 1. und der 4. Größenklasse
schwanken. Das gilt auch für die Periode,
für die es Abweichungen zwischen 320 und
370 Tagen gibt.
Zum Aufsuchen wählt man am besten die
Sterne α Piscium und ζ Ceti (Baten Kaitos).
Mira bildet mit den genannten Sternen ungefähr ein rechtwinkeliges Dreieck. Siehe
auch Beobachtungsanleitung S. 139.

Die hellen Sterne

β Ceti (Diphda);
  RA 0^{h}43^{m}4;
  Dekl. −17° 59′;
  2,0^m

α Arietis (Hamal);
  RA 2^{h}07^{m}2;
  Dekl. +23° 28′;
  2,0^m

β Arietis (Sheratan);
  RA 1^{h}54^{m}6;
  Dekl. +20° 48′;
  2,7^m

α Piscium
  (Alrescha);
  RA 2^{h}02^{m}0;
  Dekl. +2° 46′;
  4,18^m bzw. 5,21^m;
  1,8″

11 Eridanus und Stier

Der Name des Hauptsterns im Sternbild Stier, Aldebaran, leitet sich ab aus dem arabischen »Al Dabaran« = der Nachfolger. In alter Zeit war der Anfangspunkt der Zählung des Mondzyklus in den Plejaden (Siebengestirn). Der nächste Zählpunkt war der Stern Aldebaran, also der Nachfolger.

Sichtbarkeit Um Mitternacht über Südhorizont (Mittlere Ortszeit): November. – Die Sterne im Kartenausschnitt stehen jeden Monat ungefähr 2 Stunden früher über dem Südhorizont: Dezember 22^h, Januar 20^h.

Eridanus (Eridanus) Auf dieser Karte sehen wir nur den nördlichen Teil des weit über den Südhimmel sich erstreckenden Sternbildes (vgl. Karte 20). Das Sternbild führt auch die Bezeichnung »Fluß Eridanus«. Für die Beobachtung des Nordteils geht man vom hellen Orion-Stern Rigel aus.

Stier (Taurus) Tierkreissternbild. Auffällig der helle, rötlich strahlende Hauptstern Aldebaran; im Altertum glaubte man hier das »Auge des Stiers« zu sehen. Das dem Sternbild Stier benachbarte Leitsternbild Orion macht das Auffinden leicht: Verlängert man die drei Gürtelsterne des Orion um eine gedachte Gerade schräg nach oben, gelangt der Blick rasch auf Aldebaran und die Hyaden.

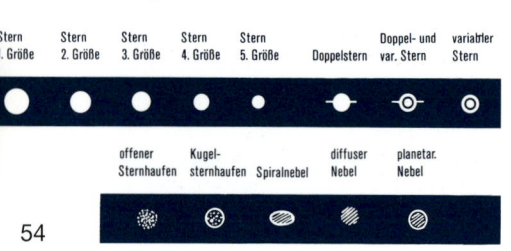

Stern 1. Größe	Stern 2. Größe	Stern 3. Größe	Stern 4. Größe	Stern 5. Größe	Doppelstern	Doppel- und var. Stern	variabler Stern

offener Sternhaufen	Kugel-sternhaufen	Spiralnebel	diffuser Nebel	planetar. Nebel

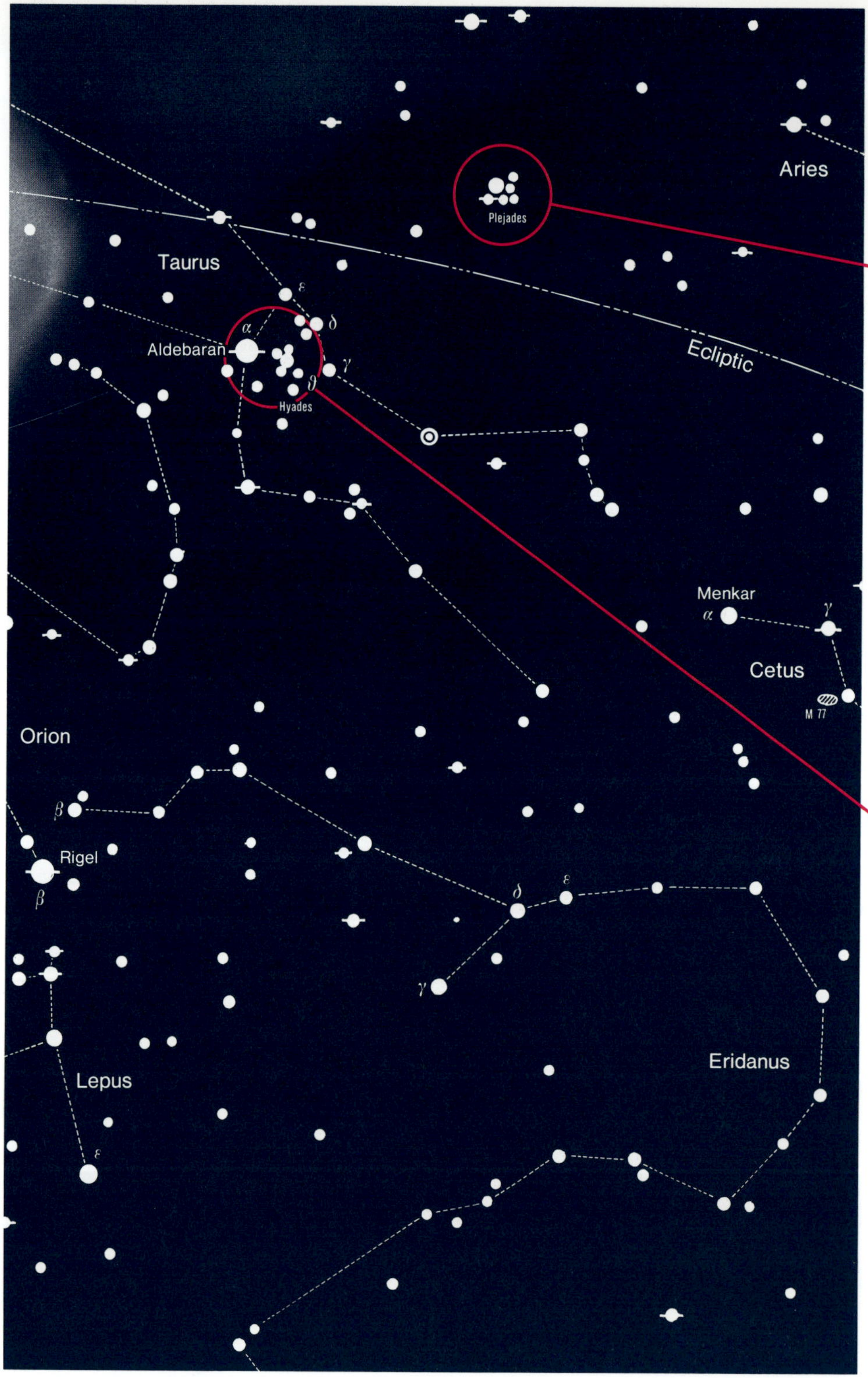

54

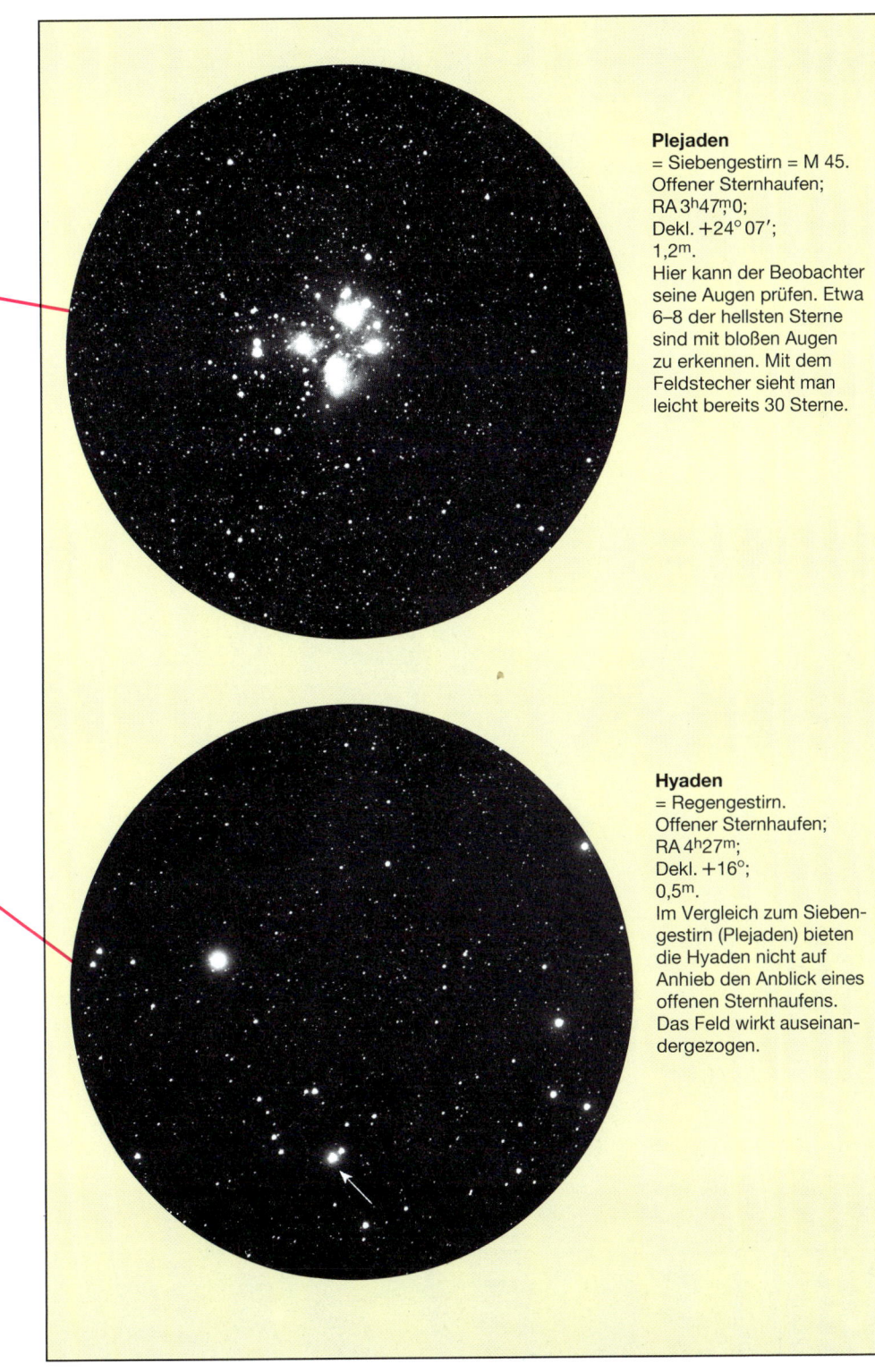

Plejaden

= Siebengestirn = M 45.
Offener Sternhaufen;
RA 3^{h}47^{m}0;
Dekl. +24° 07';
1,2^m.
Hier kann der Beobachter
seine Augen prüfen. Etwa
6–8 der hellsten Sterne
sind mit bloßen Augen
zu erkennen. Mit dem
Feldstecher sieht man
leicht bereits 30 Sterne.

Hyaden

= Regengestirn.
Offener Sternhaufen;
RA 4^{h}27^m;
Dekl. +16°;
0,5^m.
Im Vergleich zum Sieben-
gestirn (Plejaden) bieten
die Hyaden nicht auf
Anhieb den Anblick eines
offenen Sternhaufens.
Das Feld wirkt auseinan-
dergezogen.

Beobachtungshinweise für die Plejaden

Das Siebengestirn ist auf alle Fälle der markanteste und glanzvollste offene Sternhaufen des ganzen Nordhimmels! Huberta von
Bronsart weist in ihrer »Kleinen Lebensbeschreibung der Sternbilder« (nur noch
antiquarisch erhältlich) darauf hin: »Die Plejaden sind bei allen Völkern der Erde bekannt, freilich unter sehr verschiedenen Benennungen. Man kann bei der Zeitrechnung
mancher Völker sozusagen von einem Plejadenjahr sprechen (so, wie es das Mondjahr
und das Sonnenjahr gibt).«
Von den Plejaden kann auch der Amateur-
photograph bereits mit handelsüblichen
Kameras interessante Aufnahmen machen,
auf denen auch die berühmten Reflexionsnebel, in die die hellen Plejadensterne eingebettet sind, sichtbar werden können. Beachtung verdienen die Plejaden außerdem
für die Prüfung der Reichweite von astronomischen Fernrohren und für photometrische Aufnahmen. Einzelheiten im »Handbuch für Sternfreunde«.

Beobachtungshinweise für die Hyaden

Der helle, rötliche Stern Aldebaran (α Tauri)
macht das Auffinden leicht. Wir sehen ihn
links im Ausschnitt. Rechts davon beginnen
die Hyadensterne mit dem bereits mit freiem
Auge trennbaren Doppelstern ϑ Tauri (untere Bildmitte).
Zum offenen Sternhaufen der Hyaden gehören insgesamt etwa 350 Sterne, die alle
mit der gleichen Geschwindigkeit durch
den Weltraum rasen: mit 43 Sekundenkilometern!
Auch die Hyaden tauchen in der antiken
Sternkunde bereits auf. Dabei gibt es eine
Reihe von Deutungen. In der germanischen
Mythologie zeigen die Hyaden den aufge-
rissenen Rachen des Fenriswolfs. In der
Sagenwelt Griechenlands indessen ist es
eine Schweinefamilie, wobei Aldebaran die
Muttersau repräsentiert und die Hyadensterne die Ferkel.

Die hellen Sterne

β Eridani (Cursa);
RA 5^{h}07^{m}8;
Dekl. –5° 05';
2,8^m
γ Eridani (Zaurak);
RA 3^{h}58^{m}0;
Dekl. –13° 31';
2,9^m

α Tauri (Aldebaran);
RA 4^{h}35^{m}9;
Dekl. +16° 31';
0,9^m
β Tauri (Elnath);
RA 5^{h}26^{m}3;
Dekl. +28° 36';
1,7^m

12 Kleiner Hund, Großer Hund, Hase, Einhorn, Orion und Zwillinge

Die prächtigen Sternbilder des nördlichen Winterhimmels zeigt dieser Ausschnitt. Das eindrucksvolle Sternbild Orion auf dem Himmelsäquator ist auf der ganzen Erde zu beobachten.

Sichtbarkeit Um Mitternacht über Südhorizont (Mittlere Ortszeit): Dezember. – Die Sterne im Kartenausschnitt stehen jeden Monat ungefähr 2 Stunden früher über dem Südhorizont: Januar 22^h, Februar 20^h.

Einhorn (Monoceros) Gering ausgeprägte Milchstraße in diesem Sternbild.

Großer Hund (Canis maior) Hauptstern Sirius ist der hellste Stern am Himmel überhaupt! Auch hier dienen die Gürtelsterne des Leitsternbildes Orion als Suchhilfe: Die von ihnen ausgehende Gerade nach Südosten führt zum Sirius.

Hase (Lepus) Sternbild südlich des Orion, etwa in gleicher Höhe mit Sirius.

Kleiner Hund (Canis minor) In der Mitte zwischen den Sternen Pollux (Zwillinge) und Sirius (Großer Hund).

Orion (Orion) Das Rechteck mit den drei hellen Gürtelsternen (Jakobsstab) ist am Himmel nicht zu übersehen. Auffällig die

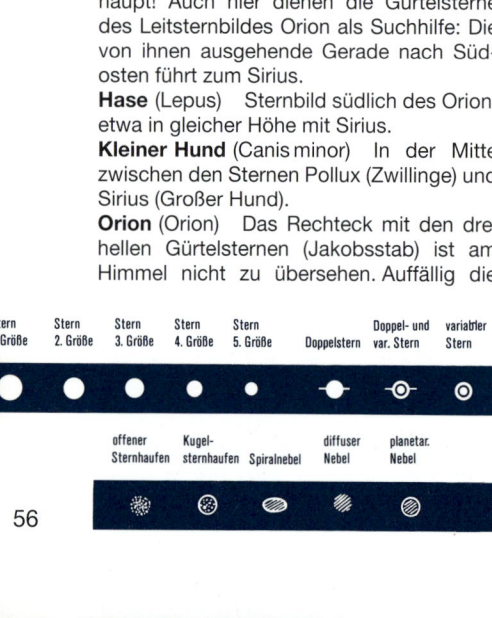

Stern 1. Größe | Stern 2. Größe | Stern 3. Größe | Stern 4. Größe | Stern 5. Größe | Doppelstern | Doppel- und var. Stern | variabler Stern

offener Sternhaufen | Kugelsternhaufen | Spiralnebel | diffuser Nebel | planetar. Nebel

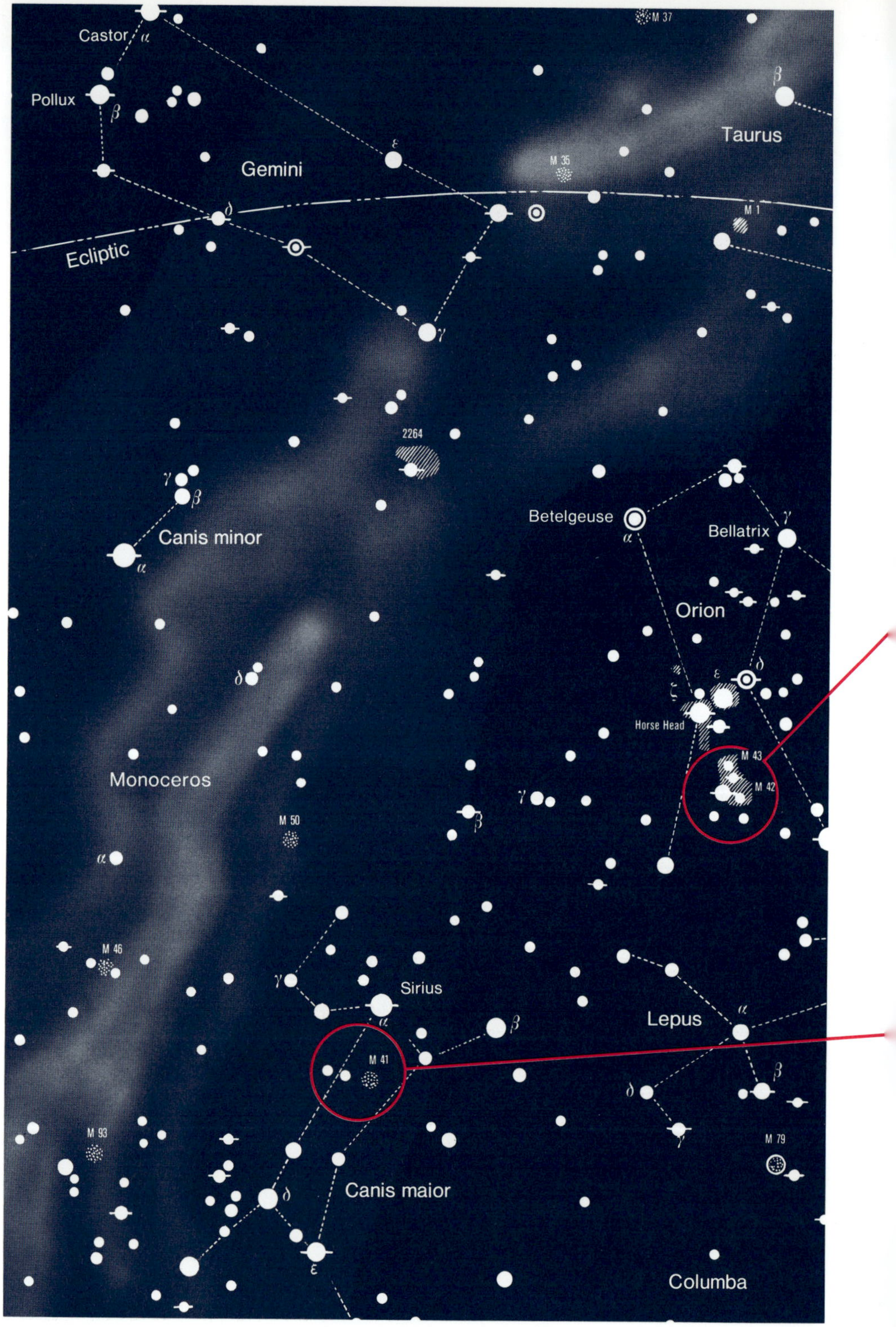

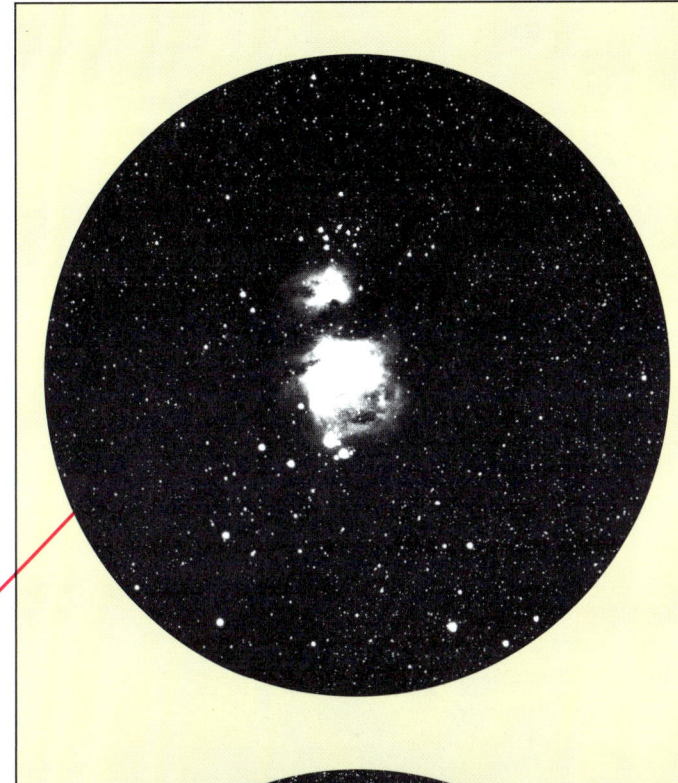

Großer Orion-Nebel
= M 42 = NGC 1976.
Gasnebel;
RA 5^{h}35^{m}4;
Dekl. −5° 27′;
2,9^m.
Zum Aufsuchen benützt
man die Leitlinie Stern
Rigel und ζ Orionis (einer
der drei Gürtelsterne).
Etwa in der Mitte auf die-
ser Linie befindet sich
das Objekt M 42, das
genaugenommen die
Doppelbezeichnung
M 42–M 43 trägt.

M 41
= NGC 2287.
Offener Sternhaufen;
RA 6^{h}47^{m}0;
Dekl. −20° 44′;
4,5^m.
Etwa 4 Grad südlich des
strahlenden Sterns Sirius
fällt dieser offene Stern-
haufen sofort auf.

rötliche Färbung des Sterns Beteigeuze
(Betelgeuse), ein Riesenstern mit dem
500fachen Durchmesser unserer Sonne.
Zwillinge (Gemini) Ein Tierkreissternbild
(nördlichstes!) mit den nicht zu übersehen hellen Sternen Castor und Pollux.

Beobachtungshinweise für den Großen Orion-Nebel

Dieser Gasnebel ist ein Objekt unserer
Milchstraße. Es ist ein sogenannter »diffuser Nebel«. Die Nebelmaterie wird von Sternen zum Leuchten angeregt. Die sehr dünne
Gasmasse hat selbst kein Eigenlicht.
Bereits im Feldstecher entdeckt der Beobachter Nebelstrukturen und einen auffälligen Vierfachstern (ϑ Orionis), eingebettet in
den Großen Orion-Nebel. Auffällige Dunkel-
partien (= sternarm) lassen die Absorption
durch das Gas erkennen.
Die photographische Darstellung ist nicht
ganz einfach: Die kurze Belichtung erfaßt
nur das Zentrum; die lange Belichtung
bringt zwar die beträchtliche Ausdehnung
des Nebels, führt aber zur völligen Überbe-
lichtung im Zentrum (vgl. Photo S. 139).

Beobachtungshinweise für M 41

Im Gesichtsfeld eines Feldstechers erscheinen sowohl Sirius wie M 41 gleichzeitig. Da
der Sternhaufen die Helligkeit 5. Größenklasse hat, lohnt sich in dunkler Nacht der
Versuch, das Objekt mit bloßen Augen zu
suchen.
M 41 ist nicht schwierig. Die Fülle der Einzelsterne überrascht. Vehrenberg macht in
seinem »Messier-Buch« (Literaturverzeichnis S. 173) auf folgendes aufmerksam: »Im
Haufenzentrum entdeckt man einen Stern
von auffallend rötlichem Licht.«
Links zum Rand unseres Ausschnitts hin
bilden 3 Sterne ein deutliches Dreieck. Die
beiden äußeren Sterne (oben π Canis maioris, unten 17 Canis maioris) sind Doppelsterne mit den Distanzen 12″ bzw. 44″. Er-
steren löst ein 2–3zölliges Fernrohr auf, für
letzteren ist ein Feldstecher 15 × 60 oder
22 × 80 geeignet.

Die hellen Sterne

α Canis maioris (Sirius); RA 6^{h}45^{m}1; Dekl. −16° 43′; −1,4^m	α Geminorum (Castor); RA 7^{h}34^{m}6; Dekl. +31° 53′; 1,6^m
α Canis minoris (Procyon); RA 7^{h}39^{m}3; Dekl. +5° 14′; 0,4^m	α Orionis (Beteigeuze); RA 5^{h}55^{m}2; Dekl. +7° 24′; 0,4–1,3^m; Periode 2110^d

13 Krebs, Löwe, Sextant und Wasserschlange

Eines der ausgedehntesten Sternbilder ist das Sternbild Wasserschlange. Es erstreckt sich von den Sternbildern Krebs, Löwe, Jungfrau bis zur Waage.

Sichtbarkeit Um Mitternacht über Südhorizont (Mittlere Ortszeit): Februar. – Die Sterne im Kartenausschnitt stehen jeden Monat ungefähr 2 Stunden früher über dem Südhorizont: März 22^h, April 20^h.

Krebs (Cancer) Tierkreissternbild ohne nennenswerte figürliche Einprägsamkeit. Etwa in der Mitte auf der Verbindungslinie zwischen den hellen Sternen Prokyon (Kleiner Hund) und Regulus (Löwe) bringt bereits der Feldstecher den offenen Sternhaufen M 67.

Löwe (Leo) Tierkreissternbild. Die Karte zeigt nur den Kopf des Löwen mit dem hellen Stern Regulus. Der Stern γ Leonis ist ein Doppelstern und Objekt für ein kleines Astro-Fernrohr (2-Zöller genügt).

Sextant (Sextans) Sternbild zwischen den Sternen Regulus (Löwe) und Alfard (Hydra).

Wasserschlange (Hydra) Der hellste Stern Alfard bildet mit den Löwen-Sternen Regulus und Denebola ein fast gleichschenkeliges Dreieck.

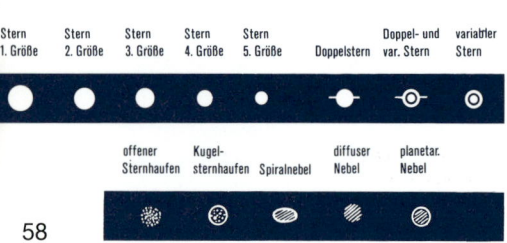

Stern 1. Größe	Stern 2. Größe	Stern 3. Größe	Stern 4. Größe	Stern 5. Größe	Doppelstern	Doppel- und var. Stern	variabler Stern

offener Sternhaufen	Kugelsternhaufen	Spiralnebel	diffuser Nebel	planetar. Nebel

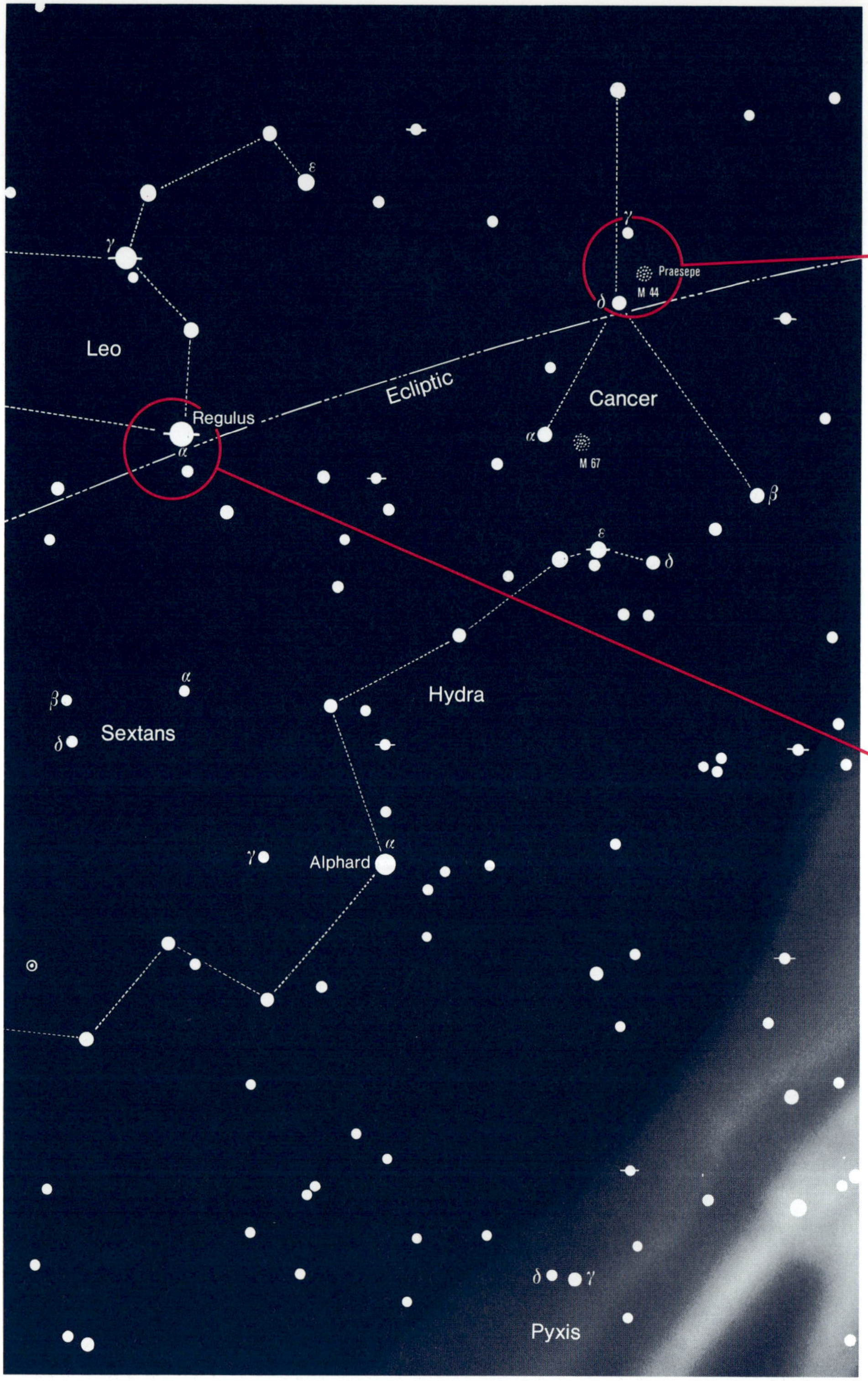

Leo

Regulus

Ecliptic

Cancer

Praesepe M 44

M 67

Sextans

Hydra

Alphard

Pyxis

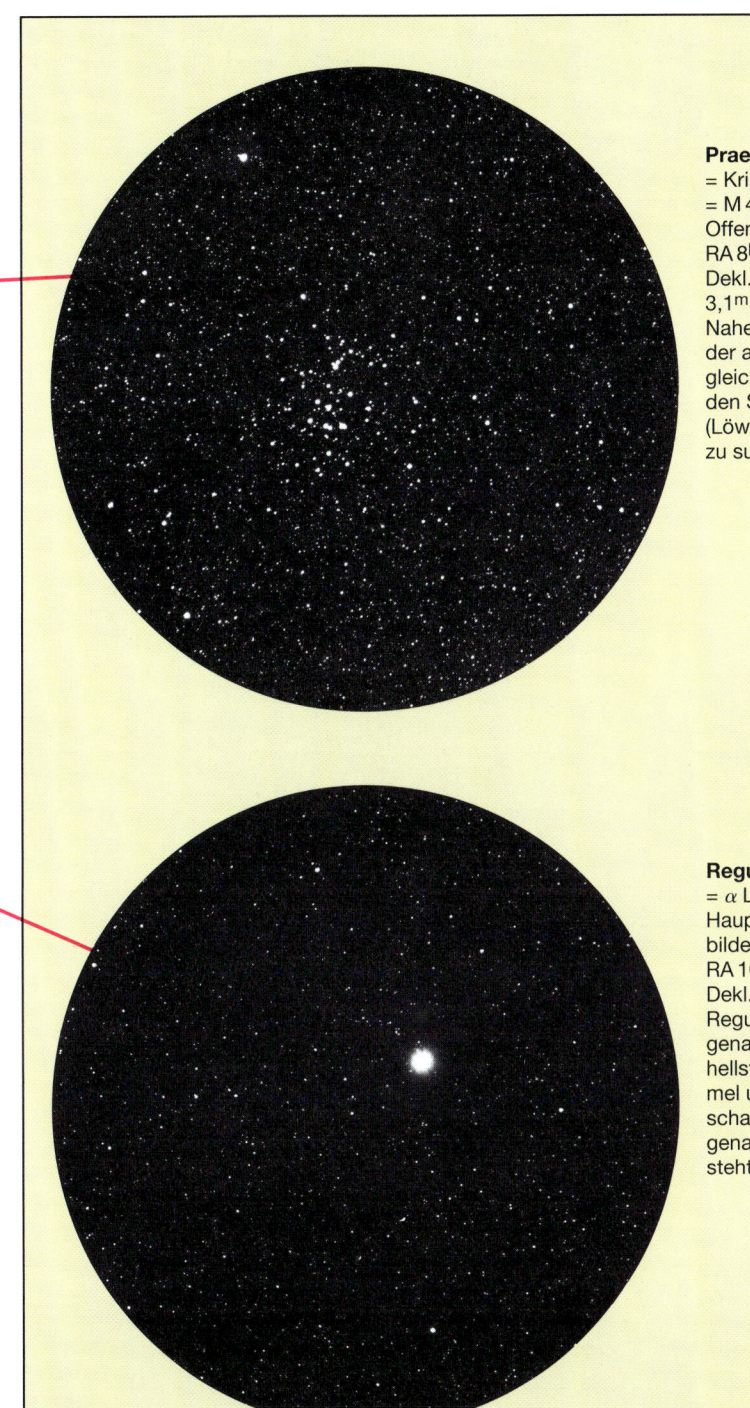

Praesepe

= Krippe, Bienenkorb
= M 44 = NGC 2622.
Offener Sternhaufen;
RA 8^{h}40^{m}1;
Dekl. +19° 59′;
3,1^m.

Nahe dem Stern δ Cancri, der auf der Ekliptik etwa gleich weit entfernt von den Sternen Regulus (Löwe) und δ Geminorum zu suchen.

Regulus

= α Leonis.
Hauptstern des Sternbildes Löwe (Leo);
RA 10^{h}08^{m}4;
Dekl. +11° 58′.

Regulus, auch Königstern genannt, ist einer der hellsten Sterne am Himmel und hat die Eigenschaft, daß er fast ganz genau auf der Ekliptik steht.

Beobachtungshinweise für die Praesepe

Schon mit bloßen Augen fällt die Praesepe, ein offener Sternhaufen, auf, allerdings nur als Nebelfleck; erst der Feldstecher bringt die Auflösung in einzelne Sterne. Da die Sterne verhältnismäßig weit verteilt sind, ist es ein Objekt für schwache Vergrößerungen.

Galilei sah mit seinem Fernrohr 30 Einzelsterne, eine Leistung, die heute der Feldstecher-Beobachter ohne weiteres nachvollziehen kann. Die Wissenschaftler haben herausgefunden, daß über 200 Sterne zu diesem offenen Sternhaufen gehören. Sie sehen auch eine gewisse Ähnlichkeit zu den Hyaden (siehe S. 55), schon wegen der lockeren Verteilung der Sterne.

Übrigens: Wie es mit der Umweltverschmutzung bestellt ist, kann der Sternfreund gerade an diesem Sternhaufen testen: In klarer Nacht ist mit freiem Auge der Nebelfleck blaß, aber doch sofort erkennbar; bei einer verunreinigten Atmosphäre verschwimmt er zusehends.

Beobachtungshinweise für Regulus

Die Position von Regulus hat zur Folge, daß die Sonne jedes Jahr im Lauf ihrer scheinbaren Bahn durch die zwölf Tierkreissternbilder einmal vor dem Stern vorüberzieht, und zwar um die Zeit des 23. August. Beobachten können wir das freilich nicht, weil die Sonne ja alles überstrahlt.

Indessen ist die Lage des hellen Sterns auf der Ekliptik insofern von Interesse, als er auch für den Mond und die Planeten »bedeckungsfähig« wird. Es gibt natürlich zahlreiche Sterne, die auf der Ekliptik liegen und durch den Mond und die Planeten bedeckt werden können; nur ist die Beobachtung bei einem so hellen Stern besonders eindrucksvoll und auch leichter. Wann solche Bedeckungen stattfinden, darüber geben die astronomischen Jahrbücher Auskunft. Zwei andere helle Sterne liegen noch ziemlich nahe der Ekliptik, es sind Spica im Sternbild Jungfrau und Antares im Sternbild Skorpion.

Die hellen Sterne

α Leonis (Regulus);
  RA 10^{h}08^{m}4;
  Dekl. +11° 58′;
  1,4^m

γ Leonis (Algieba);
  RA 10^{h}20^{m}0;
  Dekl. +19° 51′;
  2,0^m

α Hydrae (Alfard);
  RA 9^{h}27^{m}6;
  Dekl. −8° 40′;
  2,0^m

14 Becher, Haar der Berenike, Jungfrau und Rabe

Galaxien oder extragalaktische Sternsysteme erscheinen in bestimmten Himmelsgegenden besonders häufig. Im Sternbild Coma Berenices kann man mit großen Fernrohren über 1000 Milchstraßensysteme beobachten.

Sichtbarkeit Um Mitternacht über Südhorizont (Mittlere Ortszeit): März. – Die Sterne im Kartenausschnitt stehen jeden Monat ungefähr 2 Stunden früher über dem Südhorizont: April 22^h, Mai 20^h.

Becher (Crater) Das nicht augenfällige Sternbild gehört zum Südhimmel. Man findet es in der Mitte zwischen den hellen Sternen Spica (Sternbild Jungfrau) und Alphard (Sternbild Wasserschlange).

Haar der Berenike (Coma Berenices) Ein Sternbild zwischen Bootes und Löwe. Mit zahlreichen Galaxien, die nur größeren Teleskopen zugänglich sind.

Jungfrau (Virgo) Ein Tierkreissternbild mit dem hellen Stern Spica (Kornähre). Dieser Stern steht in unmittelbarer Nähe zur Ekliptik. Auch im Sternbild Jungfrau finden sich zahlreiche extragalaktische Systeme. Man spricht von einem sog. Virgo-Haufen, einer

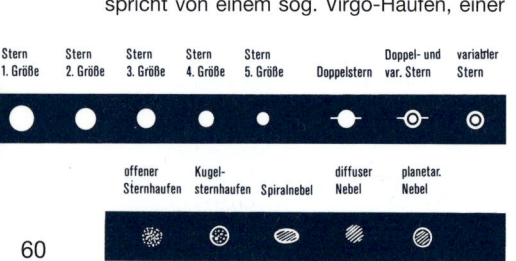

Stern 1. Größe	Stern 2. Größe	Stern 3. Größe	Stern 4. Größe	Stern 5. Größe	Doppelstern	Doppel- und var. Stern	variabler Stern

offener Sternhaufen	Kugelsternhaufen	Spiralnebel	diffuser Nebel	planetar. Nebel

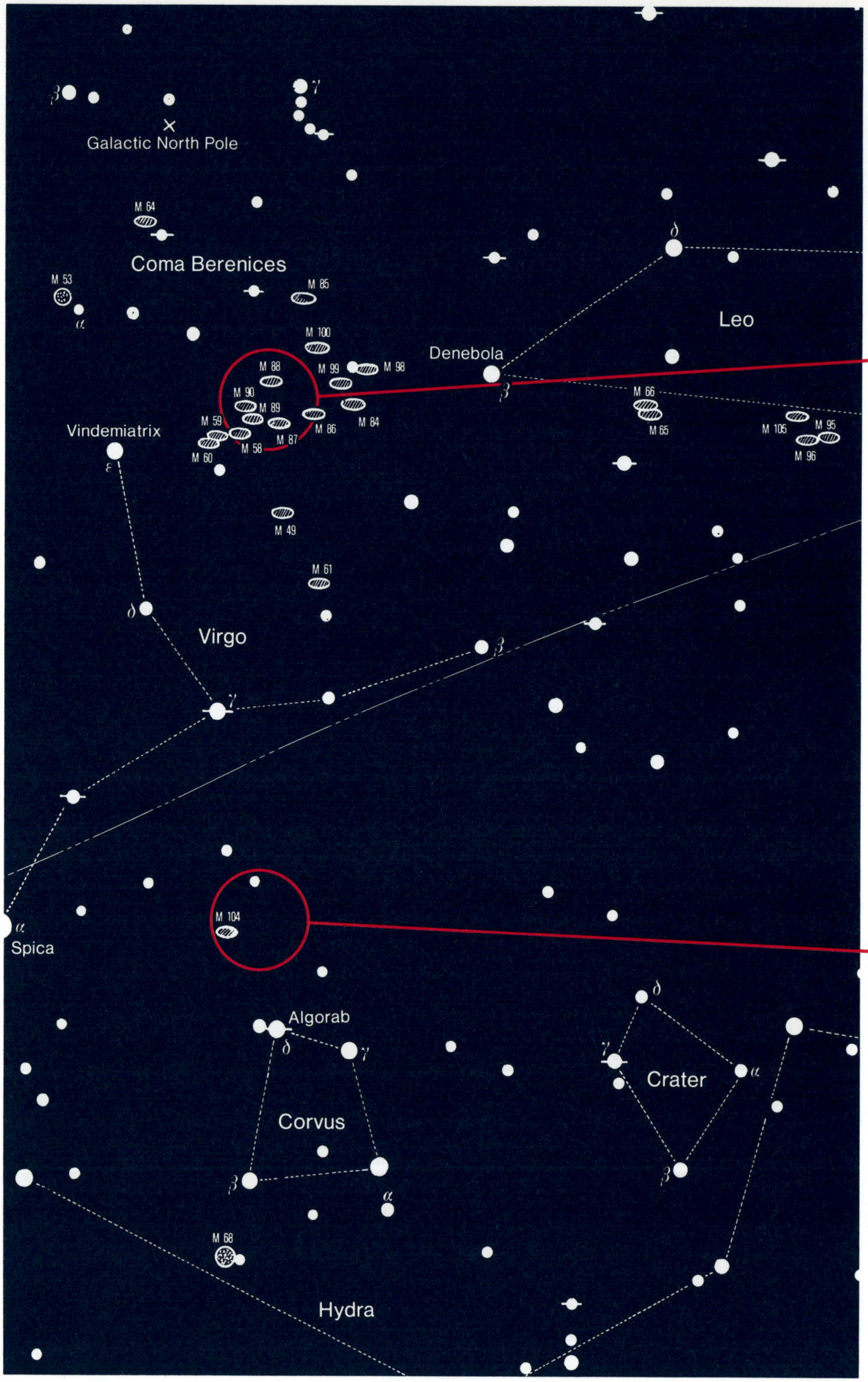

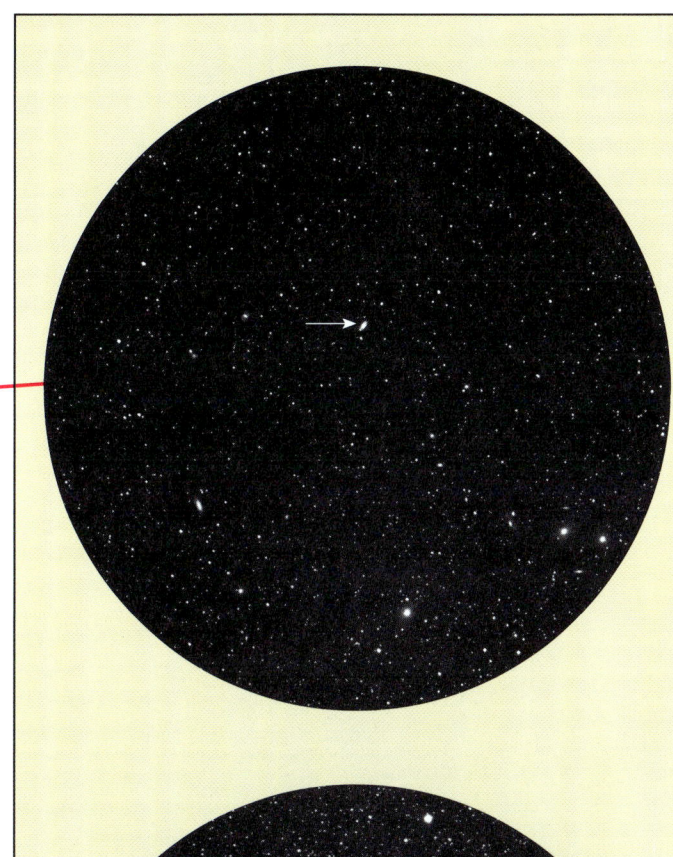

M 88
= NGC 4501.
Galaxie;
RA 12^{h}32^m,0;
Dekl. +14° 25′;
10,3^m.
Unmittelbar über der
Bildmitte des Ausschnitts
befindet sich unser Objekt
(Pfeil) mit einer Spiral-
struktur, die Ähnlichkeit
mit derjenigen des Andro-
meda-Nebels hat.

Sombrero-Nebel
= M 104 = NGC 4594.
Galaxie;
RA 12^{h}40^m,0;
Dekl. –11° 37′;
9,3^m.
Das Ausschnittphoto
zeigt das Objekt links von
der Bildmitte zum Rand
hin (Pfeil). Mit etwas Phantasie könnte man eine
»Saturn-Aufnahme« mit
einem kleineren Fernrohr
vermuten.

ausgedehnten Anhäufung von Galaxien.
γ Virginis (Distanz 3″) ist ein bequemer
Doppelstern für Dreizöller.

Rabe (Corvus) Sternbild in unmittelbarer
Nähe des Sternbildes Jungfrau. Ähnlich wie
das Sternbild Becher bilden die helleren
Sterne ein Viereck.

Beobachtungshinweise für M 88

Zum Aufsuchen stellt man das Fernrohr auf
die Mitte der Verbindungslinie zwischen
den Sternen ε Virginis und β Leonis ein. Da
M 88 nur eine Helligkeit von 10^m hat, ist es
nicht einfach, die Galaxie auszumachen.
Viel hängt von der Durchsichtigkeit der Atmosphäre und von einer lichtstarken Optik
ab.
Beim genauen Hinschauen entdeckt man
unten im Bildausschnitt andere Galaxien,
die zum Virgo-Galaxienhaufen gehören.
Links unten ist M 90 abgebildet, 10 Größenklassen hell und im Aussehen ähnlich M 88.
Eine große Wahrscheinlichkeit spricht dafür, daß in einem so dichten Nebelhaufen
Zusammenstöße von Galaxien stattgefunden haben. Das Fehlen von Spiralarmen gilt
als Anzeichen dafür, daß es Zusammenstöße gegeben hat, bevor sich die Spiralstruktur entwickelte.

Beobachtungshinweise
für den Sombrero-Nebel

Großaufnahmen dieses Spiralnebels lassen
eine gewisse Saturnähnlichkeit erkennen,
obwohl die Galaxie natürlich mit dem Planeten Saturn überhaupt nichts gemeinsam
hat. M 104 befindet sich nicht weit weg vom
Stern δ Corvi, gehört aber noch zum Sternbild Jungfrau. Wegen seines Aussehens
heißt die Galaxie »Sombrero-Nebel«. Auch
M 104 gehört noch zu dem sog. Virgo-Haufen, jener Ansammlung von Galaxien im
Sternbild Jungfrau, zu der auch M 88
gehört. Hans Vehrenberg weist in seinem
»Messier-Buch« auf den Umfang dieses
Galaxienhaufens hin: »Es gibt Anzeichen
dafür, daß sich der Haufen über das große
Himmelsgebiet zwischen 10^h und 15^{h}45^m in
RA und –3° und +20° in Dekl. erstreckt und
etwa 13 500 Galaxien bis zur Grenzgröße
15,7^m zählen dürfte.«

Die hellen Sterne

γ Corvi (Gienah);   γ Virginis
  RA 12^{h}15^m,8;   (Zawija el auwa);
  Dekl. –17° 33′;   RA 12^{h}41^m,7;
  2,6^m Dekl. –1° 27′;
α Virginis (Spica);   2,7^m;
  RA 13^{h}25^m,2;   Doppelstern
  Dekl. –11° 10′;
  1,0^m

15 Bootes, Nördliche Krone, Schlange und Waage

Arktur (Arcturus) ist einer der ältesten Sternnamen. In Homers Odyssee kommt er vor.
Er gehörte in der Antike zu den Sternen, die
den Bauern die Erntezeit anzeigten. Arcturus am Morgenhimmel war das Zeichen für
die Weinernte.

Sichtbarkeit Um Mitternacht über Südhorizont (Mittlere Ortszeit): Mai. – Die Sterne
im Kartenausschnitt stehen jeden Monat
ungefähr 2 Stunden früher über dem Südhorizont: Juni 22^h, Juli 20^h.

Bootes (Bärenhüter) Auf Seite 44 ist der
nördliche Teil dieses Sternbildes vorgestellt
worden. Hier geht es um den südlichen Teil
mit dem Hauptstern Arcturus, einem hellen,
auffälligen, rötlich-gelben Stern. Sein auf
die griechische Sagenwelt zurückzuführen-
der Name bedeutet »Hüter des Bären«.

Nördliche Krone (Corona Borealis) Man
findet das Sternbild zwischen Bootes und
Herkules.

Schlange (Serpens) Das Sternbild ist
»zweigeteilt«. Die hier abgebildete Partie ist
Serpens Caput – das Haupt der Schlange,
unmittelbar südlich der Nördlichen Krone.

Stern 1. Größe	Stern 2. Größe	Stern 3. Größe	Stern 4. Größe	Stern 5. Größe	Doppelstern	Doppel- und var. Stern	variabler Stern

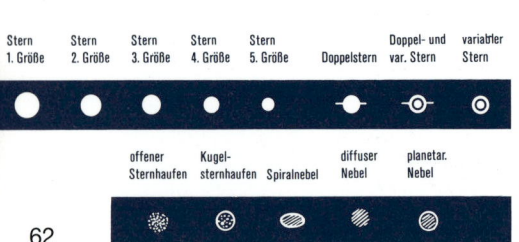

	offener Sternhaufen	Kugel-sternhaufen	Spiralnebel	diffuser Nebel	planetar. Nebel

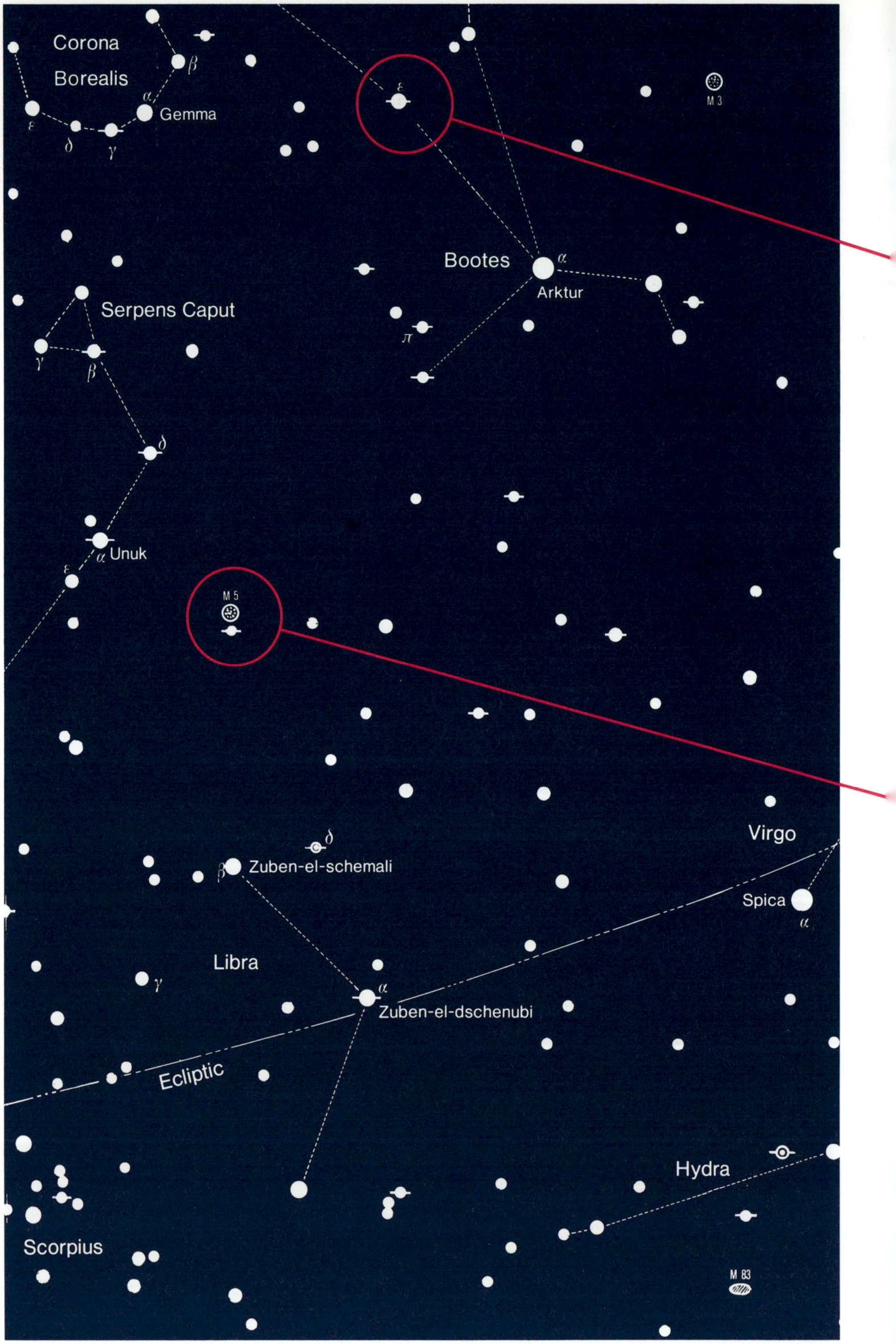

Corona Borealis

β

α   Gemma

ε

δ   γ

M 3

ε

Bootes

α

Arktur

Serpens Caput

π

γ   β

δ

ε   α   Unuk

M 5

Virgo

Spica

α

δ

β   Zuben-el-schemali

Libra

γ

α

Zuben-el-dschenubi

Ecliptic

Hydra

Scorpius

M 83

ε Bootis

Doppelstern;
RA 14^{h}45^{m}0;
Dekl. +27° 04';
2,5^m bzw. 4,9^m; 2,8''.
Unser Objekt ist unmittelbar links der Mitte des Ausschnitts. ε Bootis bildet mit den Sternen Arcturus und Gemma nahezu ein gleichschenkeliges Dreieck.

M 5

= NGC 5904.
Kugelförmiger Sternhaufen;
RA 15^{h}18^{m}6;
Dekl. +2° 05';
5,8^m.
Deutlich ist links von der Bildmitte der kugelförmige Sternhaufen M 5 zu erkennen. Das Objekt ist verhältnismäßig hell und auch leicht zu finden.

Waage (Libra) Ein Tierkreissternbild. Der Hauptstern α Librae steht praktisch auf der Ekliptik. Zu suchen ist zwischen Spica und Antares.

Beobachtungshinweise für ε Bootis

Der hellere Stern des Paares hat die Größenklasse 2,5^m und eine gelbliche Färbung, der dunklere Begleiter 4,9^m und bläuliche Färbung. Die Distanz beträgt 2,8 Bogensekunden (''). Dieser Doppelstern ist ein beliebtes Prüfobjekt für das Auflösungsvermögen 3- und 4zölliger Fernrohre. Auf unserem Foto ist der Stern nicht getrennt, wohl aber deutet sich die Eiform an, die ein Hinweis auf den Doppelstern ist. Der Helligkeitsunterschied zwischen den beiden Komponenten macht sich bei der Trennung bemerkbar und ist der Grund dafür, daß der Stern vom Zweizöller nicht getrennt wird, wiewohl die angegebene Distanz rein rechnerisch bereits von dieser Öffnung aufgelöst werden müßte. Aber die theoretische Trennungsgrenze setzt gleichhelle Sterne voraus. Bereits der Unterschied von einer Größenklasse erschwert spürbar die Trennung von Doppelsternen.

Beobachtungshinweise für M 5

Zum Aufsuchen geht man vom Stern δ Serpentis oder β Librae aus. Mit beiden Sternen bildet M 5 fast ein gleichschenkeliges Dreieck. Ganz nahe bei M 5 steht ein Stern 5. Größenklasse (5 Serpentis). Da das Umfeld arm an helleren Sternen ist, hebt sich der Sternhaufen recht gut ab. M 5 ist ein ausgesprochenes Objekt für den Feldstecher. Im 3- bis 4zölligen Fernrohr bei etwa 40facher Vergrößerung steigert sich der Anblick; die Randpartien werden in Einzelsterne aufgelöst. Der Anblick ist beeindruckend, weil zahlreiche Sterne der Größenklassen 12 bis 14 im Kugelsternhaufen vertreten sind. Altersbestimmungen von M 5 ergaben Werte über 10 Milliarden Jahre – also eines der alten kosmischen Objekte. 5 Serpentis unterhalb von M 5 und der in der Verlängerung der Geraden etwa 1 Grad davon entfernte Stern 6 Serpentis sind Doppelsterne.

Die hellen Sterne

α Bootis (Arcturus);
    RA 14^{h}15^{m}7;
    Dekl. +19° 11';
    0,1^m
α Coronae Borealis
    (Gemma);
    RA 15^{h}34^{m}7;
    Dekl. +26° 43';
    2,3^m

α Serpentis (Unuk);
    RA 15^{h}44^{m}3;
    Dekl. +6° 26';
    2,7^m

16 Herkules, Schlangenträger, Schütze und Skorpion

Der ionische Naturphilosoph Demokrit von Abdera äußerte schon um 400 v. Chr. die Meinung, daß die Milchstraße aus Sternen besteht. Galilei bestätigte das mit seinem 1609 erfundenen Fernrohr. In den Sternbildern Schütze und Schlangenträger ist die Milchstraße besonders eindrucksvoll zu sehen.

Sichtbarkeit Um Mitternacht über Südhorizont (Mittlere Ortszeit): Juni. – Die Sterne im Kartenausschnitt stehen jeden Monat ungefähr 2 Stunden früher über dem Südhorizont: Juli 22^h, August 20^h.

Herkules (Hercules) Der nördliche Teil des Sternbildes wird auf Seite 46 vorgestellt. An dieser Stelle verdient der Stern Ras-algethi Aufmerksamkeit, unweit des helleren Hauptsterns des Sternbildes Schlangenträger, Ras-alhague. Ras-algethi fällt durch seine gelbrote Färbung auf. Er ist veränderlich und hat einen bläulichen Begleiter in 4,7″ Distanz mit 5,4^m.

Schlangenträger (Ophiuchus) Sternbild zwischen Herkules und Skorpion mit schönen Milchstraßenpartien.

Stern 1. Größe	Stern 2. Größe	Stern 3. Größe	Stern 4. Größe	Stern 5. Größe	Doppelstern	Doppel- und var. Stern	variabler Stern

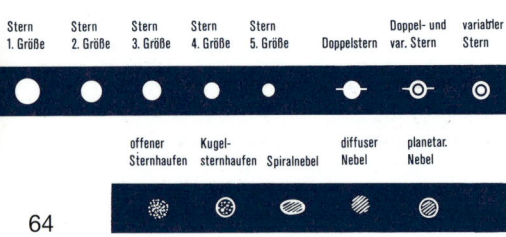

offener Sternhaufen	Kugelsternhaufen	Spiralnebel	diffuser Nebel	planetar. Nebel

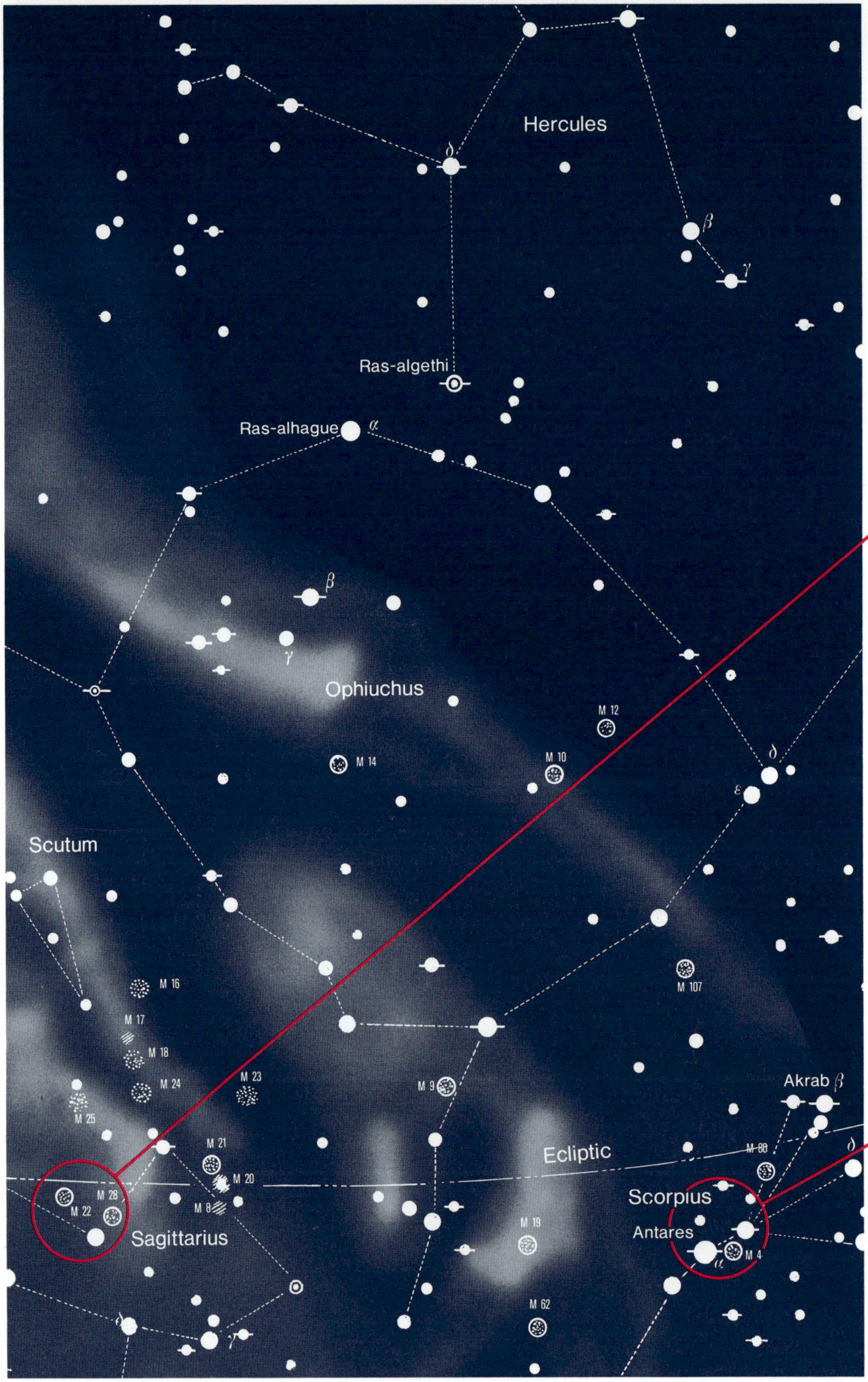

Hercules

Ras-algethi

Ras-alhague α

β

γ

Ophiuchus

M 12

M 14

M 10

δ

ε

Scutum

M 107

M 16

M 17

M 18

M 23

M 9

M 24

M 25

M 21

M 20

M 22 M 28

M 8

Sagittarius

M 19

M 62

γ

Ecliptic

Akrab β

M 80

δ

Scorpius

Antares

α M 4

β

γ

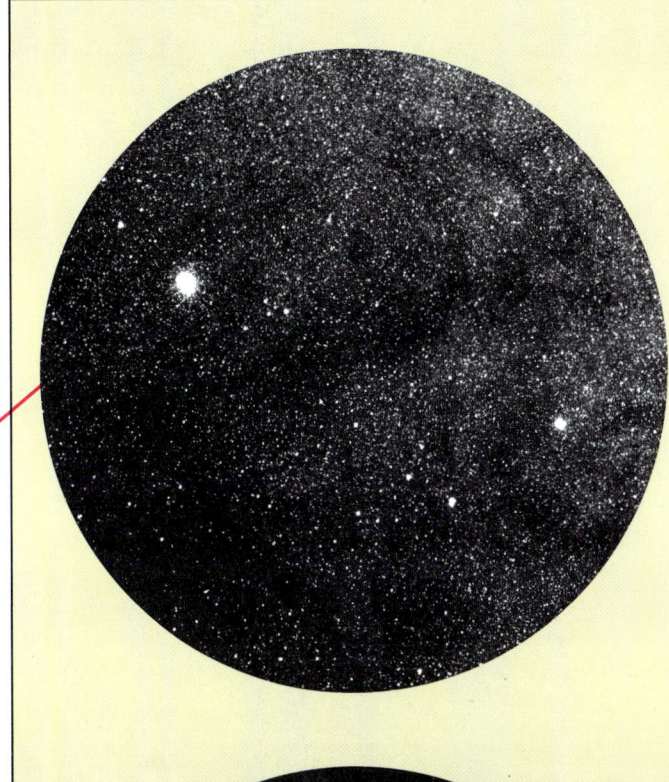

M 22
= NGC 6656.
Kugelförmiger Stern-
haufen;
RA 18^{h}36^{m}4;
Dekl. −23° 54′;
5,1^m.
Links von der Bildmitte
befindet sich der kugel-
förmige Sternhaufen
M 22. Die Nähe zu einer
sternreichen Milch-
straßenpartie ist nicht
zu übersehen.

Antares
= α Scorpii (und
Umgebung).
RA 16^{h}29^{m}4;
Dekl. −26° 26′.
Diese Himmelsregion ist
in mehrfacher Hinsicht für
den beobachtenden
Sternfreund von Inter-
esse. Der Ausschnitt zeigt
von der Bildmitte nach
links unten die Konstellation σ Scorpii, M 4 und
α Scorpii.

Schütze (Sagittarius) Tierkreissternbild (s. auch S. 66). Eine der interessantesten Milchstraßengegenden! In Mitteleuropa steht das Sternbild tief über dem Horizont.
Skorpion (Scorpius) Tierkreissternbild (s. auch S. 82). Der helle rötliche Stern Antares (bedeutet soviel wie »dem Mars gleichend«) ist am Horizont nicht zu übersehen.

Beobachtungshinweise für M 22
Zum Aufsuchen von M 22 muß man in mittleren nördlichen Breiten den Hochsommer abwarten. M 22 steht noch etwas südlich der südlichsten Stelle der Ekliptik und gelangt erst auf der Breite des nördlichen Wendekreises (Mexiko, Cuba, Ostbengalen, Arabien) zu einer Höhe wie das Sommerdreieck in Mitteleuropa.
M 22 ist im Feldstecher ein brillantes Objekt. Mit Recht wird er mit dem schönsten Kugelsternhaufen des nördlichen Himmels, dem M 13 (s. S. 47) verglichen. Zum Auffinden geht der Beobachter mit seinem Feldstecher vom Stern Atair im Sternbild Adler der Milchstraße entlang zum hellen Stern σ Sagittarii (Nunki). Siehe auch Karte S. 66. Der helle, sternartige Fleck rechts zum Rand hin ist ein weiteres Messier-Objekt, der kugelförmige Sternhaufen M 28.

Beobachtungshinweise
für Antares und Umgebung
Antares (α Scorpii) ist ein Stern hoher Leuchtkraft (»Roter Riese«). Er ist verwandt mit Arkturus im Sternbild Bootes und Beteigeuze im Sternbild Orion. Antares hat nahezu den 300fachen Durchmesser unserer Sonne und mehr als die 2000fache Helligkeit. Die rötliche Färbung hat ihm den Namen gegeben: Antares (griechisch) = »dem Mars gleichend«.
M 4 ist ein kugelförmiger Sternhaufen von lockerer Struktur. Bereits mit einem 3zölligen Fernrohr werden viele Sterne aufgelöst. Hellere Sterne sind von einem »Schleier« umgeben, der interstellare Gas- und Staubansammlungen verrät, die die Durchsicht auf die helligkeitsschwächeren Sterne verwehren.

Die hellen Sterne
α Herculis	α Ophiuchi
(Ras Algethi);	(Ras Alhague);
RA 17^{h}14^{m}6;	RA 17^{h}34^{m}9;
Dekl. +14° 23′;	Dekl. +12° 34′; 2,1^m
Max. 3^m, Min. 4^m;	α Scorpii (Antares);
unregelmäßig	RA 16^{h}29^{m}4;
veränderlich	Dekl. −26° 26′;
	Max. 0,9^m;
	Min. 1,8^m;
	Periode 1733^d

17 Adler, Steinbock, Delphin, Füllen, Pfeil, Schütze und Füchslein

Der neue Stern von 1918, die Nova Aquilae, erreichte in wenigen Stunden die Helligkeit von Sirius, dem hellsten Stern am Himmel. Dieser Helligkeitsausbruch kennzeichnet den eruptiven veränderlichen Stern, der sein Minimum oft erst Jahre später wieder erreicht.

Sichtbarkeit Um Mitternacht über Südhorizont (Mittlere Ortszeit): Juli. – Die Sterne im Kartenausschnitt stehen jeden Monat ungefähr 2 Stunden früher über dem Südhorizont: August 22^h, September 20^h.

Adler (Aquila) Das Sternbild ähnelt einem fliegenden Vogel, dessen Kopf durch die Sterne Atair (α), Alshain (β) und Tarazed (γ) dargestellt wird.

Steinbock (Capricornus) Tierkreissternbild. β Capricorni im Feldstecher ein Doppelstern; der hellere Stern ist gelb, der lichtschwächere bläulich.

Delphin (Delphinus) Ein kleines Sternbild etwa gleich heller Sterne.

Füllen (Equuleus) Viereck, das die Ähnlichkeit eines Pferdekopfes hat.

Pfeil (Sagitta) Auffällig linear angeordnete Sterne 4. Größenklasse.

Stern 1. Größe	Stern 2. Größe	Stern 3. Größe	Stern 4. Größe	Stern 5. Größe	Doppelstern	Doppel- und var. Stern	variabler Stern

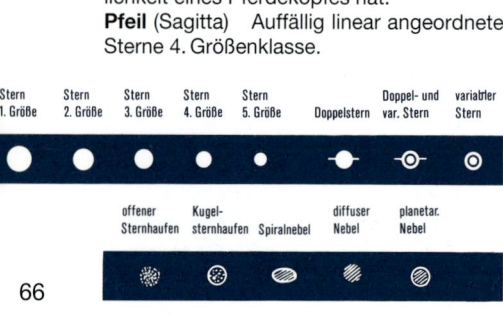

offener Sternhaufen	Kugelsternhaufen	Spiralnebel	diffuser Nebel	planetar. Nebel

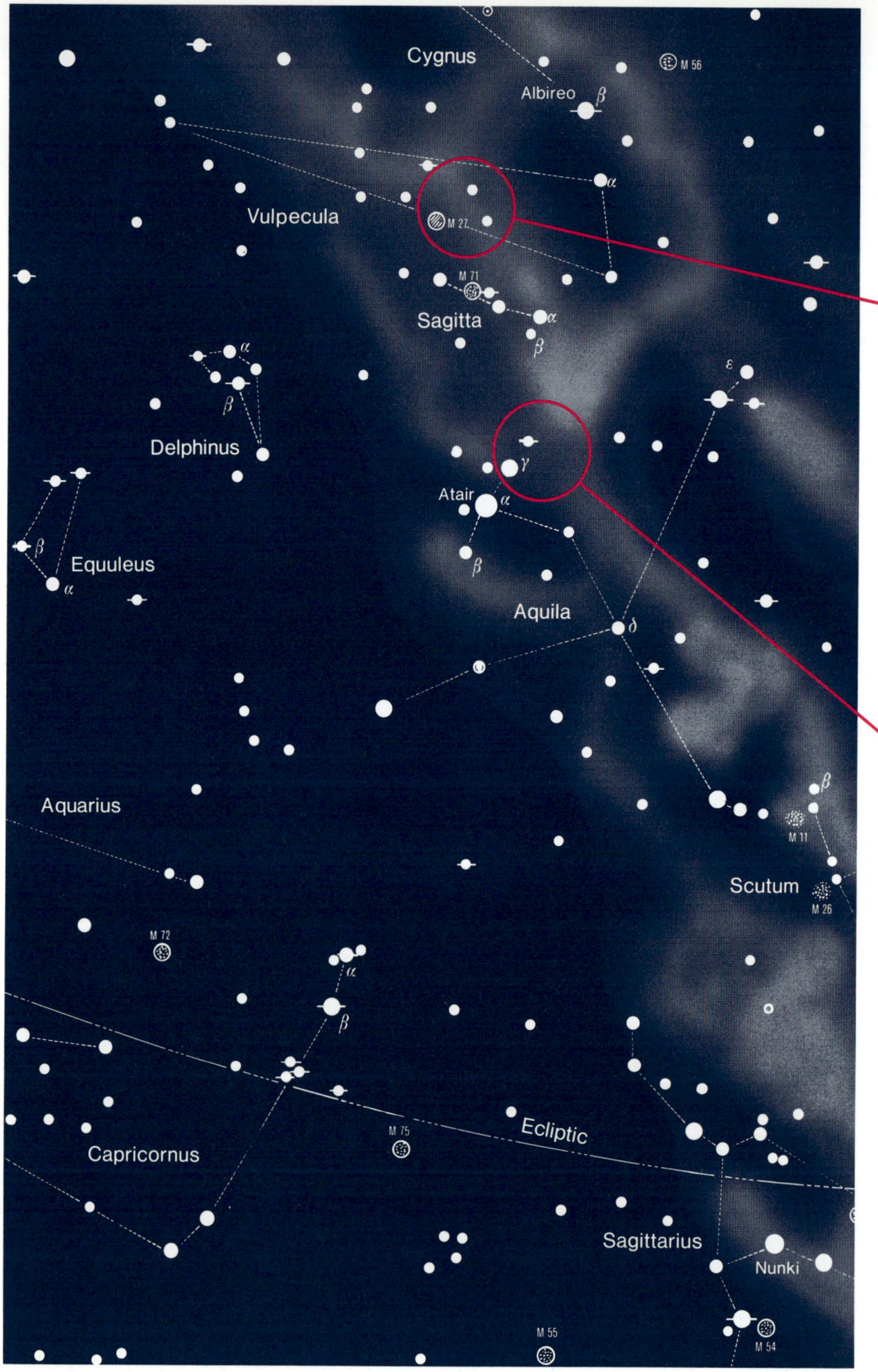

66

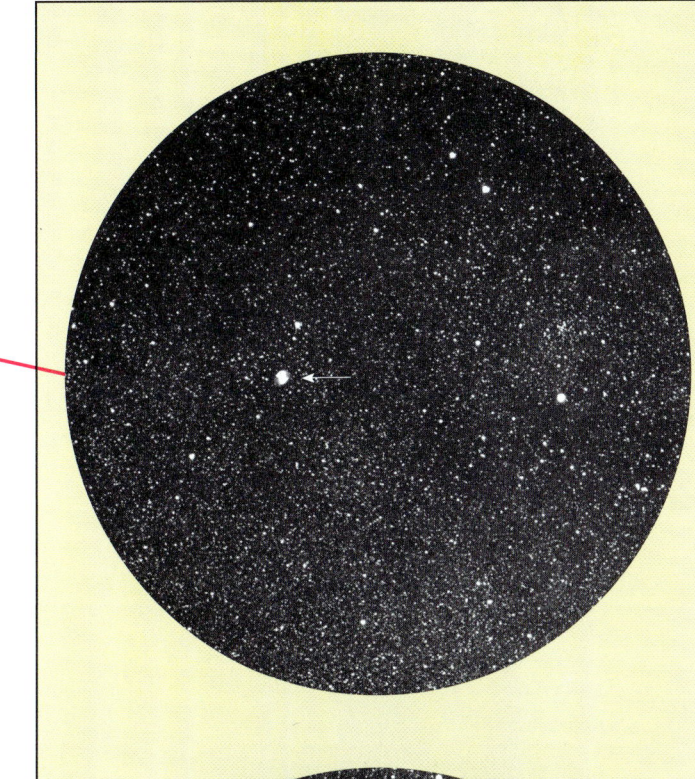

Dumbbell-Nebel

= M 27 = NGC 6853.
Planetarischer Nebel;
RA 19ʰ59ᵐ6;
Dekl. +22° 43′;
7,6ᵐ.
Den hellsten plane-
tarischen Nebel
des nördlichen Himmels
(Pfeil) finden wir im
Sternbild Füchslein
(Vulpecula).

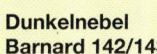

**Dunkelnebel
Barnard 142/143**

= Dreiteilige Höhle in der
Milchstraße.
RA 19ʰ40ᵐ7;
Dekl. +10° 57′.
Das Objekt befindet sich
1 Grad nordwestlich
(rechts) des Sternes
γ Aquilae (Pfeil).

Schütze (Sagittarius) Tierkreissternbild.
Es ist das südlichste aller Tierkreissternbil-
der. Zahlreiche Nebel und Sternhaufen.
Lohnend für die Beobachtung mit dem
Feldstecher.

Füchslein (Vulpecula) Sternbild zwischen
Adler und Schwan.

Beobachtungshinweise für
den Dumbbell-Nebel

Es handelt sich um einen Gasnebel, der im
Fernrohr den Eindruck einer blaß leuchtenden Planetenscheibe erwecken kann. Daher auch der Name planetarischer Nebel für
solche Himmelsobjekte, obwohl sie mit den
Planeten überhaupt nichts zu tun haben.
Der Engländer Lord Rosse fand in seinem
Fernrohr eine Ähnlichkeit mit einer Hantel
und gab daher dem Nebel den Namen
»Dumbbell-Nebel« (engl. »dumbbell« =
Hantel). Der Zentralstern wird von der Helligkeit des Nebels überstrahlt.
Der Dumbbell-Nebel ist im Feldstecher bei
6–8facher Vergrößerung als deutliches Ne-
belscheibchen zu erkennen. Ausgangspunkt ist für das Aufsuchen Stern α Aquilae
(Atair). Von dort zum Stern Gamma im
Sternbild Pfeil. Dann noch etwa 3 Grad
nördlich bis zum Dumbbell-Nebel (Pfeil).

Beobachtungshinweise
für den Dunkelnebel Barnard 142/143

Für die Beobachtung ist eine mondlose
Nacht mit guter Durchsicht notwendig. Der
Dunkelnebel ist dann aber im Feldstecher
ein auffälliges Objekt, das in deutlichem
Kontrast zur sternreichen Umgebung steht.
Eine der eindrucksvollsten Erscheinungen
am Himmel ist die Milchstraße. Das Gefun-
kel der vielen Sterne zeigt sich prächtig im
Feldstecher. Der genaue Beobachter wird
entdecken, daß die sternreichen Felder immer wieder einmal unterbrochen sind, und
man sieht dafür sozusagen »schwarze
Löcher im Himmel« mit wenigen oder gar
keinen Sternen. Die Wissenschaftler haben
herausgefunden, daß mächtige Dunkelwolken aus kosmischer Materie (Gas und
Staub) den Durchblick zu den Sternen trü-
ben oder ganz unmöglich machen.

Die hellen Sterne

α Aquilae (Atair);
  RA 19ʰ50ᵐ8;
  Dekl. +8° 52′;
  0,8ᵐ

γ Aquilae
  (Reda, Tarazed);
  RA 19ʰ46ᵐ3;
  Dekl. +10° 37′;
  2,8ᵐ

β Capricorni
  (Dabih);
  RA 20ʰ21ᵐ0;
  Dekl. –14° 47′;
  3,2ᵐ

σ Sagittarii (Nunki);
  RA 18ʰ55ᵐ3;
  Dekl. –26° 18′;
  2,1ᵐ

N

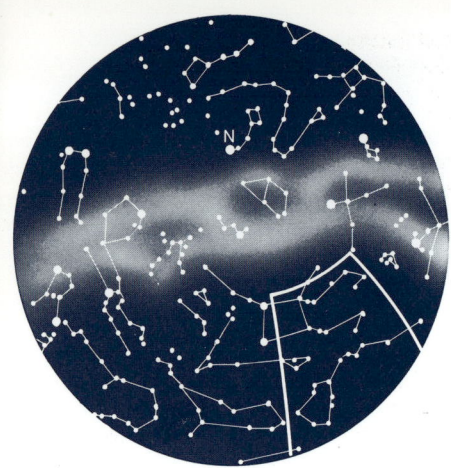

18 Pegasus, Wassermann und Südlicher Fisch

Erscheint das Sternbild Pegasus am nördlichen Abendhimmel, wird es herbstlich. In der antiken Sage ist Pegasus das geflügelte Roß, das die Phantasie der griechischen Dichter beflügelt hat.

Sichtbarkeit Um Mitternacht über Südhorizont (Mittlere Ortszeit): September. – Die Sterne im Kartenausschnitt stehen jeden Monat ungefähr 2 Stunden früher über dem Südhorizont: Oktober 22^h, November 20^h.

Pegasus (Pegasus) Die hellen Sterne bilden ein großes Viereck am nördlichen Himmel (Leitsternbild!). In unserem Kartenausschnitt fehlen zur Vollständigkeit des Vierecks γ Pegasi und α Andromedae (siehe auch Karte S. 52). Der Stern Sirrah (α Andromedae) wird zum Pegasus-Viereck hinzugenommen, obwohl er zum Sternbild Andromeda gehört.

Südlicher Fisch (Piscis Austrinus) Auffällig ist der helle Stern Fomalhaut, der in der Liste der hellsten Sterne des gesamten Himmels an 18. Stelle steht. Der arabische Name bedeutet soviel wie »Maul des Fisches«.

Wassermann (Aquarius) Tierkreissternbild zwischen Pegasus und Südlichem Fisch.

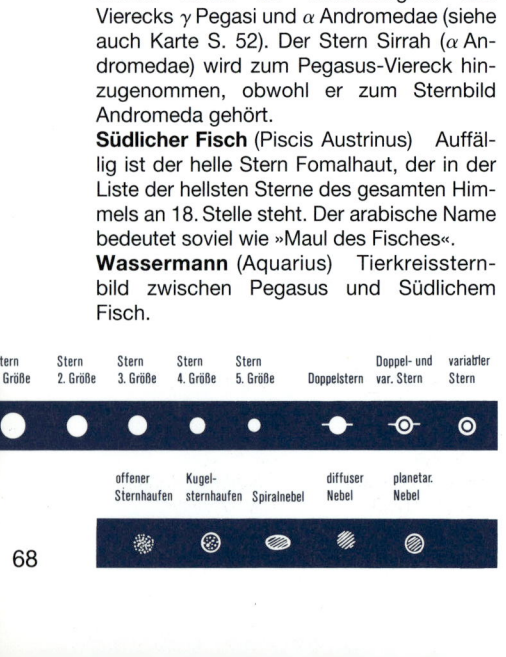

Stern 1. Größe
Stern 2. Größe
Stern 3. Größe
Stern 4. Größe
Stern 5. Größe
Doppelstern
Doppel- und var. Stern
variabler Stern
offener Sternhaufen
Kugel- sternhaufen
Spiralnebel
diffuser Nebel
planetar. Nebel

Scheat
Pegasus
Markab
M 15
M 2
Pisces
Ecliptic
Aquarius
Capricornus
M 30
Fomalhaut
Piscis austrinus

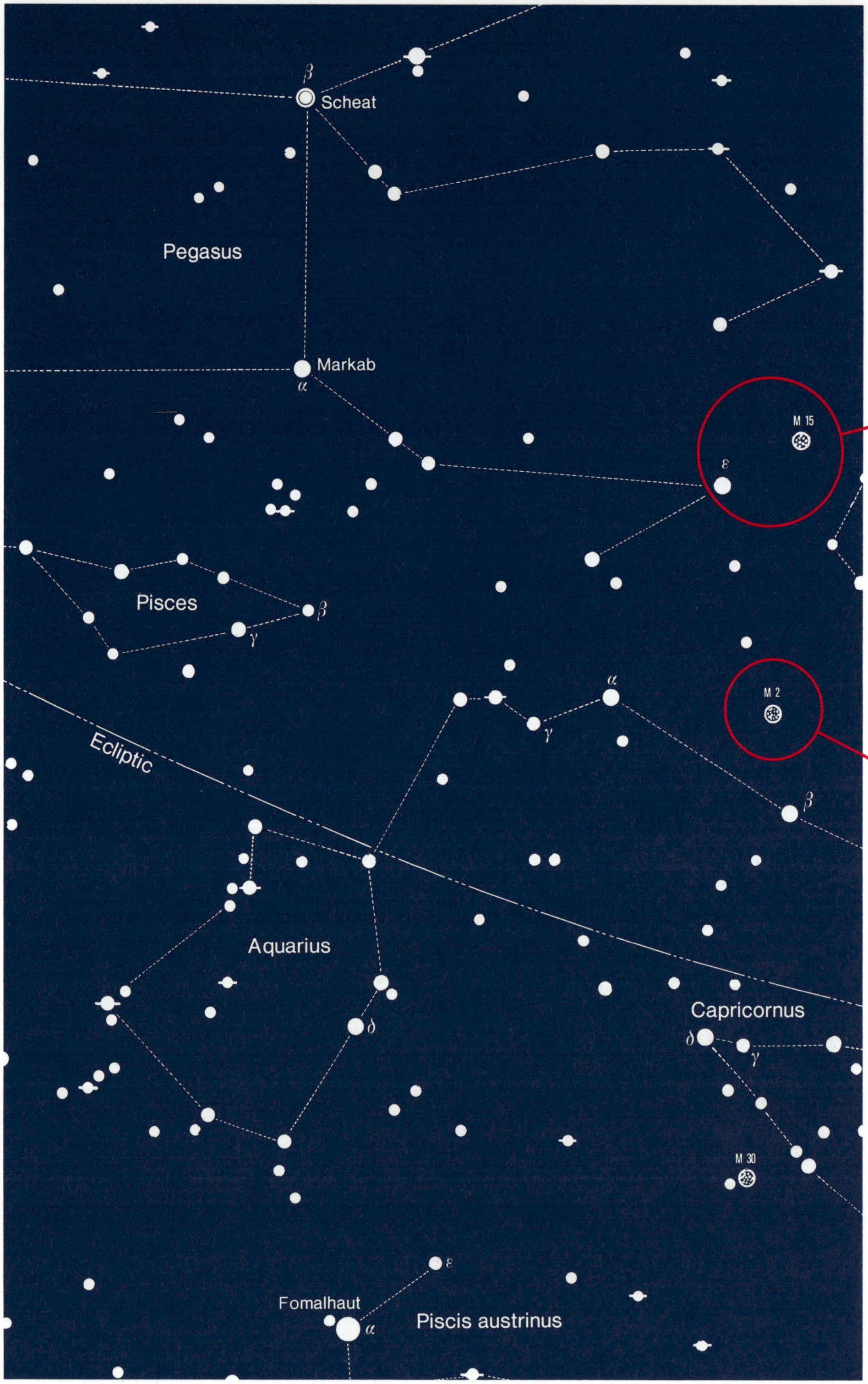

M 15

= NGC 7078.
Kugelförmiger Stern-
haufen;
RA 21^{h}30^{m}0;
Dekl. +12° 10′;
6,3^m.
Nahe dem Stern ε Pegasi
entdeckt man den kugel-
förmigen Sternhaufen
M 15. Beide Objekte
bringt ein Weitwinkelfeldstecher zusammen ins
Gesichtsfeld.

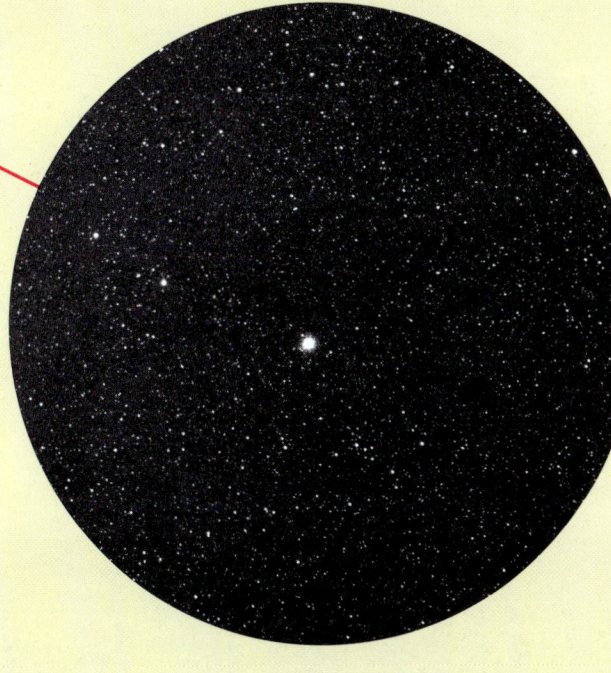

M 2

= NGC 7089.
Kugelförmiger Stern-
haufen;
RA 21^{h}33^{m}5;
Dekl. −0° 49′;
6,5^m.
M 2 steht unmittelbar in
der Bildmitte des Aus-
schnitts, ein kugelförmi-
ger Sternhaufen, dem
nachgesagt wird, daß er
unter günstigen Umstän-
den schon mit freiem
Auge wahrgenommen
werden kann.

Beobachtungshinweise für M 15

Die scheinbare Helligkeit von M 15 beträgt
6,3^m; er ist damit ähnlich wie schon M 2 ein
gut auffindbares Sternsystem. Im Bildausschnitt ist M 15 rechts der Mitte; am
Bildrand rechts oberhalb eine schwache
Meteorspur.
»Der kugelförmige Sternhaufen M 15 im Pegasus bildet mit M 3, M 13 und M 92 die
Gruppe der Kugelhaufen des nördlichen
Sommersternhimmels und schließt diese
nach Osten hin ab«, schreibt Hans Vehrenberg in »Mein Messier-Buch«. Wir dürfen
nicht vergessen, daß die an Kugelsternhaufen reichen Sternbilder Schütze, Skorpion
und – teilweise wenigstens – Schlangenträger bereits zum südlichen Sternenhimmel
zählen.
M 15 ist ein von der Wissenschaft genau
untersuchtes Sternsystem. Die Entfernung
wird mit 10 parsec angegeben. Die hellsten
Einzelsterne haben scheinbare Helligkeiten
um 14,5^m. Bekannt sind davon ungefähr
25 Stück.

Beobachtungshinweise für M 2

Zum Aufsuchen am Himmel geht der Beobachter von den Sternen α Aquarii und
β Aquarii aus. Im Weitwinkelfeldstecher
erscheint M 2 im Gesichtsfeld, sobald
β Aquarii gefunden ist (Distanz des Sternhaufens von diesem Stern ca. 5 Grad).
Im Gegensatz zu M 4 (s. S. 65) ist M 2 ein
sehr kompakter Kugelsternhaufen und daher schwer in Einzelsterne aufzulösen.
Selbst am Rand gelingt das mit den Mitteln
des Amateurastronomen kaum. Das Umfeld
von M 2 ist ausgesprochen gleichmäßig mit
schwächeren Sternen durchsetzt. Irgend-
welche Sternkonzentrationen und Dunkelwolken sind nicht erkennbar. Ja, diese Himmelsregion wirkt im Vergleich zu den
Ballungsgebieten im Schwan oder Schüt-
zen ausgesprochen eintönig.

Die hellen Sterne

β Aquarii
(Sadalsŭŭd);
RA 21^{h}31^{m}6;
Dekl. −5° 34′;
2,8^m

α Pegasi
(Markab);
RA 23^{h}04^{m}8;
Dekl. +15° 12′;
2,5^m

α Piscis Austrini
(Fomalhaut);
RA 22^{h}57^{m}6;
Dekl. −29° 37′;
1,2^m

19 Phönix und Tukan

Der 1603 erschienene Sternatlas »Uranometria omnium asterismorum« von Johannes Bayer gilt als einer der berühmtesten aller Zeiten. Er enthält 1706 Sterne 1. bis 6. Größenklasse, verteilt auf 48 Sternbilder des nördlichen und südlichen Himmels.

Sichtbarkeit Um Mitternacht über Nordhorizont (Mittlere Ortszeit): Oktober. – Die Sterne im Kartenausschnitt stehen jeden Monat ungefähr 2 Stunden früher über dem Nordhorizont: November 22^h, Dezember 20^h.

Phönix (Phoenix) Sternbilder des südlichen Himmels, soweit sie von der Nordhemisphäre der Erde aus nicht zu beobachten sind, wurden auf Karten erstmals in der oben erwähnten »Uranometria« von J. Bayer dargestellt. Grundlagen lieferten die Beobachtungen von Seeleuten, die nach Java und Sumatra gefahren waren. Sie hatten recht willkürlich neue Sternkonstellationen gebildet und nach der tropischen Vogelwelt benannt. Das Sternbild Phönix sucht man zwischen den hellen Sternen Fomalhaut (Südlicher Fisch) und Achernar (Eridanus).

Tukan (Tucana) Das Sternbild schließt unmittelbar südlich an das Sternbild Phönix an.

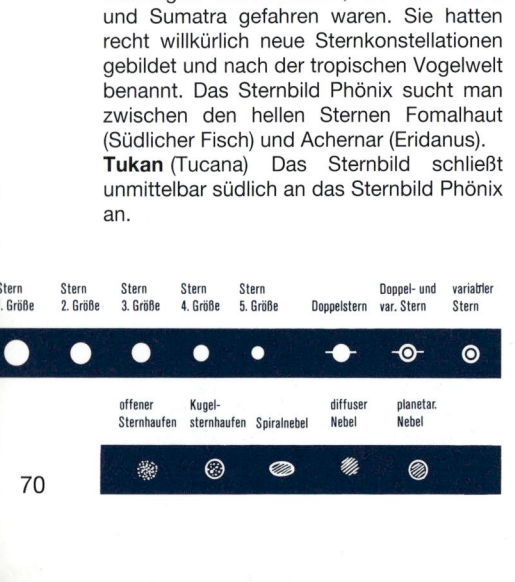

Stern 1. Größe	Stern 2. Größe	Stern 3. Größe	Stern 4. Größe	Stern 5. Größe	Doppelstern	Doppel- und var. Stern	variabler Stern

offener Sternhaufen	Kugelsternhaufen	Spiralnebel	diffuser Nebel	planetar. Nebel

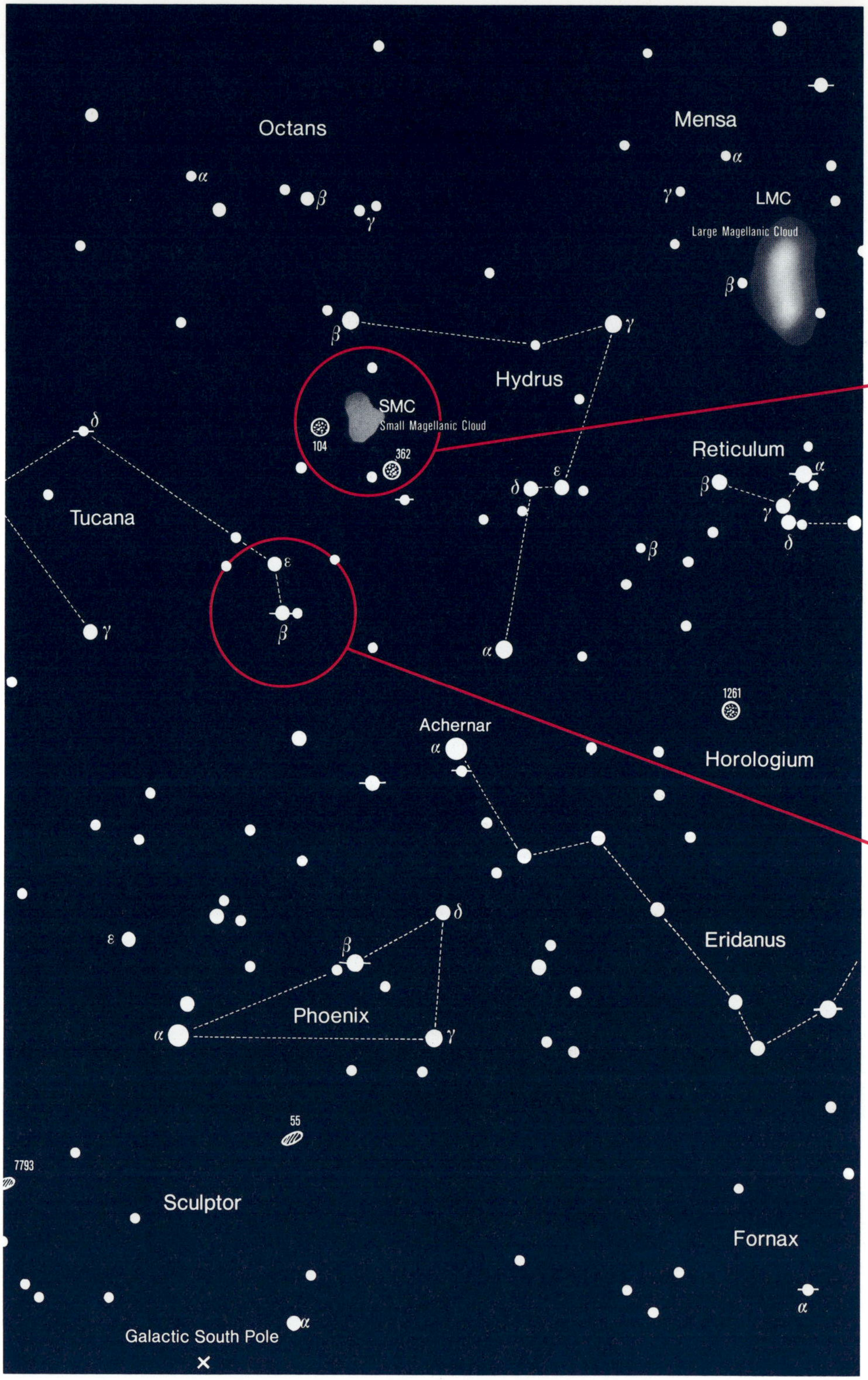

Kleine Magellansche Wolke

= SMC = Small Magellanic Cloud.
Galaxie;
RA 0^{h}52^{m}7;
Dekl. −72° 50′;
2,2^m.
Dem Sternfreund in südlichen Breiten ist es vorbehalten, die zwei nächsten extragalaktischen Sternsysteme zu beobachten: die beiden Magellanschen Wolken (Große Magellansche Wolke s. S. 75).

β Tucanae

Doppelstern;
RA 0^{h}31^{m}5;
Dekl. −62° 58′;
4,4^m bzw. 4,8^m; 27″.
Unser Objekt fällt in der Bildmitte sofort ins Auge. Beide Komponenten sind ungefähr gleich hell (4,5^m) und befinden sich in einer Distanz von 27 Bogensekunden.

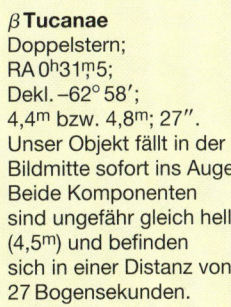

Beobachtungshinweise für die Kleine Magellansche Wolke

Was uns der Bildausschnitt zeigt, erinnert mehr an einen offenen Sternhaufen; auch der Anblick im Fernrohr entspricht dem. Wenn man aber erfährt, daß die Kleine Magellansche Wolke ungefähr 10mal näher ist als der berühmte Andromeda-Nebel, dann wird klar, warum Fernrohr und Kamera so viele Einzelheiten bringen.

Die Kleine Magellansche Wolke ist ein auffälliges Objekt am Südhimmel. Der helle Stern Achernar, Sternbild Eridanus, mag als Orientierungshilfe dienen; von ihm aus sucht man das Objekt südwärts in Richtung Pol. Die hohe südliche Deklination macht die Galaxis erst in mittleren südlichen Breiten zu einem dankbaren Objekt. Dort ist das Sternsystem zirkumpolar.

Die Kleine Magellansche Wolke ist fast frei von absorbierendem Staub. So beobachtet man entferntere Galaxien durch sie hindurch. Kugelhaufen und Haufenveränderliche sind zahlreich. Links zum Bildrand der schöne kugelförmige Sternhaufen 47 Tucanae (= NGC 104).

Beobachtungshinweise für β Tucanae

Es ist ein Doppelstern für das kleine Fernrohr (Feldstecher ab 12facher Vergrößerung). Ein Begleiter ist nochmals doppelt: Der dritte Stern im System hat die scheinbare Helligkeit 14,0^m und ist bei einer Distanz von 2,2 Bogensekunden nur in großen Fernrohren zu trennen.

β Tucanae bildet mit dem hellen Stern Achernar, Sternbild Eridanus, und der Kleinen Magellanschen Wolke ein gleichschenkeliges Dreieck. Hellere Feldsterne fehlen in der Umgebung weitgehend. Das Gebiet darf man als sternarm bezeichnen. Seine Ursache hat das in der Nähe des Galaktischen Pols im Sternbild Bildhauerwerkstatt (Sculptor).

Mit der Deklination −63 Grad ist β Tucanae von Europa aus nie zu beobachten. Von Mittelamerika aus gesehen, erhebt er sich etwas über den Horizont, während er in Australien und Neuseeland fast das ganze Jahr über zu beobachten ist.

Die hellen Sterne

α Phoenicis (Ankaa); RA 0^{h}26^{m}3; Dekl. −42° 18′; 2,4^m	β Tucanae; RA 0^{h}31^{m}5; Dekl. −62° 58′; 3,8^m

20 Fluß Eridanus, Kleine Wasserschlange, Pendeluhr, Grabstichel und Netz

Im Sternbild Eridanus sahen die Babylonier den Euphrat, die Ägypter den Nil und die Griechen den weit nördlich fließenden Eridanos.

Sichtbarkeit Um Mitternacht über Nordhorizont (Mittlere Ortszeit): November. – Die Sterne im Kartenausschnitt stehen jeden Monat ungefähr 2 Stunden früher über dem Nordhorizont: Dezember 22^h, Januar 20^h.

Fluß Eridanus (Eridanus) Das Sternbild beginnt beim Sternbild Orion (siehe S. 54) und erreicht die südlichste Deklination mit seinem Hauptstern Achernar.

Grabstichel (Caelum) Sternbild zwischen Eridanus und Columba.

Kleine Wasserschlange (Hydrus) Wenig profiliertes Sternbild zwischen den beiden Magellanschen Wolken.

Netz (Reticulum) Abbé Nicolas Louis de Lacaille vervollständigte Mitte des 18. Jahrhunderts die Liste der Sternbildernamen des Südhimmels. Er beobachtete von 1751 bis 1754 vom Kap der Guten Hoffnung aus den Südhimmel. Einer unscheinbaren Kon-

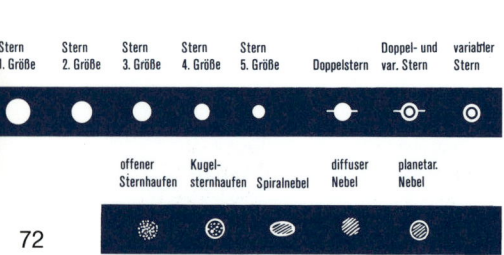

Stern 1. Größe	Stern 2. Größe	Stern 3. Größe	Stern 4. Größe	Stern 5. Größe	Doppelstern	Doppel- und var. Stern	variabler Stern

	offener Sternhaufen	Kugel-sternhaufen	Spiralnebel	diffuser Nebel	planetar. Nebel

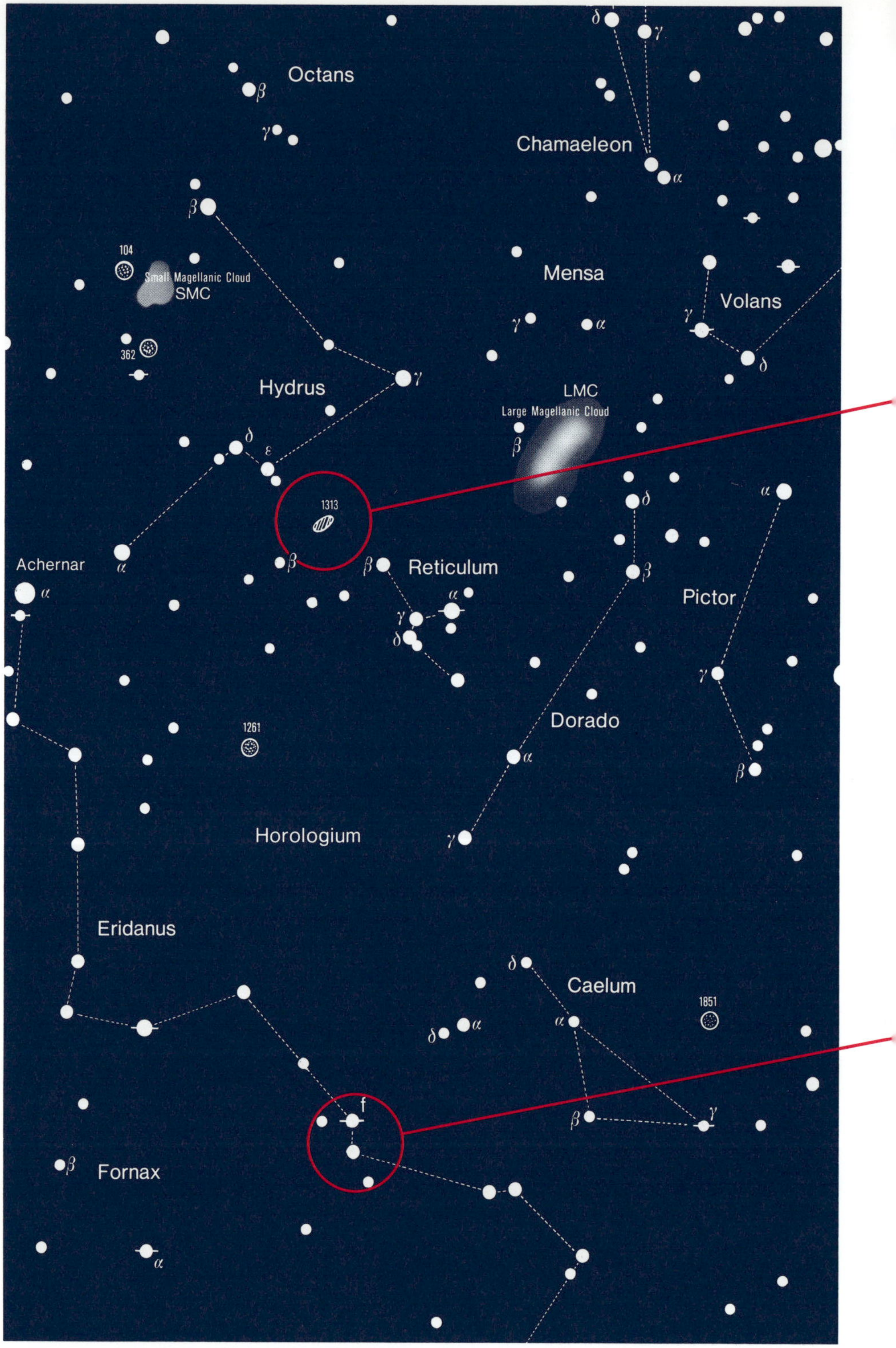

Octans

Chamaeleon

Mensa

Volans

Hydrus

Small Magellanic Cloud
SMC

104

362

LMC
Large Magellanic Cloud

1313

Achernar

Reticulum

Pictor

Dorado

Horologium

1261

Eridanus

Caelum

1851

Fornax

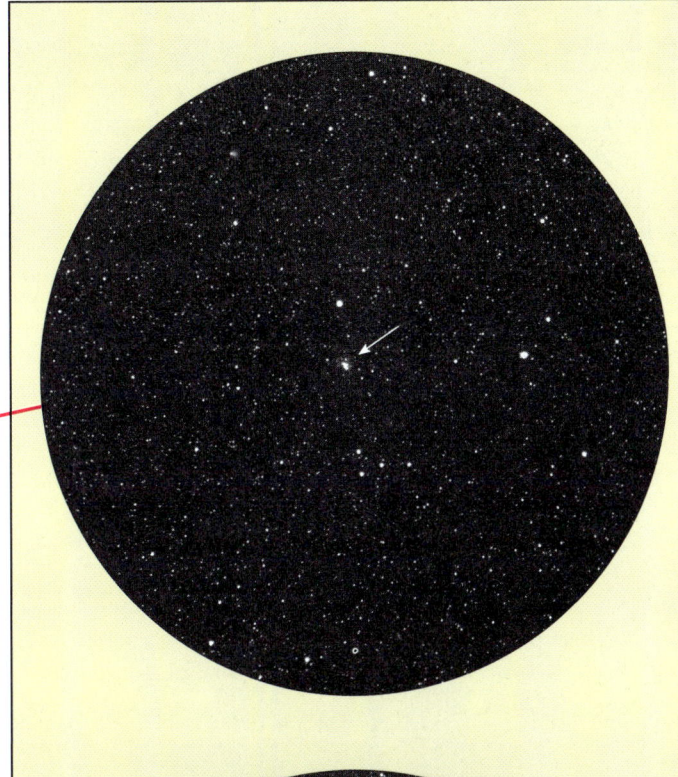

NGC 1313
Galaxie;
RA 3^{h}18^{m}3;
Dekl. −66° 30′;
9,4^m.
In der Mitte unseres Bild-
ausschnittes steht das
extragalaktische System
NGC 1313 (Pfeil), das mit
der scheinbaren Hellig-
keit von 9^m kein leichtes
Objekt ist.

f Eridani
Doppelstern;
RA 3^{h}48^{m}6;
Dekl. −37° 37′;
4,8^m bzw. 5,3^m; 7,9″.
Etwa in der Mitte auf der
Linie zwischen den
Sternen β Fornacis und
β Caeli entdeckt der
Beobachter den Doppel-
stern f Eridani.

stellation eng angeordneter Sterne in der
Mitte zwischen Achernar und Canopus gab
er den Namen Netz.
Pendeluhr (Horologium)   Ein Sternbild zwischen Netz und Fluß Eridanus.

Beobachtungshinweise für NGC 1313
Zum Aufsuchen wählt man am besten als
Ausgangspunkt den hellen Stern Achernar
(Sternbild Eridanus). Von dort weiter über
α Hydri zu β Horologii. NGC 1313 bildet mit
β Horologii und dem etwas helleren Stern
β Reticuli ein gleichschenkeliges Dreieck.
Trotz der nur mäßigen Helligkeit und einer
geringen Flächenausdehnung wird der Beobachter in dunkler, mondloser Nacht das
Objekt mit einem lichtstarken Feldstecher
finden, da NGC 1313 weder in Milchstraßenwolken eingebettet ist noch ein dichtes
Umfeld von Sternen hat. Sowohl zur Prüfung der Optik wie auch der Sichtverhältnis-
se (Trübung der Atmosphäre, Streulicht!)
sind solche Objekte recht gut geeignet.
Natürlich stellen sie auch einige Anforderungen an die Findigkeit des Sternfreundes!
Auf jeden Fall ist es ratsam, diese Nachfor-
schung am Himmel mit einem fest aufgestellten Fernrohr zu machen.

Beobachtungshinweise für f Eridani
Seine beiden Komponenten haben die Helligkeiten 5,3^m und 4,8^m; die Distanz beträgt
7,9 Bogensekunden. Man findet den Stern
leichter dadurch, daß im Gesichtsfeld mühelos eine Sternanordnung von drei ungefähr
gleich hellen Sternen erscheint (im Bildausschnitt unterhalb von f Eridani). Der Stern
steht etwas oberhalb der Bildmitte (Pfeil).
Die drei Sterne sind knapp 2 Grad unterhalb; auch ein stärker vergrößernder Feldstecher bringt diese Distanz ins Gesichtsfeld.
Hans Vehrenberg gibt dazu einen Kommen-
tar: »Der Heiligenschein um den Stern ist
Folge von Reflexion an der Plattenrückseite.
Infolge Plattenmangel mußte ich z. T. vorhandene Emulsionen ohne ausreichenden
Lichthofschutz verwenden.« H. Vehrenberg
hat seine Photos vom Südhimmel auf dem
Boyden-Observatorium in Südafrika gemacht.

Die hellen Sterne
α Eridani	α Hydri;
(Achernar);	RA 1^{h}58^{m}8;
RA 1^{h}37^{m}7;	Dekl. −61° 34′;
Dekl. −57° 14′;	2,9^m
0,6^m	α Reticuli;
	RA 4^{h}14^{m}4;
	Dekl. −62° 28′;
	3,4^m

21 Achterschiff, Goldfisch, Fliegender Fisch, Malerstaffelei, Schiffskiel, Tafelberg und Taube

Die beiden Magellanschen Wolken am Süd-himmel gehören zur »Lokalen Gruppe«, einer Vereinigung von Galaxien, zu der un-sere Milchstraße und der Andromeda-Nebel zählen. Die Namen erinnern an den Portu-giesen Ferñao de Magellan, der die Stern-systeme beobachtet hat.

Sichtbarkeit Um Mitternacht über Nord-horizont (Mittlere Ortszeit): Dezember. – Die Sterne im Kartenausschnitt stehen jeden Monat ungefähr 2 Stunden früher über dem Nordhorizont: Januar 22^h, Februar 20^h.

Achterschiff (Puppis) Das Sternbild liegt zwischen den Sternbildern Großer Hund und Schiffskiel und wird hier mit seinem südlichen Teil abgebildet.

Fliegender Fisch (Volans) Kleines Stern-bild unmittelbar bei den hellen Sternen β Carinae und ε Carinae.

Goldfisch (Dorado) Das Sternbild mit der Großen Magellanschen Wolke.

Malerstaffelei (Pictor) Ein Sternbild zwi-schen Dorado und Carina.

Stern 1. Größe	Stern 2. Größe	Stern 3. Größe	Stern 4. Größe	Stern 5. Größe	Doppelstern	Doppel- und var. Stern	variabler Stern

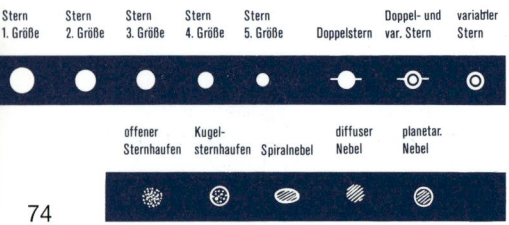

	offener Sternhaufen	Kugel-sternhaufen	Spiralnebel	diffuser Nebel	planetar. Nebel

104 ⊗ SMC
Small Magellanic Cloud

362

β

γ

Octans

4833 δ

4372 γ

Chamaeleon

β

δ

Musca

Hydrus

δ

ε

γ

Mensa

γ

α

δ

γ

α

β

α 2808

β

LMC
Large Magellanic Cloud

β

Reticulum

γ

δ

α

γ

Volans

α

β

δ

δ

β

2516

Carina

ε

Dorado

α

δ

α

γ

Pictor

2547

Vela

γ

α

β

Canopus

2546

1851

2477

2451

Columba

ε

β

γ

α

δ

Puppis

Canis maior

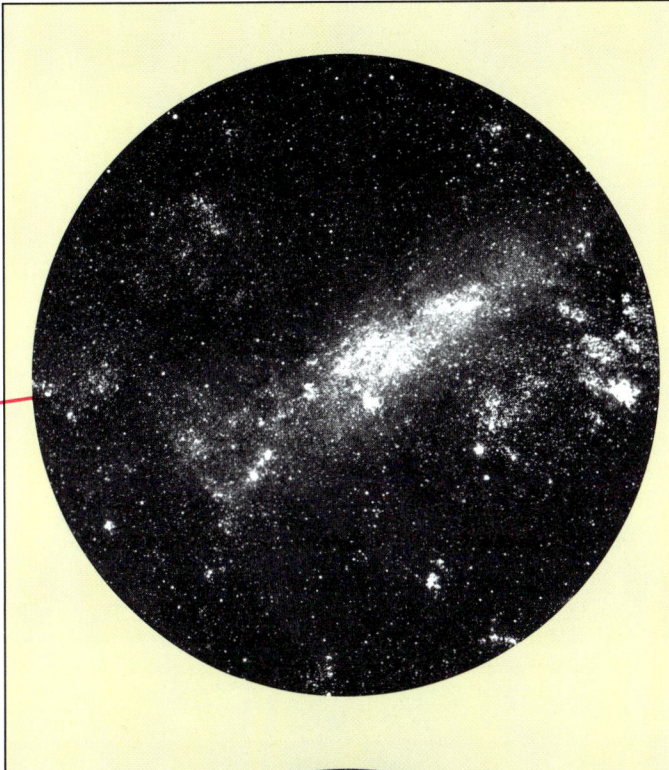

Große Magellansche Wolke

= LMC = Large Magellanic Cloud.
Galaxie;
RA 5^{h}23^{m}6;
Dekl. −69° 45′;
0,6^m.
Die Große Magellansche Wolke ist das einzige extragalaktische System, das mit bloßem Auge bei Vollmondschein zu sehen ist!

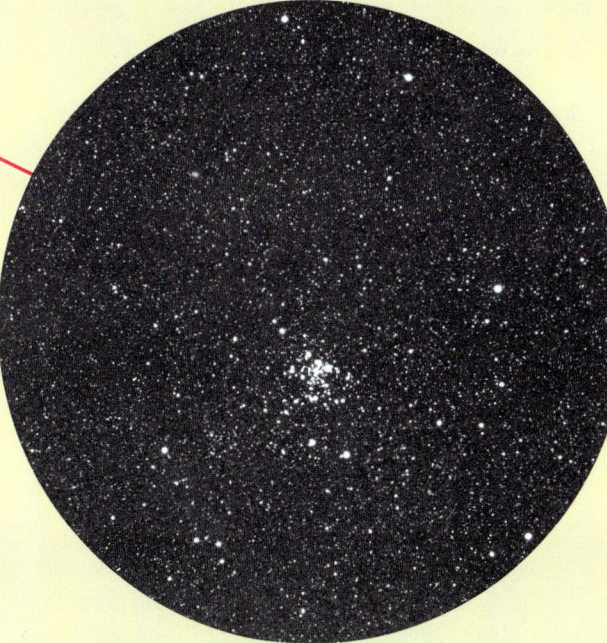

NGC 2516

Offener Sternhaufen;
RA 7^{h}58^{m}3;
Dekl. −60° 52′;
3,8^m.
Das Objekt in der Bildmitte unseres Ausschnitts zeigt den hellen offenen Sternhaufen NGC 2516 im Sternbild Carina.

Schiffskiel (Carina) Ein recht sternreiches Sternbild des Südhimmels mit drei sehr hellen Sternen und viel Milchstraße.
Tafelberg (Mensa) Sternbild mit Ausläufern der Großen Magellanschen Wolke.
Taube (Columba) Unterhalb des Sternbildes Hase.

Beobachtungshinweise für die Große Magellansche Wolke

Die Galaxie bildet mit den hellen Carina-Sternen Alpha und Beta etwa ein gleichschenkeliges Dreieck. Um das herrliche Objekt hoch über dem Horizont zu sehen, muß man südlich des Erdäquators beobachten. In mittleren südlichen Breiten ist die Große Magellansche Wolke zirkumpolar. Sie umfaßt 8 × 8 Grad Himmelsareal. Die von der Milchstraße her bekannten Objekte sind dort alle gefunden worden: veränderliche Sterne, offene Sternhaufen und Kugelsternhaufen, planetarische Nebel, Gasnebel, Dunkelwolken. Der hellste Gasnebel in der Großen Magellanschen Wolke ist NGC 2070 – in unserem Bildausschnitt rechts am Rand. Er heißt auch Tarantel-Nebel oder »die große Schnalle«, ist mit bloßen Augen gut zu erkennen und vom gleichen Nebeltyp wie der Orion-Nebel.

Beobachtungshinweise für NGC 2516

Am Himmel findet ihn der Sternfreund neben dem sehr hellen Stern ε Carinae, mit dem zusammen ihn ein Weitwinkelfeldstecher ins Gesichtsfeld bringt. Der offene Sternhaufen ist mit bloßen Augen zu sehen; seine photographische scheinbare Helligkeit liegt bei 3,0^m. Die Umgebung von NGC 2516 ist Milchstraßenrandgebiet, nicht vergleichbar mit dem Sternengewimmel im Sternbild Puppis und in den dem Kreuz des Südens nahen Regionen von Carina. Ohne Ausnahme gehören alle offenen Sternhaufen unserem Milchstraßensystem an und sind zur galaktischen Ebene hin konzentriert. Deshalb treten die offenen Sternhaufen in den Sternwolken der Milchstraße und in den Randzonen davon auf. Bei unserem Objekt handelt es sich um einen konzentrierten offenen Sternhaufen, dessen Einzelsterne im kleinen Fernrohr schön sichtbar werden.

Die hellen Sterne

α Carinae
  (Canopus);
  RA 6^{h}24^{m}0;
  Dekl. −52° 42′;
  −0,8^m

β Carinae
  (Miaplacidus);
  RA 9^{h}13^{m}2;
  Dekl. −69° 43′; 1,7^m
ε Carinae;
  RA 8^{h}22^{m}5;
  Dekl. −59° 31′; 1,8^m

22 Luftpumpe, Schiffskiel, Schiffskompaß und Segel

Nach der Milchstraßenhauptebene orientieren sich die galaktischen Koordinaten. Ihr Schnitt mit der Himmelssphäre markiert den galaktischen Äquator, der durch das Sternbild Segel verläuft. Er ist zum Himmelsäquator 62° 36′ geneigt.

Sichtbarkeit Um Mitternacht über Nordhorizont (Mittlere Ortszeit): Februar. – Die Sterne im Kartenausschnitt stehen jeden Monat ungefähr 2 Stunden früher über dem Nordhorizont: März 22^h, April 20^h.

Luftpumpe (Antlia) Sternbild südlich vom Stern Alphard (Wasserschlange).

Schiffskiel (Carina) Siehe dazu auch Seite 74. Es sind die prächtigen Sternwolken der Milchstraße, die diesen Teil des Sternbildes auszeichnen.

Schiffskompaß (Pyxis) Kleines Sternbild zwischen Puppis und Antlia.

Segel (Vela) Durch das Sternbild verläuft der galaktische Äquator. Schöne Milchstraßenausschnitte erinnern daran. Der helle Stern γ Velorum gilt als einer der heißesten Sterne. Die Färbung neigt zum Bläulichen, und die Oberflächentemperaturen erreichen 30 000 Grad (Sonne 6000 Grad).

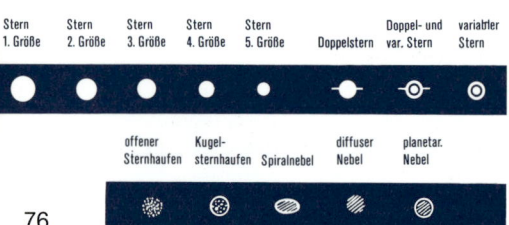

Stern 1. Größe	Stern 2. Größe	Stern 3. Größe	Stern 4. Größe	Stern 5. Größe	Doppelstern	Doppel- und var. Stern	variabler Stern

offener Sternhaufen	Kugelsternhaufen	Spiralnebel	diffuser Nebel	planetar. Nebel

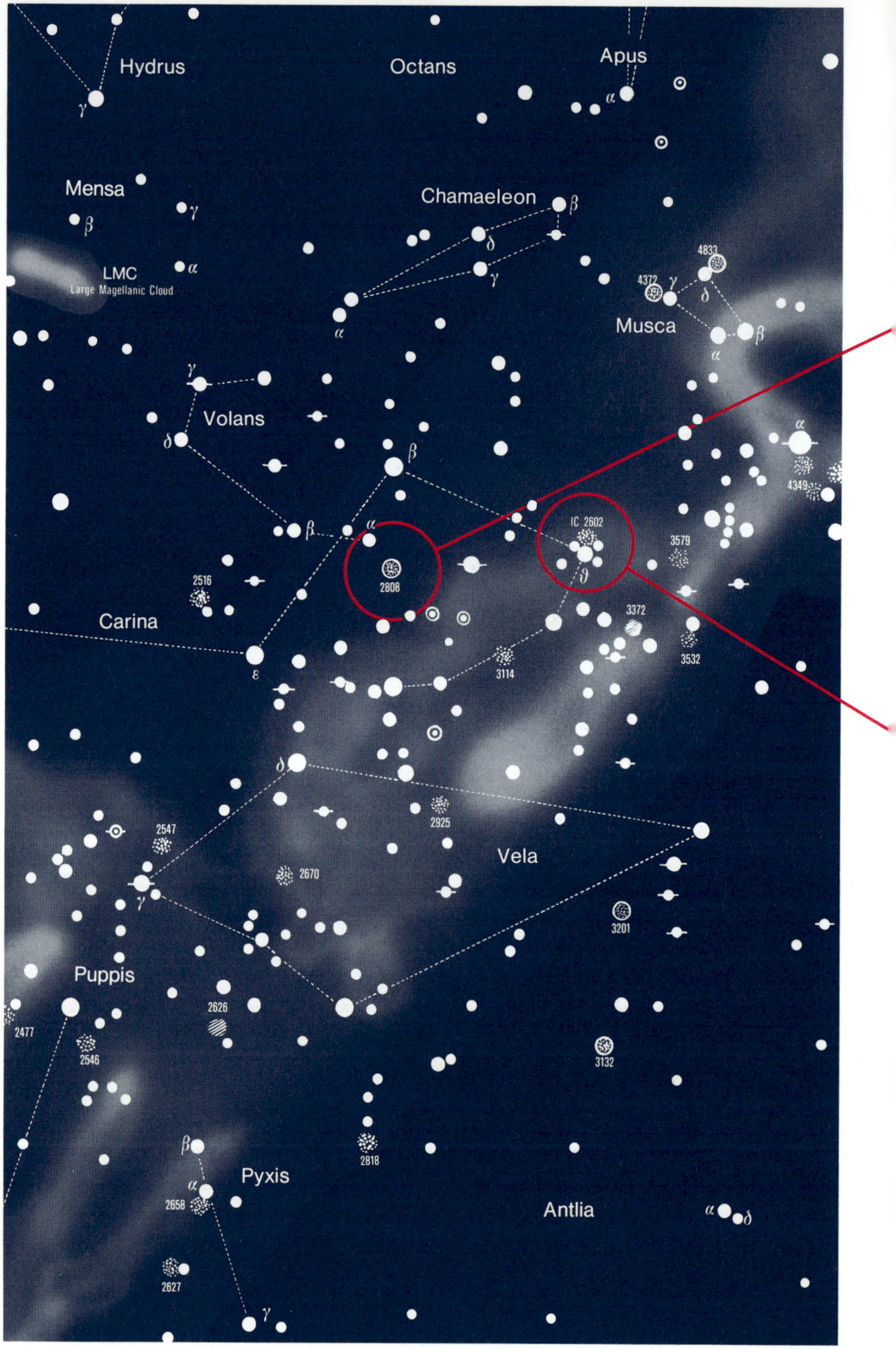

Hydrus
Octans
Apus
Mensa
Chamaeleon
LMC
Large Magellanic Cloud
Musca
Volans
Carina
IC 2602
2808
2516
3579
3372
3532
3114
Vela
2925
2547
2670
2626
2818
3201
Puppis
2477
2546
3132
Pyxis
2658
2627
Antlia
4833
4372
4349

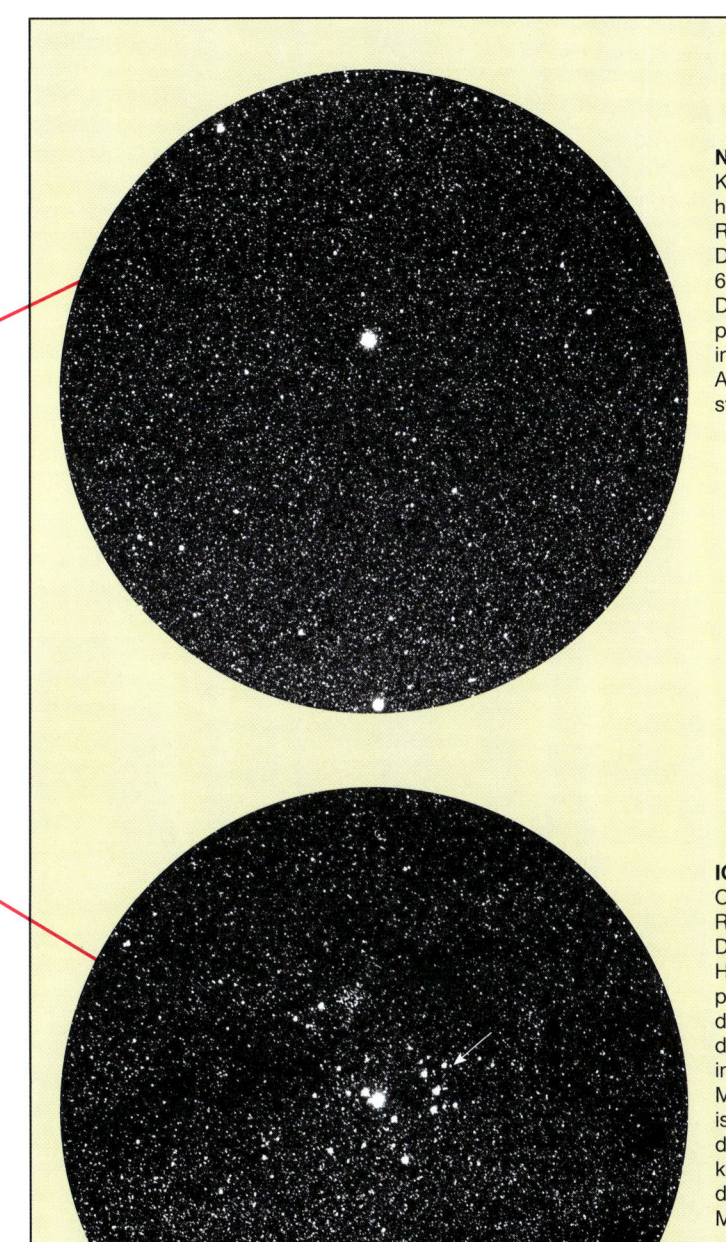

NGC 2808
Kugelförmiger Stern-
haufen;
RA 9h12m0;
Dekl. –64° 52′;
6,3m.
Das fast sternartige, kompakte Objekt unmittelbar
in der Bildmitte des
Ausschnitts ist der Kugelsternhaufen NGC 2808.

IC 2602
Offener Sternhaufen;
RA 10h43m2;
Dekl. –64° 24′; 1,9m.
Hier haben wir ein ein-
prägsames Beispiel für
das Eingebettetsein
der offenen Sternhaufen
in die Sternwolken der
Milchstraße. IC 2602
ist unmittelbar in der Mitte
des Ausschnitts (Pfeil). Der
kleine Sternhaufen links
darüber ist das Objekt
Melotte 101.

Beobachtungshinweise für NGC 2808

Obwohl das Umfeld sternreich ist, fällt der
kugelförmige Sternhaufen als Objekt auf, da
keine helleren Feldsterne in unmittelbarer
Nähe sind. Zum Aufsuchen geht man
zweckmäßigerweise von dem hellen Stern
β Carinae aus. Der nächste Schritt ist
α Volantis, in unserem Bildausschnitt links
oben. Hat man diesen Stern, so ist auch
NGC 2808 im Gesichtsfeld des Feldstechers.
Bei solchen Suchaktionen ist grundsätzlich
zu beachten, daß in der Regel das Gesichtsfeld des Feldstechers größer ist (zwischen 3 und 8 Grad) als das eines astronomischen Fernrohrs.
Mit der Deklination –64 Grad ist NGC 2808
erst in Mittelamerika und Südindien einiger-
maßen hoch genug über dem Horizont. In
Brasilien, Südafrika und Australien erreicht
der Sternhaufen Zenitnähe.

Beobachtungshinweise für IC 2602

Die Objekte mit dem Kennbuchstaben
»M« gehen zurück auf eine Nebelliste des
französischen Astronomen Messier und
sind hellere Objekte zwischen der Deklination +70 Grad und –35 Grad (s. auch
S. 144/145). Ein neuer Katalog für Nebel-
flecke und Sternhaufen führt die Bezeichnung NGC (= New General Catalogue von
Dreyer). Auch M-Objekte haben ihre NGC-
Nummer; es gibt davon über 6000. Inzwischen gibt es aber auch einen Nachtrag:
den Index-Catalogue mit der Abkürzung IC.
Diese Abkürzung wird ebenfalls zur Kennzeichnung von Nebeln und Sternhaufen in
Verbindung mit einer Zahl benutzt; Beispiel:
der offene Sternhaufen IC 2602.
Zum Aufsuchen von IC 2602 ist es hilfreich
zu wissen, daß der Stern ϑ Carinae ganz
dicht dabei steht. Hat man diesen Stern
im Gesichtsfeld, dann auch automatisch
IC 2602 und Melotte 101. ϑ Carinae liegt auf
der Linie ε Carinae und α Crucis, fast in der
Mitte.

Die hellen Sterne

γ Velorum;
RA 8h09m5;
Dekl. –47° 20′;
1,8m

λ Velorum
(Alsulhai);
RA 9h08m0;
Dekl. –43° 26′;
2,2m

δ Velorum;
RA 8h44m7;
Dekl. –54° 42′;
1,9m

23 Chamäleon, Fliege, Kentaur und Kreuz des Südens

Das Kreuz des Südens war in der Antike Teil des Sternbildes Kentaur. 1225 wurde es auf einem arabischen Sternglobus abgebildet und 1574 auf einem Globus der astronomischen Uhr am Straßburger Münster.

Sichtbarkeit Um Mitternacht über Nordhorizont (Mittlere Ortszeit): März. – Die Sterne im Kartenausschnitt stehen jeden Monat ungefähr 2 Stunden früher über dem Nordhorizont: April 22^h, Mai 20^h.

Chamäleon (Chamaeleon) Aus fünf Sternen 4. Größe besteht das nahe dem Südpol gelegene Sternbild.

Fliege (Musca) Sternbild zwischen dem Kreuz des Südens und Chamäleon.

Kentaur (Centaurus) Das Sternbild mit zahlreichen hellen Sternen umrahmt das Kreuz des Südens. Die beiden Hauptsterne sind zusammen mit dem Kreuz des Südens eine Orientierungshilfe am Südhimmel (s. auch S. 21). Alpha Centauri ist der dritthellste Stern am Himmel, Beta Centauri der zehnthellste.

Kreuz des Südens (Crux) »Das« Sternbild des Südhimmels, eingebettet in die Milchstraße. Die Sterne α Crucis und γ Cru-

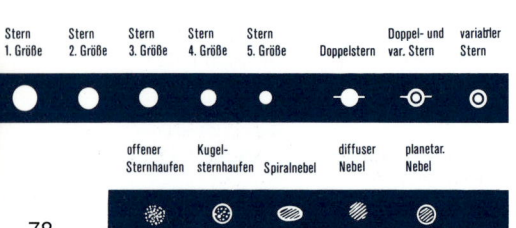

Stern 1. Größe	Stern 2. Größe	Stern 3. Größe	Stern 4. Größe	Stern 5. Größe	Doppelstern	Doppel- und var. Stern	variabler Stern
	offener Sternhaufen	Kugelsternhaufen	Spiralnebel	diffuser Nebel	planetar. Nebel		

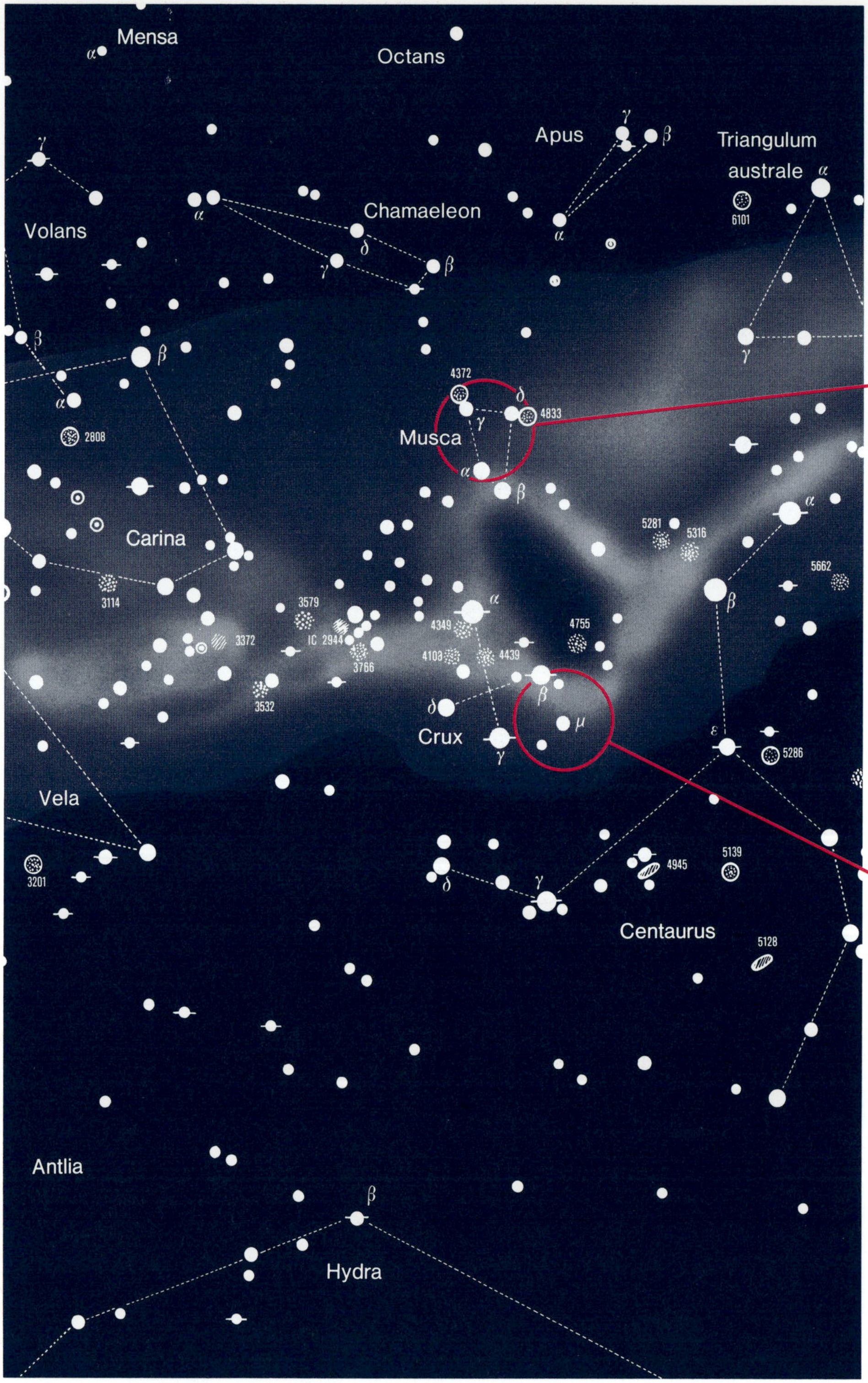

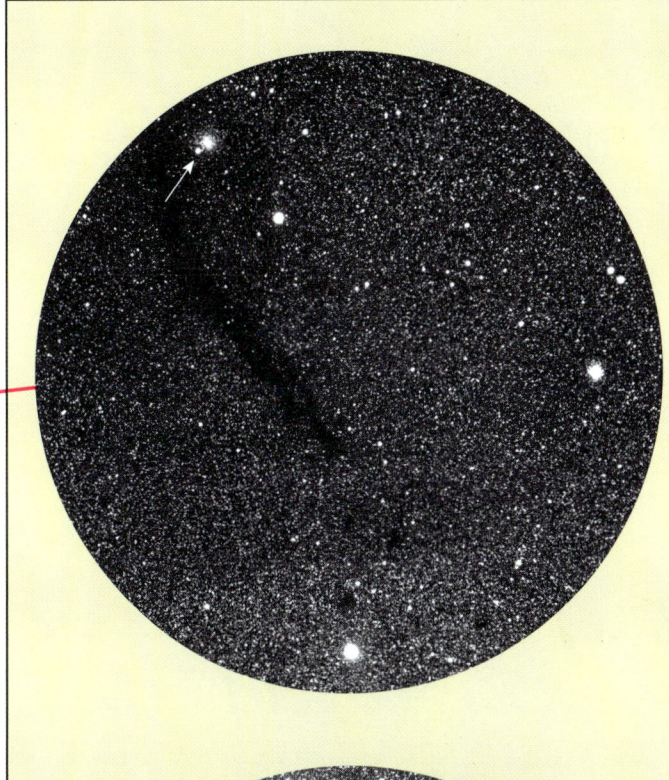

NGC 4372 und 4833
NGC 4372: Kugel-
förmiger Sternhaufen;
RA 12^{h}25^{m}8;
Dekl. −72° 40′;
7,8^m.
NGC 4833: Kugel-
förmiger Sternhaufen;
RA 12^{h}59^{m}6;
Dekl. −70°53′.
Ein interessanter Aus-
schnitt im Sternbild Fliege
(Musca).

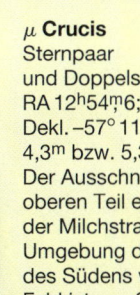

μ Crucis
Sternpaar
und Doppelstern;
RA 12^{h}54^{m}6;
Dekl. −57° 11′;
4,3^m bzw. 5,3^m; 35″.
Der Ausschnitt gibt im
oberen Teil etwas von
der Milchstraße in der
Umgebung des Kreuz
des Südens wieder. Das
Feld ist von Sternen
übersät!

cis bilden den langen Balken des Kreuzes,
der genau auf den Südpol hin ausgerichtet
ist.

Beobachtungshinweise für NGC 4372 und 4833

In die Milchstraße eingebettet α Muscae
nahe dem unteren Rand. Zum rechten Rand
hin steht NGC 4833 und links oben
NGC 4372 (Pfeil), von der Bildmitte ausgehend in Richtung auf NGC 4372 eine ausgeprägte Dunkelwolke.
Zum Aufsuchen ist die Nähe des Kreuz
des Südens hilfreich. Ausgangspunkt ist
der helle Stern α Crucis. Suchrichtung Südpol. In einem Weitwinkelfeldstecher stehen
α Crucis und α Muscae gemeinsam im
Gesichtsfeld. In unmittelbarer Nähe zu
NGC 4372 befindet sich ein Stern, der deutlich aus dem Feld heraussticht (γ Muscae).
In der Nähe von NGC 4833 ist ebenfalls ein
hellerer Stern (im Fernrohr ein Sternpaar).
Oberhalb von α Muscae drei kleine Dunkelwolken. Im dichten Sternfeld der Milchstraße markieren die Dunkelwolken deutlich, allerdings nicht so auffällig wie die
oben beschriebene Dunkelwolke.

Beobachtungshinweise für μ Crucis

Der helle Stern ist β Crucis (unmittelbar am
oberen Rand des Ausschnitts), rechts davon ein offener Sternhaufen (NGC 4852 im
Sternbild Kentaur). In der unteren Bildmitte
erscheint der Doppelstern μ Crucis (Pfeil).
Er bietet zusammen mit dem rechts unterhalb stehenden, weniger hellen Stern für
das bloße Auge den Anblick eines Doppelsterns. Hier handelt es sich aber nur um
eine Konstellation, sie hat mit dem »echten«
Doppelstern μ Crucis nichts zu tun.
Der Begleiter von μ Crucis befindet sich in
35 Bogensekunden Distanz, bei einem Helligkeitsunterschied von 4,3^m zu 5,3^m also
ein bequemes Objekt für den Feldstecher.
Bei einer Deklination von fast −57 Grad ist
dieser – neben Crucis – »nördlichste« hellere Stern des Kreuz des Südens erst in Nord-
afrika und Mexiko nahe am Horizont zu
sehen. Zenitnähe erreicht er in mittleren
südlichen Breiten.

Die hellen Sterne

α Centauri (Toliman); RA 14^{h}39^{m}6; Dekl. −60° 50′; −0,1^m	α Crucis (Acrux); RA 12^{h}26^{m}6; Dekl. −63° 06′; 0,8^m
β Centauri (Agena); RA 14^{h}03^{m}8; Dekl. −60° 22′; 0,7^m	β Crucis; RA 12^{h}47^{m}7; Dekl. −59° 41′; 1,3^m
	γ Crucis; RA 12^{h}31^{m}2; Dekl. −57° 07′; 1,6^m

24 Paradiesvogel, Südliches Dreieck, Winkelmaß, Wolf und Zirkel

Der helle Stern α Centauri ist der unserem Sonnensystem nächste Fixstern, 4,3 Lichtjahre entfernt. Er bildet mit zwei Sternen ein Mehrfachsternsystem. Der dritte Stern des Systems, Alpha Centauri C, wurde erst 1915 entdeckt.

Sichtbarkeit Um Mitternacht über Nordhorizont (Mittlere Ortszeit): Mai. – Die Sterne im Kartenausschnitt stehen jeden Monat ungefähr 2 Stunden früher über dem Nordhorizont: Juni 22^h, Juli 20^h.

Paradiesvogel (Apus) Eines der dem Südpol nächsten Sternbilder.

Südliches Dreieck (Triangulum Australe) Die dreieckige Konstellation ist im Milchstraßengebiet nicht sehr auffällig. Zum Auffinden ist die Nähe der hellen Sterne α Centauri und β Centauri eine Hilfe.

Winkelmaß (Norma) Ein Sternbild an der Grenze der Sichtbarkeit mit bloßen Augen. Kugelförmige Sternhaufen und planetarische Nebel!

Wolf (Lupus) Das Sternbild war früher mit dem Sternbild Kentaur vereint. Der speer-

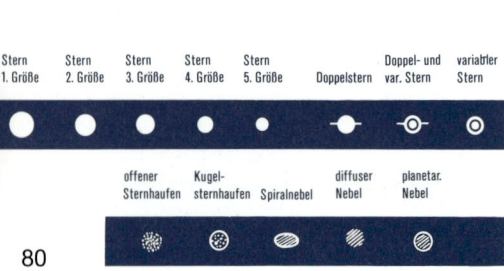

Stern 1. Größe	Stern 2. Größe	Stern 3. Größe	Stern 4. Größe	Stern 5. Größe	Doppelstern	Doppel- und var. Stern	variabler Stern

	offener Sternhaufen	Kugel- sternhaufen	Spiralnebel	diffuser Nebel	planetar. Nebel

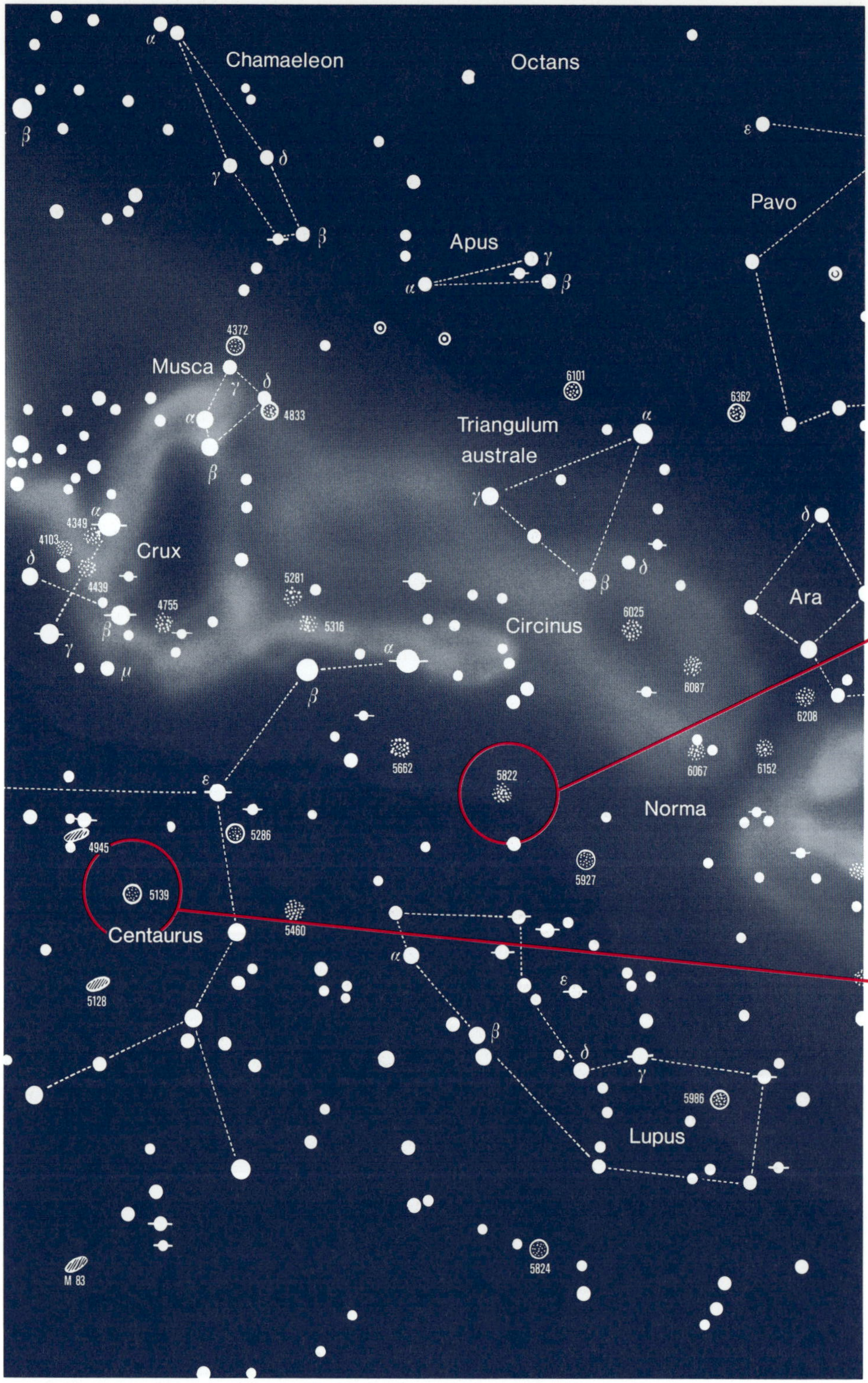

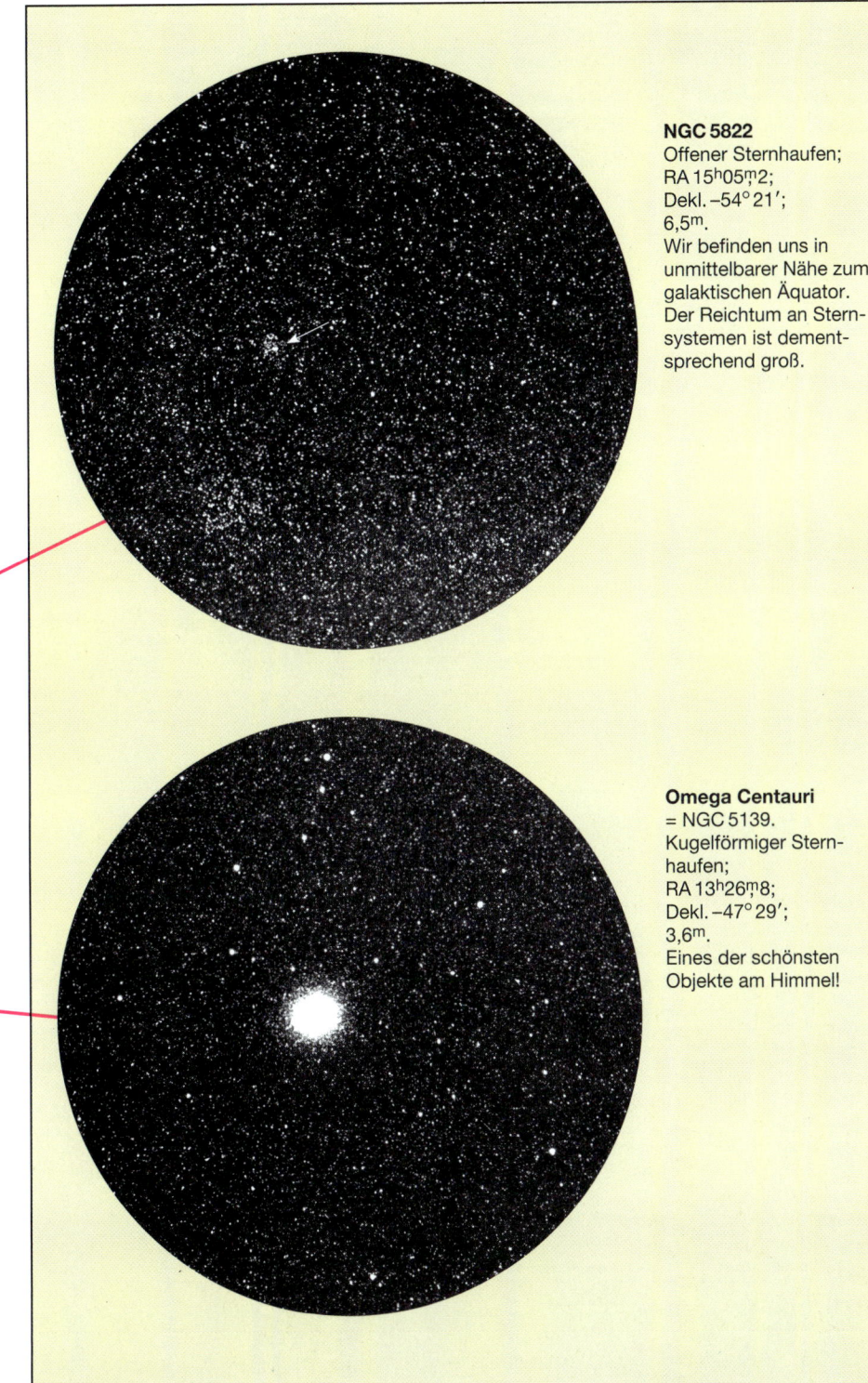

NGC 5822
Offener Sternhaufen;
RA 15^{h}05^{m}2;
Dekl. −54° 21';
6,5^m.
Wir befinden uns in unmittelbarer Nähe zum galaktischen Äquator. Der Reichtum an Sternsystemen ist dementsprechend groß.

Omega Centauri
= NGC 5139.
Kugelförmiger Sternhaufen;
RA 13^{h}26^{m}8;
Dekl. −47° 29';
3,6^m.
Eines der schönsten Objekte am Himmel!

werfende Kentaur, der den Wolf jagt, erscheint auf vielen älteren Darstellungen. Das Sternbild fällt auf wegen seiner Ansammlung von Sternen 3. Größe.
Zirkel (Circinus) Sternbild zwischen dem Südlichen Dreieck und Kentaur.

Beobachtungshinweise für NGC 5822
Das Feld ist mit Sternen übersät, und es ist nicht leicht, den offenen Sternhaufen NGC 5822 herauszuarbeiten. Im Bild steht unser Objekt links von der Bildmitte (Pfeil). Zum Aufsuchen wählt man die Linie zwischen den Sternen α Centauri und γ Lupi. NGC 5822 befindet sich im ersten, dem Stern α Centauri näheren Drittel der Strecke.

Die offenen Sternhaufen lassen keine zentrale Dichtezunahme erkennen. Das bestätigt sich auch bei NGC 5822. Die Form ist unregelmäßig. Für die offenen Sternhaufen wird häufig die Bezeichnung galaktische Sternhaufen verwendet, womit die Zugehörigkeit zur Milchstraße zum Ausdruck kommt. Die Häufung in der Nähe des galaktischen Äquators bestätigt das. Interstellare Dunkelwolken in den Regionen, wo offene Sternhaufen anzutreffen sind, kann man immer wieder beobachten, auch in unserem Bildausschnitt.

Beobachtungshinweise für Omega Centauri
Der scheinbare Durchmesser erreicht den des Vollmondes. Die scheinbare Helligkeit liegt bei 4^m. NGC 5139 bildet mit den Sternen β Centauri und α Lupi ein gleichseitiges Dreieck.

J. Herschel (er beobachtete 1837 von Südafrika aus) schildert seinen Eindruck: »Dieser schönste aller Kugelhaufen füllt mein 18zölliges Teleskop schon mit seinem dichtesten Teil völlig mit Tausenden von Sternen aus.« Bereits der Feldstecher und das kleine Fernrohr bereiten einen überwältigenden Eindruck.

Die Deklination von −47 Grad weist darauf hin, daß Omega Centauri noch im südlichen Europa zu sehen ist (Sizilien!). Rein rechnerisch ist die Deklination −47 ab 43 Grad nördlicher Breite über dem Horizont, aber für einen befriedigenden Eindruck muß das Objekt 10–20 Grad hoch stehen.

Die hellen Sterne
α Lupi;
    RA 14^{h}41^{m}9;
    Dekl. −47° 23'; 2,3^m

β Lupi;
    RA 14^{h}58^{m}5;
    Dekl. −43° 08'; 2,7^m

α Triangulum
Australis;
    RA 16^{h}48^{m}7;
    Dekl. −69° 02';
    1,9^m

25 Altar, Pfau und Skorpion

Bereits im 3. Jahrtausend v. Chr. zeichneten Menschen im Kaukasus die Sternbilder Skorpion und Schütze. Die verschiedenen Helligkeiten wurden in unterschiedlich großen Kreisen in Fels geritzt.

Sichtbarkeit Um Mitternacht über Nordhorizont (Mittlere Ortszeit): Juni. – Die Sterne im Kartenausschnitt stehen jeden Monat ungefähr 2 Stunden früher über dem Nordhorizont: Juli 22^h, August 20^h.

Altar (Ara) Sternbild südlich des Skorpions inmitten der Milchstraße.

Pfau (Pavo) Zehn Sterne mit Helligkeiten zwischen 3^m und 4^m bilden die Konstellation. Der helle Stern α Pavonis (2,1^m) – er hat auch den Namen Peacock – steht an der Grenze zum Sternbild Telescopium.

Skorpion (Scorpius) Siehe auch Seite 64. Hier sehen wir den südlichen Teil. Hat man das Sternbild in seiner vollen Größe vor Augen – es erstreckt sich zwischen –10° und –45° Deklination –, ist es leicht, in der Konstellation einen Skorpion zu sehen (vgl. S. 14). In Europa ist dieses herrliche Sternbild von Südspanien, Sizilien und Kreta aus in seiner ganzen Größe wahrnehmbar. Im Südteil des Sternbildes sind eindrucksvolle Milchstraßenwolken!

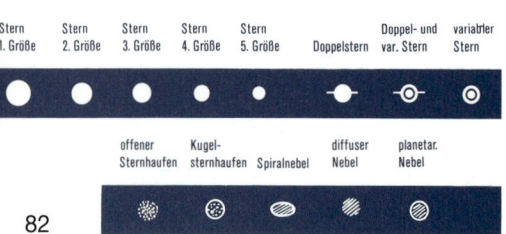

Stern 1. Größe	Stern 2. Größe	Stern 3. Größe	Stern 4. Größe	Stern 5. Größe	Doppelstern	Doppel- und var. Stern	variabler Stern

	offener Sternhaufen	Kugelsternhaufen	Spiralnebel	diffuser Nebel	planetar. Nebel

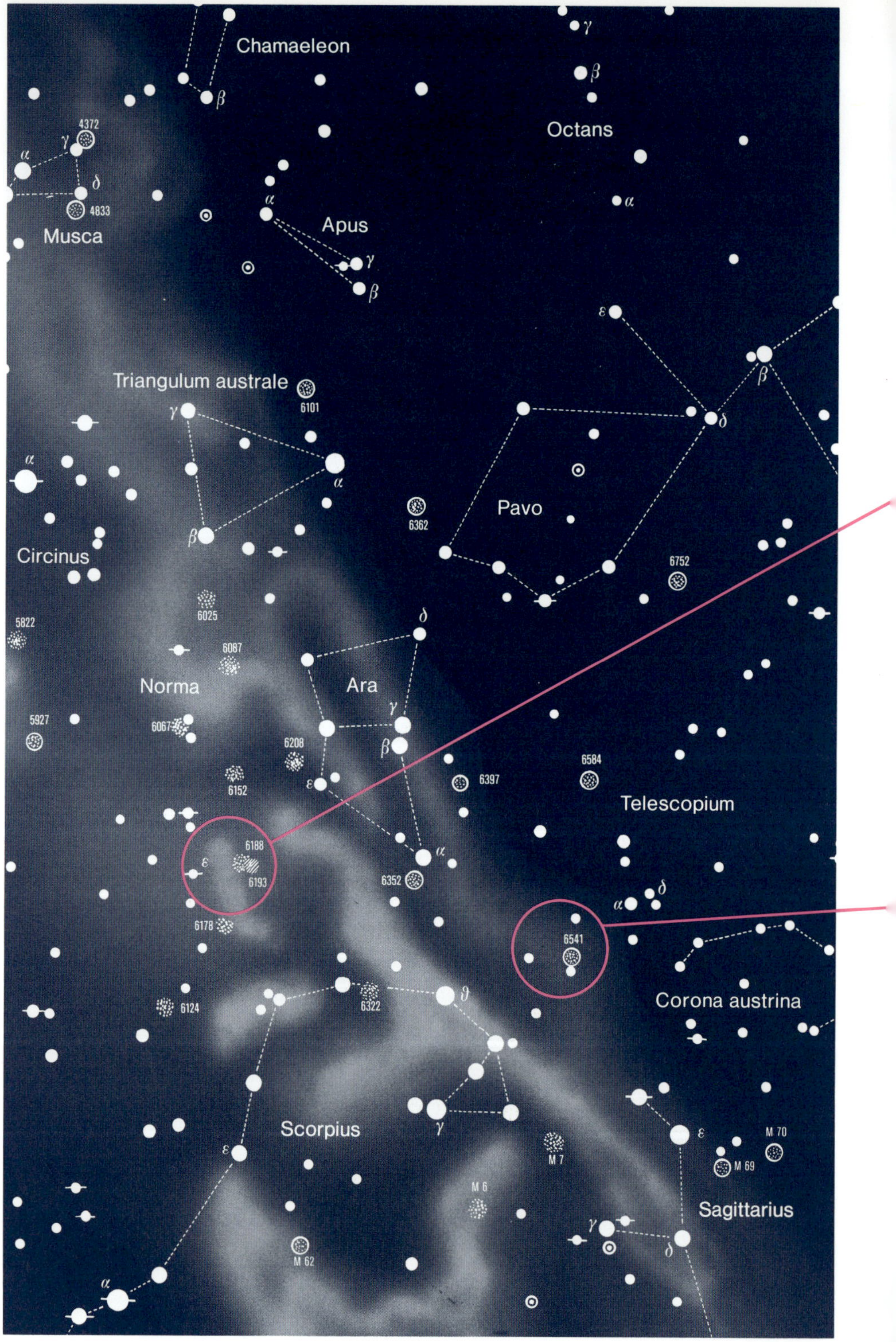

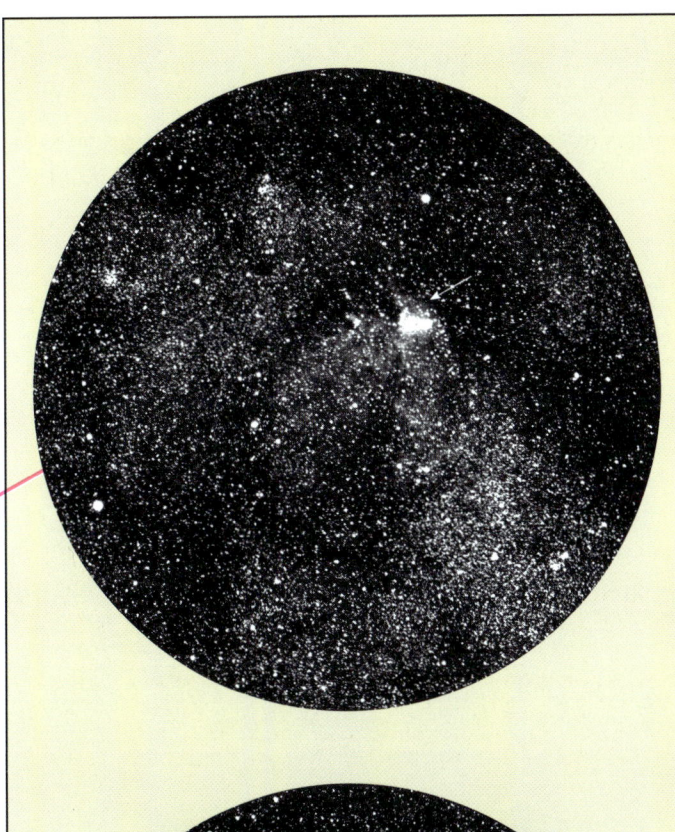

NGC 6188

Gasnebel;
RA 16^{h}40^{m}5;
Dekl. −48° 47′.
Ein sehr dankbares Beobachtungsgebiet an der Grenze zwischen den Sternbildern Altar (Ara) und Winkelmaß (Norma).

NGC 6541

Kugelförmiger Sternhaufen;
RA 18^{h}08^{m}0;
Dekl. −43° 42′;
6,6^m.
Das Objekt zählt zu den helleren Kugelsternhaufen am südlichen Himmel. Ein Blick auf die Sternkarte links zeigt im Umfeld eine Reihe weiterer Kugelsternhaufen – typisch für ein Gebiet nahe dem Milchstraßenzentrum.

Beobachtungshinweise für NGC 6188

Das Objekt NGC 6188 ist ein leuchtender Gasnebel, interstellare Materie wird sichtbar gemacht. Im Bildausschnitt ist der Gasnebel unmittelbar rechts von der Bildmitte (Pfeil). Dort ist auch ein offener Sternhaufen (NGC 6193), und es ist schwierig, beide Objekte auseinanderzuhalten, doch sind die Strukturen des Gasnebels kaum zu übersehen. Zum Aufsuchen wählt man die Linie zwischen den hellen Sternen α Centauri und γ Scorpii. Ungefähr in der Mitte dieser gedachten Linie befindet sich der im Bild wiedergegebene Ausschnitt. Der hellste Stern am Bildrand links unten ist ε Normae, ein Stern, der dem galaktischen Äquator nahe steht. Südlich von ε Normae befindet sich der offene Sternhaufen NGC 6143 (linker oberer Bildrand). Ein weiterer offener Sternhaufen ist NGC 6167, oberhalb der Bildmitte nach links zwischen NGC 6143 und NGC 6188. Und am Bildrand unten rechts der offene Sternhaufen NGC 6204.

Beobachtungshinweise für NGC 6541

Der Kugelsternhaufen (Pfeil) befindet sich im Sternbild Südliche Krone, das auf S. 84 beschrieben wird. Als Hilfe zum Aufsuchen eignet sich recht gut der helle Stern ϑ Scorpii. Von ihm aus sucht man das Objekt etwa in der Mitte der Linie nach α Telescopii.

Die Sterndichte ist in diesem Feld noch beträchtlich. Die Nähe der Milchstraßenebene ist nicht zu übersehen. Es wird geschätzt, daß unser Milchstraßensystem insgesamt 200 Milliarden Sterne hat, von denen allerdings nur einige Milliarden mit dem Fernrohr feststellbar sind. Bis zur 6. Größenklasse ist die Zahl der Sterne noch bescheiden: Etwa 6000 Sterne sind mit bloßen Augen am Himmel zu unterscheiden. Bis zur 7. Größe sind es bereits 10 000, bis zur 8. Größe 20 000. Die Zahl der Sterne bis zur 16. Größenklasse erreicht 2 Millionen. Und bei 20^m sind es 2 Milliarden!

Die hellen Sterne

β Arae;	λ Scorpii (Shaula);
RA 17^{h}25^{m}3;	RA 17^{h}33^{m}6;
Dekl. −55° 32′;	Dekl. −37° 06′;
2,9^m	1,6^m
α Arae;	θ Scorpii;
RA 17^{h}31^{m}8;	RA 17^{h}37^{m}3;
Dekl. −49° 53′;	Dekl. −43° 00′;
2,9^m	1,9^m

26 Fernrohr, Mikroskop und Südliche Krone

In den hellen Sternwolken der südlichen Milchstraße beobachtet man häufig Dunkelwolken als Anzeichen von interstellarer Materie. Auch im Sternbild Südliche Krone sind dunkle Materieansammlungen zu sehen. Berühmt ist der »Kohlensack« bei dem Sternbild Kreuz des Südens.

Sichtbarkeit Um Mitternacht über Nordhorizont (Mittlere Ortszeit): Juli. – Die Sterne im Kartenausschnitt stehen jeden Monat ungefähr 2 Stunden früher über dem Nordhorizont: August 22^h, September 20^h.

Fernrohr (Telescopium) Der Name des Sternbilds stammt von Abbé Lacaille. Er deutete es als »la grande lunette astronomique, suspendue à un mat«. Er hatte dabei wohl die langen Teleskope jener Zeit vor Augen, die in der Tat an Masten hochgezogen worden sind.

Mikroskop (Microscopium) Ein unscheinbares Sternbild zwischen Schütze und Kranich.

Südliche Krone (Corona Australe) Die Sterne bilden einen deutlich ausgeprägten Bogen, ähnlich wie das Sternbild Nördliche Krone zwischen den Sternbildern Herkules

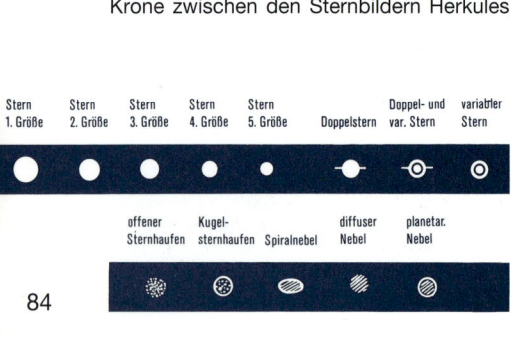

Stern 1. Größe	Stern 2. Größe	Stern 3. Größe	Stern 4. Größe	Stern 5. Größe	Doppelstern	Doppel- und var. Stern	variabler Stern

	offener Sternhaufen	Kugelsternhaufen	Spiralnebel	diffuser Nebel	planetar. Nebel

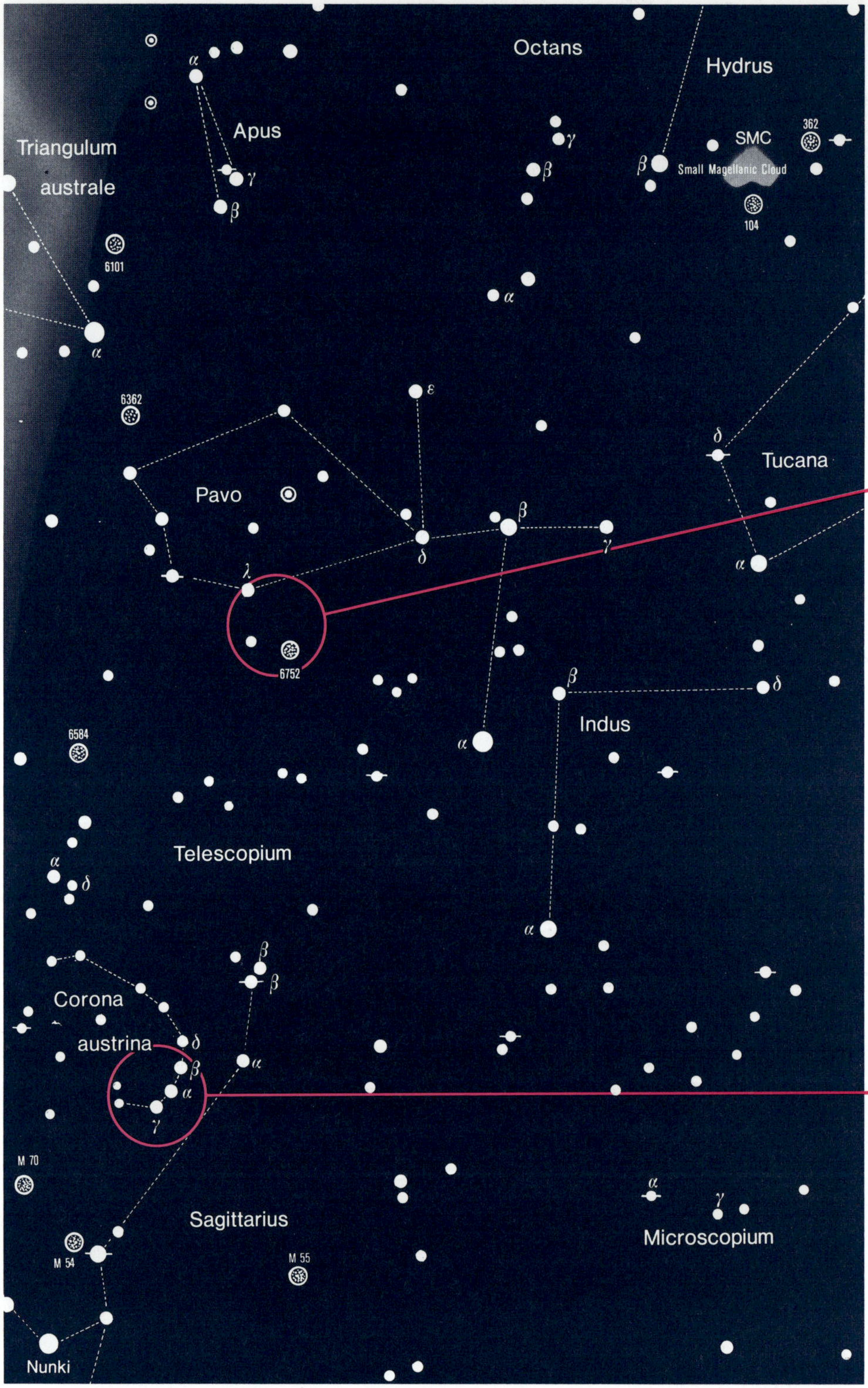

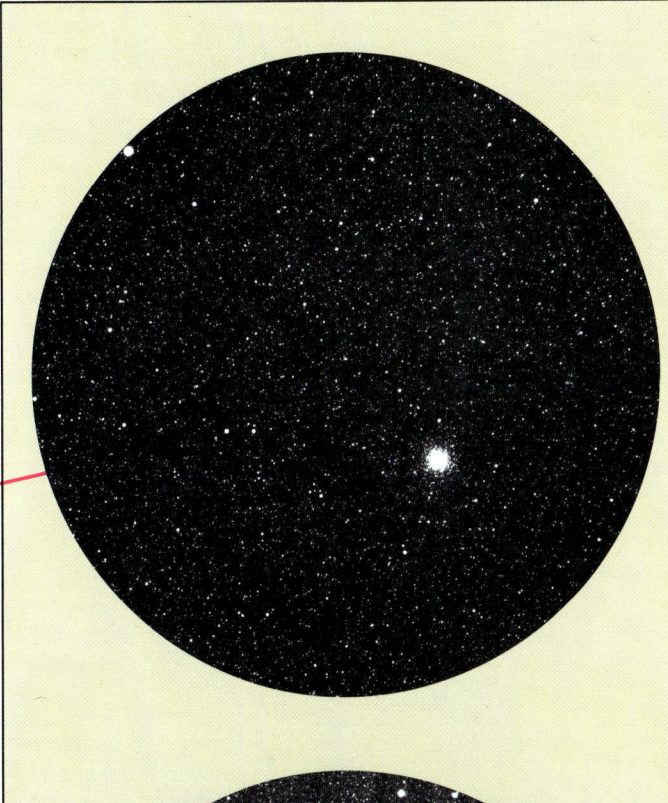

NGC 6752
Kugelförmiger Stern-
haufen;
RA 19^{h}10^{m}9;
Dekl. −59° 59′;
5,4^m.
Der verhältnismäßig helle
kugelförmige Sternhaufen
NGC 6752 müßte in
dem Feld lichtschwacher
Sterne, das ihn umgibt,
mit bloßen Augen aufzu-
finden sein (scheinbare
Helligkeit um 5^m).

γ Coronae Australis
Doppelstern;
RA 19^{h}06^{m}4;
Dekl. −37° 04′;
4,8^m bzw. 5,1^m; 1,8″.
Das Sternbild Südliche
Krone ist bereits von
Spanien oder Griechen-
land aus bequem zu
beobachten. In den
Hochsommermonaten
steht es in den Stunden
vor Mitternacht unterhalb
des Sternbildes Schütze
über dem Horizont.

und Bootes. Im Sternbild Südliche Krone
kann man noch einige Ausläufer der Milchstraße beobachten.

Beobachtungshinweise für NGC 6752

Der Stern links oben am Rand des Bildausschnittes ist λ Pavonis. Er liegt in der Mitte
auf der Linie zwischen dem Sternpaar β
und γ Arae und dem Stern α Pavonis. Hat
man λ Pavonis im Gesichtsfeld des Feldstechers, so erblickt man auch den Sternhaufen.

Die Konzentration der Sterne ist in den
kugelförmigen Sternhaufen nicht gleich.
Grundsätzlich gilt allerdings, daß die Sterne
im Zentrum so dicht stehen, daß dort eine
Auflösung des Haufens in Einzelsterne auch
in großen Fernrohren nicht gelingt. Dagegen ist die Wahrnehmung von Einzelsternen
am Rand im kleinen Fernrohr ohne weiteres
möglich. Die Beobachtung kugelförmiger
Sternhaufen in einer klaren, mondscheinlo-
sen Nacht ist für den Sternfreund immer
wieder ein Erlebnis, insbesondere in einem
Gebiet, wo das Objekt nicht durch Feldsterne oder gar Milchstraßenwolken beeinträchtigt wird.

Beobachtungshinweise für γ Coronae Australis

Der Doppelstern γ Coronae Australis ist der
Stern in der Bildmitte des Ausschnittes
(Pfeil), der unterste der drei Sterne mit »Heiligenschein« (dieser ist die Folge der Verwendung von Platten mit nicht ausreichen-
dem Lichthofschutz). H. Vehrenberg macht
auf die links davon stehenden Sterne aufmerksam: »Sie haben keinen solch ausgeprägten Reflexionsring, weil sie in Nebel gebettet sind und für die Aufnahmeoptik keine
scharfe Begrenzung haben.« In dem Gebiet
links von unserem Doppelstern findet sich
noch ein zum Sternbild Schütze gehörender
Kugelsternhaufen (NGC 6723). Der angegebene Doppelstern besteht aus zwei Sternen
mit jeweils der scheinbaren Helligkeit 5^m.
Die Distanz beträgt 1,8 Bogensekunden.
Der fehlende Helligkeitsunterschied zwischen den Komponenten macht den Doppelstern zu einem Testobjekt für einen optisch einwandfreien Dreizöller (= 80 mm
Öffnung).

Die hellen Sterne

α Pavonis (Peacock); RA 20^{h}25^{m}6; Dekl. −56° 44′; 2,0^m	α Coronae Australis; RA 19^{h}06^{m}1; Dekl. −37° 59′; 4,1^m

27 Inder, Kranich, Oktant und Tukan

»Ahnen des Universums« sind die kugelförmigen Sternhaufen, weil sie aus den ältesten Sternen (10 und mehr Milliarden Jahre) bestehen. Der Kugelhaufen 47 Tucanae nahe der Kleinen Magellanschen Wolke ist einer der schönsten.

Sichtbarkeit Um Mitternacht über Nordhorizont (Mittlere Ortszeit): September. – Die Sterne im Kartenausschnitt stehen jeden Monat ungefähr 2 Stunden früher über dem Nordhorizont: Oktober 22^h, November 20^h.

Inder (Indus) Ein schmales Sternbild zwischen Pfau (Pavo) und Tukan.

Kranich (Grus) Das Sternbild mit den Hauptsternen 2. Größenklasse schließt an das Sternbild Südlicher Fisch nach Süden an. Stern β Gruis liegt auf der Linie zwischen den Sternen Fomalhaut (Südlicher Fisch) und α Tucanae.

Oktant (Octans) Das die Polarregion überdeckende Sternbild Oktant ist arm an helleren Sternen. Ein dem Sternbild Kleiner Bär vergleichbares Sternbild am südlichen Himmelspol fehlt. Das zu Orientierungszwecken benützte Sternbild Kreuz des

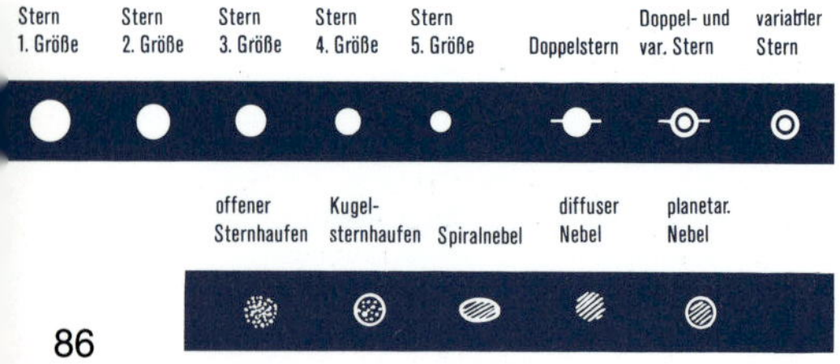

Stern 1. Größe	Stern 2. Größe	Stern 3. Größe	Stern 4. Größe	Stern 5. Größe	Doppelstern	Doppel- und var. Stern	variabler Stern

offener Sternhaufen	Kugelsternhaufen	Spiralnebel	diffuser Nebel	planetar. Nebel

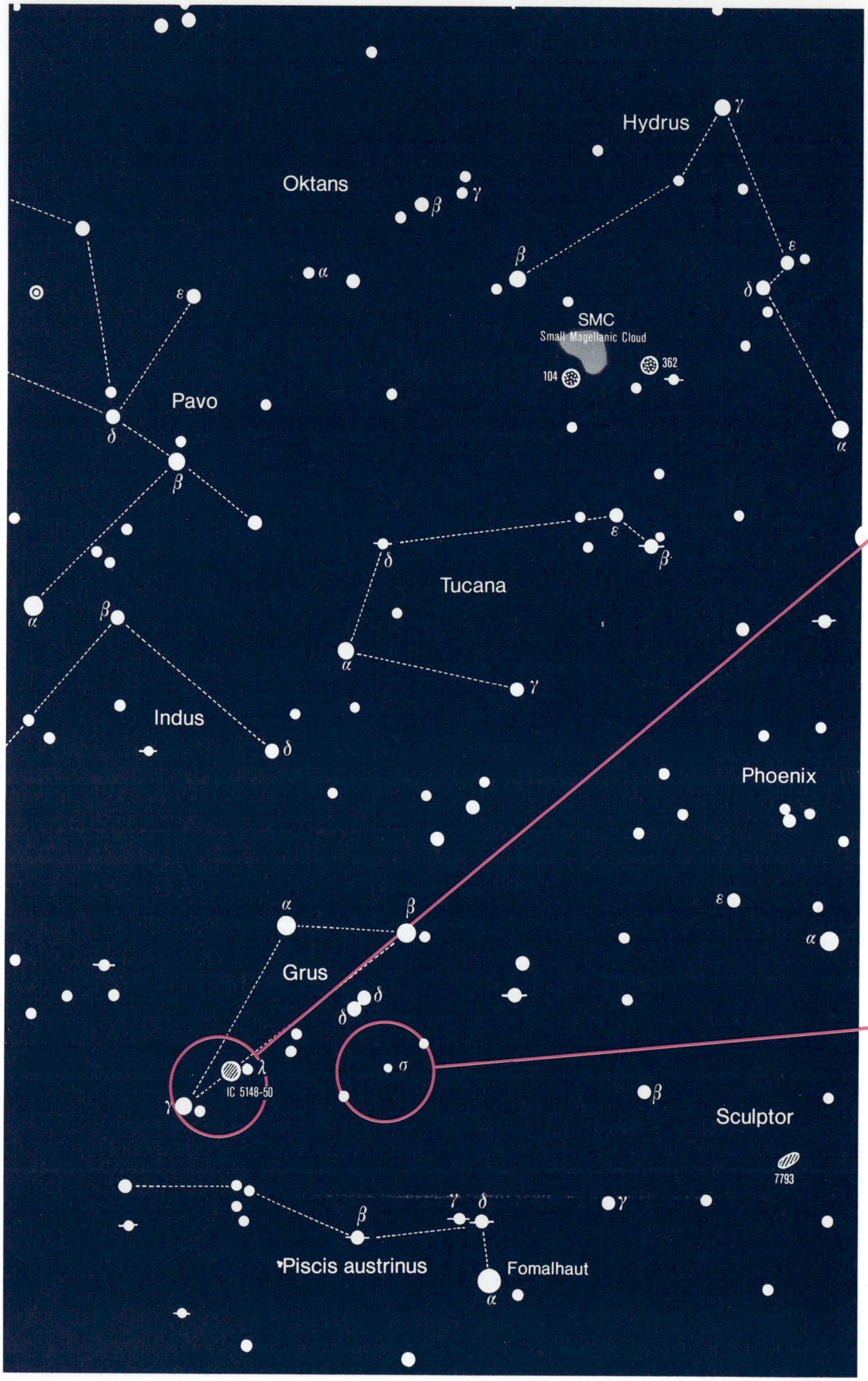

Sternkarte

Hydrus — Oktans — SMC Small Magellanic Cloud — 104 — 362 — Pavo — Tucana — Indus — Phoenix — Grus — IC 5148-50 — Sculptor — 7793 — Piscis austrinus — Fomalhaut

IC 5148–50
Planetarischer Nebel;
RA 21ʰ59ᵐ5;
Dekl. –39° 23′.
Das insgesamt objekt-
arme Feld macht es gar
nicht so einfach, geeig-
nete Beobachtungs-
vorschläge zu machen. '
So geht es denn auch in
diesem Ausschnitt um
ein Objekt, das als
schwierig bezeichnet
werden muß.

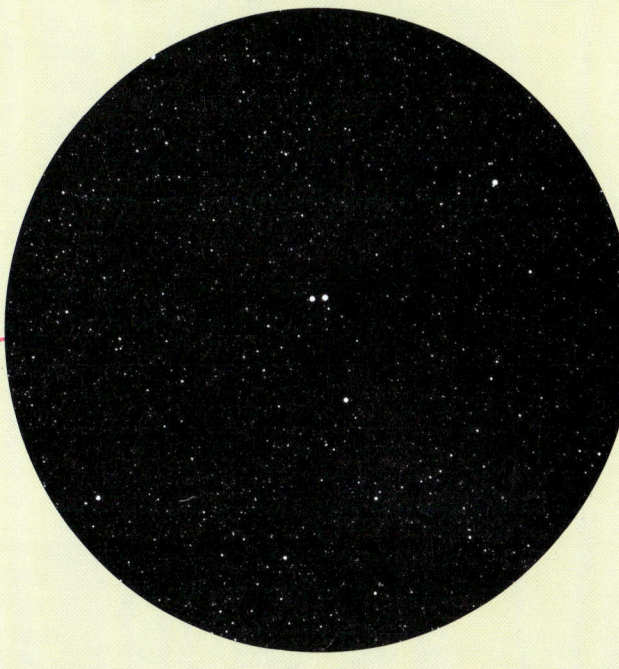

σ Gruis
Optischer Doppelstern;
RA 22ʰ37ᵐ0;
Dekl. –40° 35′.
In der Bildmitte des
Ausschnitts stehen zwei
ungefähr gleichhelle
Sterne, σ¹ Gruis und
σ² Gruis. Sie bilden einen
sog. optischen Doppel-
stern, wie übrigens
δ Gruis auch.

Südens (s. S. 78) hat einen Polabstand, der
dem des Großen Wagens (Großer Bär) am
Nordhimmel gleichkommt.
Tukan (Tucana) Das Sternbild mit der
Kleinen Magellanschen Wolke (s. S. 71).

Beobachtungshinweise für IC 5148–50
Der Beobachter braucht zum Auffinden
nicht nur sehr gute Sichtbedingungen und
eine lichtstarke Optik (Feldstecher 14 × 100
oder astronomisches Fernrohr mit 5-Zoll-
Öffnung), sondern auch genügend Aus-
dauer, um sich Stern für Stern an das Objekt heranzupirschen. IC 5148–50 hat die
scheinbare Helligkeit 13,0ᵐ und einen
Durchmesser von 120 Bogensekunden.
Ausgangsstern ist γ Gruis, ein Stern mit 3ᵐ;
im Bildausschnitt ist es links unten am
Rand der hellste Stern. Von dort führt der
Weg zu λ Gruis, der hellste Stern rechts
oberhalb der Bildmitte. Er ist nur ca. 2 Grad
vom planetarischen Nebel entfernt, der nahe
der Bildmitte markiert ist (Pfeil!). Keine
Milchstraße und geringe Sterndichte in dieser Gegend sind kleine Erleichterungen.

Beobachtungshinweise für σ Gruis
Wie der Ausdruck optischer Doppelstern
schon ahnen läßt, handelt es sich hierbei
um Sternpaare, deren Nähe am Himmel eine
perspektivische Täuschung von unserem
Standort Erde aus ist. In Wirklichkeit handelt es sich um zwei Sterne, die im Weltraum nichts miteinander zu tun haben, im
Gegensatz zu den physischen Doppelsternen, die nach den Newtonschen Gravita-
tionsgesetzen (s. S. 137) ihre Bahn umeinander beschreiben.
σ Gruis bildet mit den hellen Sternen α und
β Gruis ein rechtwinkeliges Dreieck (rechter
Winkel bei β Gruis!).
Der rechte Stern unseres optischen Doppelsterns – er führt die Bezeichnung
σ² Gruis – ist ein echter Doppelstern mit
einem Begleiter, der nur 10,4ᵐ hell ist
(Hauptstern 5,8ᵐ). Dieser Helligkeitsunterschied und die Distanz von 2,6 Bogensekunden machen das Objekt für kleine Fernrohre schwierig. Zur Auflösung muß man
schon ein 6zölliges Fernrohr zur Verfügung
haben.

Die hellen Sterne
α Gruis (Alnair);
    RA 22ʰ08ᵐ2;
    Dekl. –46° 58′;
    1,7ᵐ

β Gruis;
    RA 22ʰ42ᵐ7;
    Dekl. –46° 53′;
    2,1ᵐ

α Tucanae;
    RA 22ʰ18ᵐ5;
    Dekl. –60° 16′;
    2,9ᵐ

Himmelsobjekte innerhalb des Sonnensystems

Das Tagesgestirn: die Sonne

Die Sonne ist ein ganz gewöhnlicher Fixstern. bei Nacht sehen wir schon mit bloßen Augen tausende davon. Für unser Leben ist aber der Fixstern Sonne von ganz besonderer Bedeutung. Als Teil des Planetensystems der Sonne wird die Erde in vielfacher Hinsicht von ihrem Zentralgestirn beeinflußt. Das gilt nicht nur – wie wir bereits gesehen haben – für Tageslänge und Jahreszeiten, sondern auch für den Energiehaushalt (die Grundlage für die Entstehung von Leben) und andere Parameter. Die Sonne ist ein Gasball mit dem gewaltigen Durchmesser von 1 392 000 km. In seinem Inneren vollzieht sich eine atomare Umwandlung: Wasserstoff verwandelt sich in Helium. Dadurch wird Energie erzeugt, die als Wärmestrahlung und sichtbares Licht, aber auch als Röntgen-, Ultraviolett- und Radiostrahlung in den Weltraum geschickt wird. So gelangt sie zur Erde.

Planeten des Sonnensystems in einer nicht maßstabsgetreuen Darstellung des Künstlers Shigemi Numazawa. Zwischen Erde (unten) und Sonne (Mitte) die Planeten Venus und Merkur, oberhalb der Sonne (von links) Saturn, Mars, Jupiter und Uranus.

Sonnenenergie für die Erde

Die Sonnenenergie ist Lebensspender auf der Erde. Die Einstrahlung in für den Menschen nutzbare Energie umzusetzen wird eine immer dringlichere technische Aufgabe für die Zukunft. Für das persönliche Wohlbefinden ist Sonnenschein unentbehrlich. Er belebt den Kreislauf und stärkt das Immunsystem des Menschen. Ein Zuviel aber kann krank machen, löst zum Beispiel Hautkrebs aus.

Die neuesten Informationen über die Sonne lieferte die Sonde »Ulysses«, die im Sommer 1994 den Südpol der Sonne überflog und im Sommer 1995 den Nordpol. Dabei war die Entfernung von der Sonne etwa doppelt so groß wie der Abstand Sonne – Erde. Messungen beim Überfliegen des Sonnensüdpols zeigten, daß die Teilchen des sogenannten Sonnenwindes vom Pol her viel schneller kommen als vom Sonnenäquator. Ihre Temperatur ist geringer als bislang angenommen und die chemische Zusammensetzung weicht vom bisherigen Modell ab. Die Magnetfeldstärke ist erkennbar schwächer. Der von der Sonde Ulysses erforschte Sonnenwind ist der Gasstrom, der von der Sonnenatmosphäre weg hinaus in den Weltraum strömt.

Überraschenderweise kennen sich die Astrophysiker im Sonneninneren besser aus als in der Sonnenatmosphäre, dort wo das »Sonnenwetter« stattfindet mit Magnet-

Daten über die Sonne

Durchmesser:	1 392 530 km (Erde: 12 756 km)
Oberfläche (in Erdoberflächen, Erde: 510 Millionen km^2):	11 957
Masse (in Erdmassen, Erde: 5973 Trillionen Tonnen):	332 950
Rotationsperioden in Tagen (am Sonnenäquator):	
siderisch:	25,03
von der Erde aus gesehen:	26,8
Häufigste chemische Elemente der Photosphäre in Massen-Prozent:	
Wasserstoff:	78,4
Helium:	19,8
Sauerstoff:	0,863
Kohlenstoff:	0,395
Eisen:	0,140
Mittlere Dichte:	1410 kg/m^3 (Erde: 5515 kg/m^3)
Temperatur an der Oberfläche (Photosphäre):	6050 Kelvin
Temperatur im Zentrum:	15 Millionen Kelvin
Geschätzes Alter:	4,6 Milliarden Jahre
Abstand Sonne – Erde:	1,496 Millionen km

Untergehende Sonne. Aufnahme von Peter Stolzen, Volkssternwarte Remscheid, Preisträger im Wettbewerb »Jugend forscht«.

kaum reagieren, ist ihre Erforschung schwierig. Interessant wäre eine Antwort auf die Frage, ob das Neutrino einem Lichtteilchen ohne Ruhemasse ähnelt oder wie das Elektron eine immer vorhandene Ruhemasse besitzt.

Zur Erklärung der Ruhemasse: Das bewegte Elektron hat einen Massenanteil, der seiner Bewegungsenergie gleich ist. Und es hat einen Massenanteil, den es auch dann besitzt, wenn es sich nicht bewegt, die Ruhemasse. Wenn wir Endgültiges über die Sonnenneutrinos wissen, bekommen wir wichtige Informationen über Nebenreaktionen, die parallel zur Kernfusion im Sonneninneren ablaufen.

Große Sonnenfleckengruppe, aufgenommen mit einem mittelgroßen Amateurfernrohr. Zum Größenvergleich ist das Bild der Erde einkopiert.

feldern, Fleckenbildung, heißer Korona und Sonnenwind. Der Computer hat die Simulation der Sternentstehung möglich gemacht, auch die zeitliche Entwicklung der Sonne mit ihren Kernreaktionen. Der Vorrat an Kernenergie reicht noch für rund 10 Milliarden Jahre.

Rätselhafte Sonnenneutrinos

Es gibt inzwischen Beobachtungen, die die Ergebnisse der Computermodelle stützen. So ist der Nachweis gelungen, daß die Sonne Schwingungen im 5-Minuten-Rhythmus ausführt. Diese Schwingungen pflanzen sich im Sonneninneren fort und machen dabei Beobachtungen möglich, zum Beispiel betreffend die Temperaturabhängigkeit von der Tiefe. Man kann das vergleichen mit Erdbebenwellen, die auch Aufschlüsse über den Zustand im Inneren der Erde geben.

Bei der Fusion von Wasserstoff zu Helium entsteht ein neutrales Elementarteilchen: das Neutrino. Diese Teilchen entstehen im Zentrum der Sonne. Sie gelangen ohne Widerstand bis in die Atmosphäre der Sonne und weiter zur Erde. Die Strecke Sonne – Erde überwinden sie in rund 8 Minuten. Auch die Erde ist für sie kein Hindernis, sie dringen überall ein und durch. Weil die Neutrinos mit anderen Teilchen der Materie

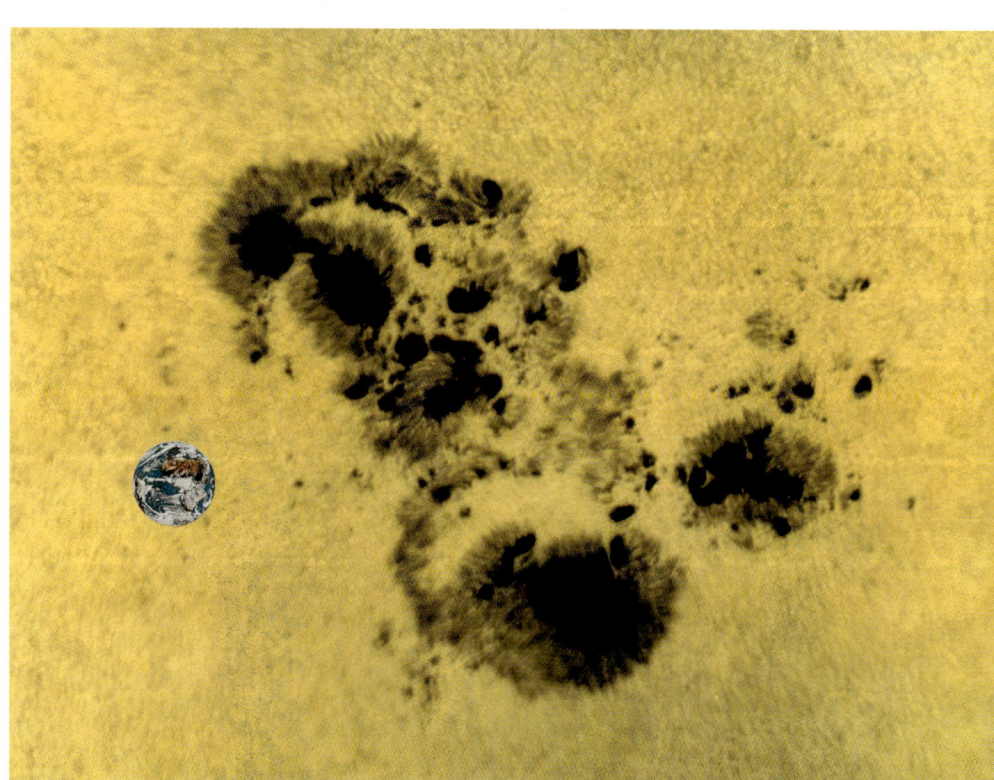

Die Sonne im Fernrohr

Von einem Tag zum anderen treten in Sonnenflecken Veränderungen auf. Lichtbrücken teilen die Umbra und geben dem Fleck ein immer wieder neues Aussehen. Die Handskizzen oben zeigen die Entwicklung eines Sonnenflecks nach Beobachtungen mit einem Refraktor von 100 mm Öffnung bei 100facher Vergrößerung. Lichtschutz mit einer Baader-Filterfolie.
Oberes Bild 17. August 1991, 10h05 MESZ.
Mittleres Bild: 18. August 1991, 9h40 MESZ.
Unteres Bild: 19. August 1991, 10h00 MESZ.

Was gibt es auf der Sonne zu sehen? Bereits mit bloßen Augen – geschützt durch das Blendglas – sehen wir die runde Scheibe, die am Rand von geringerer Helligkeit ist als in der Mitte. Bei der Beobachtung des Randes der Sonnenscheibe sehen wir in Schichten von geringerer Tiefe als beim Beobachten der Scheibenmitte. Die Temperatur nimmt in der Photosphäre nach höher gelegenen Schichten der Sonnenatmosphäre rasch ab. Die Folge ist ein Helligkeitsabfall zum Rand der Sonnenscheibe hin, die sogenannte »Randverdunkelung der Sonne«. Sehr deutlich ist diese Randverdunkelung bei Beobachtung des auf weißem Pappkarton projizierten Sonnenbildes zu sehen. In den äußeren Schichten der Sonnenatmosphäre steigen die Temperaturen wieder an und erreichen in der Korona etwa 1–2 Millionen Grad.

Auch die Gashülle der Sonne ist eine Atmosphäre. Sehr heiß allerdings (etwa 6000 Kelvin in der Schicht, aus der die sichtbare Strahlung kommt, der Photosphäre) und von anderer Zusammensetzung als die Erdatmosphäre. Ab und zu kann es gelingen, mit bloßen Augen noch dunkle Flecken auf der Sonnenscheibe zu sehen. Es handelt sich dabei um extrem großformatige Sonnenflecken. Doch solche Beobachtungen haben Seltenheitswert. Besser ist es dann schon, den Feldstecher zu Hilfe zu nehmen. Mit ihm sieht man Sonnenflecken schon viel häufiger.

Was sind das für Flecken? Sie erreichen erstaunliche Durchmesser zwischen einigen tausend bis 50 000 km und treten meistens in Gruppen auf. Die Sonnenflecken kenn-

> **Vorsicht bei der Beobachtung der Sonne!**
> Nie ohne Blendglas (rußgeschwärzte Glasscheibe, Schweißerbrille, Rauchfilter) in die Sonne schauen. Das grelle Sonnenlicht ist ohne weiteres in der Lage, die Augen schwer zu schädigen. Wird das Blendglas in Verbindung mit einem Fernrohr verwendet, ist zu beachten, daß das Blendglas sich unter der Einwirkung der Sonnenwärme stark erhitzt und springen kann.
> Sicherer ist auf jeden Fall die indirektere Methode, bei der das vom Fernrohr erzeugte Sonnenbild auf einen hinter dem Okular angebrachten Schirm (z. B. weißer Pappkarton) projiziert wird. Keine verkitteten Okulare verwenden!

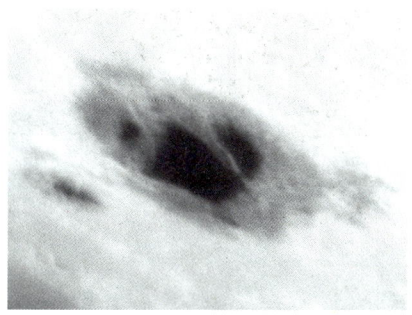

Doppellichtbrücke, am 14. 3. 93 von Beobachtern mit unterschiedlicher Ausrüstung dokumentiert.

Oberes Bild: Photographische Beobachtung mit einem 8zölligen Refraktor um 10h02 MEZ (B. Veenhoff).

Unteres Bild: Visuelle Beobachtungen (Handskizze) mit einem 7zölligen Spiegelteleskop bei 112facher Vergrößerung um 13h45 MEZ (G.D. Roth).

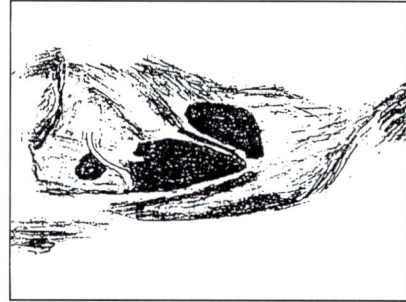

zeichnen Stellen besonderer Bewegung in der gasförmigen Oberfläche der Sonne. Sie sind deshalb dunkel, weil ihre Temperatur 1000–2000 Grad geringer ist als die der umgebenden Schicht, aus der die sichtbare Sonnenstrahlung stammt, der Photosphäre. Bei genauerem Hinschauen offenbart das Fernrohr außer dem Kerngebiet der Flecken (Umbra) noch den umgebenden etwas helleren Halbschatten (Penumbra). Das Photo links macht das recht eindrucksvoll deutlich.

Die Aktivität der Sonnenflecken folgt einem 11jährigen Rhythmus. Das letzte Fleckenmaximum war Ende 1989, das letzte Minimum im Sommer 1986. Demnach wird um das Jahr 2000 die Sonnenoberfläche wieder sehr fleckenreich sein – vorausgesetzt, daß der Atomreaktor Sonne mitspielt, denn Abweichungen von einigen Jahren von dem angegebenen Rhythmus sind keine Seltenheit. Auffällig ist der meist rasche Anstieg der Sonnenfleckenzahl nach dem Minimum. Das Maximum wird 3–4 Jahre später erreicht. Der Abstieg dauert länger (ca. 6–7 Jahre). Sicher scheint zu sein, daß die Sonnenflecken von aus dem Sonneninne-

Aufnahme der Protuberanzen mit einem Spezialfernrohr. Protuberanzen sind glühende Gasmassen, die bei Sonnenfinsternissen und im Koronographen zu beobachten sind. Höhe bis zu 500 000 km.

Auf sehr eindrucksvolle Art und Weise können wir Vorgänge auf der Sonne während einer totalen Sonnenfinsternis beobachten. Der Mond bedeckt dabei den größten Teil der Sonnenscheibe. Es werden Korona, Chromosphäre (dünne, rötlich leuchtende Schicht) und Protuberanzen (rötlich leuchtende Gasausbrüche) erkennbar.

Unser Trabant: der Mond

Obwohl oder gerade erst recht weil der Mond bereits von bemannten Raumschiffen erreicht worden ist, bleibt der Erdtrabant ein beliebtes Beobachtungsobjekt. Wer zum ersten Mal durch ein Fernrohr den Mond sieht, wird gepackt von dem abwechslungsreichen Spiel von Licht und Schatten. Jeder kennt ja das ewige Zu- und Abnehmen des Mondes:

● Neumond
● Erstes Viertel
● Vollmond
● Letztes Viertel

Und dann eben wieder Neumond. Es ist das Licht der Sonne, das uns die Fülle von

ren aufbrechenden Eruptionen ausgelöst werden. Für die Unterschiede im 11jährigen Fleckenzyklus gibt es bis jetzt keine einfache physikalische Deutung. Ebensowenig gibt es Beweise für Beziehungen zwischen Sonnenflecken, Planetenkonstellationen und Katastrophen auf der Erde.

Neben Umbra und Penumbra beobachten wir in Sonnenflecken »Lichtbrücken«: helle Streifen, die einzelne Flecken durchziehen und optisch teilen. Diese Materieströme verändern sich oft kurzfristig. Ihre Erfassung ist auch eine Aufgabe für Amateurbeobachter.

Die Atmosphäre der Sonne

Drei Schichten bilden die Atmosphäre der Sonne: Die Photosphäre ist die unterste, etwa 400 km stark. Sie hat im Fernrohr eine reiskornartige Struktur (Granulation). Hier entstehen auch die Sonnenflecken. Die nächst höhere Schicht ist die Chromosphäre, rund 20 000 km stark. Hier treten in Störgebieten Eruptionen auf (Fackeln, Filamente), die am Sonnenrand während einer Finsternis oder mit einem Spezialfernrohr als Protuberanzen zu sehen sind. Die äußerste Schicht ist die Korona. Sie reicht weit in den interplanetaren Raum hinaus. Die Korona ist ein sehr dünnes und heißes Gas (mehrere Millionen Kelvin).

Totale Sonnenfinsternis vom 3. November 1994, aufgenommen in Brasilien mit einem Schmidt-Cassegrain von Meade. Öffnung 254 mm, Brennweite 1400 mm, Belichtung 1/30 s auf Kodak Ektar 1000. Deutlich sichtbar ist die fast farblose Korona.

Einzelheiten auf dem Mond erst sichtbar macht. Ununterbrochen wandert das Sonnenlicht über den Mond, je nach Bahnlage eine schmale Sichel beleuchtend oder – bei Vollmond – die ganze der Erde zugewandte Oberfläche (vgl. Graphik S. 97).

Am interessantesten ist die Zone zwischen der Tag- und der Nachtseite; der Fachmann bezeichnet sie als den »Terminator«. Dort vollzieht sich für den Beobachter jenes stets aufs neue faszinierende Naturphänomen: Sonnenaufgang über den Mondbergen, Sonnenuntergang hinter Mondgebirgen. Zunächst erstrahlen nur die allerhöchsten Spitzen im Sonnenlicht. Allmählich folgt der ganze Mondberg und wird in seiner Gestalt deutlich. In wenigen Stunden verändert sich die Lichtgrenze. Immer neue Krater strahlen im reflektierten Sonnenlicht auf und sinken zurück in das Schwarz der Mondnacht. Der plastische Eindruck der Mondoberfläche ist nur am Terminator so überwältigend, schon im Feldstecher.

Zusammenfassend läßt sich sagen, daß wir auf der Mondoberfläche drei typische Gebilde sehen:
- die Mondmeere (Maria)
- die Terrae mit Kratern und Gebirgen,
- die hellen Strahlen.

Die Mondbahn ist um 5 Grad gegen die Erdbahnebene geneigt und deshalb ändert sich die Lage des Mondes in Bezug auf die Ekliptik ständig. In den 4 Darstellungen rechts sind jeweils 2 mögliche Mondbahnen bzw. Positionen des Mondes eingezeichnet. Bedingt durch die unterschiedliche Lage der Ekliptik im Verlauf des Jahres (vgl. S. 20) und damit auch der unterschiedlichen Position der Sonne ergeben sich auch ganz verschiedene räumliche Lagen der Mondsichel am Himmel (z. B. »Kahnlage« im Frühjahr).

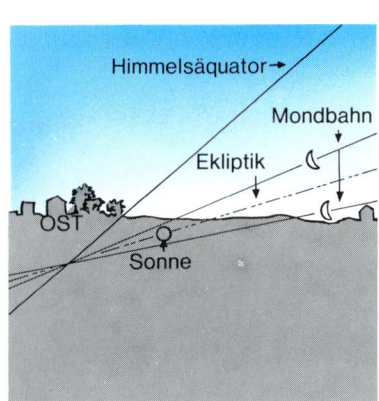

Abnehmender Mond am Morgenhimmel im Frühjahr

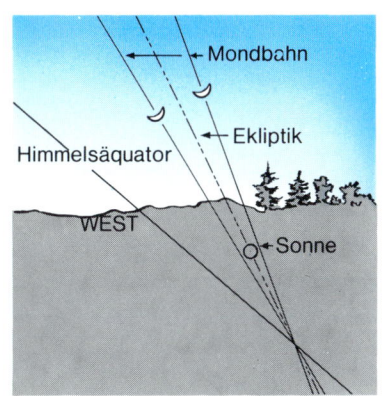

Zunehmender Mond am Abendhimmel im Frühjahr

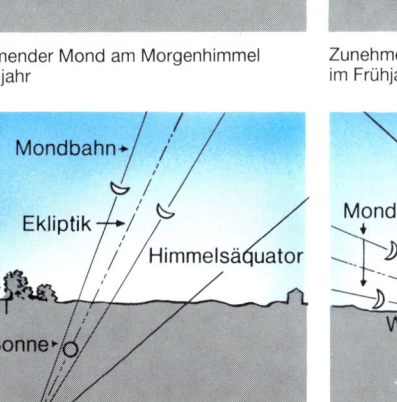

Abnehmender Mond am Morgenhimmel im Herbst

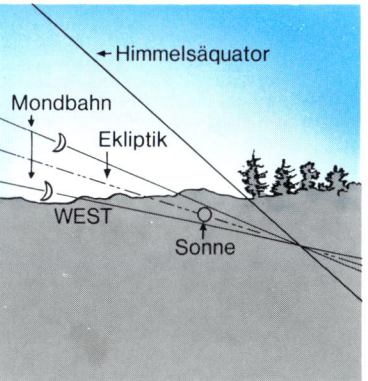

Zunehmender Mond am Abendhimmel im Herbst

Der wechselnde Anblick des Mondes bietet dem Beobachter besonders nahe der Lichtgrenze (Terminator) imposante Kraterlandschaften. Das Bild links außen zeigt den etwa 5 Tage alten Mond (= 5 Tage nach Neumond), das Bild links den Mond um das Erste Viertel (= 7 Tage nach Neumond). Durch Vergleich mit der Mondkarte unten können die sichtbaren Oberflächenstrukturen leicht benannt werden.

Namen von Gebilden der Mondoberfläche

1 de la Rue	31 Orontius	63 Riccioli
2 Endymion	32 Cuvier	64 Hevelius
3 Atlas	33 Maurolycus	65 Otto Struve
4 Messala	34 Stöffler	66 Kepler
5 Gauss	35 Gemma Frisus	67 Copernicus
6 Geminus	36 Rabbi Levi	68 Erathostenes
7 Cleomedes	37 Zagut	69 Archimedes
8 Proclus	38 Piccolomini	70 Autolycus
9 Tarantius	39 Sacrobosco	71 Aristillus
10 Langrenus	40 Catharina	72 Plato
11 Vendelinus	41 Cyrillus	73 Pythagoras
12 Petavius	42 Theophilus	74 J. Herschel
13 Furnerius	43 Walter	75 Fontenelle
14 Metius	44 Regiomontanus	76 Epigenes
15 Janssen	45 Purbach	77 W. C. Bond
16 Rosenberg	46 Aliacensis	78 Aristoteles
17 Vlacq	47 Arzachel	79 Eudoxus
18 Hommel	48 Alphonsus	80 Callipus
19 Manzinus	49 Ptolemäus	81 Gärtner
20 Moretus	50 Mösting	82 Posidonius
21 Clavius	51 Hipparchus	83 Le Monnier
22 Blancanus	52 Albategnius	84 Fracastor
23 Scheiner	53 Parrot	85 Pitatus
24 Bailly	54 Pitatus	86 Riphäen
25 Schiller	55 Fra Mauro	87 Karpathen
26 Schickard	56 Piazzi	88 Apenninen
27 Longomontanus	57 Lagrange	89 Kaukasus
28 Wilhelm	58 Darwin	90 Alpen
29 Tycho	59 Mersenius	91 Haemusgebirge
30 Maginus	60 Gassendi	92 Hyginusrille
	61 Letronne	93 Ariadaeusrille
	62 Grimaldi	94 Altaigebirge

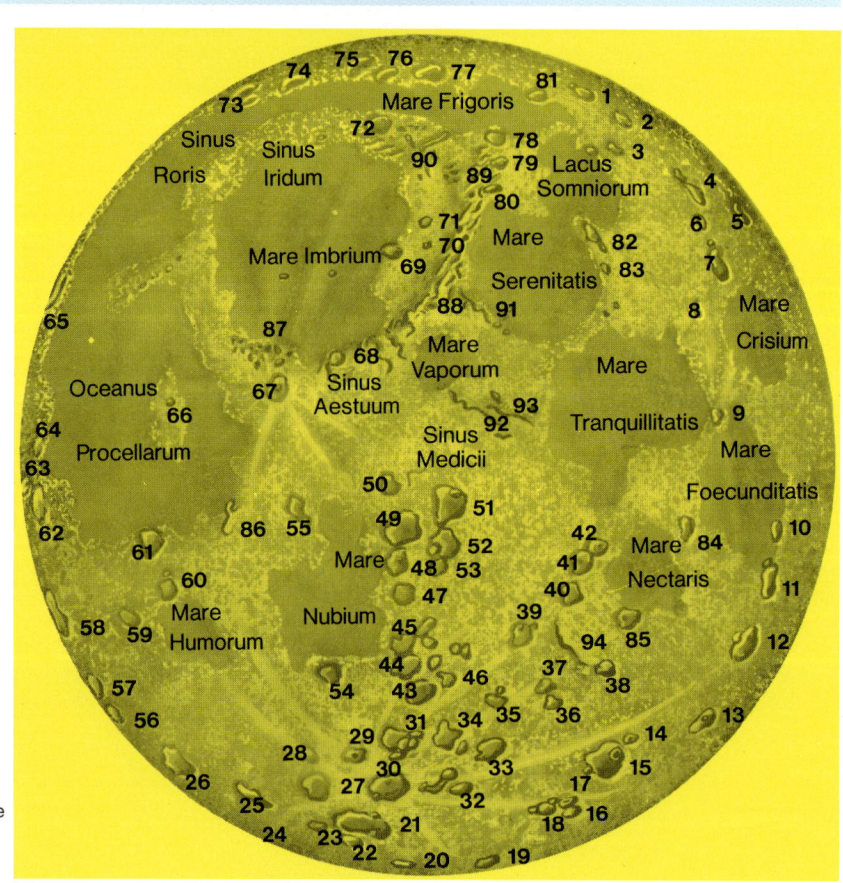

Die Namen der einzelnen Mare erscheinen auf den Mondkarten meistens in lateinischer Sprache:

Mare Australe	Südmeer
Mare Crisium	Kritisches Meer
Mare Foecunditatis	Fruchtbares Meer
Mare Frigoris	Kaltes Meer
Mare Humorum	Feuchtes Meer
Mare Imbrium	Regenmeer
Mare Nectaris	Nektarmeer
Mare Nubium	Wolkenmeer
Mare Serenitatis	Heiteres Meer
Mare Tranquillitatis	Ruhiges Meer
Mare Vaporum	Dampfendes Meer
Oceanus Procellarum	Stürmischer Ozean
Sinus Medii	Zentralbucht

Die großen dunklen Flächen, die als »Mondmeere« bezeichnet werden, haben weder mit Wasser noch mit Meeren das geringste zu tun – davon konnten sich ja inzwischen die Astronauten persönlich überzeugen. Aber vor Jahrhunderten glaubten die Astronomen an eine Ähnlichkeit mit irdischen Verhältnissen, und so entstand der irreführende Name. Der Vollmond macht die großräumigen Strukturen der Oberfläche besonders schön sichtbar. Da sind außer den genannten dunkel erscheinenden tiefliegenden Ebenen – den Marelandschaften – die hell erscheinenden hochliegenden Flächen – Gebirgslandschaften. Dann sind da die berühmten »hellen Strahlen«, die augenfällig von den Kratern Kopernikus, Tycho und Kepler (siehe Mondkarte) ihren Ausgang nehmen. Weiterhin sind zu nennen auffällige helle und dunkle Einzelobjekte, so der brillant-glänzende Krater Aristarchus – der hellste Punkt der sichtbaren Mondoberfläche überhaupt! Angesichts aller dieser Einzelheiten sollte sich der mit dem Feldstecher beobachtende Sternfreund ruhig einmal »in die Lage des Aerogeologen versetzen, der bemüht ist, vom Flugzeug aus einen ersten Überblick über die Geologie eines unerforschten Teiles der Erde zu gewinnen«. So Kurd von Bülow in seinem Buch »Die Mondlandschaften«.

Der Mond im Fernrohr

Aber nicht nur die Oberfläche ist bei Vollmond bemerkenswert. Auf Grund der himmelsmechanisch ein wenig verschlungenen Mondbahn können wir von der Erde aus bis zu 60 % der Mondoberfläche sehen, obwohl der Mond ja der Erde stets die gleiche Seite zukehrt. Es sind kleine Schwankungen – in der Fachsprache »Librationen« genannt –, die das Mehr an Sichtbarem möglich machen. Ein sorgfältiger Beobachter kann feststellen, daß die Objekte am Mondrand von Vollmond zu Vollmond nicht stets gleich sichtbar sind. Wer sich für das Problem näher interessiert, findet im »Handbuch für Sternfreunde« ins einzelne gehende Hinweise (s. Literaturverzeichnis S. 173). Bei Feldstecherbeobachtungen kommt es darauf an, daß der Vollmond das Gesichtsfeld gut ausfüllt, ohne jedoch den gerade im binokularen Fernrohr so verblüffenden »Weltkugel-Effekt« zu nehmen.

Feldstecher, die stärker vergrößern (10 x und mehr) in Verbindung mit einem Stativ sind die richtige Ausrüstung. Wer einen Feldstecher mit Bildstabilisierung besitzt (z. B. 12 x 36 IS von Canon), beobachtet bequem ohne das Stativ.

Schwierigkeiten bereitet mitunter die Helligkeit des Vollmondes. Die Verwendung von grauen oder gelben Dämpfgläsern, die in Aufsteckfassung für Feldstecher handelsüblich sind, macht das Beobachten angenehmer.

Große Mondkarten enthalten rund 33 000 Krater allein auf der Vorderseite des Mondes. Ausgedehnte Mondkrater, sie heißen auch Wall-Ebenen, erreichen Durchmesser über 100 km. Benannt sind sie nach Astronomen und Naturforschern. Die wichtigsten Rundformen der Terrae auf der Mondvorderseite mit den Namen zeigt die Karte auf Seite 94.

Will man mehr von der zackigen Kraterwelt sehen, empfiehlt sich die Beobachtung mit einem kleinen astronomischen Fernrohr und Vergrößerungen zwischen 50- und 100fach. Auch für astronomische Fernrohre gibt es binokulare Ansätze (z. B. Baader, München und Pentax), die das Beobachten mit beiden Augen möglich machen. Höhen von 6000, 7000 und 8000 m sind für Mondberge keine Seltenheit. So sind die auf der Mondkarte (S. 94) mit den Nummern 88 und 89 bezeichneten Mondgebirge Apenninen und Kaukasus 5500 m bzw. 5900 m höher als die Umgebung. Das höchste Mondgebirge, das Leibnitz-Gebirge, ist rund 11 350 m hoch (häufig werden die Namen bekannter Wissenschaftler zur Benennung der Mondobjekte verwendet).

Geeignete Objekte für das 2–4zöllige astronomische Fernrohr (50–100 mm Öffnung):

- Krater Clavius, zu beobachten 1–2 Tage nach dem Ersten Viertel und 1–2 Tage nach dem Letzten Viertel.
- Krater Copernicus, zu beobachten 1,5 Tage nach dem Ersten Viertel und 1,5 Tage nach dem Letzten Viertel.
- Krater Theophilus, zu beobachten 5 Tage nach Neumond und 5 Tage nach Vollmond.
- Alpen mit Alpental, zu beobachten kurz vor dem Ersten und Letzten Viertel.

Mondphoto, das die Gegend um das Alpental (Nr. 90 der Mondkarte links) am Ostrand des Mare Imbrium zeigt. Das Alpental ist ein Quertal von 130 km Länge mit einer Rille in der Talsohle. Aufgenommen wurde das Bild am 14. Januar 1981, 18h10 UT mit einem Schmidt-Cassegrain von 35 cm Öffnung (C14). Die Pfeile markieren Objekte an der Grenze des Auflösungsvermögens.

Oben: Die abgebildeten Rillensysteme sind Testobjekte für kleine und mittlere Amateurfernrohre. Leicht erkennbar die Rillen Hyginus und Ariadaeus. Schwieriger das System der Triesneckerrillen (Pfeile).

Oben rechts: Krater Copernicus, umgeben von hellen Strahlen, abgelagertes Auswurfmaterial aus der Zeit der Kraterentstehung vor 900 Millionen Jahren.

Unten: Apollo 17. Astronaut und Geländewagen auf dem Mond im Dezember 1972.

● Ariadaeusrille, zu beobachten 1 Tag vor dem Ersten Viertel und 1 Tag vor dem Letzten Viertel.
● Hyginusrille, zu beobachten 1 Tag vor dem Ersten Viertel und 1 Tag vor dem Letzten Viertel.

Alle genannten Objekte findet man auf der Mondkarte Seite 94. Die Beobachtungszeit bezieht sich auf den Sonnenaufgang (Erstes Viertel) bzw. Sonnenuntergang (Letztes Viertel) über dem Objekt. Mehr Informationen für Mondbeobachter bietet der »Atlas of the Moon« von Antonín Rükl, den es auch in einer deutschen Ausgabe gibt.

Die Erforschung des Mondes

Zahlreiche Rillen auf dem Mond erinnern an Flußläufe auf der Erde. Aber zu keiner Zeit hat es Wasser auf dem Mond gegeben. Die oft über 100 km langen und mehrere Kilometer breiten Rillen sind von Lavaströmen gebildet worden, die aus Kratern flossen. Der Mond ist nicht, wie oft angenommen wird, ein erkalteter Himmelskörper. Vielmehr besitzt das Mondinnere eine hohe Temperatur. Messungen, die während der Apollo-Missionen durchgeführt wurden, ergaben einen Temperaturanstieg in 2 m Tiefe um 1 Grad.

In Verbindung mit den Erkundungen durch Raumfahrtunternehmen (Apollo 11 brachte im Juli 1969 die ersten Menschen auf den Mond) sind Bodenproben zur Erde gebracht worden. Die meisten Krater auf dem Mond sind Einschlagkrater. Daneben gibt es auch Vulkankrater. Die Mondoberfläche ist mit einer z.T. mehrere Meter dicken Schicht aus Gesteinsschutt und Staub bedeckt. Die Hälfte des Mondstaubs besteht aus Glaskörnern. Die häufigsten Mondminerale sind Pyroxen, Plagioklas, Olivin und Ilmenit.

Auf dem Mond gibt es Mondbeben, dagegen keine nachweisbare Atmosphäre. Die Trümmerschicht auf der Oberfläche ist einmal entstanden durch Meteoriteneinschläge, zum anderen durch Erosion als Folge der kosmischen Strahlung und der Teilchenstrahlung des Sonnenwindes.

Trotz der sehr umfassenden Erkundungen des Mondes durch Lunar Orbiter und die bemannten Apollo-Missionen bis 1972 gab es bis zum Mondforschungsflug »Clementine« 1994 weiße Flecken auf der Mondkarte. Diese Mission lieferte der Wissenschaft die erste zuverlässige, fast globale topographische Karte des Mondes. Die aus den Messungen gewonnene Schwere- und Dichtekarte der äußeren Mondschichten dokumentiert, wie stark sich die Form des Mondes durch Einschläge aller Größen im Laufe der Zeit geändert hat. Diese Einschläge haben die Mondkruste an manchen Stellen sehr dünnwandig werden lassen. Die mittlere Dicke der Mondkruste von 70 km hat sich unter dem Südpol auf 12 km verringert.

Mit Hilfe der Abstrahlung von Radiowellen wurde auch die Gezeitenwirkung von Erde und Sonne auf den Mond bestimmt. Deformationen des Mondkörpers zeigen Magmabereiche im Mondinneren an. Vielleicht der endgültige Hinweis auf den flüssigen Mondkern in Form von geschmolzenen Mineralien.

Die Frage, ob es Eis auf dem Mond gibt, hat »Clementine« nicht hundertprozentig beantwortet. Der Grund einiger polnaher Mondkrater liegt so tief, daß er nie von der Sonne beschienen wird. Gase in gefrorenem Zustand könnten hier vorhanden sein. Messungen von Radiowellenechos bestärken immerhin die Vermutung, daß Wassereis in Spuren erwartet werden kann.

Ebbe und Flut

Für Himmelsmechaniker sind Mondbahn und Mondbewegung etwas Besonderes. Es sind vor allem die Störungen der Mondbewegung, die viel Mathematik notwendig machen. In den auf Seite 173 genannten Handbüchern finden Interessierte Informationen über dieses Spezialgebiet. Die Himmelskörper Erde – Mond – Sonne wirken wechselseitig aufeinander ein. Die Gravitationskräfte des Mondes, der Sonne und abgeschwächt sogar der Planeten zwingen die Erdachse zu Drehbewegungen. Hinzu kommt die Bewegung der Erde und des Mondes um einen gemeinsamen Schwerpunkt.

Hauptsächlich der Mond und in geringem Umfang die Sonne üben an verschiedenen Stellen auf und in der Erde Gravitations- und Zentrifugalkräfte aus. Die Folge sind Gezeiten, die als Ebbe und Flut in den Meeren auftreten. Aber nicht nur dort: Man kann in der Atmosphäre und im Erdkörper Schwingungen messen, die nichts anderes als Gezeiten sind. Die Gezeiten verursachen eine Gezeitenreibung. Diese hat eine Bremswirkung auf die Erdumdrehung. Und von daher ist sie auch nicht ohne Einfluß auf die Zeitbestimmung.

Entstehung

Über die Entstehung des Mondes gibt es unterschiedliche Ansichten. Altersbestimmungen ergaben, daß Mondgestein, das mit Hilfe der Raumsonden geborgen worden ist, etwa 4,4 Milliarden Jahre alt sein muß. Damals war also der Mond ein bereits fertig ausgebildeter Himmelskörper. Das deutet auf die gleichzeitige Entstehung mit

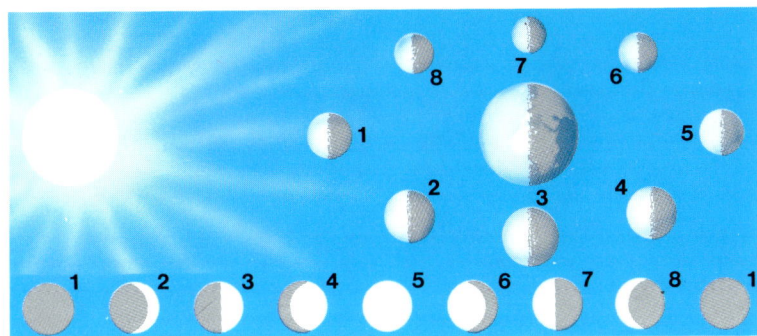

Entstehung der Mondphasen. 1 = Neumond, 2 = zunehmender Mond, 3 = zunehmender Mond Erstes Viertel, 4 = zunehmender Mond, fast Vollmond, 5 = Vollmond, 6 = abnehmender Mond, noch fast Vollmond, 7 = abnehmender Mond Letztes Viertel, 8 = abnehmender Mond, 1 = wieder Neumond.

Mondfinsternis. Der Mond wandert durch den Schattenkegel der Erde, die dann genau zwischen der Sonne und dem Mond steht.

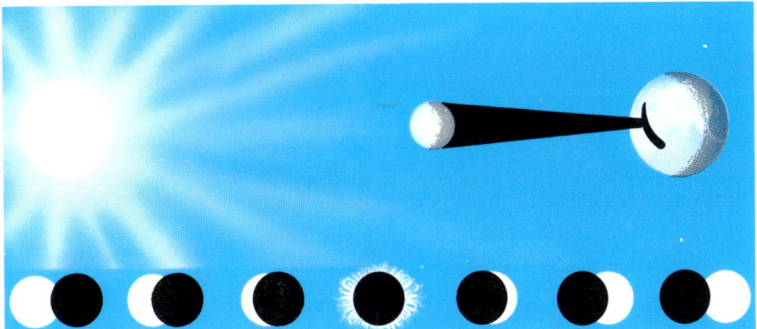

Sonnenfinsternis. Der Mond befindet sich zwischen Sonne und Erde und wirft seinen Schatten auf die Erde in Form einer Schattenlinie begrenzter Ausdehnung. Die Finsternis ist total, wenn der Mond die Sonne ganz verdeckt. Eine ringförmige Sonnenfinsternis entsteht, wenn der Mond auf Grund der Bahnlage die Sonne nicht voll abdecken kann.

den übrigen Planeten des Sonnensystems. Es gibt drei klassische Entstehungstheorien: die Abspaltung von der Erde, das Einfangen beim Vorbeiflug an der Erde, die Entstehung aus der Urmaterie zusammen mit den anderen Planeten und Monden. Neueren Datums ist die Einschlagstheorie. Danach gab es einen Zusammenstoß zwischen einem werdenden marsgroßen Planeten und der ebenfalls im Frühstadium befindlichen Erde. Eine gewaltige Explosion war die Folge. Materie stürzte sowohl auf die Erde als auch in die Erdumlaufbahn, wo sich allmählich der Mond herausbildete.

Finsternisse

Ist die Mondsichel bei zu- oder abnehmendem Mond ganz schmal, entdeckt der aufmerksame Naturfreund ein zunächst sonderbares Phänomen: Er sieht am Himmel nicht nur die leuchtende Sichel, sondern die ganze übrige Mondscheibe in einem sehr fahlen, aschgrauen Schimmer. Ganz besonders eindrucksvoll ist das im Feldstecher. Dieses »aschgraue Licht« – wie es in der Fachsprache heißt – hat folgende Ursache: Die schmale Sichel strahlt im Sonnenschein. Dort, wo das aschgraue Licht schimmert, ist auf dem Mond Nacht. Nun wird aber auch die Erde vom Sonnenlicht bestrahlt, und die Erde strahlt einen Teil dieses Lichtes wieder in den Weltraum hinaus, so auch auf den Mond. Und dieser Rest Sonnenlicht genügt, um auf dem noch (oder wieder) unbeleuchteten Teil des Mondes einen matten, grauen Reflexschimmer zu erzeugen. Er ist so schwach, daß er bei größer werdender Mondphase unsichtbar wird (vgl. Photo S. 93).

Auf seiner Bahn um die Erde kommt der Mond dann und wann genau zwischen die Sonne und die Erde, so daß er für uns Erdenbewohner die Sonne ganz oder teilweise verdeckt. Das verursacht eine totale oder partielle Sonnenfinsternis. Es kann aber auch vorkommen, daß die Erde zwischen die Sonne und den Mond gerät: Wir haben eine Mondfinsternis, weil der Mond kein Sonnenlicht mehr bekommt. Sonnenfinsternisse entstehen nur bei Neumond, Mondfinsternisse nur bei Vollmond (vgl. Graphiken S. 97). Weitere Angaben zu den Finsternissen im Kapitel »Aktuelle Himmelsereignisse« ab Seite 165 und auf der hinteren Umschlagklappe.

Wegen ihrer Neigung von 5 Grad gegen die Erdbahnebene wechselt die Mondbahn ständig zur Ekliptik. Das führt zu oft sonderbaren Stellungen der Mondphasen zum Horizont. 4 Beispiele für mittlere nördliche Breite geben die Zeichnungen auf Seite 93. Jedem Naturfreund ist im Frühjahr schon

Die Planeten im Überblick

1) Für die Erde von der Sonne aus gesehen
2) An der festen Oberfläche
3) An der Wolkenobergrenze
4) Im Bereich der reflektierenden Schichten der Atmosphäre

	Merkur	Venus	Erde	Mars	Jupiter	Saturn
Mittlere Entfernung von der Sonne (in 10^6 km)	57,909	108,209	149,598	227,941	778,38	1424,3
Mittlere Entfernung von der Sonne (in AE)	0,387	0,723	1,000	1,524	5,203	9,521
Kleinste Entfernung von der Sonne (in AE)	0,31	0,72	0,98	1,38	4,95	9,00
Größte Entfernung von der Sonne (in AE)	0,47	0,73	1,02	1,67	5,45	10,04
Kleinste Entfernung von der Erde (in AE)	0,53	0,27	–	0,38	3,95	8,00
Größte Entfernung von der Erde (in AE)	1,47	1,73	–	2,67	6,45	11,04
Umfang der Bahn (in Millionen km)	360	680	940	1400	4900	9000
Mittlere Umlaufgeschwindigkeit (in km/s)	47,9	35,0	29,8	24,1	13,1	9,6
Bahnneigung gegen die Ekliptik (in Grad)	7,005	3,395	–	1,850	1,305	2,487
Exzentrität der Bahn (s. auch S. 170)	0,2056	0,0068	0,0167	0,0934	0,0482	0,0550
Äquatordurchmesser (in km)	4878	12104	12756,280	6786,8	142796	120000
Durchmesser in Erddurchmessern	0,382	0,949	1,000	0,532	11,19	9,41
Abplattung (s. auch S. 169)	0	0	1/298	1/192	1/15	1/10
Masse in Erdmassen (ohne Monde)	0,05527	0,8150	1	0,10745	317,8	95,16
Entweichgeschwindigkeit, bezogen auf den Planetenäquator (in km/s)	4,2	10,4	11,2	5,0	59,6	35,6
Schwerebeschleunigung an der Oberfläche, Äquator (in m/s)	3,71	8,85	9,78	3,72	24,80	10,50
Rotationsperiode (Vorzeichen – bedeutet retrograd)	58,6462^d	−243,01^d	23^{h}56^{m}4^s	24^{h}37^{m}23^s	9^{h}56^m	10^{h}30^m
Tag-Nacht-Zyklus	176^d	116,75^d	1^d	1,027^d	0,41^d	0,43^d
Äquatorneigung	0°	177°20′	23°26′	25°11′	3°08′	26°43′
Geometrische Albedo (s. auch S. 169)	0,106	0,65	0,367	0,150	0,52	0,47
Größte scheinbare visuelle Helligkeit (^{m})	−1,9	−4,28	−3,86[1]	−2,52	−2,7	−0,6
Temperaturbereich (in °C)	−185 bis +425[2]	+455 bis +525[2]	−65 bis +60[2]	−140 bis +15[2]	−135 bis −125[3]	−190 bis −180[3]

einmal die »Kahnlage« der zunehmenden Mondsichel über dem Horizont aufgefallen. In jeder Zeichnung auf Seite 93 erscheint der Mond zweimal, entsprechend den Möglichkeiten, die durch die Neigung der Mondbahn gegen die Erdbahnebene gegeben sind.

Nachbarn im Weltraum: Beobachtung der Planeten

Wer zum ersten Mal in seinem Leben den Planeten Jupiter mit einem 3zölligen Fernrohr und 100facher Vergrößerung betrachtet, wird rasch herausbekommen, daß es nicht ganz einfach ist, Einzelheiten auf dem ach so winzigen Scheibchen zu erkennen. Dabei macht Jupiter es uns noch verhältnismäßig leicht. Der Anfänger tut gut daran, sich an Hand eines einfachen Vergleichs

Uranus	Neptun	Pluto
2866,6	4492,3	5887,3
19,162	30,029	39,354
18,27	29,71	29,7
20,06	30,34	49,1
17,29	28,71	28,7
21,07	31,31	50,1
18000	28000	37000
6,8	5,4	4,7
0,772	1,771	17,147
0,047	0,010	0,246
50800	48600	≈2400
3,98	3,81	0,19
1/33	1/39	?
14,50	17,20	0,0023
21,4	23,7	1,2
9,00	11,60	0,6
−17h15m	16h07m	−153h17m
97°51'	29°34'	117°34'
0,51	0,41	0,52
+5,5	+7,5	+14,3
−210[4]	−220[4]	−235[2]

den Bedarf an Vergrößerung bei der Planetenbeobachtung klar zu machen. Dieser Vergleich sieht so aus: der Beobachter betrachtet ohne Fernrohr den Vollmond.

Er sieht dunkle und helle Stellen. Alles ist mehr oder minder grob umrissen, undeutlich. Genauere Einzelheiten bringt erst der Feldstecher. Trotzdem lohnt es, das mit bloßen Augen Gesehene zu skizzieren und mit der Übersichtskarte des Mondes auf Seite 94 zu vergleichen. Um nun im Fernrohr für die einzelnen Planeten wenigstens den gleichen scheinbaren Durchmesser zu bekommen, wie ihn der Vollmond für das freie Auge bietet, bedarf es folgender Vergrößerungen:

Merkur   280fach (6,5")
Venus   70fach (25")
Mars   70fach (25")
Jupiter   40fach (48")
Saturn   100fach (21")
Uranus   500fach (4")
Neptun   750fach (2,5")

Der in Klammern angegebene scheinbare Durchmesser (in Bogensekunden) der einzelnen Planeten ist nicht stets der gleiche. Er hängt ab von der Entfernung des Planeten von der Erde. Die angegebenen Werte sind für Merkur und Venus zur Zeit der größten Elongation (Winkel zwischen Sonne und Planet) gültig, für die übrigen Planeten zur Zeit der Opposition. Man sieht also: Wenn Einzelheiten auf Planeten gesehen werden sollen, genügt der Feldstecher allein nicht mehr – was aber nicht ausschließt, daß uns der Feldstecher doch ein wenig behilflich ist: Die Phasen der Venus zeigt er uns und das faszinierende Bewegungsspiel der Jupitermonde.

Für die Planeten – und übrigens auch für die Mondbeobachtung – gelten folgende optimale Vergrößerungen:

● Fernrohr zwischen 5 und 10 cm Öffnung: 100–150fach,
● Fernrohr zwischen 10 und 15 cm Öffnung: 150–250fach,
● Fernrohr zwischen 15 und 20 cm Öffnung: 200–300fach.

Bewußt muß sich der Naturfreund auch darüber sein, daß er die volle Sehleistung seiner Augen plus Fernrohrleistung nie sofort zur Verfügung hat. Es ist ähnlich wie mit einem fabrikneuen Auto: Es will eingefahren sein. So muß auch der Neuling am Fernrohr seine Augen systematisch auf Sehen, auf teleskopisches Sehen trainieren. Die Übung am Vollmond mit bloßen Augen ist dazu übrigens ein guter Anfang! Erst viele Abende am Fernrohr bringen die notwendige Sehleistung. Und nur mit dieser Sehleistung macht die Beobachtung richtig Freude!

Merkur

Sein Namenspatron ist der römische Gott des Handels, entsprechend dem Götterboten Hermes der alten Griechen. Merkur bewegt sich auf einer sehr exzentrischen Bahn um die Sonne. Mit 7 Grad besitzt er die größte Bahnneigung zur Ekliptik nach dem Planeten Pluto (vgl. Tabelle). Der sonnennächste Planet Merkur bewegt sich in nur 88 Tagen um die Sonne. Seine Bahngeschwindigkeit ist mit 48 km/s die schnellste unter den Planeten.

Der sonnennahe Merkur ist ein schwieriges Objekt, und es gibt sicher viele Menschen, die ihn noch nie gesehen haben. Am Äquator steht er verhältnismäßig steil über dem Horizont. In mittleren Breiten dagegen macht die Horizontnähe mit meist reichlich

Sensationell waren die Aufnahmen der Raumsonde Mariner 10 von Merkur 1974: Sie zeigen eine von Kratern zerklüftete Oberfläche, die stark an den Erdmond erinnert.

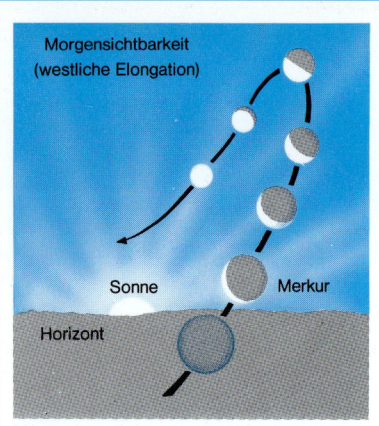

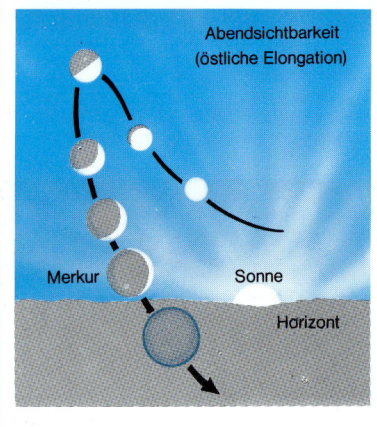

Morgen- und Abendsichtbarkeit des Planeten Merkur. Der Abstand von der Erde vergrößert sich mit zunehmender Phase und der scheinbare Durchmesser wird geringer. Elongation = Winkelabstand des Planeten von der Sonne.

Streulicht das Auffinden zu einem Geduldspiel. Praktisch können wir Merkur stets nur in der Dämmerung beobachten. Dabei erreicht der Planet zur Zeit seines größten Glanzes eine scheinbare Helligkeit von fast −2^m, also heller als der hellste aller Fixsterne: Sirius, im Sternbild Großer Hund. Merkur bewegt sich innerhalb der Erdbahn und läßt Phasen erkennen wie Venus und Mond: »zunehmender Merkur« am Morgenhimmel (westliche Elongation) und »abnehmender Merkur« am Abendhimmel (östliche Elongation). Auf Grund der Lage der Ekliptik zum Horizont und unter Berücksichtigung der Neigung der Bahn des Merkur gegen die Ekliptik gibt es Zeiten günstigerer Sichtbarkeit:

● Nordhalbkugel der Erde: im Frühjahr am Abend und im Herbst am Morgen;

● Südhalbkugel der Erde: im Herbst am Abend und im Frühjahr am Morgen.

Seine größte Helligkeit erreicht der Planet zur Zeit der Oberen Konjunktion. Es ist durchaus möglich, Merkur bei nur geringem Winkelabstand von der Sonne aufzufinden. Dabei kann es dienlich sein, wenn die Sonne gerade von Wolken abgedeckt wird. Auch sind Beobachtungen bei vollem Tageslicht erfolgreich, wenn der Planet 5 oder 10 Grad Sonnenabstand hat.

Wichtig: streulichtarme Sonnenumgebung und Vermeiden jeder direkten Beobachtung in das grelle Sonnenlicht! Deshalb: Suche von Merkur am Taghimmel nur im Schatten eines Hauses!

Zur Suche am Morgen- oder Abendhimmel benützt man am besten den Feldstecher. Für Tagbeobachtungen ist ein 2–3zölliges Fernrohr mit 40facher Vergrößerung besser. Über den jeweiligen Stand des Planeten geben die astronomischen Jahrbücher Auskunft (siehe S. 173). Ins einzelne gehende Beobachtungstips enthalten das »Handbuch für Sternfreunde« und das »Taschenbuch für Planetenbeobachter« (siehe Literaturhinweise S. 173).

Im März 1974 schickte die Raumsonde Mariner 10 die ersten Bilder von Merkur zur Erde. Bilder mit vielen Kratern, ähnlich wie auf dem Erdmond und gleichfalls durch Einschläge kosmischer Körper entstanden (siehe Photo S. 99).

Schon vor der Raumfahrt vermuteten Astronomen auf Grund von photometrischen und polarimetrischen Beobachtungen von der Erde aus eine Ähnlichkeit der Merkuroberfläche mit der Mondoberfläche. Auch auf Merkur gibt es große Becken mit Durchmessern von 1000 km und kleine Krater mit 100 m Durchmesser. Letztere entsprechen der Auflösungsgrenze der Photos, die von der Sonde Mariner 10 aus gemacht wurden. Übrigens haben die entdeckten Krater zum Teil bereits Namen bekannter Künstler bekommen. So erhielt der größte Krater den Namen Beethoven.

Die Ähnlichkeit der Oberfläche von Merkur und Erdmond erlaubt die Annahme, daß in der Entstehungszeit des Planetensystems überall im inneren Sonnensystem Meteoriten vorhanden waren. Das Bombardement von Merkur und Mond erfolgte wahrscheinlich während der gleichen Zeit. Es löste vulkanische Aktivitäten aus. Lava füllte Krater und Becken, die in der Frühzeit entstanden waren. Neue Kraterbildungen markieren die Entstehungsgeschichte dieses Planeten.

Merkur besitzt eine dünne Atmosphäre. Zum Teil besteht sie aus dem von der Son-

Phasenbildung der inneren Planeten Merkur und Venus. Größter Sonnenabstand bei Merkur 27 Grad, bei Venus 47 Grad. Beste Beobachtungsmöglichkeit der beiden Planeten in der Zeit um die Elongationen.

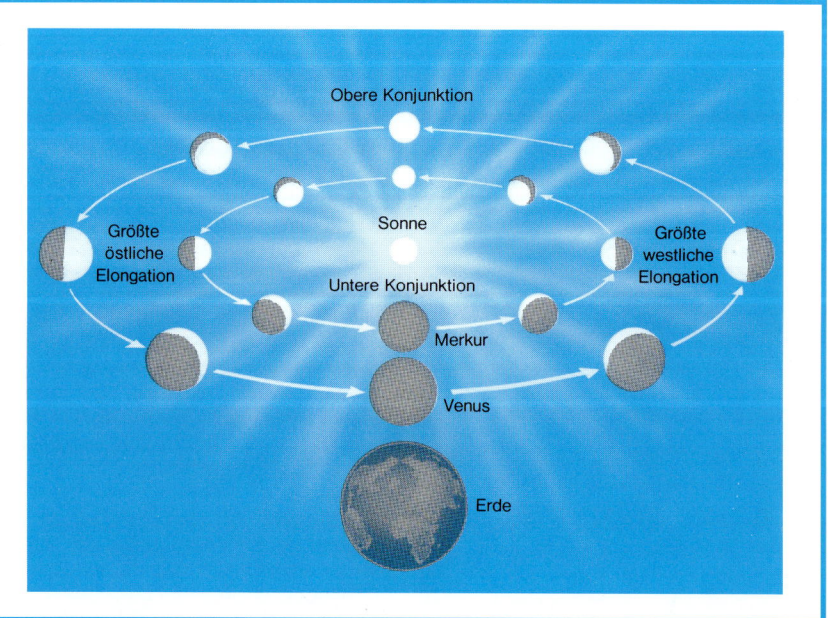

nenatmosphäre kommenden Sonnenwind. Zum Teil auch aus Gas, das der Sonnenwind aus dem Oberflächengestein löst. Darauf deutet die Entdeckung von Natrium und Kalium in der Merkuratmosphäre.

Lange Zeit nahmen die Astronomen die Umdrehung des Merkur mit 88 Tagen an, also gleich der Umlaufzeit. Das Studium von Radarsignalen führte 1965 zum überraschenden Ergebnis von 58,6 Tagen. Die Rotationszeit wird von den Gezeitenkräften der Sonne beeinflußt, die auf den länglichen Merkurkörper einwirken. Hinzu kommt die stark elliptische Umlaufbahn.

Die Sonne scheint während des langen Merkurtages heiß auf die Oberfläche, und die Mittagstemperaturen erreichen Spitzenwerte von annähernd 430 °C (700 Kelvin). In der Nacht dagegen sinken die Temperaturen auf Werte unter minus 180 °C (100 Kelvin).

Venus: der »Morgen- und Abendstern«

Ihn haben Sie, lieber Leser, sicher schon gesehen: den strahlend hellen »Abendstern« oder Planet Venus. Übrigens meinen viele Menschen, daß die Venus der Abendstern sei und zu anderen Zeiten nicht gesehen werden kann. Es gibt überraschte Gesichter bei der Feststellung, daß der Planet Venus sowohl heller Abend- als auch nicht minder heller Morgenstern sein kann und keinen Doppelgänger hat – sieht man einmal von Konstellationen ab, wo andere helle Planeten (Merkur, Mars, und Jupiter) den Abend- oder Morgenhimmel beherrschen. Den größten Glanz von Venus (in üblichen Klassen der scheinbaren Helligkeitsskala ausgedrückt: –4,3^m!) erreichen sie indessen niemals.

Auch die Venus bewegt sich innerhalb der Erdbahn um die Sonne, ist also wie Merkur ein »innerer« Planet. Genauso wie der Mer-

kur gelangt sie auf ihrer Bahn zwischen Erde und Sonne und zeigt – schon im Feldstecher sichtbar – die zu- und abnehmenden Sichelgestalten, wie wir sie am Mond Monat für Monat mit bloßen Augen wahrnehmen. Die Abstände Erde–Venus während einer synodischen Umlaufzeit sind nicht konstant (unter synodischer Umlaufzeit versteht man den Zeitraum zwischen zwei oberen Konjunktionen mit der Sonne, von unserem Planeten, der Erde, aus gesehen: 583,92 Tage. Die siderische Umlaufzeit dagegen ist der Zeitraum eines ganzen Umlaufs des Planeten um die Sonne: 224,7 Tage). Der scheinbare Durchmesser des Planeten ist bei den einzelnen Phasen verschieden, am größten in den Wochen vor und nach der unteren Konjunktion, am kleinsten zur Zeit der oberen Konjunktion.

Zur Zeit der oberen Konjunkion befindet sich die Venus – genau wie Merkur – in größter Erdferne; zur Zeit der unteren Konjunktion ist sie der Erde am nächsten (siehe Abb. links). Was ist eine Konjunktion? In der Astronomie bezeichnet man damit den Zustand, wenn sich zwei Gestirne, etwa Sonne und Venus, auf dem gleichen Längenkreis befinden. Eine andere wichtige Stellung (Aspekt) ist die Opposition oder der Gegenschein: Zwei Gestirne stehen zueinander mit einem Längenunterschied von 180 Grad (vgl. Graphiken S. 105). Weder Merkur noch Venus können jemals in Opposition stehen. Das können nur die äußeren Planeten: Mars, Jupiter usw.

Wir beoachten Merkur und Venus niemals in einem sehr großen Winkelabstand von der Sonne (Elongation). Der größte Winkelabstand beträgt bei Venus 48 Grad, bei Merkur nur etwa 28 Grad. Also ist die Sichtbarkeit stets entweder auf den Abend- oder den Morgenhimmel beschränkt. Der bei Venus doch wesentlich größere Winkelabstand macht es indessen möglich, den Planeten noch mehrere Stunden nach Sonnenuntergang oder vor Sonnenaufgang zu sehen. Dazu kommt die enorme scheinbare

Helligkeit. Der Planet Venus kann also schon zu einem beherrschenden und augenfälligen Himmelsobjekt werden.

Die Venus im Fernrohr

Wichtig bei der Planetenbeobachtung ist es, die Bewegungsverhältnisse unter zwei verschiedenen Bedingungen zu erkennen:
1. die Bewegung des Planeten um die Sonne,
2. die Bewegung des Planeten in bezug auf die sich ja selbst um die Sonne bewegende Erde.

Daraus ergeben sich Aspekte und Phasen. Wie das für die Venus aussieht, zeigt die Tabelle unten links. Um die verschiedenen Phasen zu beobachten, genügt bereits der Feldstecher oder ein kleines Fernrohr. Über den jeweiligen Stand am Himmel geben die schon mehrfach zitierten astronomischen

Planet Venus als Abendstern. Aufnahme: 5. Mai 1967, 21h30 WZ. Die Photographie des Phasenwechsels ist mit Amateurfernrohren möglich.

Jahrbücher Auskunft (siehe S. 173). Es ist möglich, daß Venus in unterer Konjunktion etliche Grade nördlich oder südlich der Sonne vorbeizieht. Dann lohnt es sich zu versuchen, ob man die ganz schmale Sichel über die Konjunktion hinweg mit dem Fernrohr erkennen kann. Daß es geht, haben zahlreiche Beobachter in der Vergangenheit bewiesen.

Wegen der großen scheinbaren Helligkeit der Venus bietet sich die Beobachtung am Tag an. Das ist bereits mit bloßen Augen möglich. Man muß nur wissen, wo etwa der Planet am Himmel steht: auf dem Tierkreisbogen vor oder nach der Sonne (Winkelab-

Aspekte und Phasen bei der Venus (vgl. Text)

Aspekt	Phase
Untere Konjunktion	Neuvenus
Größte westliche Elongation (Morgenhimmel)	Erstes Vietel (abnehmende Phase)
Obere Konjunktion	Vollvenus
Größte östliche Elongation (Abendhimmel)	Letztes Viertel (abnehmende Phase)
Untere Konjunktion	Neuvenus

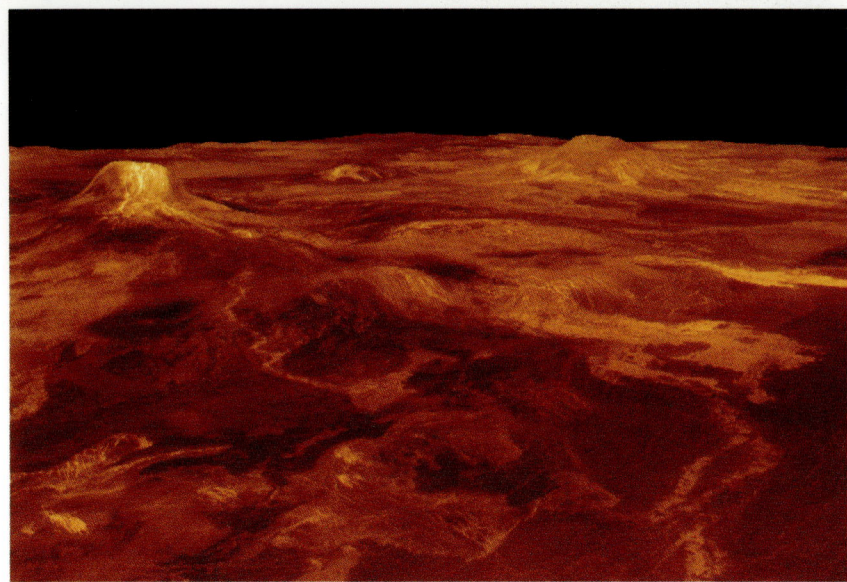

Oberfläche des Planeten herrscht eine Stimmung wie bei uns an einem grau verhangenen Regentag. Nur viel, viel heißer ist es. Die Beschaffenheit der Oberfläche ist mit der Wüste vergleichbar, dazu Gebirge, Krater und Vulkane.

Die Wolkendecke besitzt mehrere Schichten von schwefelhaltigen Wolken. Die größte Dichte und die größten Teilchen befinden sich in der untersten Schicht. Bis in eine Höhe von etwa 30 km ist die Atmosphäre klar, weil die herrschende Hitze alle Teilchen verdampft. Während auf der Erde die Wolkendecke gerade 6 km stark ist, erreicht sie auf der Venus 40 km.

Die Oberfläche

Auf der Venusoberfläche ist die Windbewegung sehr gering. Die Windgeschwindigkeit nimmt mit der Höhe zu und erreicht in den oberen Atmosphäreschichten bis 360 km/h. Die Winde wehen von Ost nach West (retrograd). Während also in der hohen Atmosphäre stürmische Winde herrschen, vergleichbar mit den Jet-Strömen in der Erdatmosphäre, ist es auf der Oberfläche fast windstill und wegen des Treibhauseffekts mehrere hundert Grad Celsius heiß. Flüssiges Wasser würde unter diesen Umständen sofort verdampfen. Trotzdem ist nicht auszuschließen, daß es früher einmal viel Wasser auf der Venus gegeben hat.

Den bisherigen Höhepunkt der Raumfahrt zur Venus bildet die amerikanische Raum-

stand siehe Jahrbuch!). Und dann empfiehlt es sich, aus dem Schatten eines Gebäudes heraus den Himmel abzusuchen. Werner Sandner schreibt in seinem an Erlebnisberichten reichen Buch »Planeten – Geschwister der Erde« dazu: »Schon oftmals hat es, wenn Venus zufällig von Personen, die nicht wußten, um was es sich handelt, am Himmel erkannt wurde, Aufsehen erregt und zu abergläubischen Vorstellungen geführt. So wurde im Mai des Jahres 1609 Venus an vielen Orten in Frankreich bei Tage gesehen und dies nachträglich als ein Vorzeichen auf die Ermordung König Heinrichs IV. gedeutet. Auch 1798 erregte Venus in Paris durch ihre Sichtbarkeit am Tage die Aufmerksamkeit des Volkes, und kein geringerer als Kaiser Napoleon I. erklärte sie für seinen Schicksalsstern . . .«

Einzelheiten auf der Oberfläche des Planeten Venus im Fernrohr zu erkennen, ist nicht möglich. Inzwischen haben es ja die zur Venus geschickten Raumsonden bestätigt, daß der Planet von einer dichten, undurchsichtigen Atmosphäre eingehüllt ist, die alles andere ist als beobachtungsfreundlich. Die Messungen der »Venera«-Sonden deuten auf einen hohen Gehalt an Kohlendioxid, einen hohen Luftdruck auf der Oberfläche und Bodentemperaturen zwischen 400 und 500 Grad! Sieht der Beobachter in einem 4zölligen Fernrohr bei 100- und 150facher Vergrößerung tatsächliche helle und dunkle Schattierungen, hat er es mit den höchsten Wolkenschichten der Venusatmosphäre (bis zu 70 km) und auf keinen Fall mit festen Einzelheiten der Oberfläche zu tun. Auf der

Die 1990 begonnenen Radarkartierungen der Oberfläche des Planeten Venus von Raumsonde Magellan aus zeigen eine stark von Vulkanismus geprägte Oberfläche.

Venus aus 59 000 km, aufgenommen aus der Raumsonde Pioneer-Venus-Orbiter am 28. Mai 1979. Deutlich zu erkennen sind die Wolkenwirbel in den oberen Schichten der Atmosphäre.

Computererzeugte Radarkarten von Venus, Erde und Mars.

Oben: Topographische Karte der Venus in Mercatorprojektion. Jede Farbe entspricht einem Höhenintervall von 500 m, die Auflösung am Äquator ist etwa 100 km. Die Daten für diese Karte wurden vom Radar-Mapper-Experiment des Pionier-Venus-Orbiters gewonnen.

Mitte: Topographische Karte der Erde in Mercatorprojektion mit demselben Höhenintervall wie auf der Venuskarte. Die Auflösung am Äquator ist

rund 111 km. Die Daten für diese Karte wurden von der Rand Corporation, Scripps Institute of Oceanography und der US Defence Mapping Agency zusammengestellt.

Unten: Topographische Karte von Mars in Mercatorprojektion mit demselben Höhenintervall wie auf der Venuskarte. Die Auflösung am Äquator ist rund 600 km. Die Daten für diese Karte wurden vom US Geological Survey, von verschiedenen Raumsonden-Missionen und erdgebundenen Radarexperimenten zusammengestellt.

sonde Magellan, die seit August 1990 den Planeten umkreist. Wir verdanken den wolkendurchdringenden Radarbildern der Magellan-Sonde eine umfassende Topographie der Venusoberfläche. Generell ist die Oberfläche eben. Mehr als 80 % weichen nicht mehr als 1000 m vom Planetenradius (6052 km) ab. Ausströmnde Lava hat diese Ebenen geformt. Dazwischen gibt es Vulkane verschiedener Größe. Und es gibt Berge, die bis zu 11 000 m gegenüber dem Umland ansteigen. Sie dominieren Hochplateaus, die zum Teil recht ausgedehnt sind. Die beiden größten, Aphrodite Terra und Ischtar Terra, haben die Ausdehnung von Afrika bzw. der Vereinigten Staaten von Nordamerika. Wie könnte es anders sein: Alle bedeutenderen Geländeformationen auf Venus tragen Namen von Frauen, die in der Mythologie der Antike einen festen Platz haben. Das Oberflächengestein besteht aus basaltischer Lava.

Die Meßdaten der Magellan-Sonde erbrachten auch die Information, daß Venus mit geringerer Geschwindigkeit rotiert als alle übrigen Planeten. In 243 Erdentagen dreht sie sich einmal um ihre Achse. Damit dauert die Rotation länger als die Bewegung um die Sonne. Ein Umlauf um die Sonne erfordert nur 225 Erdentage. Und noch etwas Besonderes: Die Sonne geht auf dem Planeten Venus im Westen auf, nicht im Osten.

Der Planet Venus gehört zu den meistbeobachteten Himmelsobjekten – längst vor der Erfindung des Fernrohrs. Die Planetenbewegungen haben die alten Völker aus sehr naheliegenden Gründen interessiert – dienten sie doch als Basis für die Zeitrechnung, für den Terminkalender festlicher Veranstaltungen und auch für Saat und Ernte. Bei den Maya in Südamerika gab es sogar einen regelrechten Venus-Kalender und das Venusjahr zu 584 Tagen. Diese astronomische Tradition führt immerhin in eine Epoche zurück, die noch etliche Jahrtausende vor unserer Zeitrechnung ihren Anfang genommen hat. Nicht umsonst wird Astronomie als die älteste unter den Wissenschaften bezeichnet.

Sicher sehr frühzeitig ist den Menschen aufgefallen, daß die Planeten zwar generell an der täglichen Umdrehung der Himmelskugel von Osten nach Westen teilnehmen, daß sie daneben aber auch noch höchst eigenwillige und ungleichförmige Bewegungen am Himmel ausführen. Alle möglichen Theorien sind entwickelt worden, um das zu deuten. Wie die Bewegungen tatsächlich zustande kommen, illustrieren die Abbildungen auf Seite 106.

103

Mars: der rote Planet

Für die Völker der Antike war der Planet wegen seiner rötlichen Färbung das Gestirn des Krieges. Nirgal, Ares und Mars nannten die Babylonier, Griechen und Römer ihre Kriegsgötter. Mit der Erfindung des Teleskops entdeckten die Astronomen eine Reihe von Merkmalen, die vergleichbar sind mit ähnlichen Erscheinungen auf der Erde: atmosphärische Objekte, Polkappen und Jahreszeiten. Auch ist der Marstag mit 24 Stunden, 37 Minuten und 22,6 Sekunden einem Erdentag ähnlich. Das Marsjahr, also die Umlaufzeit des Planeten um die Sonne, ist mit 687 Erdentagen doppelt so lang wie das Jahr auf der Erde.

Der erste Beobachter, der die Länge des Marstages bestimmte, war Christian Huygens. Er entdeckte 1669 ein dunkles dreieckiges Gebilde auf der Marsoberfläche, heute die Große Syrte (Syrtis Maior) genannt und leitete aus Meridiandurchgangsbeobachtungen die Rotationsdauer ab. Beobachter nach Huygens stellten Veränderungen der hellen und dunklen Gebiete auf dem Mars mit Änderungen der Jahreszeiten fest. Allmählich wurde deutlich, daß Strömungen in der Marsatmosphäre hierbei eine Rolle spielen. Winde verwehen Oberflächenstaub, sammeln Staub an der einen Stelle und legen an einer anderen Marsboden frei.

Vielleicht die bislang verblüffendsten Ergebnisse der Raumfahrt zu unseren kosmischen Nachbarn lieferten die Mariner-Sonden vom Planeten Mars. Das war doch eine echte Sensation: Fast ein ganzes Jahrhundert lang beschäftigten sich Generationen von Planetenbeobachtern mit den Mars-Kanälen, die ihnen der Italiener Schiaparelli 1877 als sozusagen »letzten Schrei« der Wissenschaft präsentierte – ja, und dann kommen plötzlich die Mariner-Photos mit den Mars-Kratern. Wie schön hat sich doch mit den Kanälen spekulieren lassen, wiewohl die Wissenschaft noch zu Schiaparellis Lebzeiten viel Skepsis zeigte und die Marsmenschen den Schlagzeilen der Zeitungen überließ. Doch daß es Krater dort oben gibt, erstaunlich ähnlich denjenigen auf dem Mond, hat manches Modell von einem Tag auf den anderen über den Haufen geworfen. Das war 1965. Und die Mariners flogen weiter. 1971 brachten sie Kunde von den beiden Monden des Mars: die Photos mit

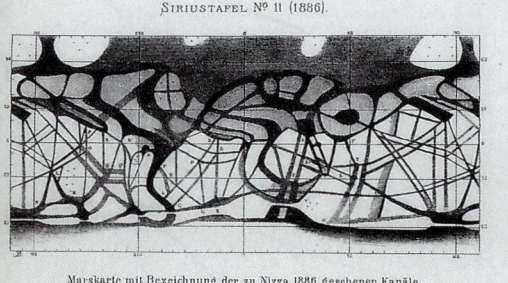

SIRIUSTAFEL No 11 (1886).

Marskarte mit Bezeichnung der zu Nizza 1886 gesehenen Kanäle.

Links: Karte des Planeten Mars nach Beobachtungen von Giovanni Schiaparelli 1886 auf der Sternwarte Nizza mit zahlreichen »Kanälen«.

Unten links: Noctis Labyrinthus, Teil eines großen Canyonsystems auf Mars. Die Aufnahme wurde am 12. Oktober 1976 von Viking-Orbiter 1 aus gemacht, während die Sonne über der Marslandschaft aufgegangen ist. Man erkennt helle Wolken aus Wassereis in den Tälern.

Unten: Mars, aufgenommen im Februar 1995 vom Hubble Space Telescope aus. Entfernung Mars–Erde 103 Millionen km.

den kartoffelförmigen Trabanten sind überraschend (siehe S. 108).

Viking I und II schließlich setzten Lander auf die Marsoberfläche. Das war Mitte des Jahres 1976. Die Ergebnisse der Raumfahrt-Missionen zeigen einen Planeten, der einige Ähnlichkeiten mit dem Erdmond hat, z.B. Krater als Folge der Einschläge kosmischer Körper. Anders als auf dem Mond haben die großen Vulkane z.T. beachtliche Dimensionen. Der Vulkan Olympus Mons etwa erreicht einen Durchmesser von 600 km und eine Höhe von 27 km über dem mittleren Niveau des Planeten Mars. Im Vergleich zum Vulkan Mauna Loa auf Hawaii ist das die doppelte Höhe, wenn man die Höhe des irdischen Vulkans vom Meeresboden aus mißt. Weiter wurden auf Mars großartige Tallandschaften entdeckt, die am ehesten mit dem Grand Canyon in Arizona vergleichbar sind.

Die Oberfläche

Die »canali« von Schiaparelli spornten nicht nur die Beobachter an, sondern auch die Phantasien vieler Menschen. Es sei hier nur an den 1897 erschienenen Roman »Auf zwei Planeten« von Kurd Laßwitz erinnert, ein Ahne des Science fiction. Mars ist seither der meist beobachtete und beachtete Planet, der allerdings, wie bereits erwähnt, auch im Altertum wegen seiner auffälligen rötlichen Farbe eine Rolle gespielt hat. Man deutete ihn als den »Feuerstern« und bezeichnete ihn als den Gott des Feuers und schließlich des Krieges.

Ganz ohne Zweifel flossen in vergangenen Zeiten Flüsse auf der Marsoberfläche. Ausgetrocknete Flußbetten und Stromtäler zeigen die Photos der Raumsonden. Man vermutet, daß Eismassen im Marsboden geschmolzen und wasserführende Flüsse so entstanden sind. Sehr wahrscheinlich ist auch heute noch Eis im Marsboden vorrätig. Auf die Dicke von rund 1000 m wird die Bodenschicht geschätzt, die ähnlich der arktischen Tundra ganzjährig gefroren ist. Andere Eisspeicher befinden sich an den Polen. Während des Marswinters bilden sich am Nordpol Eisdecken aus atmosphärischem Kohlendioxid. Im Sommer sublimiert Trockeneis in die Atmosphäre. Für die Beobachtung zugänglich wird dann eine Schicht, die aus Wassereis besteht. Ähnlich sind die Verhältnisse am Südpol

Der Marsboden und die dort photographierten Steine und Staubansammlungen gehören zu einer Schicht vulkanischen Gesteins, das durch chemische und mechanische Einflüsse zertrümmert worden ist.

Die beiden Planeten Merkur und Venus kreisen innerhalb der Erdbahn um die Sonne. Befinden sie sich auf ihrer Bahn zwischen Erde und Sonne, spricht man von unterer Konjunktion; befinden sie sich hinter der Sonne – also zwischen Planet und Erde steht dann die Sonne –, ist der Zustand der oberen Konjunktion erreicht.

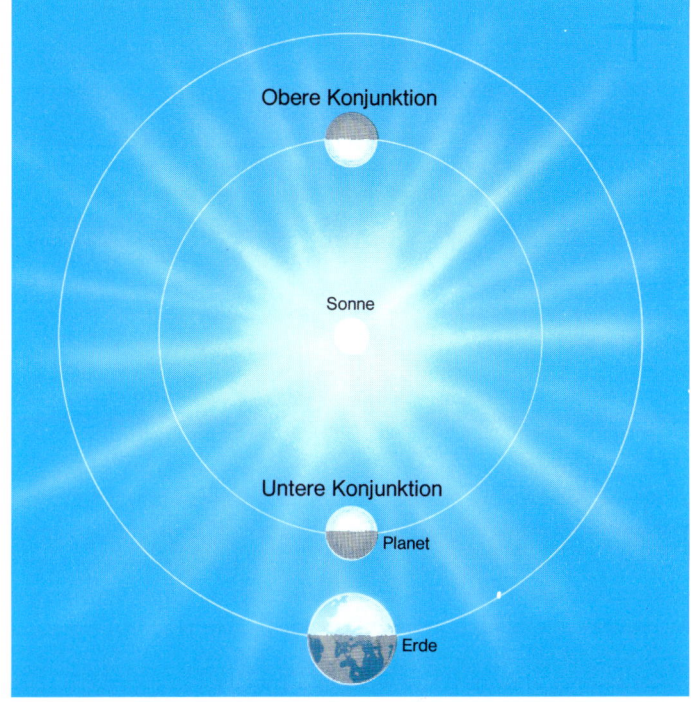

Mars, Jupiter, Saturn, Uranus, Neptun und Pluto umkreisen die Sonne auf Bahnen, die außerhalb der Erdbahn liegen. Befindet sich die Erde zwischen Planet und Sonne, steht der Planet in Opposition und ist gut die Nacht über zu sehen. Steht zwischen Erde und Planet die Sonne, ist der Planet in Konjunktion und unsichtbar.

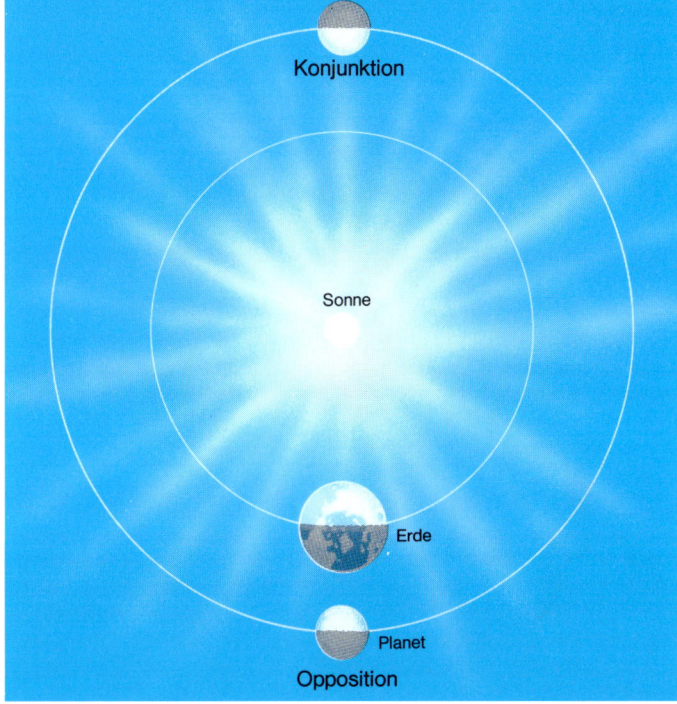

105

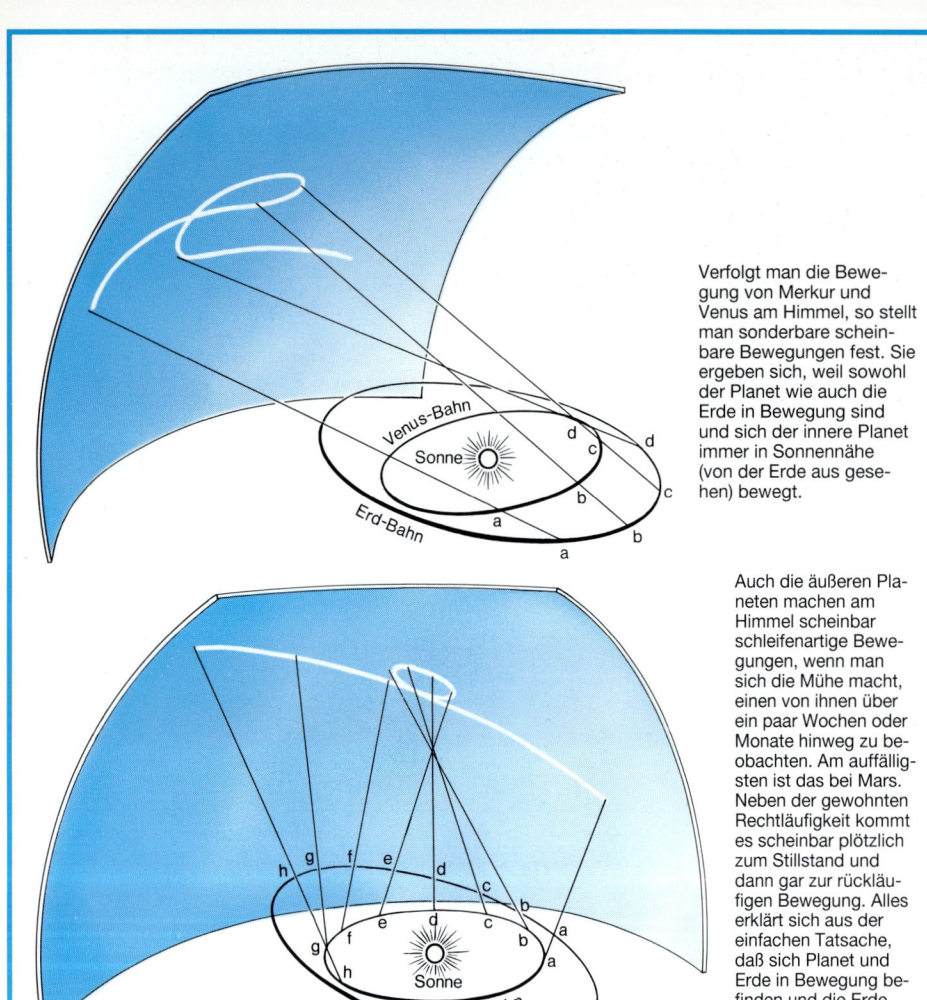

Verfolgt man die Bewegung von Merkur und Venus am Himmel, so stellt man sonderbare scheinbare Bewegungen fest. Sie ergeben sich, weil sowohl der Planet wie auch die Erde in Bewegung sind und sich der innere Planet immer in Sonnennähe (von der Erde aus gesehen) bewegt.

Auch die äußeren Planeten machen am Himmel scheinbar schleifenartige Bewegungen, wenn man sich die Mühe macht, einen von ihnen über ein paar Wochen oder Monate hinweg zu beobachten. Am auffälligsten ist das bei Mars. Neben der gewohnten Rechtläufigkeit kommt es scheinbar plötzlich zum Stillstand und dann gar zur rückläufigen Bewegung. Alles erklärt sich aus der einfachen Tatsache, daß sich Planet und Erde in Bewegung befinden und die Erde sich rascher um die Sonne bewegt als die äußeren Planeten.

Und die rote Färbung? Sie wird von mineralischen Eisenverbindungen verursacht, die weite Teile des Marsbodens als rostbraune bis orangefarbene Wüste erscheinen lassen. Die Staubansammlungen sind oft wie Wanderdünen, die sich langsam über die Oberfläche bewegen. Heftige Sandstürme toben gelegentlich auf Mars und hüllen den Planeten in einen gelben Schleier.

Bahnschleifen am Himmel

Mars ist der der Erde zweitnächste Planet. Seine Bahnlage führt dazu, daß die Schwankungen des Abstandes Mars–Erde und die damit verknüpften Änderungen des scheinbaren Scheibendurchmessers größer sind als beim Planeten Venus. Bemerkt muß dazu werden: Der innere Planet Venus kann die Winkelausdehnung nicht voll in Helligkeit umsetzen. Venus zeigt uns, wenn sie der Erde am nächsten steht, zum größeren Teil ihre unbeleuchtete Seite. Beim Planeten Mars liegen die Verhältnisse völlig anders. Er gelangt ja in Oppositionsstellung (siehe Abbildung S. 105), steht der Sonne gegenüber und gleichzeitig in Erdnähe. Von der Erde aus schauen wir dem Planeten geradewegs ins Gesicht, auf die voll erleuchtete Scheibe. Mars hat aus diesem Grund unter allen Planeten die stärksten Helligkeitsschwankungen. Die scheinbare Helligkeit bewegt sich zwischen –2,5^m und 2,0^m. Der Planet Mars kann damit heller werden

als der hellste Fixstern, Sirius im Sternbild Großer Hund.

Mars ist ein äußerer Planet, seine Bahn führt ihn außerhalb der Erdbahn um die Sonne. Zur Zeit der Opposition steht er der Erde nicht nur am nächsten, er ist dann auch die ganze Nacht zu beobachten. Das sind also wesentlich günstigere Bedingungen als bei den beiden inneren Planeten Merkur und Venus. Die Marsbahn ist von einer verhältnismäßig großen Exzentrizität (= Abweichung vom Kreis und Annäherung an die Ellipse) gekennzeichnet. Was bedeutet das praktisch? Die Entfernung zwischen Mars und Sonne nimmt Werte an zwischen 207 Millionen km (sonnennächster Punkt der Bahn, auch Perihel genannt) und 249 Millionen km (sonnenfernster Punkt der Bahn, auch Aphel genannt). Folglich ist auch der Abstand Mars–Erde nicht zu jeder Opposition der gleiche. Hier gibt es Schwankungen zwischen 56 Millionen km und 101 Millionen km. Nächste Folge: Der scheinbare Durchmesser der Marsscheibe kann von 14 Bogensekunden (Durchmesser in den beobachtungsungünstigen Apheloppositionen) auf 25,5 Bogensekunden (Durchmesser in den Periheloppositionen) anwachsen. Periheloppositionen sind besonders gut auf der Südhalbkugel der Erde zu beobachten, sehr zum Leidwesen der Astronomen auf den Sternwarten in nördlichen Breiten. Der Planet befindet sich dann nämlich in den Sternbildern Steinbock und Wassermann und erreicht nur eine geringe Höhe über dem Horizont. Bekanntlich sind die Sichtbedingungen in Horizontnähe viel schlechter – zur Luftunruhe kommen der lange Weg des Lichtes durch die Atmosphäre und die dort besonders spürbare Luftverschmutzung.

Die Bahn des Planeten weist auf noch eine Besonderheit hin, die zu eigenartigen Naturschauspielen führt. Grundsätzlich gilt, daß die Erde zur Zeit der Opposition einen äußeren Planeten überholt. Dadurch entsteht am Himmel der Eindruck, als ob der Planet seine übliche west-östliche Bewegungsrichtung ändert. Der Fachmann sagt: »Der Planet wird rückläufig«. Diese Erscheinung ist bei Mars am auffälligsten, bedingt durch die geringe Entfernung zur Erde. Also ist das rückläufig am Himmel zurückgelegte Bahnstück verhältnismäßig lang. Hinzu kommen schließlich Bewegungen senkrecht zur Ekliptik. Ergebnis: Der staunende Beobachter stellt Bahnschleifen beachtlichen Ausmaßes fest, die um so eindrucksvoller sind, je mehr helle Sterne sich gerade in der Nähe befinden. So kann man die Veränderung von Woche zu Woche im Vergleich zu der fixen Position der Sterne gut wahrnehmen.

Diese Schleifen am Himmel, die die äußeren Planeten – und bei Mars so stark ausgeprägt – ziehen, sind schon den Astronomen der hellenistischen Welt aufgefallen. Sie haben sich den Kopf darüber zerbrochen, wie man so ungereimte Bewegungen mit der ersehnten Harmonie der Natur in Einklang bringen kann. Sie gingen ja von der Vorstellung aus, daß die Gestirne Götter seien, denen nur die vollkommenste Bewegung eigen ist: die gleichförmige Bewegung in Kreisen. So kam es zu künstlichen und komplizierten Planetentheorien, deren bekannteste diejenige des ägyptischen Astronomen, Geographen und Mathematikers Claudius Ptolemäus (85–160 n. Chr.) ist. Sie behielt eineinhalbtausend Jahre amtliche Gültigkeit, bis Kopernikus vom geozentrischen auf das heliozentrische Weltbild, also vom Mittelpunkt der Erde auf den Mittelpunkt der Sonne umschaltete. Kepler kam der Ursache der Planetenschleifen auf die Spur, indem er den Kreis durch die Ellipse ablöste. Gerade Marsbeobachtungen haben ihm dabei geholfen. Seinem Kaiser, Rudolf II., berichtete Kepler: »Auf Geheiß Ew. Majestät führe ich endlich einmal den hochedlen Gefangenen zur öffentlichen Schaustellung vor, dessen ich mich vor einiger Zeit in einem beschwerlichen und mühevollen Krieg bemächtigt habe. Durch die Mutter Natur übermittelte er mir das Eingeständnis meines Sieges. Nachdem er sich Freiheit innerhalb der freiwilligen Fesseln ausbedungen hatte, ging er alsbald, begleitet von Arithmetik und Geometrie, munter und aufgeräumt in mein Lager über.« Soweit Kepler.

Die Bewegungen des Planeten Mars, des »hochedlen Gefangenen« erklären die Keplerschen Gesetze:

1. Gesetz: Die Planeten bewegen sich in Ellipsen, in deren einem Brennpunkt die Sonne steht,

2. Gesetz: Der Leitstrahl oder Radiusvektor, das heißt die Verbindungslinie Sonne–Planet, überstreicht in gleichen Zeiten gleiche Flächen.

3. Gesetz: Die Quadrate der Umlaufzeiten der Planeten verhalten sich wie die Kuben ihrer mittleren Entfernung von der Sonne.

Selbstverständlich, sagen wir heute. Aber es war nicht immer so. Bei der Beobachtung des Planeten Mars – und der anderen Planeten natürlich auch – hat jeder Gelegenheit, sich auf Keplers Spuren zu bewegen!

Die meisten Jahrbücher enthalten Übersichtskarten mit den Planetenbewegungen am Himmel (vgl. auch »Aktuelle Himmelsereignisse« ab S. 165).

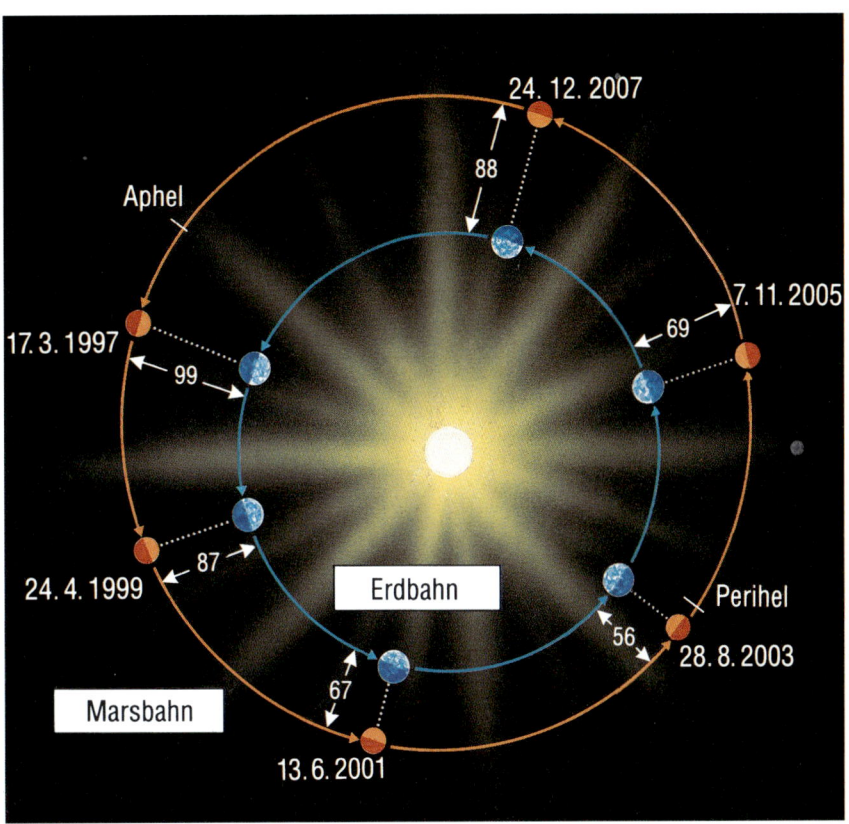

Bahnen des Planeten Mars (rot) und der Erde (blau). Der unterschiedliche Abstand des Planeten zur Erde während der Oppositionen wird deutlich, desgleichen auch der wechselnde Abstand von der Sonne. Es gibt sonnenfernere Oppositionen (Apheloppositionen) und sonnennähere Oppositionen (Periheloppositionen). Entfernung Erde–Mars in Millionen Kilometer.

Der Mars im Fernrohr

Was sieht der Sternfreund in seinem Fernrohr, wenn er den Mars beobachtet? Der Planet bietet den unbestreitbaren Vorzug, daß man auf ihm auch schon mit kleinem Fernrohr (2–3 Zoll) Einzelheiten erkennen kann, die zur festen Oberfläche gehören – also anders als bei Venus, anders als bei Jupiter und Saturn, wie an anderer Stelle in diesem Himmelsführer erklärt wird (siehe S. 102 und S. 112). Die Scheibe zeigt die typische gelbrote Färbung. Auffällig auf ihr sind neben den sogenannten Dunkelgebieten ein paar helle fleckenartige Gebilde und dann natürlich die Polkappen mit ihren jahreszeitlichen Veränderungen: Im Mars-Herbst und -Winter nehmen sie an Größe zu und können bis zu 10 % der Oberfläche bedecken; im Mars-Frühling und -Sommer werden sie wieder kleiner. Das hat viel Nahrung für Spekulationen gegeben. Man dachte sofort an Schnee und Eis und entsprechende Schmelzvorgänge, wenn es auf dem Planeten jahreszeitlich bedingt wieder wärmer wird.

Da die feste Oberfläche beobachtbar ist, wurden schon frühzeitig Karten der Marsoberfläche angefertigt. Im großen und ganzen erweisen sich die Gebilde ja recht konstant. Werden sie in einer Opposition weniger gut sichtbar und zum Teil unsichtbar, so sind in der Regel Vorgänge in der Marsatmosphäre – Trübungen, Staubstürme – daran schuld. Solche Erscheinungen lassen sich bereits mit einem 4–5zölligen Amateurfernrohr nachweisen. Ja, auf dem Mars gibt es Wetter. Vorsicht jedoch mit

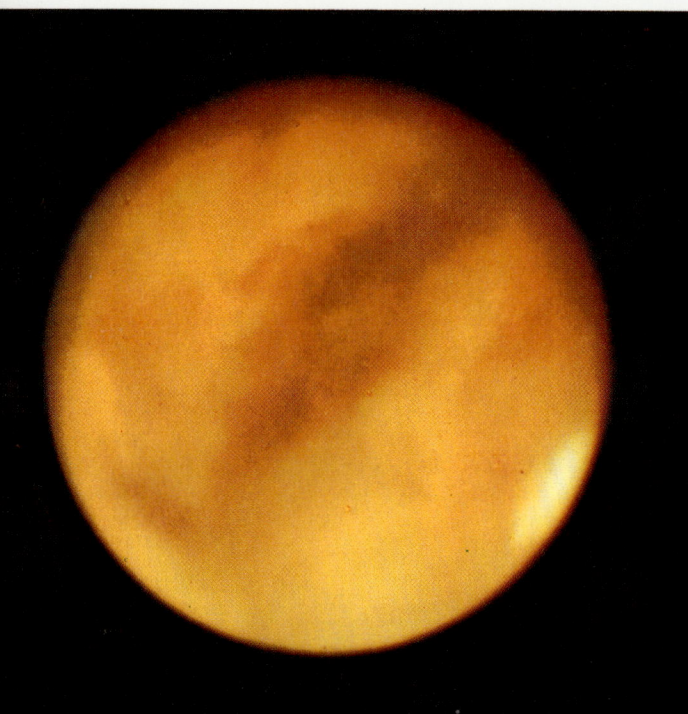

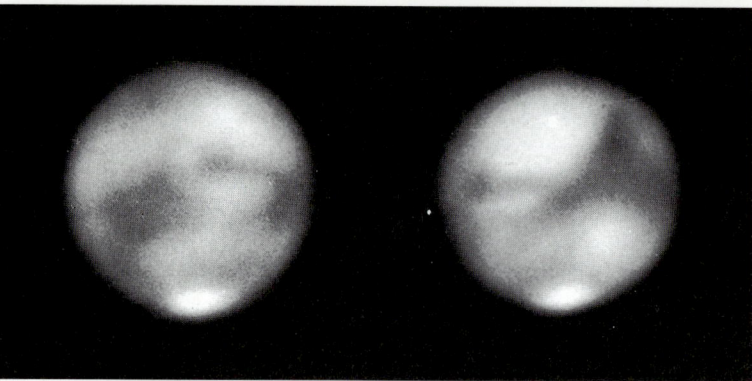

Das Farbphoto (links) macht sofort augenfällig, warum man auch vom »Roten Planeten« spricht. Die gelblich-rote Färbung des Mars fällt schon dem Beobachter ohne Fernrohr auf. Die Photos lassen auf der Oberfläche helle und dunkle Einzelheiten erkennen, die zum Teil wieder typische Färbungen haben.

Im Vergleich zu dem mit einem großen Teleskop aufgenommenen Farbphoto (oben) bringen die beiden Schwarzweißphotos (oben) erstaunlich viele Details. Dabei muß man in Betracht ziehen, daß diese Photos mit einem kleinen Fernrohr (20 cm Öffnung) gemacht worden sind und von einem Amateur stammen!

dem Vergleich zur Erde! Es fehlen zum Beispiel die mächtigen Ozeane und großen Landmassen, die auf der Erde das Wettergeschehen maßgeblich beeinflussen. Die Marsatmosphäre ist ausgesprochen trocken. Mariner-Messungen weisen auf viel Kohlendioxid, ein wenig Wasserdampf und dazu Kohlenmonoxid und etwas atomaren Sauerstoff hin. Wichtig war die Entdeckung von Stickstoff durch direkte Messungen der Viking-Lander. Der atmosphärische Bodendruck auf Mars erreicht nicht einmal ein Hundertstel desjenigen auf der Erde. Vergessen wir endlich nicht, daß Mars von der Sonne ein gutes Stück weiter weg ist als die Erde. Zahlenmäßig drückt sich das in der gemessenen mittleren Temperatur von –40 °C aus, wobei es Spitzenwerte zwischen +30 °C und 100 °C gibt.

Gab oder gibt es Leben auf dem Mars? Die vielleicht bewegendste Frage für alle, die sich mit ihm beschäftigen. Soviel ist sicher: Die Viking-Sonden fanden keine Anhaltspunkte für Mikroorganismen. Bleibt die umstrittene Analyse des Antarktis-Meteoriten ALH 84001, der vom Mars stammen und Lebensspuren enthalten soll. Zudem sollen bis 2003 zehn Sonden zum Mars fliegen und erkunden, ob der Rote Planet wirklich ein toter Planet ist.

Deimos und Phobos

Die Vorstellung, daß zum Mars 2 Monde gehören, gab es schon in den Jahrhunderten vor ihrer Entdeckung. Johannes Kepler schloß die Möglichkeit nicht aus. Jonathan Swift beschrieb in seinem Buch »Gullivers Reisen« 2 Marsmonde, deren Umlaufbahnen der Wirklichkeit erstaunlich nahe kamen. Entdeckt wurden die Trabanten tatsächlich dann 1877 von Asaph Hall am U.S. Naval Observatory in Washington.

Sie erhielten die Namen der Begleiter des Kriegsgottes Mars in Homers »Illias«: Deimos und Phobos – Schrecken und Angst.

Wieder waren es die Raumsonden, die genauere Informationen über diese seltsamen Gebilde lieferten, deren Schwerkraft viel zu klein ist, um eine richtige Kugel zu werden und eine Atmosphäre zu halten. Die kartoffelförmigen Himmelskörper bekamen während der Entstehung des Planetensystems

Einer der beiden Monde des Planeten Mars: Deimos. Kennzeichen ist die von Kratern zerfurchte Oberfläche. Manches spricht dafür, daß die Marsmonde aus dem Asteroidengürtel zwischen Mars und Jupiter stammen.

rend der Entstehung des Planetensystems viele Meteoritentreffer ab. Die mit Kratern übersäte und zerfurchte Oberfläche gibt davon Zeugnis. Phobos unterliegt stark den Gezeitenkräften des Mars und nähert sich in spiralförmigen Bewegungen der Oberfläche des Planeten. Er wird in etwa 100 Millionen Jahren aufschlagen. Alles deutet darauf hin, daß die Marsmonde ihrer Herkunft nach aus dem Asteroidengürtel zwischen Mars und Jupiter stammen.

Die kleinen Planeten oder Planetoiden

Zwischen den Planeten Mars und Jupiter bewegen sich höchst seltsame Himmelskörper, seltsam sowohl nach ihrer Größe als auch nach ihren Bewegungsverhältnissen im Sonnensystem. Wegen ihrer Kleinheit sind sie verhältnismäßig spät entdeckt worden, doch ist es Astronomen längst vor der Entdeckung des ersten dieser sogenannten kleinen Planeten (Asteroiden, Planetoiden) mit Namen Ceres im Jahre 1801 aufgefallen, daß rein rechnerisch zwischen Mars und Jupiter eine Lücke klafft. Untersucht man eine mögliche Gesetzmäßigkeit im Verhältnis der Planetenabstände von der Sonne, stößt man sofort auf diese Lücke. Im 17. und 18. Jahrhundert wurde viel über einen möglichen noch unentdeckten Planeten zwischen Mars und Jupiter diskutiert, und das belebte die Beobachtung. Die Entdeckung des wesentlich weiter entfernten Planeten Uranus 1781 ist mittelbar ein Ergebnis dieser Diskussion. Zu Beginn des 19. Jahrhundets wurde dann Ceres entdeckt, und dieser erste der Planetoiden paßte bereits tadellos in die störende Lücke. Doch blieb es nicht bei diesem einen kleinen Planeten. Rasch mehrten sich die Entdeckungen, so daß wir heute über 3000 Planetoiden kennen, deren Bahnen gesichert sind. Der weitaus größte Teil wurde photographisch entdeckt, was nicht verwunderlich ist: Nur 73 Planetoiden erreichen oder überschreiten bei einer Perihelopposition die scheinbare Helligkeit 9,5^m. Die größte scheinbare Helligkeit erreicht der kleine Planet Vesta mit 6,0^m.

Auf ungefähr 1 Million schätzen Astronomen die Zahl der Planetoiden mit einem Durchmesser größer als 1 km. Davon haben etwa 250 eine Ausdehnung über 100 km. Auf sie konzentriert sich auch die überwiegende Gesamtmasse (ca. 90 %) des Planetoidengürtels.

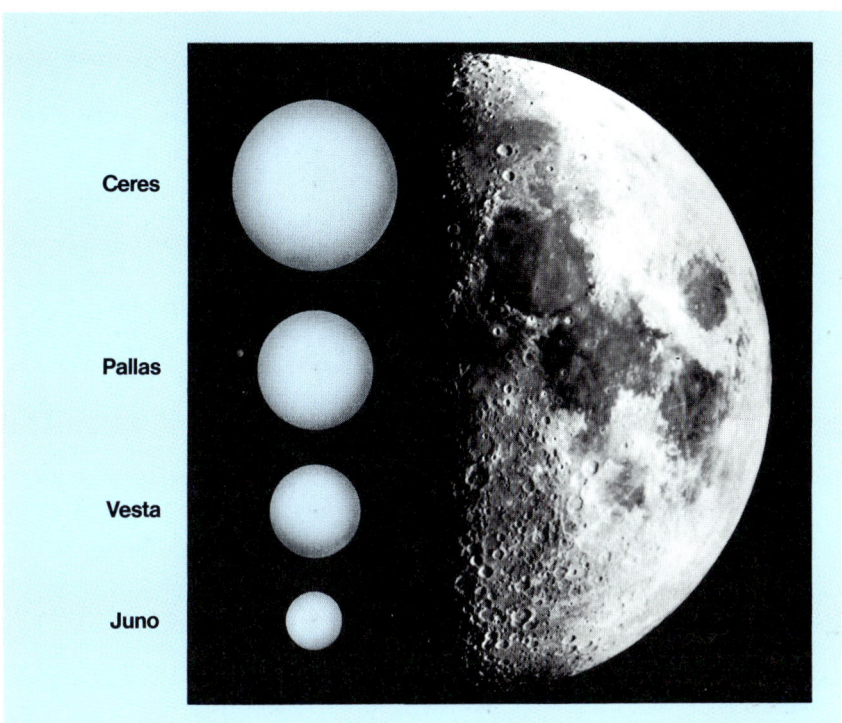

Größenbeispiele kleiner Planeten im Verhältnis zum Mond. Die links abgebildeten Planetoiden entsprechen den 4 größten; von oben nach unten: Ceres (Durchmesser 940 km), Pallas (Durchmesser 588 km), Vesta (Durchmesser 516 km) und Juno (Durchmesser 248 km).

Felsen im Weltraum

Helligkeitsmessungen verraten etwas über die Rotation und die Figur der Planetoiden. Die schnellsten unter ihnen drehen sich in wenigen Stunden um ihre Achse. Die beobachteten unregelmäßigen Lichtkurven deuten auf unregelmäßige Figuren, kartoffelförmig oder zigarrenförmig muß man sich kleine Planeten vorstellen. Die Raumsonde Galileo kam im Oktober 1991 auf ihrem Weg zu Jupiter dem Planetoiden Gaspra so nahe, daß Photos von der Oberfläche möglich wurden. Auf dem Bild Seite 110 ist Gaspra abgebildet. Auffällig sind sofort die vielen Krater. Wie ein Felsstück im Weltraum sieht der Körper aus. Es bestätigte sich das unregelmäßige Aussehen der Planetoiden.

Bei Ceres haben wir es noch mit einem Himmelskörper von knapp 1000 km Durchmesser zu tun; bei den anderen nimmt die Größe rasch ab. Die Planetoiden sind eher Planetensplitter als Planeten. Das mit den Splittern ist gar nicht so abwegig. Eine ernstzunehmende Theorie führt die Entstehung des Planetoidenschwarms auf die Explosion eines größeren Planeten bzw. auf die Entwicklung aus Protoplaneten im Frühstadium des Planetensystems zurück.

Vielleicht war es der Einfluß des Planeten Jupiter und seiner Schwerkraft, der kleine Protoplaneten auf stark elliptische Bahnen drängte. Dort gab es immer wieder Zusammenstöße. Die kleinen Protoplaneten zerbrachen und es bildete sich der Gürtel der Asteroiden zwischen Mars und Jupiter.

Alle Planetoiden wandern, wie die großen Planeten, rechtläufig um die Sonne. Auch zeichnet sich der Hauptteil aller Planetoiden durch sehr kreisnahe Ellipsen in bezug auf die Bahn um die Sonne aus. Aber es gibt etliche kleine Planeten mit geradezu extremen Abweichungen von der Norm. Da sind Planetoiden mit höchst exzentrischen Bahnen, was dazu führt, daß diese kleinen Planeten ihre Abstände zur Sonne, zur Erde und zu anderen großen Planeten merklich ändern können. Die Bahnen der kleinen Planeten Eros und Icarus greifen beispielsweise über die Marsbahn hinaus. Eros nähert sich zur Zeit seiner Opposition relativ dicht

Der kleine Planet (951) Gaspra, wie er von der Jupiter-Sonde Galileo am 29. Oktober 1991 aus 5300 km Entfernung gesehen wurde. Die Sonne scheint von rechts. Die Gesamtlänge des beleuchteten Teils beträgt 18 km. Die Kraterbildung auf dem kleinen Planeten gibt der Wissenschaft Rätsel auf.

Zusammenstößen der Erde mit einem Planetoiden. Der jüngste und gut erhaltene Krater befindet sich im Nördlinger Ries. Er ist in etwa 14,5 Millionen Jahre alt und mißt 24 km im Durchmesser. Aber die Wahrscheinlichkeit, daß ein größerer Planetoid (Durchmesser 10 km und mehr) die Erde trifft, ist gering. Eine solche Naturkatastrophe tritt nur einmal in 100 Millionen Jahren ein!

Der zweite Grund für das Interesse gilt besonders den sogenannten Metall-Asteroiden. Es sind Planetoiden, auf denen Metalle dominieren, angefangen mit Eisen bis zu Nickel und Kupfer. Schon ein kleiner Metall-Asteroid mit nur 1000 m Durchmesser hat mehrere Milliarden Tonnen Metalle an Bord. Mit entsprechend konstruierten Weltraumfähren ließe sich das Metall auf die Erde bringen. Die Metalle befinden sich an der Oberfläche der Metall-Asteroiden und können verhältnismäßig einfach abgebaut werden. Immer vorausgesetzt, daß Raumtechnik und Raumfahrt auf der Erde einen bestimmten Standard erreicht haben.

Jupiter: der Gigant unter den Planeten

Jupiter ist der größte unter den 9 großen Planeten. Er ist ein äußerer Planet wie Mars; er gelangt also in Opposition zur Sonne und ist dann die ganze Nacht über zu sehen. Im Gegesatz zu Mars, der nur alle 2 Jahre für ein paar Monate sichtbar ist, kann Jupiter jedes Jahr mehrere Monate hindurch beobachtet werden. Trotz seiner im Vergleich zu Mars viel größeren Entfernung von der Erde wächst der scheinbare Durchmesser des Planetenscheibchens zur Zeit der Opposition auf über 40 Bogensekunden an – also auch unter diesem Gesichtspunkt bestehen günstige Voraussetzungen für die Beobachtung (vgl. Tabelle S. 98/99). Jupiter bringt tatsächlich mit der geringsten Vergrößerung den Anblick, den der Vollmond dem freien Auge bietet.

Deutlich als Scheibe präsentiert sich Jupiter dem Feldstecher-Beobachter. Dieser hat

der Erde; Icarus schneidet in Perihelnähe die Merkurbahn! Ein extremes Gegenstück ist der Planetoid Hidalgo, den seine stark exzentrische Bahn jenseits der Jupiterbahn in die nächste Nähe der Saturnbahn bringt. Dann gibt es eine Reihe von Planetoiden, deren Abstand von der Sonne gleich ist mit dem Abstand des Planeten Jupiter. Es besteht der begründete Verdacht, daß der Sonderfall der »Trojaner« – so nennt man diese Gruppe – durch Bahnstörungen bedingt ist, die von Jupiter ausgehen und Planetoiden in den Bereich der Jupiterbahn einfangen. Zusätzlich kann Bremsmaterie in Form meteorischer Partikel zwischen den Planeten wirken, was die Ablenkung der Bahnen massearmer Planetoiden in das Einzugsgebiet des so viel massemächtigeren Planetenriesen Jupiter begünstigt. Es ist also etwas los im Weltraum – auch dort, wo man alles in Ordnung wähnt. Die Planetoiden zählt die Wissenschaft zur interplanetaren Materie, zu der auch bestimmte Meteorströme, Kometengruppen und das Zodiakallicht gehören. Sehr aufschlußreich sind Beziehungen, die zwischen Meteoriten und kleinen Planeten aufgedeckt worden sind. Die Analyse von Meteoriten, die auf die Erde gestürzt sind, legt den Schluß nahe, daß es die Bruchstücke eines Planeten sein können.

Für die visuelle Beobachtung der helleren unter den kleinen Planeten genügt bereits ein Feldstecher oder ein 2- bzw. 3zölliges Astro-Fernrohr. Auch photographische Experimente sind dem Sternfreund möglich. Neben Helligkeitsschätzungen sind es Positionsbestimmungen, die der geduldige Beobachter ausführen kann. Ratschläge dazu geben sowohl das »Handbuch für Sternfreunde« als auch das »Taschenbuch für Planetenbeobachter«

Planetoiden interessieren auch Nichtastronomen aus zwei Gründen ganz besonders. Da stellt sich einmal die Frage nach einer Gefährdung der Erde durch Einschläge von Planetoiden. Immerhin kreuzen etwa 1300 kleine Planeten mit 1000 und mehr Metern Durchmesser die Erdbahn. So sind Zusammenstöße von vornherein nicht auszuschließen. Schlägt einer dieser Kleinkörper auf der Erde ein, verursacht das einen Krater, der sehr viel größer wäre als der Planetoid selbst. Wissenschaftler haben ausgerechnet, daß ein Planetoid mit dem Durchmesser 1000 m die Energie von 1000 Atombomben mit einer Sprengkraft von je 100 Megatonnen erzeugt. Mittlerweile hat man auf der Erde eine Reihe von Kratern entdeckt, deren Verursacher Himmelskörper waren: Planetoiden, Meteorite, Kometen. Die größten Krater stammen von

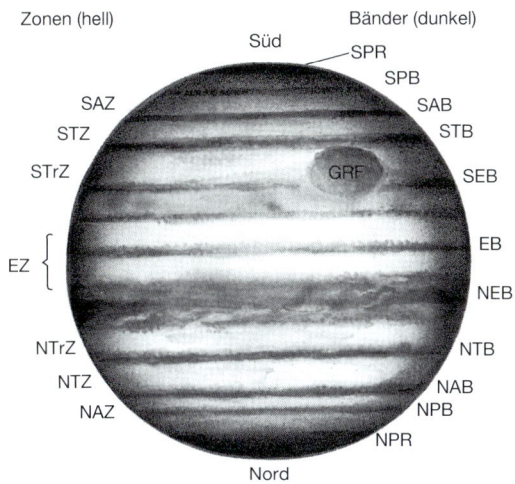

Zonen (hell)　　　　　Bänder (dunkel)

Süd
SPR
SPB
SAZ　　　　　　　　SAB
STZ　　　　　　　　STB
STrZ　　　　GRF　　　SEB

EZ {　　　　　　　　　EB
　　　　　　　　　　　NEB

NTrZ　　　　　　　　NTB
NTZ　　　　　　　　　NAB
NAZ　　　　　　　　　NPB
　　　　　　　　NPR
Nord

Die hellen Zonen und dunklen Bänder fallen bei der Beobachtung des Planeten Jupiter schnell auf. Unser Bild zeigt den Anblick im umkehrenden astronomischen Fernrohr, dabei ist Süden oben und Norden unten im Bild. Die Bezeichnung der Zonen und Bänder ist englisch. Die Abkürzungen bedeuten folgendes: SAZ = South Arctic Zone (südliche arktische Zone); STZ = South Temperate Zone (südliche gemäßigte Zone), STrZ = South Tropical Zone (südliche tropische Zone), EZ = Equatorial Zone (Äquatorzone), SPR = South Polar Region (südliche Polarregion), SPB = South Polar Belt (südliches Polarband), SAB = South Arctic Belt (südliches arktisches Band), STB = South Temperate Belt (südliches gemäßigtes Band), SEB = South Equatorial Belt (südliches Äquatorialband), EB = Equatorial Belt (Äquatorband).
Analog ist die Zuordnung auf der Nordhemisphäre des Planeten, wo die entsprechenden Zonen und Bänder mit N = North (nördliches) gekennzeichnet werden. Mit GRF ist der Große Rote Fleck markiert, der zu einem der interessantesten Objekte auf einem Planeten unseres Sonnensystems überhaupt gehört.

Der Planetenriese Jupiter aus der Sicht des Hubble Space Telescope (HST). Aufnahme am 18. Mai 1994. Entfernung Jupiter–Erde 670 Millionen km. Der schwarze Punkt ist der Schatten des Mondes Io, der links unterhalb des Schattens als gelbe Scheibe zu erkennen ist. Verschiedenfarbige Wolkenbänder bilden die obere Atmosphäre. Was wir sehen, sind Sturmwolken, die von der raschen Rotation des Planeten in die Länge gezogen werden. Gewitter mit gewaltigen Blitzentladungen beherrschen die Atmosphäre.
Seit Dezember 1995 sendet die Raumsonde Galileo neue Daten über den Planeten, die orkanartige Stürme in der dichten Atmosphäre bestätigen. Aber die Jupiteratmosphäre soll trockener sein, und es soll weniger Gewitter geben als bisher angenommen.

dann noch die Freude, das ständig wechselnde Bewegungsspiel der 4 großen Jupitermonde verfolgen zu können: Einmal stehen alle 4 auf einer Seite vom Planeten, bald stehen 2 rechts und 2 links. Hier kann man sich selbst überzeugen: Alles im Kosmos ist in Bewegung. Die Zebrastreifung der Jupiterscheibe selbst verlangt dagegen wenigstens einen 2-Zöller. Fast parallel wechseln helle und dunkle Streifen ab. Das schaut schon ganz anders aus als etwa auf dem Mars.

Nun, mit Jupiter begegnet uns offensichtlich ein neuer Typ von Planet. Ein Gigant mit dem respektablen Äquatordurchmesser von 142 800 km – das ist mehr als das Zwanzigfache von Mars und mehr als das Zehnfache von Erde und Venus. Die Masse ist gar 318mal größer als diejenige der Erde. Merkur, Venus, Erde und Mars sind nach Größe, Gestalt, Masse und Dichte durchaus ähnlich. Für sie gibt es deshalb die Bezeichnung »terrestrische Planeten« (lat.»terra« = Erde)

Die völlig andere kosmische Landschaft gegenüber den terrestrischen Planeten machten die Nahaufnahmen von Jupiter und eini-

gen seiner Monde durch die amerikanischen Voyager-Raumsonden 1979 deutlich. Die Photos zeigen eine an Strömungen und Turbulenzen reiche Atmosphäre. Dazu kommen die mächtige Masse und der damit verbundene größere Energievorrat. Die Astronomen sprechen von den »jupiterähnlichen Planeten«, weil Saturn und die noch weiter von der Sonne entfernten Planeten Uranus und Neptun ähnliche Merkmale haben.

Da ist also die zebraartige Streifung der Jupiterscheibe, von der sich jeder im kleinen Fernrohr ab 40facher Vergrößerung selbst überzeugen kann. Was ist das? Es handelt sich ausschließlich um Wolkengebilde der dichten Planetenatmosphäre. Hat man ein etwas größeres Fernrohr zur Hand mit Vergrößerungen zwischen 100- und 200fach und dazu gute Sichtbedingungen, so lassen sich innerhalb der Streifen allerlei helle und dunkle Flecken, runde, ovale und längliche erkennen – wiederum alles Wolken. Der geübte Beobachter sieht, besonders im Spiegelfernrohr oder apochromatischen Refraktor, verschiedene Farbtönungen: orange, braun, gelb, creme, hellblau und rötlich.

Der Große Rote Fleck

Ein ganz besonders bekanntes, ja berühmtes wolkiges und farbiges Objekt ist der sogenannte »Große Rote Fleck« (abgekürzt GRF) auf der südlichen Hemisphäre des Planeten, etwa in −25° Breite. Für ein Wolkengebilde ist er erstaunlich langlebig: Zum ersten Mal wurde der GRF bereits im Jahre 1664 beobachtet! Seit 1831 wird er regelmäßig von den Planetenbeobachtern festgestellt, gezeichnet und – seit das möglich ist – photographiert. Der amerikanische Planetenforscher G. P. Kuiper hat ein Modell entwickelt, das den Zustand des GRF erläutert und gleichzeitig einen Einblick gestattet in die Vorgänge, die sich innerhalb der Jupiteratmosphäre abspielen.

So wird die Annahme wohl richtig sein, daß es sich beim GRF mit um die höchste Wolkensäule der Atmosphäre überhaupt handelt. Zwischen 1831 und 1970 hat der GFR in unregelmäßiger Geschwindigkeit dreimal den Planeten umrundet. Die Energie, die notwendig ist, dem Gebilde diese Stabilität zu verleihen, wird geliefert durch die ständige Bereitschaft in der Atmosphäre zu Gewittern ungeahnten Ausmaßes. Ein Vergleich zu den Verhältnissen auf der Erde beiderseits des Äquators ist dabei durchaus am Platz, nur daß die Gewitterwolken auf der Erde viel weniger beständig sind.

Die anderen Wolkengebilde sind wesentlich kurzlebiger; doch lassen sich auch hier einzelne Objekte über Monate, sogar Jahre hinweg verfolgen.

Der Jupiter im Fernrohr

Bei der systematischen Beobachtung eines hellen oder dunklen Flecks fällt dem Beobachter schon nach einigen Stunden etwas auf: Der Fleck ändert deutlich seine Position, er bewegt sich also; im umkehrenden astronomischen Fernrohr wandert er in der Breite von rechts nach links und mit ihm andere etwa in der Nähe befindliche Objekte – Anzeichen für eine Rotation des Planeten, und zwar eine überraschend schnelle. Ja, der Planetengigant dreht sich in etwas weniger als 10 Stunden einmal um seine Achse!

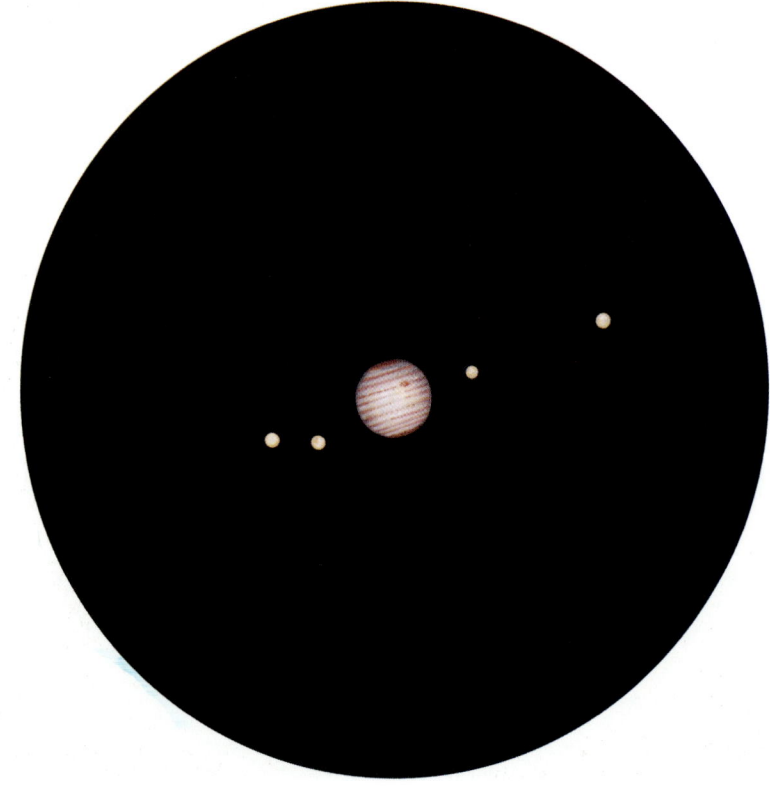

So sehen Jupiter und seine 4 größten und hellsten Monde im kleinen Fernrohr aus. Eigentlich müßte man diese 4 Monde schon mit bloßen Augen sehen, aber die Überstrahlung des hellen Planeten verhindert das. Im Feldstecher lassen sich die Bewegungen der Monde und ihre verschiedenen Stellungen zueinander und zum Planeten schön beobachten.

Ein Punkt am Äquator des Jupiter legt dabei in der Sekunde 12,5 km zurück (zum Vergleich der Wert auf der Erde: 0,46 km). Diese große Drehgeschwindigkeit des Planeten mit 142 800 km Durchmesser ist auch die Ursache, daß kaum Wolkenbewegungen vom Äquator nach den Polen hin zu beobachten sind. Die hellen und dunklen Wolkenstreifen umschließen fast immer den ganzen Parallelkreis, unterbrochen nur von mannigfaltigen Strömungen und Störungen, die auf die Turbulenz in der mächtigen Atmosphäre schließen lassen.

Für die zum Teil prächtige Färbung der Wolken gibt es Erklärungen. Wir sehen in diesen Farben das Spiel chemischer Prozesse. Sie werden beherrscht vom Wasserstoff. Bei genauen Untersuchungen stößt man immer wieder auf Wasserstoffverbindungen in der Atmosphäre: Methan, Ammoniak, auch H_2O und Schwefelwasserstoff. Unter dem Einfluß der Ultraviolettstrahlung der Sonne treten chemische Umwandlungen ein. Ammoniak und Schwefelwasserstoff zum Beispiel verbinden sich und polymerisieren zu Ammoniumpolysulfiden, die gelb und auch orange gefärbt sein können. Sinkt die Temperatur, kommt es zu weißen Verfärbungen. Ist die Polysulfidreihe genügend lang, besteht Neigung zu einer ausgesprochen rötlichen Farbe.

Jupiter ist – neben Mars – sicher ein ebenfalls sehr häufig beobachteter Planet. Vor allem haben ihn die Amateurbeobachter über viele Jahrzehnte hinweg überwacht und der Wissenschaft dabei wertvolles Datenmaterial zur Verfügung gestellt. Neben die Zeichnung tritt immer häufiger die Photographie. Daß Amateure auf diesem Gebiet gleichfalls etwas zu leisten vermögen, beweisen die Aufnahmen von G. Nemec auf Seite 114. Sieht man einmal von systematischen Positionsbestimmungen – dem Hauptaufgabengebiet des Sternfreundes – ab, so ist es für jeden Naturfreund ein fesselndes Erlebnis, während der Zeit der Opposition – der Planet steht dann die ganze Nacht am Himmel – eine ganze Umdrehung zu verfolgen. Das dauert nicht länger als von abends bis morgens, weil ja der Planet in 9h55m rotiert. An den hellen und dunklen Flecken kann man verhältnismäßig einfach feststellen, wie weit sich der Gigant unter den Planeten von einer Stunde auf die andere gedreht hat. In einer solchen »Astronomen-Nacht« gibt es zusätzlich am Sternenhimmel manches Interessante zu sehen. Das ist übrigens eine Gelegenheit, um die scheinbare Drehung der Himmelssphäre, die von der Rotation der Erde verursacht wird, mitzuerleben.

Die gewaltige Dynamik der Jupiteratmosphäre mit ihren vielen Wolken und Strömungen zeigt diese Aufnahme der Galilei-Sonde am 26. Juni 1996 vom berühmten »Großen Roten Fleck« (GRF). Nach Messungen der Galilei-Sonde scheint das Zentrum des GRF eines der kältesten Gebiete in der Jupiteratmosphäre zu sein. Ammoniak kondensiert in aufsteigender Luft aus und bildet dichte Wolken.

Das Innere des Planeten

Die Atmosphärenkapsel der Jupiter-Sonde Galileo lieferte am 7. Dezember 1995 wichtige Informationen: Dichte und Temperatur der oberen Jupiteratmosphäre sind höher als erwartet. Eine zusätzliche Wärmequelle neben der Sonnenstrahlung muß vorhanden sein. Die Temperaturen in der Atmosphäre unter den sichtbaren Wolken lassen eine trockenere Atmosphäre vermuten. Bis in eine Tiefe von rund 200 km unterhalb der von der Erde aus sichtbaren Wolken hat die Atmosphärenkapsel Druck und Hitze standgehalten und brauchbare Daten geliefert.

Die Windgeschwindigkeit auf Jupiter nimmt mit der Tiefe nicht ab. Sie bleibt bei 540 km/h konstant. Die tiefsten von der Kapsel noch erreichten atmosphärischen Schichten sind sehr turbulent. Kräftig strömt der Wind vertikal auf und ab. Die obersten von der Erde aus beobachtbaren Wolkenschichten weisen offenbar immer wieder Lücken auf. Eine Wolkenschicht aus Wasser und Wassereis war nicht nachweisbar. Gewitter sind seltener als auf der Erde, aber die Blitze sind erheblich stärker als die irdischen.

Über die Häufigkeit von Atomen und Molekülen in der Jupiteratmosphäre (relativ zum Wasserstoff) gibt die Tabelle Auskunft. Daß Wasserstoff dominiert, war schon vor Galileo bekannt. Von Helium und besonders von den Spurengasen ist weniger nachweisbar als vermutet wurde. Nicht vergessen darf man, daß die Atmosphärensonde unter Umständen ortsgebundene Ergebnisse gemeldet hat, die nicht für die ganze Atmosphäre verbindlich sind. Ein abschließendes Urteil über die Auswertung ist heute noch nicht möglich.

Element	Relative Häufigkeit
Wasserstoff	1,0
Helium	0,1
Methan	1×10^{-3}
Ammoniak	2×10^{-3}
Wasser	2×10^{-3}
Neon	2×10^{-5}
Organische Verbindungen	1×10^{-5}
Phosphine	5×10^{-7}
Schwefelwasserstoff	2×10^{-5}
Argon	5×10^{-6}
Krypton	1×10^{-8}
Xenon	1×10^{-8}

Zusammensetzung der Jupiteratmosphäre. Die Werte wurden beim Abstieg der Atmosphärensonde am 7. Dezember 1995 bestimmt (aus: Sterne und Weltraum).

Unter der Atmosphäre vermuten die Wissenschaftler eine Schicht aus flüssigem Wasserstoff. Weiter aufs Planeteninnere zu

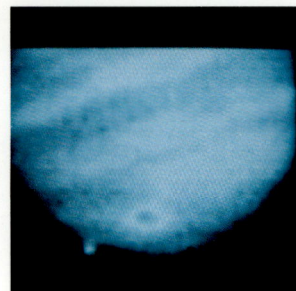

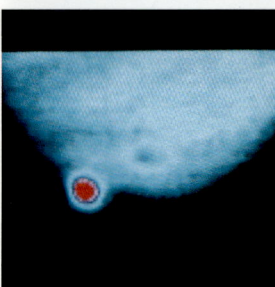

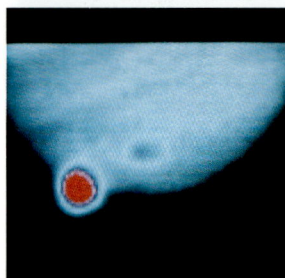

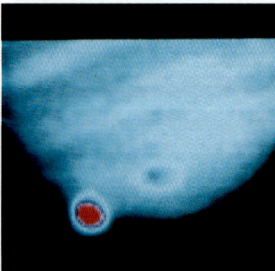

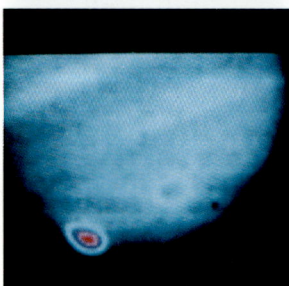

Einschlag eines Teils (Fragment H) des zertrümmerten Kometen Shoemaker-Levy 9 in die Atmosphäre des Planeten Jupiter. Die Aufnahmen wurden mit dem 3,6-Meter-Teleskop der Europäischen Südsternwarte (ESO) am 18. Juli 1994 gemacht. Die Entwicklung der mächtigen Explosionswolke (von oben nach unten): 19h36 WZ, 19h39 WZ, 19h42 WZ, 19h48 WZ, 20h15 WZ. Die maximale Helligkeit dieser Explosionswolke erreichte die 50fache Helligkeit der Jupiteroberfläche, als Temperatur wurden 300 Kelvin gemessen. Die andere kreisförmige Erscheinung auf den Photos stammt vom Einschlag des Fragments G von Shoemaker-Levy 9, der etwa 12 Stunden vorher erfolgt war.

steigt der Druck, und es bildet sich metallischer Wasserstoff. Die Kompression ist so stark, daß die Atome und Elektronen frei beweglich sind. Die sehr gute elektrische und Wärmeleitfähigkeit führte zu der Bezeichnung metallischer Wasserstoff. Es gibt einen festen Planetenkern mit 20 000 km Durchmesser. Er setzt sich aus Eisen- und Siliziumverbindungen zusammen.

Der metallische Wasserstoff ist mitverantwortlich für die starke Radiostrahlung und das Magnetfeld. Die notwendigen elektrischen Ströme werden von der inneren Wärme und der hohen Rotationsgeschwindigkeit erzeugt. Messungen von den Raumsonden Pioneer und Voyager aus kommen zu einer viel größeren Magnetfeldstärke als auf der Erde: am Jupiteräquator 12mal größer und an den Polen das Fünfundzwanzigfache derjenigen der Erde.

Das starke Magnetfeld verursacht eine weit in den Weltraum hinausreichende Magnetosphäre, deren äußere Teile den Einwirkungen des Sonnenwindes ausgesetzt sind. Ionen und Elektronen des Sonnenwindes gelangen auch in den inneren Bereich der Magnetosphäre. Der innerste Jupitermond mit dem Namen Io unterliegt dem ständigen Einfluß der hochenergetischen

Teilchen der Magnetosphäre. So werden Natriumatome aus der Oberfläche des Satelliten herausgelöst und erzeugen eine leuchtende Wolke, die mit größeren Teleskopen von der Erde aus im optischen Spektralbereich (589 Nanometer) nachgewiesen werden kann.

Jupitermonde und Jupiterring

Von den 4 großen Jupitermonden war bereits kurz die Rede. Der Planet hat insgesamt 16 Monde. Es ist durchaus möglich, daß einige von ihnen eingefangene Planetoiden (siehe S. 109) sind. Nur die 4 hellen Monde sind mit den teleskopischen Hilfsmitteln des Amateurs zu sehen. Die Entdeckung dieser 4 Monde ist ein Gesellenstück des eben erfundenen Fernrohrs gewesen. Das war im Jahr 1610, und die Entdecker waren Galilei in Italien und Marius in Deutschland. Die ersten »Fernröhren« waren zwar ziemlich ausladende Konstruktionen, in ihrer optischen Kraft jedoch einem

Planet Jupiter mit den beiden Monden I und II. Der Mond II wirft seinen Schatten auf die Oberfläche des Planeten. Aufnahmen: 26. Oktober 1965, oben 0h35 WZ, unten 1h45 WZ.

Jupitermond Io. Auf dem Bild ist ein Vulkanausbruch zu erkennen. Die blauweiße Stelle unten im Bild ist der Vulkan. Mond Io hat nahezu die gleiche Dichte und Größe wie der Erdmond. Anstelle der Einschlagskrater gibt es aktive Vulkane.

Feldstecher von heute kaum überlegen. In ihren Dimensionen sind die 4 hellen Jupitermonde, die die Namen Io, Europa, Ganymed und Kallisto tragen, recht ausgewachsene Exemplare ihrer Art: Sie haben Durchmesser zwischen 4000 und etwas über 5000 km (zum Vergleich der Erdmond: 3480 km). In allen im Literaturverzeichnis auf Seite 173 angeführten astronomischen Jahrbüchern findet der Leser Angaben über die Sichtbarkeit dieser Jupitermonde.

Zum Programm von Galileo gehörten nahe Vorbeiflüge an den Jupitermonden Ganymed, Callisto und Europa in den Jahren 1996 und 1997. Die ersten Auswertungen zeigen eine Fülle von Details. Bereits beim Anflug auf Jupiter wurden auf Jupitermond Io, dessen Vulkanismus schon bekannt war, ein Eisenkern und ein Magnetfeld entdeckt. Auch der größte Mond, Ganymed, scheint ein Magnetfeld zu besitzen, dazu eine Oberfläche, die von einer Vielzahl von Einschlagskratern geformt wurde. Auf dem Jupitermond Europa müssen große Mengen an Wasser vorhanden sein. Photos zeigen schwimmende Eisfelder, die durch die Hitze von Vulkanen oder Geysiren freigesetzt sein könnten. Unter der Eisdecke dieses Mondes, der etwa so groß ist wie der Erdmond, könnte es sogar einen Ozean geben. Die Mission soll Ende 1997 enden, doch bemühen sich Wissenschaftler, ihre Finanzierung für zwei weitere Jahre zu sichern.

Mit mittelgroßen Amateurfernrohren kann man unter guten Sichtbedingungen die 4 Galileischen Monde als Scheibchen erkennen. Beobachter mit Instrumenten von 30 cm Öffnung aufwärts können auf Ganymed, dem größten Mond, sogar Oberflächenschattierungen wahrnehmen.

Die übrigen 12 Monde sind sehr viel kleiner: Mond V und Mond VI bringen es noch auf 160 km Durchmesser; die Maße aller anderen Monde liegen zwischen 30 und 60 km. Im März 1979 bestätigte Voyager 1 eine alte Vermutung: Jupiter ist von einem dünnen Ring umgeben. Der Ring hat eine Breite von 600 km, ist aber nur 30 km dick. Bis zu 5000 km ober- und unterhalb der Ringebene dehnt sich ein Halo aus, hervorgerufen durch feinen Staub, der beim Zusammenstoß der winzigen Ringteilchen (einige tausendstel Millimeter!) mit Mikrometeoriten entsteht.

Saturn: der Planet mit den Ringen

Wieder ein Stück weiter von der Sonne entfernt zieht Saturn seine Bahn um das Zentralgestirn. Er ist der fernste mit freiem Auge bequem sichtbare Planet und vervollständigt die Zahl der seit alten Zeiten den Menschen aller Kulturkreise bekannten Planeten: Merkur, Venus, Mars, Jupiter und Saturn. Je nach der Ringöffnung erreicht er eine Oppositionshelligkeit zwischen –0,3^m und +0,9^m, auf jeden Fall eine scheinbare Helligkeit, die den Planeten zu einem auffälligen Objekt am Himmel macht.

Mit bloßen Augen und im Feldstecher fällt am Saturn noch nichts Ungewöhnliches auf. Höchstens ärgert sich der unerfahrene Beobachter bei Benutzung eines Glases, das 15–20fach vergrößert, daß eine Scharfeinstellung offenbar nicht gelingen will: Der Planet sieht immer ein wenig länglich aus.

Das ist auch schon Galileo Galilei 1610, als er Saturn zum ersten Mal durch sein Fernrohr betrachtete, aufgefallen. Dabei sah Galilei henkelförmige Ausbuchtungen an beiden Seiten des Planeten, die er sich nicht

Wechselnder Anblick der Saturnringe
Von oben: 1 = Ringsystem von der Kante (Erde geht von Nord nach Süd durch die Bahnebene der Ringe, Anblick 1995); es folgen zwei Zwischenstellungen (2 und 3) mit Blick auf die Südseite; 4 = größte Ringöffnung Südseite (Anblick 2002); 5 und 6 = Zwischenstellungen Südseite; 7 = Ringsystem von der Kante (Erde geht von Süd nach Nord durch die Bahnebene der Ringe); 8 und 9 = Zwischenstellungen Nordseite; 10 = größte Ringöffnung Nordseite; 11 und 12 = Zwischenstellungen Nordseite; 13 = Ringsystem von der Kante (Erde geht von Nord nach Süd durch die Bahnebene der Ringe). Etwa je 15 Jahre dauert die nördliche bzw. südliche Sichtbarkeit der Ringe. Also treten in rund 30 Jahren alle möglichen Anblicke der Saturnringe einmal auf, entsprechend der Umlaufzeit des Planeten um die Sonne (in 29 Jahren 167 Tagen).

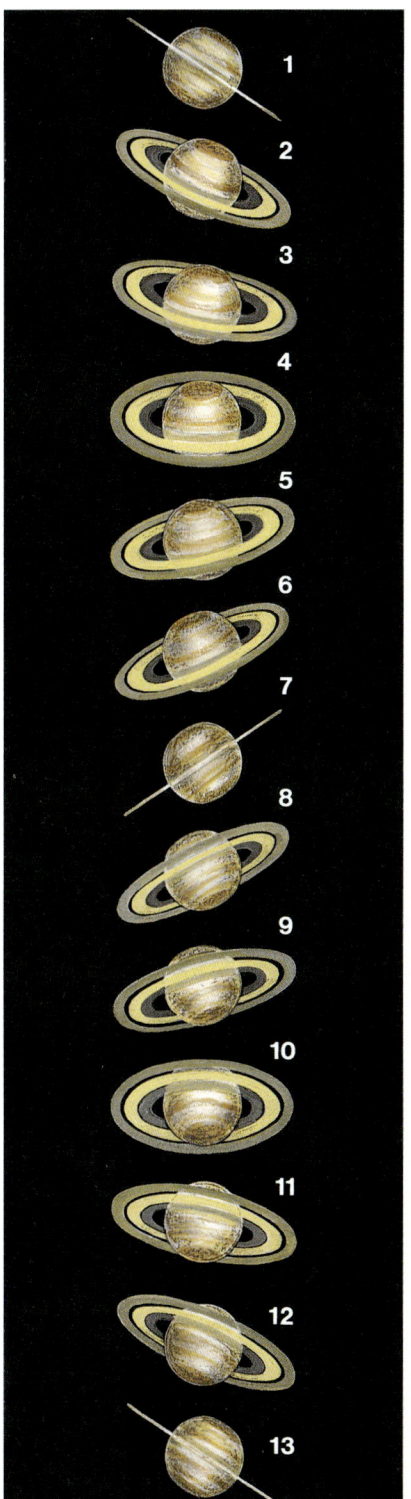

Saturn. Aufnahme eines Sternfreunds vom 29. Oktober 1970. Bereits auf diesem Amateurphoto ist die Cassini-Teilung des Rings zu erkennen.

Aufnahme des Planeten Saturn von der Raumsonde Voyager 1 aus. Besonders deutlich ist hier das eindrucksvolle Ringsystem zu sehen, das den Planeten umgibt. Ebenso erkennt man die Streifenbildung in der Saturnatmosphäre.

Die Saturnringe aus einer Entfernung von 8,9 Millionen km. Die kontrastverstärkte Falschfarbenaufnahme läßt deutlich die Vielzahl der Ringe erkennen. Aufnahme von der Raumsonde Voyager 2 aus.

erklären konnte. Überraschenderweise verschwanden diese »Henkel« nach ein paar Jahren wieder. Erst Jahrzehnte später entdeckte Christiaan Huygens mit einem stärker vergrößernden Fernrohr den Ring um den Planeten. 1675 bemerkte Jean Dominique Cassini eine Teilung im Ring, die später nach ihm benannt wurde: die Cassini-Teilung.

Deutlich wird der Ring im kleinen Astro-Fernrohr bei Vergrößerungen ab 50fach. Um Enttäuschungen gleich vorzubeugen: der Anblick des Saturnrings wechselt. Leicht ist die Beobachtung, wenn wir von »unten« oder von »oben« auf den Ring schauen, den wir dann in seiner ganzen Größe sehen. Schwierig wird die Sache beim Blick auf die Kante: Da sieht man allenfalls eine dünne, helle Linie. Der Wechsel hat seine Ursache darin, daß die Ringebene genau in der Äquatorebene des Planeten liegt und wie diese rund 27 Grad gegen die Bahnebene des Saturn geneigt ist. Die Zeichnungen auf S. 115 machen die sich daraus ergebenden Veränderungen deutlich und zeigen alle möglichen Ringanblicke. Die astronomischen Jahrbücher enthalten Angaben zur jährlichen Sichtbarkeit des Saturnrings.

Genaugenommen haben wir es nicht mit einem, sondern mit mehreren Ringen zu tun. Ist die Ringöffnung genügend groß, erlaubt ein 3zölliges Fernrohr bei 100facher Vergrößerung mühelos die Wahrnehmung einer dunklen Trennungslinie, die den Ring in einen äußeren und einen inneren Ring teilt, die bereits erwähnte »Cassini-Trennung«. Seither ist dem Ringsystem viel Aufmerksamkeit gewidmet worden. Weitere, nicht so leicht sichtbare Trennungslinien wurden gefunden. Dazu stellte man unterschiedliche Helligkeiten der einzelnen Ringpartien oder Teilringe fest.

Die große Sensation aber brachte der Vorbeiflug von Voyager 1 an Saturn im November 1980. Die Auswertung der Aufnahmen zeigte ein Ringsystem mit hunderten von Einzelringen. Horst W. Köhler schrieb dazu: »Der Vergleich des Saturn-Ringsystems mit einer ›kosmischen Schallplatte‹ ist durchaus zutreffend.« Auf den ersten Blick sehen die Ringe aus wie Rillen einer Schallplatte. Doch sind die Strukturen keineswegs gleichförmig. Materieanhäufungen bilden »Knoten« und andere Unregelmäßigkeiten. Untersuchungen, nach denen die festen Teilchen der Ringe von Staubkorngröße bis zur Größe von Gesteinsbrocken reichen, scheinen sich zu bestätigen. Dynamische Wechselwirkungen zwischen diesen Partikeln und Saturnmonden gilt es zu erforschen.

Das war, mehr noch als die Entdeckung der vielen Einzelringe, die eigentliche Sensation der Sondenaufnahmen. Selbst in den von der Erde aus beobachteten detaillosen Lücken, z. B. in der Cassini-Teilung, fanden sich ringförmig angeordnete Materiensammlungen. Wenn heute der Sternfreund mit den ihm zur Verfügung stehenden Instrumenten das Ringsystem beobachtet, sieht er selbst bei weit geöffnetem Ring nur 3 Ringe und 5 Teilungen. Die ganze Vielfalt des ausgedehnten Ringsystems demonstrieren die Voyager-Aufnahmen (vgl. Photos S. 116).

Die Dicke der Ringe wird derzeit mit maximal 500 m angegeben. Die Gesamtmasse der Ringe erreicht nur $1/25\,000$ der gesamten Masse des Saturn.

Im Sonnensystem ist der Ring um den Saturn nicht mehr einmalig. Auch Jupiter und Uranus haben Ringsysteme. Es gibt vernünftige Gründe dafür, daß die Entstehung von Ringsystemen um Planeten auf die Zertrümmerung von Monden und Planetoiden zurückzuführen ist. Es gibt ein Gesetz über eine Gefahrenzone, innerhalb der ein größerer Körper nicht bestehen kann, weil er von den Gezeitenkräften zerrieben wird. Tatsächlich entspricht die Entfernung des Saturnringes vom Planeten der dem Gesetz zugrundeliegenden Entfernung. Werner Sandner macht in dem schon zitierten Buch »Planeten – Geschwister der Erde« aus der Untersuchung des Astronomieprofessors Bucerius von der Sternwarte München aufmerksam: »Bucerius hat diese Frage eingehend diskutiert und kommt zu dem Ergebnis, daß die Saturnringe ihre Entstehung der Gezeitenwirkung des Planeten auf einen vordem existierenden Urmond verdanken. Bei der niederen Temperatur, die mit –180 °C angenommen wird, ist das Material brüchig, d. h. die molekulare Kohäsion ist so gering, daß dieser Urmond durch die Gezeitenkräfte, die von Saturn ausgehen, gegen seine Eigengravitation in einen Haufen unzusammenhängender Teilchen zerfallen muß.«

Alles deutet darauf hin, daß die Teilchen der Ringe aus Eis bestehen oder daß sie Gesteinspartikel mit einem Eisüberzug sind. Entstehung und dauerhafte Existenz dieser Vielzahl von Ringen kann man wahrscheinlich nur mit der sehr komplexen Wechselwirkung der Gravitationskräfte von Saturn und seinen Monden erklären. Ringe um Planeten könnten Reste von Monden sein, die in einen bestimmten gravitativen Bereich (»Roche-Grenze«) gerieten und sich bei Zusammenstößen zerrieben haben. Es gibt auch die Annahme, daß bei der Ringentstehung niemals Monde Pate standen, sondern Urmaterieteilchen nach der Planetenbildung sich zu Ringen formierten.

In Zusammenhang mit der Darstellung des Planeten Jupiter ist auf die physikalisch-chemische Verwandtschaft der Planeten Jupiter, Saturn, Uranus und Neptun hingewiesen worden. Saturn steht Jupiter in der Größe nicht viel nach: Sein Durchmesser beträgt am Äquator 120 800 km. Die Rotationszeit ist etwas länger: zwischen 10 und 11 Stunden. Die Atmosphäre ist dicht, und die Abplattung ist sogar noch größer. Mit $1/10$ ist es die stärkste Abplattung von allen Planeten überhaupt. Die Planetenscheibe erscheint im Fernrohr nicht kreisrund, sondern deutlich elliptisch – davon kann sich jeder im kleinen Fernrohr bei Saturn und Jupiter selbst überzeugen. Die Abplattung ist das Ergebnis der raschen Umdrehung beider Planeten.

Ähnlich wie auf Jupiter sind auf Saturn helle und dunkle Streifen zu beobachten. Nur ist das hier schwieriger, weil Saturn doch einen erheblich kleineren scheinbaren Durchmeser hat, maximal 21 Bogensekunden zur Zeit der Opposition. Um helle und dunkle Flecken innerhalb der Streifen feststellen zu können, braucht man mindestens mittlere Optik, 5–10zöllige Fernrohre und Vergrößerungen zwischen 200- und 300fach.

Ähnlich wie auf Jupiter streckt die rasche Rotation die Wolken zu äquatorparallelen Bändern und Zonen. In Äquatornähe erreichen die Windgeschwindigkeiten extreme Werte mit bis zu 1800 km/h – nahezu das Vierfache im Vergleich zu Jupiter!

Das Innere Saturns ist ähnlich aufgebaut wie bei Jupiter. Auch Saturn besitzt eine innere Wämequelle, die aus Restwärme aus der Zeit der Planetwerdung und noch aktiver Energieproduktion stammt. Während bei Jupiter ein Energieüberschuß allein aus Restwärme möglich zu sein scheint, benötigt der kleinere und mit weniger Masse versehene Saturn zusätzlich Energie, um doppelt soviel Energie abstrahlen zu können, wie er von der Sonne bekommt. Diese Energie wird ähnlich gewonnen wie bei der Erwärmung von Regentropfen, wenn sie auf die Erde fallen. Dabei wird aus der Gravitation gewonnene Bewegungsenergie in Wärme umgesetzt. Auf Saturn entmischen sich in einer bestimmten Schicht der Atmosphäre bei hohem Druck und hohen Temperaturen Helium und Wasserstoff. Dabei fallen Heliumtropfen in Richtung Planetenmittelpunkt.

Interessanterweise ist das Magnetfeld von Saturn trotz einer jupiterähnlichen Rotationszeit 20mal kleiner. Wahrscheinlich wird in der weniger mächtigen Schicht des metallischen Wasserstoffs weniger Strom erzeugt. Ähnlich wie bei Jupiter erzeugt das Zusammentreffen von Magnetosphäre und Sonnenwind eine magnetische Stoßfront, die die Bahn des größten Saturnmondes Titan kreuzt. Dabei gelangt Wasserstoff aus der Atmosphäre des Titan in eine Bahn um den Saturn. Das führt zur Entstehung eines ausgedehnten Wasserstoffrings.

Die hellen Saturnmonde sieht man in größeren Amateurfernrohren. Das gilt für 5 von insgesamt 21 derzeit bekannten Monden: Titan, Rhea, Japetus, Thethys und Dione. Mond Titan hat mit einem Durchmesser von fast 5150 km die Größenordnung der hellen

Aufnahme des Planeten Saturn vom Hubble Space Telescope am 22. Mai 1995. Die Erde durchquerte an diesem Tag die Ebene des Saturnrings. Man sah direkt auf die Ringkante. Die hellen Punkte links im Bild sind die Saturnmonde Tethys und Dione.

Jupitermonde. Nur bringt es die größere Entfernung mit sich, daß sogar dieser mächtigste der Saturnmonde nur die scheinbare Helligkeit von 8,3^m erreicht. Immerhin kann man nach ihm bereits mit einem 2–3zölligen Fernrohr Ausschau halten. Wegen der genauen Daten zur Sichtbarkeit wird wieder auf die astronomischen Jahrbücher verwiesen.

Saturnmond Enceladus von Voyager 2 aus photographiert. Die Oberfläche ist Eis und reflektiert fast 100 Prozent des auftreffenden Sonnenlichts.

Wie die Jupitermonde auch, sind die größeren Monde des Saturn von den Voyager-Sonden photographiert worden. Waren es die Vulkane auf den Jupitermonden, die für Überraschungen sorgten, befindet sich unter den Saturnmonden der einzige des Sonnensystems mit einer Atmosphäre. Es ist der Mond Titan, dessen Atmosphäre zum größten Teil aus molekularem Stickstoff besteht. Die kleinen Monde kennzeichnet die unregelmäßige Gestalt (Saturnmond Hyperion ist fast scheibenförmig!) und eine von Kratern übersäte Oberfläche.

Uranus, Neptun, Pluto: Planeten am Rand des Sonnensystems

Saturn ist der fernste noch mühelos mit bloßen Augen zu sehende große Planet. Die Vermutung eines Planeten auf einer Bahn zwischen Mars und Jupiter hat die Planetenbeobachter im 18. Jahrhundert angeregt, nach noch unentdeckten Planeten Ausschau zu halten. Es wurde zwar nicht der gesuchte Planet zwischen Mars und Jupiter gefunden, jedoch ein neuer Planet jenseits der Bahn des Saturn: Am 13. März 1781 entdeckte W. Herschel den Planeten

Uranus, den er zunächst für einen Kometen hielt. Eigentlich ist es verwunderlich, daß es nicht schon früher zu dieser Entdeckung gekommen ist. Uranus erreicht in der Opposition eine scheinbare Helligkeit von etwa 5,5^m und ist demzufolge gerade noch mit freiem Auge erkennbar. Interessanterweise ist Uranus im 17. und frühen 18. Jahrhundert schon paarmal beobachtet, aber für einen Fixstern gehalten worden.

Uranus

Uranus ist mit 50 800 km Durchmesser kein kleiner Himmelskörper, aber die Entfernung macht die Beobachtung schwierig: Der scheinbare Durchmesser der Planetenscheibe erreicht bestenfalls knapp 4 Bogensekunden. In bezug auf Abplattung, Dichte und rasche Umdrehung weist er bereits von Jupiter und Saturn her bekannte Merkmale auf. Ganz wesentlich unterscheidet er sich aber von diesen beiden und allen anderen Planeten durch die Tatsache, daß seine Rotationsachse nahezu genau in seiner Bahnebene liegt. Da die Bahnneigung des Uranus gegen die Ekliptik unbedeutend ist, steht der Äquator des Planeten fast senkrecht auf der Ekliptik. Ein Sonderfall unter den Planeten: Uranus wälzt sich auf seiner Bahn! Die Annahme bietet sich an, daß ein Zusammenstoß mit einem anderen Himmelskörper diese außergewöhnliche Lage geschaffen hat.

Sehr sonderbar ist die Stellung der Rotationsachse des Planeten Uranus: Sein Äquator steht fast senkrecht auf der Bahnebene. Die Rotationsachse liegt also beinahe in der Bahnebene. Deshalb verändert sich sein Anblick von der Erde im Verlauf der Jahre (untere Bildreihe).

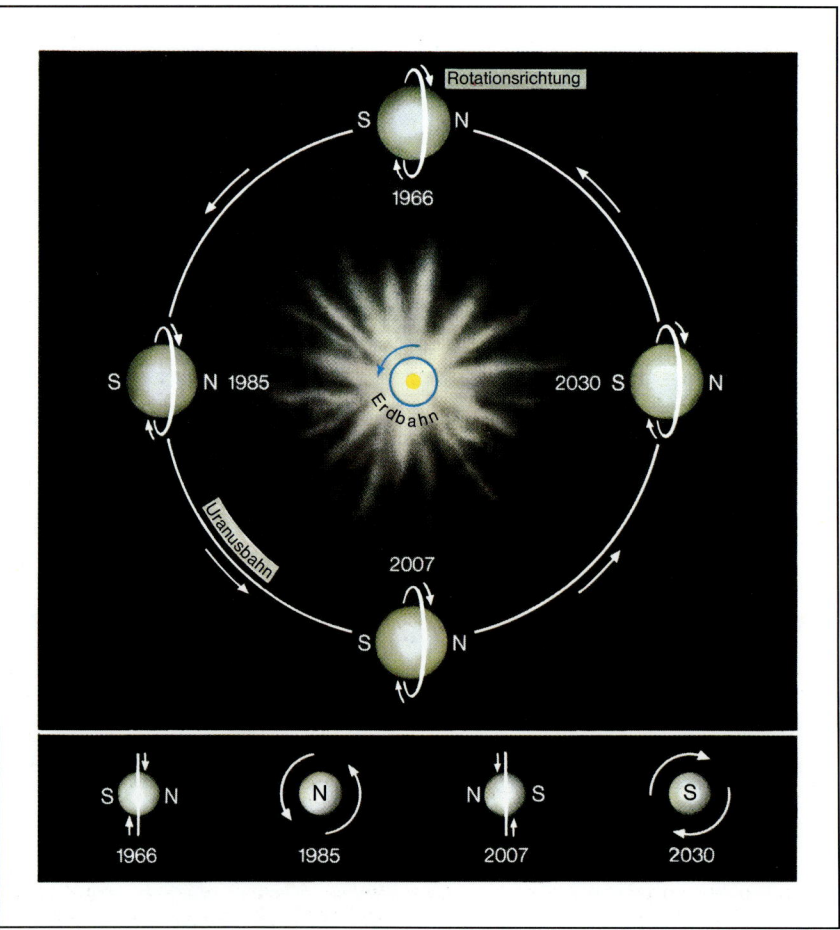

Am 24. Januar 1986 flog Voyager 2 in 93 000 km Entfernung an Uranus vorbei. Die von der Sonde gewonnenen Bilder zeigen eine strukturlose Atmosphäre, zurückzuführen auf einen starken Dunstschleier, der den Planeten umgibt. Filteraufnahmen weisen in tieferen Schichten der Atmosphäre Wolken nach, die sich mit einer Geschwindigkeit von 100 m/s bewegen. Jetstreams auf der Erde in 9 km Höhe haben die gleiche Geschwindigkeit. Die Westwinde auf Saturn erreichen in äquatornahen Breiten bis 500 m/s.

An der Obergrenze der Atmosphäre existiert eine Wolkenschicht aus gefrorenem Methan. Das Methangas absorbiert den roten Anteil des Sonnenlichts. Das verursacht die blau-grüne Farbe, von der sich der Beobachter bereits mit einem kleinen Fernrohr überzeugen kann. Die Wolken tiefer in der Atmosphäre bestehen aus Ammoniak und Wasser. Oberhalb der sichtbaren Wolkendecke umgibt den Planeten eine weit in den Weltraum hinausreichende Wasserstoffkorona.

Die scheinbare Helligkeit von Uranus ist nicht konstant. Das ist sie zwar auch bei den anderen Planeten nicht, da der wechselnde Abstand Sonne–Planet und Erde–Planet Veränderungen verursacht. Bei Uranus kommen aber noch andere Umstände hinzu: Da ist einmal die wechselnde Stellung der Rotationsachse und dann offensichtliche periodische Veränderungen des Reflexionsvermögens der Atmosphäre (»Pulsationserscheinungen«). Weil sich die einzelnen Helligkeitsveränderungen gegenseitig überlagern, kann es insgesamt zu einem Lichtwechsel in der Größenordnung $1,3^m$ kommen!

Ein sehr dünnes Ringsystem ist von der Erde aus sehr schwierig zu beobachten. Die sehr dünnen Ringe (knapp 10 km breit) sind durch große Zwischenräume voneinander getrennt. Die dunklen oder farblosen Ringteilchen reflektieren gerade 2 % des Sonnenlichts. 1977 bereits wurden die Uranusringe von der Erde aus per Zufall entdeckt. Helligkeitsschwankungen vor einer Sternbedeckung durch Uranus brachten die Astronomen auf die Spur.

Mittlerweile sind von Uranus 15 Monde bekannt. Die beiden hellsten Monde (ca. 14^m) Titania und Oberon entdeckte W. Herschel 1787. Die Monde Ariel und Umbriel fand 1851 Lassell, der mit einem 61-cm-Spiegelteleskop auf Malta beobachtet hat. Ihre Helligkeiten liegen bei 16^m. G. P. Kuiper entdeckte 1948 den 17^m hellen Mond Miranda. Schließlich ermittelte man 10 neue Monde auf den Bildern von Voyager 2.

Die Oberflächen der großen Uranusmonde zeigen Krater (Oberon und Umbriel) und verschiedene Spuren von gefrorenem Wasser. Auch gebirgige Strukturen mit Erhebungen und Tälern photographierten die Kameras von Voyager 2. Die beiden äußeren Monde Titania und Oberon kann der besser ausgerüstete Sternfreund selbst aufnehmen – allerdings ohne die erwähnten Strukturen.

Neptun

Schon Uranus verdankt seine Entdeckung vorangegangenen theoretischen Überlegungen, und so sind auch bei den Planeten Neptun und Pluto Mathematiker Entdeckungshelfer gewesen. Die Planetenbahnen wurden im 19. Jahrhundert immer genauer durchgerechnet, zum Teil mit neuentwickelten Rechenverfahren. Da konnte es nicht lange verborgen bleiben, wenn es bei einer Bahn Unregelmäßigkeiten gab, sogenannte Störungen. Das war bei Uranus der Fall. Der Schluß lag nahe, daß der Störenfried ein jenseits der Uranusbahn befindlicher Planet sein müßte. Am 23. September 1846 entdeckte der Astronom Galle einen neuen Planeten, der den Namen Neptun erhielt.

Dieser kann zur Zeit der Opposition $7,7^m$ hell werden. 6 von den 8 Monden wurden erst im August 1989 beim Vorbeiflug der Sonde Voyager 2 entdeckt. Auch gelang der Nachweis gewaltiger Sturmwirbel in der

Diese Aufnahme, die Voyager 2 gemacht hat, läßt die Vielzahl der Ringe erkennen, die auch den Planeten Uranus umgeben. Die Gegenlichtaufnahme (Richtung Sonne) zeigt den Staub zwischen den Ringen auffällig hell.

Das Voyager-2-Photo zeigt 3 Objekte auf Neptun, die die Raumsonde im August 1989 entdeckt hat: den »Großen Dunklen (Blauen) Fleck«, umgeben von hellen weißen Wolken (rechte Bildmitte), südlich davon ein helles Wolkengebilde (»Scooter«), an das ein als »Dunkelfleck 2« bezeichnetes Objekt mit hellem Kern anschließt. Norden unten, Süden oben.

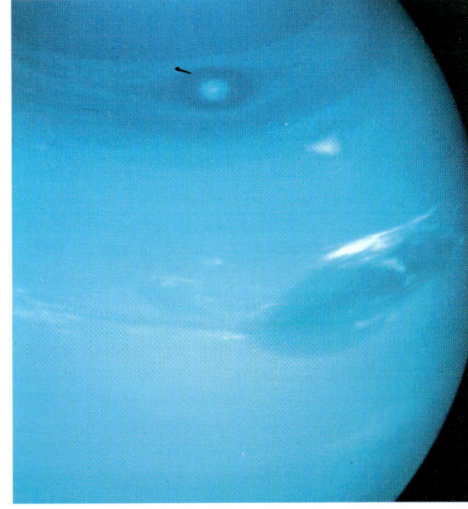

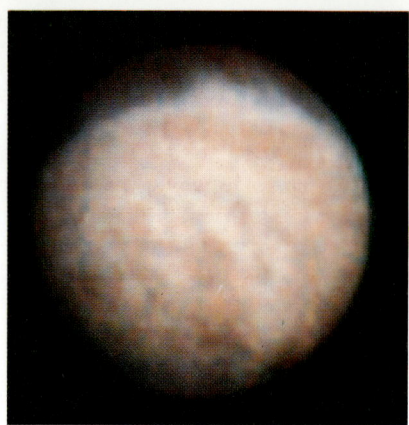

Neptunmond Triton, aufgenommen am 20. August 1989 von der Raumsonde Voyager 2. Einzelheiten bis zu 100 km im Durchmesser können ausgemacht werden. Die blaßrosa Färbung ist möglicherweise auf rötliche Materie zurückzuführen, die aus Methan und Eis besteht. Die dunklen Gebiete oben im Bild scheinen einem Gürtel dunkler Oberflächenstrukturen zugehörig.

Pluto

Die Entdeckung dieses Planeten geht ebenfalls auf Bahnstörungen zurück, die zur Ortsberechnung geführt haben, und zwar stellte der Amerikaner Lowell fest, daß auf die Uranusbahn noch ein anderer Planet als Neptun einwirken müsse. Die Astonomen waren hierbei vom Erfolg visueller Suchbeobachtungen nicht mehr überzeugt und setzten die nun zur Verfügung stehenden photographischen Mittel ein. Im Januar 1930 stellt Clyde Tombaugh den gesuchten Planeten auf zwei Photoplatten als Objekt mit der Helligkeit 15^m fest. Tatsächlich kann Pluto nie heller als 14,3^m werden, und die meisten Sternfreunde werden sich mit der Feststellung begnügen müssen, daß es diesen Planeten wirklich gibt. 1978 wurde ein Mond des Pluto entdeckt, der den Namen Charon bekommen hat.

Den Rechnern unter den Astronomen läßt die Sache keine Ruhe. Sie wollen die Planetenfamilie noch größer machen, und so liegen zahlreiche Berechnungen für einen »Transpluto« vor, auf dessen Entdeckung die astronomische Welt noch wartet.

Manches deutet darauf hin, daß jenseits von Pluto noch planetenähnliche Objekte vorhanden sind bzw. in früheren Epochen vorhanden waren. Die Bahnlagen des Uranus oder des Neptunmondes Triton können verursacht worden sein durch die Kollision mit Objekten aus dem äußeren Sonnensystem bzw. im Fall Triton könnte es sich um ein solches Objekt handeln, das Neptun in sein System gezwungen hat.

Die Kometen: Wanderer im Weltraum

Die Schweifsterne haben dereinst Furcht und Schrecken unter den Menschen verbreitet. Wahrscheinlich hängt das einfach damit zusammen, daß auffällige Kometenerscheinungen verhältnismäßig seltene, dann aber wochen- und monatelang beherrschende Phänomene am Himmel sind. Die oft imposante Schweifbildung tat noch das ihre, um den Menschen die Kometenangst einzujagen. Auffällige Kometen scheinen indessen in unserem Jahrhundert rar

Atmosphäre des Planeten und eines Großen Blauen Flecks, vergleichbar mit dem GRF auf Jupiter.

Der Neptunmond Triton hat an der Oberfläche eine Temperatur von 37 Kelvin und besitzt damit die tiefste gemessene Temperatur im Sonnensystem. Die Oberfläche läßt Spuren erkennen, die auf vereiste Lava, Eisvulkane und Krater hinweisen. Wahrscheinlich wurde Triton irgendwann einmal von Neptun eingefangen. Das verrät auch die rückläufige Bahn (retrograd) um Neptun. Die 6 von Voyager entdeckten Monde sind dunkle, unförmige Gebilde. Sie sind so klein, daß ihre Schwerkraft nicht ausreicht, Kugeln zu bilden.

Das von R. Häfner und J. Manfroid 1984 auf der Europäischen Südsternwarte in Chile erstmals beobachtete Ringsystem ist bestätigt worden. Voyager 2 bildete 3 Ringe ab. 2 dieser Ringe sind sehr dünn. Ein dritter Ring, sehr viel breiter, befindet sich innerhalb der 2 dünnen Ringe und reicht vielleicht sogar bis in die obere Schicht der Neptunatmosphäre. Gleich den Ringen um Uranus sind die Neptunringe sehr dunkel. Vermutlich bestehen sie zum Teil aus Methaneis. Durch die Sonneneinstrahlung hat hier eine Umwandlung in ein teerartiges Produkt stattgefunden.

Komet C/1995 01 Hale-Bopp aufgenommen im Februar 1997. Nach der neuen international vereinbarten Kennzeichnung gibt der erste Großbuchstabe die Umlaufzeit an (C = größer als 200 Jahre, P = bis 200 Jahre). Es folgen das Jahr der Entdeckung, ein weiterer Großbuchstabe für den Halbmonat der Entdeckung (O für 2. Julihälfte) und eine arabische Ziffer für die Reihenfolge der Entdeckungen in dem betreffenden Halbmonat.

geworden zu sein. Seit dem Erscheinen des berühmten periodischen Kometen Halley im Jahr 1910 hat sich auf diesem Gebiet nicht viel ereignet. Die Wiederkehr des Halleyschen Kometen 1986 war nicht das große Spektakel, das erwartet worden war. Vor allem auf der Nordhalbkugel der Erde ist der Komet ein wenig auffälliges Objekt am Himmel geblieben. Der Überraschungs-Komet von 1996 war die Entdeckung des japanischen Amateurs Yuji Hyakutake am 31. Januar. Zu diesem Zeitpunkt war der Komet Hale-Bopp bereits entdeckt. Ausgerüstet mit 40-cm-Spiegelteleskopen fanden unabhängig voneinander die Amerikaner Thomas Bopp und Alan Hale am 22. Juli 1995 den Kometen, der im Frühjahr 1997 zum großen Beobachtungsereignis wurde.

Es gibt viele Sternfreunde in aller Welt, die den Himmel systematisch nach Kometen durchforsten. Ein dafür ideal geeignetes Instrument ist der Feldstecher mit hoher Lichtstärke und großem Gesichtsfeld. Die üblichen Vergrößerungen zwischen 10- und 20fach genügen vollauf. Rudolf Brandt empfiehlt dem Beobachter: »Man durchmustere den Westhorizont nach Sonnenuntergang und den Osthorizont vor Sonnenaufgang, dort besteht am ehesten Aussicht, einen Kometen zu finden. Eins ist dabei allerdings wichtig: Man muß die kleinen Nebel und Sternhaufen kennen, um sie von einem Kometen unterscheiden zu können, denn im Anfangsstadium sehen Kometen gewissen Nebelflecken oft recht ähnlich. Glaubt man bei solchen Durchmusterungen, ein kometenverdächtiges Objekt gefunden zu haben, so gibt es ein untrügliches Zeichen dafür, ob es wirklich ein Komet ist: die Bewegung des Objekts unter den Sternen.«

Gut eignen sich für die Suche auch die neuen, lichtstarken Refraktoren (»Kometensucher«) und Newton-Spiegelteleskope mit Öffnungsverhältnis 1:8 bis 1:5 und Weitwinkelokularen.

Sowohl am Himmel wie auf seiner Sternkarte muß sich der Kometenjäger also auskennen. Sonst kommt es zur peinlichen Überraschung, daß (nach W.D. Heintz) »der vermeintliche Komet ein Dunststreifen im Scheinwerferlicht des Flughafens« ist!

Neuentdeckte Kometen bekommen den Namen ihres oder ihrer Entdecker (bei Gleichzeitigkeit). Daneben werden die Kometen eines Jahres zunächst mit der Jahreszahl und einem Buchstaben geordnet (Komet 1972a für den in diesem Jahr erstentdeckten Kometen). Ist die Bahn endgültig bekannt, werden die Kometen des Jahres in der Reihenfolge ihrer Perihel-

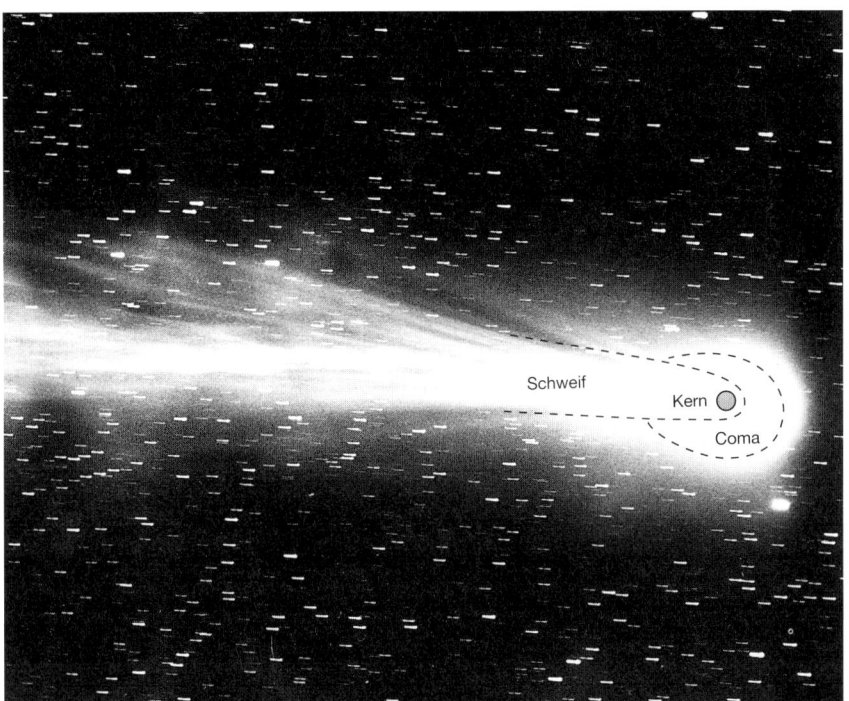

Komet Halley, aufgenommen mit der Schmidt-Kamera des Calar-Alto-Observatoriums in Südspanien. Oberes Bild: 9. Januar 1986, unteres Bild: 10. Januar 1986. Auffällig sind die rasche Bewegung (man vergleiche den hellen Stern am Kometenkopf unten) und die Veränderung des Kometenschweifs innerhalb eines Tages. In der oberen Abbildung sind die wichtigsten Bestandteile eines Kometen gekennzeichnet (vgl. Text S. 122).

durchgänge (sonnennächster Bahnpunkt) mit römischen Ziffern gekennzeichnet (Komet 1972 I).

Hat ein Beobachter – was durchaus vorkommt – mehrere Kometen entdeckt, so steht nach seinem Namen noch eine Zahl, die angibt, um den wievielten entdeckten Kometen dieses Beobachters es sich handelt.

Seit 1995 wird eine neue Nomenklatur der Kometen verwendet, die in der Legende zum Foto S. 120 erklärt wird.

Die Ähnlichkeit der Kometen mit Nebelflecken zu einem bestimmten Zeitpunkt wirft sofort die Frage auf, wann sich der Komet eigentlich durch seinen Schweif kenntlich macht. Dazu ein paar Anmerkungen über die Bahn der Kometen. Wie die Planeten bewegen sich die Kometen im Gravitationsfeld der Sonne. Es sind kleine kompakte Körper mit Durchmessern zwischen 1 km und 100 km. Dieser sogenannte Kometenkern kann von der Erde aus nur dann beobachtet werden, wenn er nahe genug ist, um genügend Sonnenlicht zu reflektieren. Das Eigenleuchten um den Kern ist minimal. In der Regel sind Kometenbahnen Ellipsen. Die Kometen sind Kleinkörper des Sonnensystems und umrunden die Sonne. Kometen, die sich auf Parabel- oder Hyperbelbahnen bewegen, kommen aus dem Weltraum außerhalb des Sonnensystems und bewegen sich wieder dorthin zurück. Der Komet kommt also aus der äußersten Ferne des Planetensystems in Sonnennähe.

Erst ab etwa Saturn-Entfernung wird der Kometenkern hell genug, um die Chance zu haben, von der Erde aus registriert zu werden. Die Schweifentwicklung hat zu diesem Zeitpunkt noch gar nicht begonnen. Aber mit zunehmender Annäherung an die Sonne erwärmt sich der Kometenkern immer mehr, wodurch Strukturveränderungen ausgelöst werden. Materie an der Oberfläche des Kometenkerns beginnt zu verdampfen und erzeugt um den Kern herum eine Gashülle (in der Fachsprache heißt sie Coma). Interessanterweise leuchtet diese Gashülle im eigenen Licht. Dazu F. Gondolatsch vom Astronomischen Recheninstitut in Heidelberg in der Monatsschrift »Sterne und Weltraum«: »Die spektroskopische Untersuchung dieses Eigenleuchtens ist die Hauptquelle unserer Kenntnisse vom Aufbau der Kometen und von den physikalischen Vorgängen in ihnen.«

Kommt nun der Komet der Sonne immer näher, so reißt die Sonnenstrahlung einen Teil der Gashülle weg – der Plasmaschweif bildet sich, ionisiertes Gas aus elektrisch geladenen Atomen und Molekülen. Der Staubschweif hat eine viel gröbere Struktur und erscheint häufig als breite, diffuse Schleppe. Es ist der Strahlungsdruck des Sonnenlichtes, der Staubpartikel der Coma »wegbläst«.

Schweife können geradlinig (Regel) und gekrümmt sein. Es treten manchmal Schwankungen in der Länge wie in der Sichtbarkeit auf, wohl zurückzuführen auf Vorgänge im

Kometenkern und der Gashülle unter dem Einfluß der starken Sonnenstrahlung. Die Materie im Schweif ist sehr dünn, wie auch die Masse des Kometenkerns äußerst gering ist: ein Millionstel der Masse unserer Erde.

Der Kometenkern ist eine Mischung aus Eis (gefrorenes Wasser, verfestigte Gase, Ammoniakeis, Methaneis u. a.) und Elementen wie Eisen, Kalzium, Magnesium, Mangan, Silizium, Nickel, Aluminium und Schwefel. Bei der Verdampfung an der Oberfläche in Sonnennähe bleibt einiges von dem metallisch-festen Material auf der Kometenbahn zurück. Es bilden sich Teilchenwolken, die die gleiche Bahn wie der Kometenkern ziehen. Gelangt ein Planet in eine solche Teilchenwolke, kommt es zum »Zusammenstoß« – wir erleben ihn auf der Erde in Form der Sternschnuppenschwärme (siehe S. 124). Ob auf diese Weise organische Moleküle durch den Weltraum transportiert wurden und auch auf die Erde gelangt sind, ist eine wissenschaftliche Spekulation. Bis die gesamte Materie eines Kometenkerns durch Verdampfung verbraucht ist, vergeht schon etwas Zeit. So führen die periodischen Kometen Dutzende bis Hunderte von Umläufen um die Sonne durch. Über neue Kometen informiert die »Vereinigung der Sternfreunde« ihre Mitglieder.

Die Statistik kennt etwa 1000 Kometen, die im Verlauf der Jahrhunderte von der Erde aus entdeckt und beobachtet worden sind. Nur knapp 100 von ihnen wurden wiederholt beobachtet. Der Erde am nächsten kam bislang ein 1983 vom Infrarotsatelliten IRAS entdeckter Komet. In 5 Millionen km Entfernung von der Erde führte ihn seine Bahn vorbei.

Die häufigste Bahnform sind die elliptischen Bahnen. Sie zwingen die Kometen zum Bleiben im Sonnensystem und sind auch eine Voraussetzung für die Wiederkehr in Sonnennähe und damit zur wiederholten Beobachtungsmöglichkeit. Die Wiederkehr des Halleyschen Kometen ist das bekannte Beispiel für einen periodischen Kometen. Seine Berühmtheit beruht darauf, daß er der erste Komet war, der zum vorhergesagten Zeitpunkt wieder erschienen ist. Im aus-

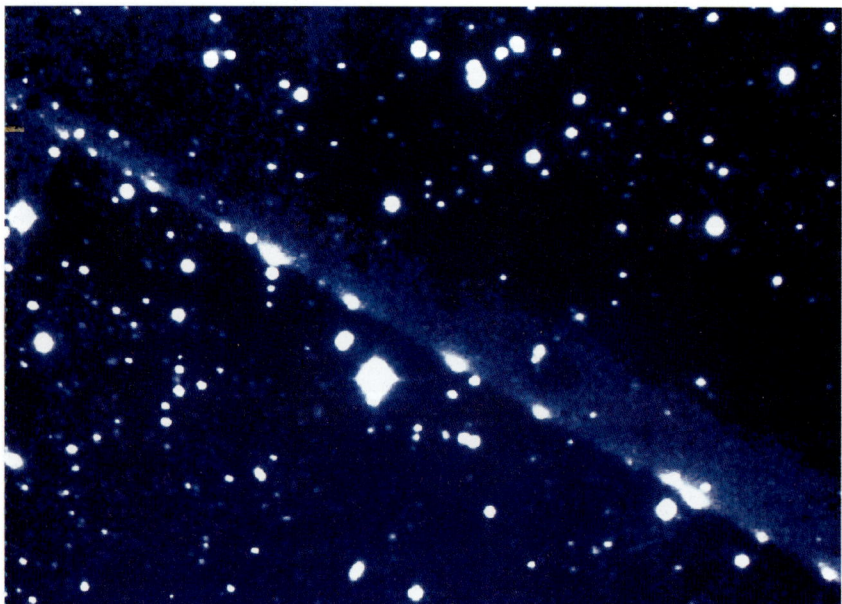

Komet Shoemaker-Levy 9 am 1. Juli 1994, zwei Wochen vor dem Sturz in die Atmosphäre des Planeten Jupiter. Unter Einwirkung der Gravitationskräfte des Planeten ist der Komet bereits in mehrere Stücke zerrissen (s. auch Photos S. 114).

Der dunkle, kohlenstoffreiche Kern des Halleyschen Kometen. Erkennbar sind auch die hellen Gas- und Staubausbrüche. Ausdehnung des Kometen 16 km Länge und 8 km Breite. Aufnahme der Sonde Giotto im März 1986 aus 600 km Entfernung.

Die Bahnen der Kometen insgesamt weisen auf eine Kometenwolke, auch Oortsche Wolke genannt, die sich am Rand des Sonnensystems weit in den interstellaren Raum hinein erstreckt. Obwohl weit von der Sonne entfernt, reicht deren Anziehungskraft noch aus, um alle Kometen auf elliptischen Bahnen zu halten, die sie irgendwann einmal ins Innere des Sonnensystems bringen. Mehrere Millionen Jahre braucht ein Komet aus dieser Ferne für einen Umlauf. Seine Reisegeschwindigkeit beträgt nur 144 km/h. Mit der Kometenwolke ist auch die Grenze unseres Sonnensystems gekennzeichnet. Knapp hinter der Umlaufbahn des Planeten Neptun befindet sich ein weiteres Sammelbecken von Kometenkernen, im sogenannten Kuiper-Gürtel. Von hier aus starten bevorzugt kurzperiodische Kometen ihre Bahn um die Sonne.

Kometen sind interessant für die Forschung. Da sie sich seit ihrer Entstehung kaum verändert haben, sind sie Dokumente aus der Ursprungszeit des Sonnensystems. Wegen ihrer Kälte wird sogar darüber nachgedacht, ob sie für den Transport tiefgefrorener Viren aus dem Weltraum geeignet sind. Haben vielleicht Kometen auch das Leben auf die Erde gebracht? 3 Kometensonden sollen in naher Zukunft das Rätsel lösen.

gehenden 17. Jahrhundert berechnete Edmond Halley die Bahn dieses Kometen für 1682 und sagte das Wiedererscheinen für 1758 voraus. Rückrechnungen haben ergeben, daß der Halleysche Komet bereits im Mittelalter und im Altertum wiederholt beobachtet worden ist.

Während seiner letzten Erscheinung 1986 wurde der Halleysche Komet sehr intensiv beobachtet. Am 14. März 1986 flog die europäische Raumsonde Giotto in 600 km Abstand am Kometen vorbei und machte Photos und Messungen. Auch Amerikaner, Japaner und Russen schickten Sonden in die Umgebung des Kometen.

Sensationell war das Ende des Kometen 1993e Shoemaker-Levy 9. Er wurde von Jupiter auf eine kurze Umlaufbahn katapultiert, die ihn unmittelbar in das Gravitationsfeld von Jupiter führte. Dort wurde er in zahlreiche Stücke zerrissen, die Ende Juli 1994 auf Jupiter stürzten.

Sternschnuppen: Materie aus dem Weltraum

Am 13. November 1833 bricht ein himmlisches Feuerwerk aus! In überraschender Häufigkeit blitzen die Sternschnuppen aus dem Sternbild des Löwen – bis zu 20 in der Sekunde! Die Bevölkerung ist verblüfft, betroffen! In einer Reihe von Bildern wird das Naturereignis der Nachwelt überliefert.

Nicht immer fallen Sternschnuppen so zahlreich, aber es scheint bestimmte Jahreszeiten zu geben, in denen mit einer größeren Häufigkeit zu rechnen ist. Warme Sommernächte verlocken zum Aufbleiben und auch zu einem Blick an den Sternenhimmel. Sicher ist dabei dem einen oder anderen aufgefallen, daß besonders in der ersten Hälfte des August Sternschnuppen häufig zu sehen sind. Der Beobachter hat sich nicht getäuscht: Die erste Augusthälfte ist die Zeit des Perseidenstroms, der – Ausnahmen bestätigen die Regel – ergiebige Sternschnuppenfälle bringt. Der Name kommt vom Sternbild Perseus: Die aufblitzenden Sternschnuppen scheinen aus diesem Sternbild zu kommen. Natürlich haben die Sternschnuppen mit dem Sternbild selbst bzw. seinen Sternen überhaupt

Zwei Sternschnuppen während des Falls der Perseiden am 12. August 1993. Die Perseiden gehören zu den regelmäßig wiederkehrenden Meteorschauern.

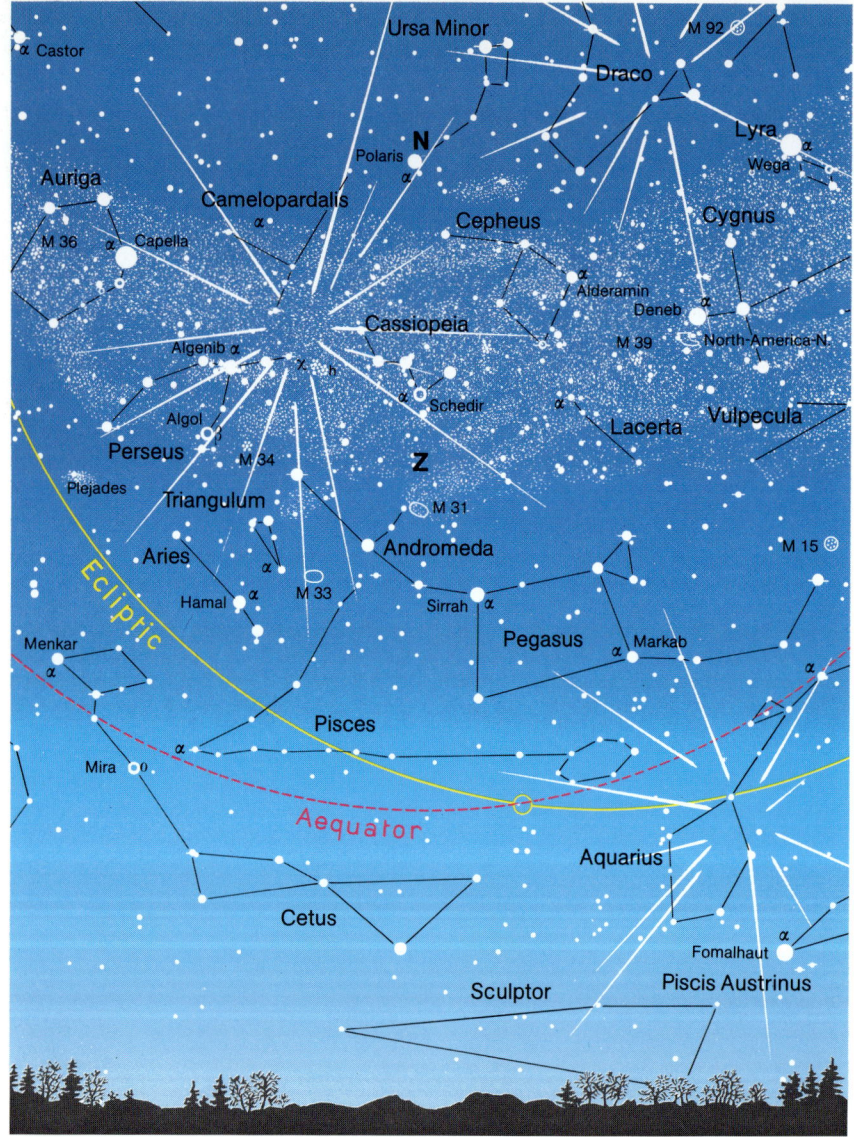

nichts zu tun. Aber der Punkt der Ausstrahlung läßt sich nun einmal am Himmel am bequemsten einordnen, wenn man ihn in Verbindung zu einem Sternbild bringt. In der Fachsprache wird dieser Punkt als Radiant bezeichnet.

Besonders sternschnuppenreiche Ströme sind neben den Perseiden die Quadrantiden (erscheinen Anfang Januar im nördlichen Teil des Sternbildes Bootes), die Giacobiniden (erscheinen nahe dem Drachenrachen im Sternbild Drache am 10. Oktober) und die Geminiden (erscheinen nahe Castor und Pollux im Sternbild Zwillinge Anfang bis Mitte Dezember).

In der Regel ist die Bahn, die ein Meteor in der Erdatmosphäre beschreibt, fast gradlinig. Beim Aufleuchten sind Sternschnuppen noch über 100 km hoch; die meisten erlöschen in 70–80 km Höhe. Ein Hinweis für Beobachter: »Bei der Bewegung unseres Planeten um die Sonne läßt sich auf der Erdkugel eine Vorderseite und eine Rückseite unterscheiden. Erstere ist die Halbkugel, für die sich der Zielpunkt der Bewegung über dem Horizont befindet. Der Zielpunkt liegt in der Ekliptik 90 Grad westlich der Sonne, wird sich also im Mittel etwa 6 Stunden vor der Sonne über den Horizont erheben, so daß jeder Ort in der ersten Hälfte der Nacht der Rückseite, in der zweiten Hälfte der Vorderseite der Erde an-

Meteorströme

Im Verlauf des Jahres sind verschiedene Meteorschauer zu beobachten, deren rückwärts verlängerte Bahnen in einem Punkt am Himmel zusammenzulaufen scheinen. Dieser Punkt heißt Radiant. Diese Meteore beschreiben im Raum parallele Bahnen und sind Mitglieder eines Meteorstroms. Ihr verhältnismäßig regelmäßiges Auftreten deutet darauf hin, daß Schwärme meteoridischer Teile den Raum zwischen den Planeten (interplanetare Materie im interplanetaren Raum) durchziehen. Hier besteht ein Zusammenhang zwischen Kometen und Meteorströmen. Die Bahn eines bestimmten Kometen fällt mit der Bahn des Meteorstroms zusammen. In der ersten Augusthälfte erscheint der bekannteste Meteorstrom, der der Perseiden. Die wichtigsten Meteorströme sind in der Tabelle links zusammengefaßt. Einige scheinbare Örter ihres Auftretens am Himmel (Radiant) gibt die Karte oben links an.

Meteorströme

Strom	Zeit	Radiant (α, δ)		Ergiebigkeit	Komet
Quadrantiden	2. 1. bis 4. 1.	230°	+50°	groß	kein Komet bekannt
Lyriden	19. 4. bis 23. 4.	273	+31	gering	Komet 1861 I
η-Aquariden	28. 4. bis 16. 5.	340	0	mittel	Halleyscher Komet?
δ-Aquariden	22. 7. bis 10. 8.	344	−15	mittel	kein Komet bekannt
Perseiden	27. 7. bis 17. 8.	40	+55	groß	Komet 1862 III
Giacobiniden	nur am 10. 10.	267	+56	groß	Komet 1900 III
Orioniden	15. 10. bis 25. 10.	94	+14	gering	Halleyscher Komet?
Tauriden	26. 10. bis 22. 11.	54	+15	gering	Enckescher Komet?
Leoniden	15. 11. bis 17. 11.	151	+22	gering	Komet Temple 1866 I
Geminiden	6. 12. bis 16. 12.	113	+32	groß	kein Komet bekannt
Ursiden	21. 12. bis 23. 12.	217	+76	mittel	Komet Tuttle 1939 k?

Der Barringer-Meteorkrater bei Winslow, Arizona (USA). Er ist fast kreisförmig, hat einen Durchmesser von 1200 m und ist 175 m tief. Ein 37 m hoher Wall erhebt sich über die umgebende Wüste.

gehört. Es ist nun leicht einzusehen, daß bei der Bewegung der Erde durch die im Raum verteilten, im allgemeinen keine Bewegungsrichtung bevorzugenden Sternschnuppen die Vorderseite mehr Meteore auffangen muß als die Rückseite, woraus sich die bekannte tägliche Schwankung der Sternschnuppenhäufigkeit ergibt« (C. Hoffmeister).

Der andere Name für Sternschnuppen lautet Meteore, kleine Teilchen – meist nicht größer als ein Sand- oder Getreidekorn –, die infolge ihrer raschen Bewegung durch Reibung mit der Luft der Erdatmosphäre bis zur Weißglut erhitzt werden und dann für einen Augenblick aufleuchten. Die Masse der Sternschnuppen ist verglüht, bevor sie die Erdoberfläche erreicht. Freilich gibt es zuweilen mächtige Brocken, die unter oft eindrucksvollen Leuchterscheinungen und sogar donnerartigen Geräuschen auf der Erde einschlagen. Für diese Meteorite gibt es die Bezeichnung Feuerkugeln (Boliden). Die Überbleibsel sind begehrte Fundstücke für die Wissenschaft, denn bis zu den Mondgesteinsproben waren die Bruchstücke von Meteoriten die einzigen kosmischen Bausteine, die der Forscher im Laboratorium untersuchen konnte. In naturkundlichen Museen in aller Welt sind besonders schöne Meteorstücke ausgestellt, so im Hayden-Planetarium in New York, wo der größte bisher in den USA gefundene Meteorit zu sehen ist: Er wiegt 14 000 kg!

Inzwischen hat man auch herausgefunden, daß Meteorite sowohl aus Metall (Nickel-Eisen) wie aus Stein bestehen können. Die Massen extrem großer Meteorite reichen aus, um sogar richtige Krater in der Erdoberfläche zu erzeugen. In der Nähe von Winslow, Arizona (USA), befindet sich der Barringer-Krater mit einem Durchmesser von 1200 m und eine Tiefe von 175 m. Freilich nicht alle Krater sind so auffällig wie dieser. Oft hat die Natur manches wieder zugedeckt und neu bewachsen lassen, und die Wissenschaftler können nur auf Grund einer eigentümlichen Landschaftsform die Ursache vermuten. Das gilt zum Beispiel für das Nördlinger Ries, ein flaches, fruchtbares Becken zwischen Schwäbischer und Fränkischer Alb.

Sternschnuppen sind Kleinkörper im Sonnensystem und haben eine enge Verbindung zu den Kometen. Entlang der Kometenbahn bildet sich Staub, sehr grob vergleichbar mit der Staubansammlung längs einer Autostraße. Durch diese losen Materieanhäufungen zieht die Erde nun wieder ihre Bahn um die Sonne, und so kommt es von Zeit zu Zeit zu einem »Zusammenstoß« mit dieser Materie, und wir erleben einen Sternschnuppenstrom, wie im August den der Perseiden. Das heißt nun aber nicht, daß jeder Sternschnuppenstrom und jede Sternschnuppe unbedingt in Beziehung zu einer Kometenbahn stehen muß. Es gibt gute Gründe, anzunehmen, daß Meteore auch aus Bruchstücken kleiner Planeten (Planetoiden) entstanden sind. Sternschnuppen treten überall am Himmel in Erscheinung, gerade auch als Einzelgänger, eben weil im Sonnensystem ständig winzige, bisweilen auch größere Teilchen unterwegs sind. Es gibt »Mikrometeorite«, die so winzig sind, daß sie ohne Verglühen durch die Erdatmosphäre schwebend und unbeschädigt bis auf die Oberfläche gelangen. Das ist gar keine kleine Menge: Es wird ge-

Kleines Stück eines Meteoriten, von dem angenommen wird, daß es vom Planetoiden Vesta stammt.

schätzt, daß jährlich 2 Millionen Tonnen Nickeleisenstaub und Gesteinsstaub auf die Erde gelangen! Der Übergang zur interplanetaren Materie ist fließend.

Nach ihrer chemischen Beschaffenheit lassen sich Meteorite in 3 Gruppen fassen:

● Steinmeteorite: etwa 95 % aller Meteorite,
● Eisenmeteorite: etwa 4 % aller Meteorite,
● Stein-Eisenmeteorite: etwa 1 % aller Meteorite.

Die größte Dichte mit 7,7 g/cm^3 haben die Eisenmeteorite, die geringste die Steinmeteorite mit 3,6 g/cm^3. Im Vergleich zu irdischem Gestein sind Meteorite dichter. Das häufigste Gestein auf der Erde, Silikate, hat eine Dichte von etwa 3,2 g/m^3. Aber es gibt Ausnahmen: z. B. die kohligen Chondrite. Sie gehören zu den ursprünglichsten Stoffen im Sonnensystem, haben manches gemeinsam mit der chemischen Zusammensetzung der Sonne und haben eine Dichte von nur 2,2–2,9 g/cm^3. Im Gegensatz zu den normalen Chondriten, eine Klasse von Steinmeteoriten, sind die kohligen Chondrite selten und sehr zerbrechlich.

Exoten unter den Meteoriten kommen vom Mond und vom Mars. Bei Meteoreinschlägen auf diesen Himmelskörpern wurden Stücke aus der Oberfläche geschlagen und auf die Erde geschleudert. Das Alter dieser Sonderlinge ist geringer als das der meisten Planetoiden. Die chemische Analyse führt zu Mondgestein und vulkanischem Marsgestein. Das Alter dieser zur Erde katapultierten Splitter ist geringer als 1 Milliarde Jahre. Meteorite, die aus dem Asteroidengürtel kommen, sind mit 4,5 Milliarden Jahren Zeitzeugen der Entstehung des Sonnensystems.

Das Zodiakallicht über dem Westhorizont am 13. Mai 1983 vom Gipfel des Mauna Kea aus. An der Spitze des Zodiakallichtkegels der Planet Venus, 43° von der Sonne entfernt. Dicht über dem Horizont der Mond, 19° über der bereits untergegangenen Sonne.

Das Zodiakallicht

Oder: Staub im Sonnensystem – auch diese Überschrift hätte man für dieses Kapitel wählen können. Von kleinen und kleinsten Materieteilen im Sonnensystem ist schon in anderem Zusammenhang berichtet worden (siehe dazu S. 123). Der Weltraum ist zwischen den großen Himmelskörpern keineswegs so »leer« wie man sich das zuweilen vorgestellt hat. Die Astronomen sprechen heute von interstellarer und interplanetarer Materie. Zu letzterer zählt das Zodiakallicht (Tierkreislicht).

Es handelt sich dabei ganz offensichtlich um eine Wolke von Staubteilchen, die die Sonne umkreist, das Sonnenlicht streut und auf diese Weise als Lichtkegel am Abend- oder Morgenhimmel sichtbar wird. Weil sich diese Staubwolke ziemlich nahe an der Ekliptikebene befindet, erscheint das Zodiakallicht als Band längs der Ekliptik. Dadurch ergeben sich auch mit den Jahreszeiten wechselnde Sichtbarkeiten. Im »Handbuch für Sternfreunde« (3. Aufl., 1981) beschreibt das Werner Sandner wie folgt: »Wie sich mit Hilfe eines Himmelsglobus oder einer drehbaren Sternkarte leicht zeigen läßt, steigt für mittlere Nordbreiten die Ekliptik im Frühjahr nach Sonnenuntergang am West-Himmel steil über den Horizont empor und ebenso im Herbst vor Sonnenaufgang. Daher ist die Erscheinung am herbstlichen Morgenhimmel analog der abendlichen im Frühjahr, nur spielen sich die Phasen in umgekehrter Reihenfolge ab. In den übrigen Jahreszeiten verläuft die Ekliptik mehr oder weniger flach zum Horizont, und der zarte Schimmer des Zodiakallichtes verschwindet im Dunst. In mittleren Süd-Breiten sind die Beobachtungsbedingungen naturgemäß grundsätzlich die gleichen, nur ist dann die beste Sichtbarkeit im Februar/März am Morgenhimmel im Osten und im Oktober am Abendhimmel im Westen.«

Lange Zeit hat es heftigen Streit gegeben zwischen den Vertretern einer Theorie, die das Tierkreislicht auf einen Partikelgürtel um die Erde zurückführt, und den Anhängern der interplanetaren Materie. Die Fronten haben sich mittlerweile geklärt. In neuester Zeit weisen wissenschaftliche Untersuchungen auf einen Übergang von der Sonnenkorona zum Zodiakallicht. Bei totalen Sonnenfinsternissen wurden Beobachtungen gemacht, die das Zodiakallicht als einen äußeren Teil der Sonnenkorona erkennen lassen.

Staub im Sonnensystem – Gas im Sonnensystem. Ein amerikanischer Physiker hat herausgefunden, daß in über 100 km Höhe, wo die Atmosphäre der Erde durchsichtig ist, ein schwaches ultraviolettes Leuchten im Gegenpunkt der Sonne am Nachthimmel nachweisbar ist. Es handelt sich um sogenanntes Wasserstoffleuchten, ausgelöst von Wasserstoffatomen, die zum Sonnensystem gehören. Sie werden durch eine Art Fluoreszenz zum Leuchten angeregt. Der Strahlungsdruck schiebt diese Wasserstoffatome aus dem Sonnensystem hinaus. Für einen ständigen Nachschub sorgt die Sonne.

Noch einmal: der Weltraum ist nicht leer. Zwischen den Planeten, um die Sonne und zwischen den Fixsternen befindet sich staub- und gasförmige Materie, die sich auf mancherlei Art und Weise dem forschenden Menschen darstellt. Und auch im Sonnensystem bilden zahlreiche Klein- und Kleinstkörper die interplanetare Materie. Wichtige Quellen sind die Kometen, die allmählich zerfallen und Meteorströme bilden. Winzige Meteore werden bei ständigen Zusammenstößen zu interplanetarem Staub zerrieben. Ein Teil der Meteore stammt auch von Planetoiden, die zerschlagen worden sind. Das Phänomen Zodiakallicht ist also ein Teil der interplanetaren Materie. Von ihm kann sich jeder ohne großen instrumentellen Aufwand selbst überzeugen, wobei die angegebenen Sichtbarkeitsbedingungen beachtet werden müssen, um Enttäuschungen zu vermeiden. Während das Zodiakallicht in den Tropen hell wie eine Milchstraßenwolke leuchtet, ist die Beobachtung in mittleren Breiten und vor allem in Großstadtnähe schwierig. Nicht nur der Schein des Vollmondes stört die Beobachtung – schon ein heller Planet oder eine Sterngruppierung können den Betrachter irritieren. Also: ein Spezialtip für alle Naturfreunde, die eine äquatornahe Urlaubsreise planen!

Übrigens helfen auch bei der Erforschung des Zodiakallichts die Raumsonden. Mit ihrer Hilfe sind bereits Teilchen mit dem phantastischen Durchmesser von 0,001–0,1 mm und eigenwilligen Formen zur Erde gebracht worden.

Das Nord- oder Polarlicht

Um es gleich am Anfang richtigzustellen: Es gibt natürlich auch Südlichter, wenn die Erscheinung, die nachfolgend näher beschrieben wird, auf der Südhalbkugel der Erde stattfindet. Für das Nord- bzw. Südlicht gibt es noch die lateinischen Bezeichnungen Aurora borealis (Nordlicht) und Aurora australis (Südlicht).

Wir haben es hier mit einer geophysikalischen Erscheinung zu tun, die eng mit der

Sonnenstrahlung in Verbindung steht und die in der Regel in den arktischen bzw. antarktischen Regionen am häufigsten auftritt. Polarlichter beobachtet man in der Nähe des Erdäquators nie! Ausgelöst werden diese Lichter durch die solare Korpuskularstrahlung, die die Entfernung von der Sonne in etwa einem Tag mit einer Geschwindigkeit von 2000 Sekundenkilometern zurücklegt, die Magnetosphäre der Erde deformiert und eine Spannungsdifferenz aufbaut. Beschleunigte Elektronen lösen das Leuchten des Polarlichts aus.

Diese Art von Sonnenstrahlung verursacht sogenannte magnetische Stürme. In hochgelegenen Teilen der Erdatmosphäre werden elektrische Ströme erzeugt, die in Wechselwirkung zum Magnetfeld der Erde treten. Dadurch entstehen in diesem Feld Strömungen, die magnetischen Kraftlinien ändern sich und induzieren in Telefon- und Telegrafenleitungen elektrische Ströme, was zur Unterbrechung dieser Kommunikationsmittel führt.

Schon zu Ende des vorigen Jahrhunderts hat die Wissenschaft auf die Beziehungen zwischen dem Magnetfeld der Erde und den Polarlichtern hingewiesen. Traditionelles Land der Polarlichtforschung ist Norwegen. Besonders im Mittelpunkt der Forschung standen die Polarlichter während des »Internationalen Geophysikalischen Jahres 1957–1958« und des »Jahres der Ruhigen Sonne 1964–1965«.

Das Polarlicht kann verschiedene Farben und Formen annehmen: grüngelbe, aber auch rötliche und silberne Strahlen und Streifen. In mittleren Breiten, wo die Häufigkeit der Sichtbarkeit bereits sehr gering ist, erscheint das Polarlicht als Ansammlung senkrechter Bänder über dem Nord- bzw. Südhorizont. Auch flammende Wellen in den verschiedenen möglichen Färbungen können sich bilden oder auch eine glänzende Polarlichtkorona mit Strahlen in alle Richtungen. Je näher der Beobachter dem nördlichen oder südlichen Polgebiet der Erde steht, um so deutlicher und formenreicher sieht er das Phänomen. Auch die Helligkeit kann sich beachtlich steigern. Es gibt Polarlichter, die sich in Horizontnähe kaum vom Himmel abheben. Andere Polarlichter erreichen die Helligkeit von hellen Milchstraßenpartien. Werner Sandner macht im »Handbuch für Sternfreunde« darauf aufmerksam: »Ja in hohen Breiten mitunter bis nahe zur Vollmondhelligkeit, so daß man große Druckschrift im Schein des Nordlichtes zu lesen vermag.« Über die Häufigkeit urteilt der selbe Autor, der auf diesem Gebiet selbst viel Erfahrung gesammelt hat: »Während man im langjährigen Durchschnitt in der Zone größter Nordlichthäufigkeit mit mehr als 100 Nordlicht-Nächten im Jahr rechnen kann, beträgt deren Zahl in Schottland immerhin noch rund 30, in Norddeutschland 3, in Süddeutschland 1 pro Jahr, aber bereits in Süditalien nur noch 1 Nordlicht in 10 Jahren.«

Am sichersten beobachtet man Polarlichter in einem ovalen, fast kreisförmigen Ring in 200 km Abstand um den geomagnetischen Pol. Die ersten Photos dieses Polarlichtovals wurden 1982 vom Satelliten Dynamics Explorer 1 aus gemacht.

Das Polarlicht ist bei entsprechender Ausprägung ein faszinierendes Schauspiel der Natur. Die auslösende Kraft geht von der Sonne aus. Wir haben es also mit einer solar-terrestrischen Beziehung zu tun, die sich auch im menschlichen Alltag bemerkbar machen kann (Störung des Rundfunkempfangs, Durchbrennen von Sicherungen, Unterbrechung der Nachrichtenübermittlung per Fernschreiber, Telephon und Telegraph).

Künstliche Satelliten

Im Raum um die Erde ist mehr Verkehr, als viele unter uns vermuten. Längst sind es ja nicht die spektakulären Ereignisse der Raumfahrt allein – Apollo-Raumschiff unterwegs zum Mond! –, die zur Diskussion stehen. Fast schon im Verborgenen, beinahe vergessen von Presse und sensationsgierigem Publikum, geht jene Weltraumfahrt und -forschung weiter, die vom Wettersatelliten bis zur Venussonde alle möglichen Geräteträger auf eine Bahn um die Erde oder hin zu einem benachbarten Himmelskörper schickt, um Informationen zu be-

Das Photo zeigt das typische Erscheinungsbild des Nordlichts. Unten im Bild sogenannte »Leuchtende Nachtwolken« (sehr hohe Wolken, die noch nach Sonnenuntergang von der Sonne beschienen werden).

In der Bildmitte der Spiralnebel M 51. Unterhalb kreuzen sich die Leuchtspuren von zwei künstlichen Erdsatelliten. Solche Satellitenspuren findet man jetzt häufiger auf Himmelsaufnahmen – nicht immer zur Freude der Astronomen! Hier im Bild handelt es sich um zwei sowjetische Trägerraketen vom Typ Cosmos. Die unterbrochene Spur deutet auf einen Lichtwechsel infolge der Rotation. Links oben im Bild die zarte Leuchtspur eines Meteors.

kommen. Weitaus die größte Rolle spielen dabei die künstlichen Satelliten der Erde. Sie sind zu Hunderten unterwegs, meist mit ganz besonderen Aufgaben. Da sind zum Beispiel die Nachrichtensatelliten, die es möglich machten, Fußballweltmeisterschaftsspiele aus Mexiko und Olympische Spiele aus Japan in Europa auf den Bildschirm zu bringen. Da sind die Satelliten in »geheimer Kommandosache« mit strategischen Aufträgen – Weltraumspione! Dann Satelliten, die die Erde photographieren und vermessen, auf der Suche nach noch ungenutzten Wirtschaftsräumen. Nicht zu vergessen die Wettersatelliten, deren Aufnahmen tagtäglich im Fernsehen gezeigt werden. Die Funktion der Wettersatelliten wird im BLV-Buch »Wetterkunde für alle« ausführlich beschrieben.

Historisch ist der 4. Oktober 1957: Der erste »Sputnik« startete zum Flug um die Erde. Mancher Leser wird sich vielleicht an »Echo 1« und »Echo 2« erinnern, die ja zum Teil ganz auffällige Objekte am Himmel waren, weil man sie mit bloßen Augen beobachten konnte. Das langsame Dahinziehen der Mini-Erdtrabanten unter den Sternen ist schon ein Erlebnis besonderer Art. Wer heute mit dem Feldstecher ein Himmelsareal durchmustert, stößt immer wieder unvermutet auf einen der inzwischen so zahlreich gewordenen künstlichen Satelliten. So recht bewußt des Raumverkehrs, der da rund um die Erde herrscht, wird sich jedoch nur der Himmelsphotograph, der immer häufiger auf seinen Filmen und Platten mehr oder weniger erfreut die hellen Strichspuren der künstlichen Satelliten registriert. Wie weit das schon geht, beweist das »Messier-Buch« von Hans Vehrenberg, eine photographische Darstellung und Beschreibung aller Messier-Objekte sowie weiterer 200 Himmelsobjekte, in der ein eigenes Kapitel Satellitenspuren auf Himmelsaufnahmen kommentiert: »Bei der Aufnahme von großflächigen Objekten (Nebel) kann es bei der gegenwärtigen sphärischen Dichte der hel-

Sonnenposition unter dem Horizont und Erdschattengrenze: —— sichtbarer Bahnteil, wenn die Sonne 42° unter dem Horizont steht; - - - - - zusätzlich sichtbarer Bahnteil, wenn die Sonne 19° unter dem Horizont steht; · · · · weiter sichtbare Bahnteile, wenn die Sonne nur 6° unter dem Horizont steht. Wenn die Sonne 65° tief steht, sind Satelliten, die sich in einer Höhe unter 1200 km bewegen, in keinem Bahnteil sichtbar, weil ihre Bahn ausschließlich im Erdschatten verläuft (aus: Roland Primas, Satellitenbeobachtung, in: Sterne und Weltraum 5, 1966, S. 142).

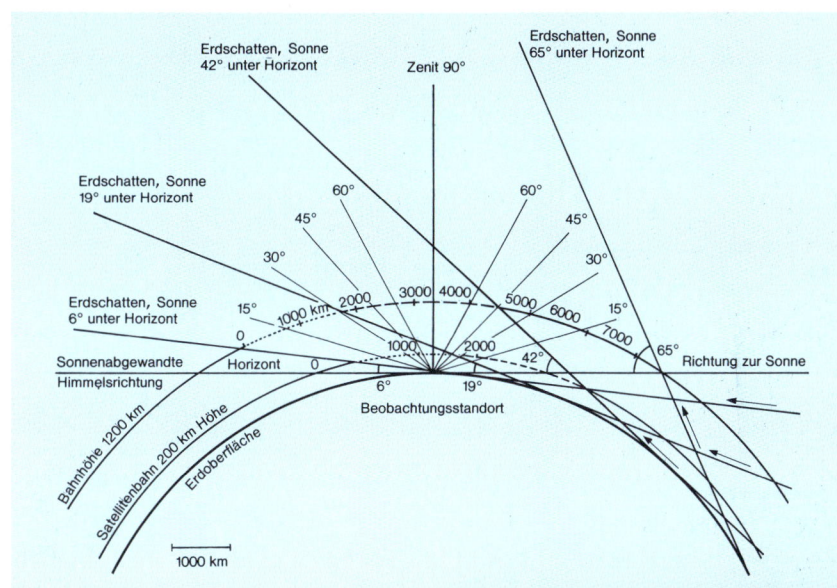

leren Satelliten vorkommen, daß die Spur das Objekt schneidet und damit eine photometrische Auswertung der Aufnahme vereitelt. Auch wer es heute unternehmen möchte, einen photographischen Sternatlas aus neueren Aufnahmen zusammenzustellen, dürfte mit erheblichen Schwierigkeiten rechnen müssen. Eine spurenfreie Herstellung des Mount Palomar Sky Atlas etwa erschiene mir heute fast unmöglich, es sei denn, man würde die Belichtung nach einem »Satellitenfahrplan« immer dann unterbrechen, wenn ein Satellit größerer Helligkeit in gefährliche Nähe des jeweils eingestellten Aufnahmefeldes käme. Zum Glück bilden sich alle Satelliten, auch die hochfliegenden stationären Nachrichtenrelais, als Spuren ab und sind als solche sofort zu erkennen.«

Hier spricht wachsende Sorge um einen sauberen Himmel. Sie ist insofern nicht ganz unberechtigt, als verschiedene Pläne bekannt sind, die Verkehrsfrequenz in der unmittelbaren kosmischen Umwelt der Erde noch zu erhöhen. Rechnet man dann noch die Störfaktoren innerhalb der Erdatmosphäre dazu – Dunstglocken über den Städten, Bewölkungszunahme als Folge des Treibstoffverbrauchs der Jets –, »bleibt angesichts dieser wenig ermutigenden Entwicklung die Frage offen, wie lange es auf unserem Planeten überhaupt noch Plätze geben wird, die von Verschmutzung durch die Zivilisation unberührt bleiben und an denen ideale astronomische Bedingungen anzutreffen sind« (G. Klare in der Monatsschrift »Sterne und Weltraum«).

Der Feldstecher ist das ideale Beobachtungsgerät für künstliche Satelliten. Zwei Vorgänge sind für den Beobachter besonders interessant: erstens das allmähliche Abnehmen der Helligkeit des Satelliten beim Eintritt in den Erdschatten (Abendbeobachtungen) bzw. das allmähliche Zunehmen der Helligkeit beim Austritt aus dem Erdschatten (Morgenbeobachtung); zweitens kurzfristige Helligkeitsveränderungen,

verursacht durch die Umdrehung der häufig von der Kugelgestalt abweichenden Satelliten: Zylinder, Ellipsoid, windmühlenförmigkomplizierte Gestalt.

Die Satelliten kreisen auf höchst unterschiedlichen Bahnen. Diese verlaufen stets über einen Großkreis und sind stärker oder schwächer ausgeprägte Ellipsen, bei denen ein Brennpunkt mit dem Erdmittelpunkt zusammenfällt. Die Bahnen können sowohl über den Äquator wie über die Erdpole verlaufen. In aller Regel sind Satelliten nur dadurch sichtbar, daß sie von der Sonne angestrahlt werden und deren Licht reflektieren – genau wie die Planeten und deren Monde. Somit ist der Verlauf der Grenze des Erdschattens sehr maßgeblich für die Sichtbarkeit; die Abbildung oben macht das wohl klar.

Am 16. November 1995 startete um 22h20 MEZ das Infrarot-Weltraumteleskop ISO (Infrared Space Observatory) vom europäischen Raumfahrtzentrum Kourou, Französisch-Guyana. ISO ist das erste astronomische Observatorium für den Infraroten Bereich des Lichtes im Weltraum. ISO umrundet die Erde in Abständen von 1000 bis 70 000 km in einer ausgeprägt elliptischen Bahn einmal am Tag. An Bord befindet sich ein 60-cm-Teleskop mit Kamera, Photometer und 2 Spektrographen. Erste Entdeckungen: Wasserdampf im Planetarischen Nebel NGC 7027 und in der Atmosphäre des pulsierenden kühlen Riesensterns W Hydrae.

Die Erforschung der Sternsysteme

Wir verlassen das Sonnensystem. Für den Astronomen ist die Fixsternwelt gekennzeichnet durch große Entfernungen und Objekte mit geringen scheinbaren Helligkeiten. Doch die Beschäftigung mit der Stellarastronomie, wie das Fachgebiet heißt, vermittelt grundsätzliche Kenntnisse über den Bau des Universums. Wie sind die Sterne entstanden? Welches Alter hat unser Milchstraßensystem? Welche Art von Strahlungen schicken die Fixsterne in den Weltraum? Wie entstehen die Elemente? Alles Fragen, deren Beantwortung die Astrophysiker beschäftigt und die in der modernen astronomischen Forschung eine sehr große Rolle spielen.

Im folgenden sollen zunächst die technischen Möglichkeiten zur Sammlung von Daten aus dem Universum vorgestellt werden, die allerdings dem Amateur-Astronomen im allgemeinen nicht zugänglich sind. Daran schließt sich die Beschreibung der Himmelsobjekte an.

Methoden der modernen Astrophysik

Die Erforschung der Naturgesetze unter Verwendung der astronomischen Beobachtungen, so etwa läßt sich Astrophysik beschreiben. Die Entwicklung auf diesem Arbeitsgebiet ist in den letzten Jahrzehnten geradezu stürmisch verlaufen. Nicht länger beschränkt sich die Beobachtung auf das »optische Fenster« zum Weltraum allein (vgl. auch Fotos S. 28/29). Da bestimmte physikalische Vorgänge ganz bestimmte Strahlen aussenden, ist die wellenlängenübergreifende Beobachtung die Voraussetzung für eine erfolgreiche astrophysikalische Forschung.

Diese Forderung war zunächst nicht einfach zu erfüllen. Elektromagnetische Strahlung gelangt durch die Atmosphäre zur Erdoberfläche nur im sichtbaren Bereich (»optisches Fenster«) und im Bereich der Radiowellen (siehe auch Graphik S. 133). Die übrige elektromagnetische Strahlung kann allenfalls vom Flugzeug aus, meistens aber nur im Weltraum erfaßt werden. Letzteres hat die Raumfahrt möglich gemacht. Hand in Hand ging die Entwicklung leistungsstarker Fernrohre für alle Wellenlängenbereiche. Dieses technische Ziel wird weitgehend bis zum Jahre 2000 erreicht sein. Ein wesentlicher Schritt in diese Richtung ist das Hubble Space Telescope, das laufend Informationen über die Himmelskörper zur Erde sendet. Es arbeitet sowohl im visuellen Bereich als auch in verschiedenen anderen Spektralbereichen,

»Leistungsstarke Fernrohre« heißt auch modernes Design für Material, für Meßgeräte zur Strahlenerfassung und natürlich für die Datenverarbeitung. Die Wünsche der Astronomen stellen die Industrie nicht nur vor schwierige Aufgaben. Die Problemlösung führt häufig zu neuen Produktlinien, die das Geschäft beleben. Ein markantes Beispiel ist die Entwicklung der Glaskeramik Zerodur, die es erlaubt, große Spiegelrohlinge für Teleskope herzustellen. Mittlerweile gibt es für Glaskeramik zahlreiche Anwendungsmöglichkeiten. So sind die inzwischen häufig anzutreffenden Ceran-Kochflächen Teil der glaskeramischen Produktion.

Gamma-Astronomie

Hier handelt es sich um den energiereichsten Teil des elektromagnetischen Spektrums. Messungen können nur außerhalb der Erdatmophäre gemacht werden. Am 5. April 1991 startete der deutsch-amerikanische Forschungssatellit GRO mit der Raumfähre »Atlantis«. 16 Tonnen schwer ist dieser Satellit, der ein Gamma-Observatorium in einer Erdumlaufbahn befördert. Etwa 10 Jahre wird die Mission dauern und die Astrophysiker mit Daten in diesem Energiebereich versorgen.

Röntgen-Astronomie

Die Energien sind niedriger als im Gammabereich. Auch hier ist das Ziel, neue Strahlungsquellen im Weltall zu entdecken.

M 83 = NGC 5236 (M für Messier-Katalog, NGC für New General Catalogue) ist eine der 10 größten Galaxien, die wir kennen. Das extragalaktische Sternsystem ist 8 Millionen Lichtjahre entfernt und hat eine dem Andromeda-Nebel (siehe S. 30) und unserem Milchstraßensystem gleiche Leuchtkraft.

scher Unruhe, Windbewegung und ähnlichem leicht gebeugt. Die Wellenfront erreicht das Fernrohr deshalb nicht als ebene Fläche. Im Computer läßt sich das gestörte Bild durch zeitlich rasch aufeinanderfolgende Aufnahmen entzerren.

Das sind Verfahren, die den Bau weiterer Großteleskope mit Öffnungen von 8–10 m fördern. Ja, man denkt schon nach über den elektronischen Zusammenschluß einer Reihe von Fernrohren, um damit rechnerische Gesamtöffnungen bis zu 100 m zu erreichen.

Radio-Astronomie

Die wichtigsten Daten gewinnt dieser Bereich aus dem interstellaren Raum. Radioastronomische Beobachtungen reichen aber von den Körpern des Sonnensystems bis zu den Galaxien. Viele Erkenntnisse sind seit der Entdeckung der kosmischen Radiostrahlung 1932 durch Karl G. Jansky gewonnen worden und große Radiosternwarten sind entstanden. Die Vernetzung mehrerer Instrumente und die Bündelung auf ein bestimmtes Ziel im Universum hat die Lei-

Rosat, der deutsche Röntgensatellit, wurde am 1. Juni 1990 gestartet. Die mit ihm entdeckten Röntgenquellen wurden in einem Atlas des »Himmels im Röntgenlicht« erfaßt.

New Technology Telescope (NTT) der Europäischen Südsternwarte (ESO). Moderne Fernrohre werden von einem Kontrollraum aus ferbedient.

Das 100-Meter-Radioteleskop bei Effelsberg in der Eifel. Es ist gegenwärtig das größte frei schwenkbare Radioteleskop.

Während im Gammabereich der Nachweis sehr schwierig ist, sind mit dem erfolgreichen Röntgensatellit ROSAT rund 100 000 Röntgenquellen im Universum entdeckt worden: Sterne, Überreste von Supernovae, Galaxien und eine ganze Reihe unbekannter Objekte, die jetzt weiter untersucht werden (vgl. Photo S. 29). ROSAT wurde am 1. Juni 1990 von Cape Canaveral aus gestartet und war bislang der größte deutsche Forschungssatellit. Die Projektleitung lag beim Max-Planck-Institut für extraterrestrische Physik in Garching bei München.

Optische Astronomie

Weil die Astrophysiker ein Maximum an Informationen über die Objekte des Weltraums anstreben ist der »klassische« Bereich der optischen Astronomie nach wie vor interessant. Überall auf der Welt entstanden und entstehen große Observatorien, besonders dort, wo die klimatischen Verhältnisse günstig sind (Bergsternwarten). Der technische Fortschritt hat in bezug auf Bildauflösung und Meßgenauigkeit neue Maßstäbe gesetzt. Das 3,5-Meter-New-Technology-Telescope (NTT) der Europäischen Südsternwarte (ESO) verfügt über »aktive Optik«. Das heißt, mit Hilfe von Computern behält der mächtige Hauptspiegel in jeder Lage seine ideale Form.
Eine weitere Verbesserung ist die »adaptive Optik«. Beim Durchlaufen durch die Erdatmosphäre wird ein Lichtstrahl von einem Stern in jedem Fernrohr wegen atmosphäri-

stungsfähigkeit erstaunlich gesteigert. Eine weitere Verbesserung wird es geben, wenn Radioteleskope auf elliptischen Umlaufbahnen ihre Daten in das terrestrische Radioteleskopnetz einspeisen.

Übrigens ist es auch dem Sternfreund möglich, mit einfachen Antennen Radiosignale aus dem Weltraum zu empfangen. Informationen darüber im »Handbuch für Sternfreunde« (siehe Literatur S. 173).

Infrarot-Astronomie

Die Infrarotstrahlung wird auch Wärmestrahlung genannt. In ihrem Licht kann man in kosmische Landschaften hineinsehen, die im optischen Bereich unsichtbar sind. Ein Beispiel sind die ausgedehnten Gas- und Staubansammlungen in unserer Milchstraße (»interstellare Wolken«). Das sind Wolken mit mehreren Millionen Sonnenmassen und einigen hundert Lichtjahren Ausdehnung. Der Staub besteht aus Eis, Silikat- und Metallverbindungen. Die Temperaturen liegen zwischen 10 Kelvin (–263 °C) und 100 Kelvin (–173 °C). Hier werden Sterne und Planetensysteme geboren!

Messungen hängen davon ab, wie gut die Meßgeräte eigene Hintergrundstrahlungen unterdrücken können. Dazu müssen die Instrumente stark gekühlt werden (z. B. mit flüssigem Helium), damit die eigene Wärmestrahlung das gesuchte Signal nicht überdeckt.

1995 ist der europäische Infrarotsatellit ISO gestartet. Weitere Untersuchungen sollen von einem Flugzeug aus mit einem 2,5-Meter-Teleskop gemacht werden. Das Flugzeug fliegt über dem dichtesten Bereich der Erdatmosphäre. Mit Spezialfernrohren läßt sich von der Erde aus der unmittelbar an den optischen Bereich anschließende Infrarotbereich beobachten. Auf der Abbildung oben rechts sieht man einige Spektrallücken, in denen Infrarotstrahlung bis zum Erdboden gelangt.

Die Welt der Fixsterne

Vieles über die Zustandsgrößen eines Fixsterns hat die Wissenschaft mit Hilfe der Sonnenbeobachtung kennengelernt. Die Sonne ist ja der nächste Fixstern, und seine Atmosphäre läßt sich recht genau untersuchen (siehe S. 89). Die anderen Sterne sind so weit entfernt, daß sie nur als Punkte abgebildet werden. Man kann nur das Licht analysieren, das sie aussenden. Und weil sie scheinbar unverrückbar am Himmel stehen, ist von Fixsternen die Rede. In Wirk-

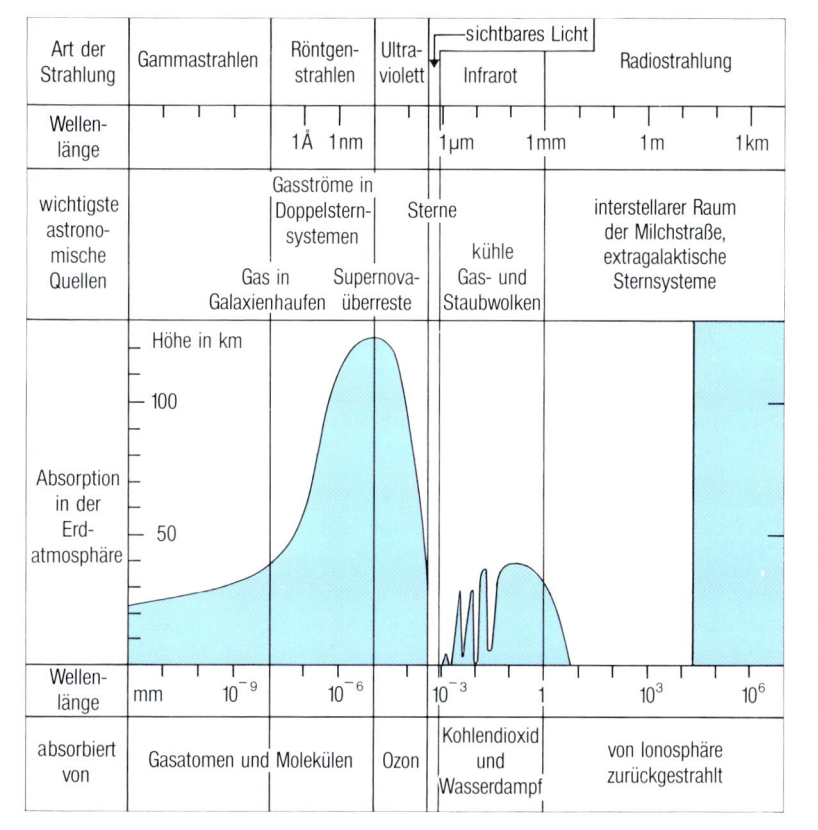

Die verschiedenen astronomischen Objekte (Sterne, Gas- und Staubwolken usw.) senden Strahlung unterschiedlicher Wellenlänge aus. Diese Strahlung gelangt nur zu einem Teil auf die Erdoberfläche (insbesondere sichtbares Licht und Radiostrahlung zwischen 1 cm und 20 m Wellenlänge) und kann dort mit den Instrumenten der optischen und Radioastronomie beobachtet werden. Der andere Teil, z. B. die Gamma- und Röntgenstrahlen, können nur gemessen werden, wenn die Instrumente dazu mit Hilfe von Raketen und Raumsonden in den Weltraum gelangen. Die Kurve gibt an, in welcher Höhe der Atmosphäre die Strahlung auf die Hälfte ihres Ausgangswertes gesunken ist.

lichkeit bewegen sie sich alle im Raum. Erstmals hat 1718 der Engländer E. Halley Eigenbewegungen von Sternen festgestellt. Die ersten Informationen über die Entfernung der Sterne gab es Mitte des vorigen Jahrhunderts. Es wurden die ersten Parallaxen direkt gemessen. Z. B. 1838 von Bessel die Parallaxe von 61 Cygni.

Der nächste Fixstern befindet sich am Südhimmel. Es ist Alpha Centauri (siehe S. 78) mit einer Parallaxe von 0,751″, also weniger als eine Bogensekunde (″). Daraus rechnet sich eine Entfernung von 4,3 Lichtjahren. 1 Lichtjahr ist die Strecke, die vom Licht in 1 Jahr zurückgelegt wird. In der Sekunde beträgt diese Strecke bereits 300 000 km! Im Jahr sind es $9,5 \times 10^{12}$ Kilometer.

Die Kenntnis der Entfernung der Sterne ist eine wichtige Voraussetzung, um Näheres über die Sternhelligkeiten, die Sterngrößen und die Verteilung der Sterne im Weltraum zu erfahren. Die Zahl der Sterne ist riesig und geht in die Milliarden. Schon im kleinen Fernrohr löst sich das Band der Milchstraße in ein sternübersätes Firmament auf.

Trotzdem ist es den Astronomen in den letzten 100 Jahren gelungen, mit Hilfe der Spektroskopie, der Photometrie und der Photographie eine Menge über die Zustandsgrößen der Sterne kennenzulernen. Es gibt Sterne mit dem mehrhundertfachen Durchmesser unserer Sonne, Sterne mit Massen von über 100 Sonnenmassen, aber auch Sterne mit nur $\frac{1}{100}$ Sonnenmasse. Und mit Hilfe neuartiger Meß- und Beobachtungsmethoden ist es gelungen, besondere Sterne zu entdecken. Sterne etwa mit Veränderungen ihrer Helligkeit oder besonderen Merkmalen in ihrem Spektrum.

Entstehung und Ende der Fixsterne

Die verschiedenen physikalischen Eigenschaften der Sterne, z. B. Leuchtkraft und Oberflächentemperatur, die beobachtet werden, sind Erkennungszeichen für das Sternalter. Heiße blaue Sterne mit hoher Leuchtkraft gehören zur jüngeren Sterngeneration. Junge Sterne treten häufig in Nachbarschaft zu Wolken der interstellaren Materie auf, den Geburtsorten der Sterne. Es liegt nahe, daß wir auch die Entstehung eines Sterns beobachten können. Messungen mit Radio- und Infrarot-Teleskopen haben das tatsächlich möglich gemacht. So haben die Astrophysiker heute sehr konkrete Vorstellungen über die Sternentstehung: Unter der Wirkung der Schwerkraft verdichtet sich eine Wolke interstellarer Materie. Um diesen Prozeß dauerhaft bis zur Stern-

bildung zu erhalten, muß interstellare Materie von 1000–10 000 Sonnenmassen verfügbar sein. Masse genug für die Bildung einer Sterngruppe, wie wir sie in Sternhaufen beobachten. Innerhalb solcher Materiewolken formt sich unter Mitwirkung von Rotation eine Scheibe mit einem verdichteten Zentrum. In groben Umrissen ist das bereits der neue Stern. Während sich das verdichtete Zentrum zum Stern entwickelt, entstehen aus der Scheibe Planeten. So gesehen ist die Annahme naheliegend, daß es im Weltall viele Sterne mit Planetensystemen gibt. Radioastronomische Beobachtungen haben gezeigt, daß die Sternentstehungsgebiete wiederum in große Molekülwolken eingelagert sind. Diese Molekülwolken sind die größten und massereichsten Objekte in unserem Milchstraßensystem. Sie spielen bei der Sternentstehung offensichtlich eine wichtige Rolle. Die interstellare Materie ist kalt. Die Sternentstehung vollzieht sich zu Beginn im Kalten, ein Zustand, der durch Beobachtung schwierig zu erfassen ist. Trotzdem konzentriert sich hier die astro-

physikalische Forschung, weil so ein Schlüssel für das Verständnis vom Werden im Universum zu finden ist.

Großer bis extrem großer Energieumsatz kennzeichnet praktisch alle Lebensstadien eines Sterns. Auch das Sternalter ist eng verbunden mit der Energieproduktion im Innern des Sterns. Während des Alterns macht das Nachlassen der Energieversorgung vorübergehend neue Kräfte frei. Man

M 16, ein von Emissionsnebeln umhüllter offener Sternhaufen, befindet sich zwischen den Sternbildern Schild und Schütze (siehe S. 64) und ist bereits im Feldstecher zu erkennen. Die Sterne des jungen Sternhaufens sind oben und links oben im großen Bild zu sehen. Die heftige Wechselwirkung mit dem interstellaren Wasserstoff erzeugt den leuchtenden Gasnebel (Bildmitte). Das kleinere Farbphoto links zeigt stark vergrößert eine fingerförmige Gassäule im M 16. Am oberen Ende ist diese Gassäule starker UV-Strahlung heißer Sterne ausgesetzt. Sie gibt die Anregung zum Leuchten. In dieser Säule aus dichtem Wasserstoffgas entstehen Sterne.

Krebsnebel (= M1) im Sternbild Stier. Bis vor 1000 Jahren war vermutlich ein sternförmiges Objekt an dieser Stelle, an der im Jahr 1054 chinesische und japanische Astronomen die Erscheinung einer Supernova beobachtet haben. Hochenergetische Strahlung (Synchrotronstrahlung), im Bild weiß-nebelig, geht vom »Reststern« (Pulsar) aus.

spricht von einer Supernova. Für Astrophysiker ist es das Ende eines Sterns, der seinen Vorrat an nuklearem Brennstoff aufgebraucht hat. Das Fusionsfeuer im Innern des Sterns hält der von außen auf seine Mitte drückenden Gravitation nicht mehr stand. Die Schwerkraft zerquetscht in Bruchteilen einer Sekunde die Sternhülle: Der Stern explodiert. Wesentliche Teile der Sternmaterie gelangen dabei zurück in die interstellare Materie und füllen diese mit schweren Elementen auf. Übrig bleibt ein unvorstellbar dicht gepacktes Materiepaket von weniger als 100 km Durchmesser. Elektrisch negative Elektronen drücken sich in die positiv geladenen Atomkerne hinein. Die Materie der »Stern-Leiche« besteht nur noch aus elektrisch neutralen Kernbauteilen, den Neutronen. Deshalb auch die Bezeichnung Neutronenstern. Auf der Erde würde ein Kubikzentimeter Neutronenstern

100 Millionen Tonnen wiegen! Ein Sternzwerg ist entstanden mit gewaltiger Anziehungskraft und rasender Rotation sowie mit Temperaturen von rund 1 Million Grad an der Oberfläche und 100 Milliarden Grad im Inneren!

Sichtbar werden Neutronensterne für den Beobachter als punktförmige Strahlungsquellen im Radio- und Röntgenbereich, die rhythmische Impulse aussenden (Pulsare). Als ein astronomisches »Jahrhundert-Ereignis« gilt die Supernova SN 1987 A. Am frühen Morgen des 24. Februar 1987 ist sie entdeckt worden. In der Großen Magellanschen Wolke (siehe S. 75) war ein massereicher Stern explodiert. Dieses von einem gewaltigen Helligkeitszuwachs begleitete Ende eines Fixsterns war auf der Südhalbkugel der Erde mit bloßen Augen sichtbar. Nie zuvor seit der Erfindung des Fernrohrs

Ausschnitt der Großen Magellanschen Wolke. Bild links aufgenommen am 23. Februar 1987 kurz vor Erscheinen der Supernova 1987 A. Bild rechts aufgenommen am 27. Februar 1987, 3 Tage nach Erscheinen der Supernova, die deutlich rechts von der Bildmitte zu sehen ist.

ist das Erscheinen einer Supernova so nahe bei der Erde geschehen: etwa in 170 000 Lichtjahren Entfernung.

Erreicht der gealterte Stern nicht mehr das stabile Gleichgewicht als Neutronenstern, wird die Materie auf wenige Kilometer zusammengestaucht und das Schwerefeld erreicht eine solche Stärke, daß das Objekt keine Strahlung mehr an die Außenwelt abgeben kann. Das ist das Ende im »Schwarzen Loch«. Über die Zustände im Detail freilich ist sich die Wissenschaft noch nicht klar.

Das Ende mit Supernovaausbruch hin zum Neutronenstern ist massereichen Sternen vorbehalten. Masseärmere Sterne erreichen zwar auch einen außergewöhnlichen Materiezustand, aber nicht ganz so spektakulär. Sie werden zu kleinen überdichten Sternen, zu sogenannten Weißen Zwergen. Dieser Stern wird gewissermaßen im Inneren eines Sterns im Stadium des Roten Riesen gebildet und erst dann beobachtbar, wenn die Hülle des Roten Riesen abgeworfen wird. Diesen Zustand kann man in planetarischen Nebeln (siehe S. 149) beobachten. Ein Stern wird dann als Roter Riese bezeichnet, wenn als Folge des Alterungsprozesses Temperaturerhöhungen im Sterninneren den Sterndurchmesser gewaltig aufblähen (bis zum 50fachen des ursprünglichen Durchmessers). Verbunden damit ist ein starker Anstieg der Leuchtkraft. Die Dichte eines Weißen Zwerges liegt mit 1 Tonne je Kubikzentimeter deutlich unter derjenigen des Neutronensterns. Sie ist aber verglichen mit etwa 1 g je Kubikzentimeter auf der Erde immer noch sehr beachtlich.

Leuchtkraft, Temperatur und Durchmesser sind wichtige Sterneigenschaften, die beobachtet werden können. Eingeordnet in das nach dem Dänen Einar Hertzsprung und dem Amerikaner Henry N. Russell benannte Hertzsprung-Russell-Diagramm ergibt das ein einfaches Schema über den Entwicklungsstand der Sterne.

Planeten und Monde formen sich

Die Entstehung unseres Sonnensystems mit den Planeten und Monden ist eng verknüpft mit dem, was auf Seite 134 über die Sternentstehung ausgeführt wurde. Die Planetenentstehung in der »protoplanetaren Scheibe«, die sich um den jungen Stern – in unserem Fall die Sonne – gebildet hat, läßt sich so beschreiben:
Viele, viele winzige Staubteilchen stoßen aneinander und bleiben haften. Kleine, lockere Konglomerate wachsen, werden größer und schwerer. Allmählich sind es Materiebrocken, die durch die Schwerkraft in die Mittelebene sinken. Das Wachstum der festen Körper geht weiter, sei es durch Kollision oder Einfangen anderer Körper, die in den Schwerkraftbereich größerer Körper geraten. Die Prototypen künftiger Planeten und Monde formen sich. Die größeren Proto-Planeten nehmen besonders viel Gas aus der Scheibe auf. Sie entwickeln sich zu mächtigen Gasplaneten (Jupiter!). Infrarot- und Radiobeobachtungen bestätigen immer wieder, daß die Temperaturen in den Scheiben um junge Sterne sehr niedrig sind. Sie liegen bei 0 °C bis −100 °C. Dem steht aber eine erstaunliche andere Beobachtung gegenüber: In Meteoriten, die seit ihrer Entstehung vor 4,5 Milliarden Jahren durch keinen chemischen oder physikalischen Prozeß mehr verändert worden sind, fand man geschmolzene Silikatkugeln in Millimetergröße (Chondren). Dieses Material schmilzt aber nur bei Temperaturen über 1500 °C. Teilweise bestehen Meteoriten zu 80 Prozent aus diesen Silikatkügelchen. Laborversuche lieferten erste Hinweise auf sehr kurzlebige Vorgänge, die zum Schmelzen geführt haben. Die Kristallstrukturen der Chondren weisen darauf hin. Kurze, hochenergetische Vorgänge kennen wir auf der Erde während eines Gewitters. Es sind elektrostatische Entladungen in Form der Blitze. Es gibt theoretische Untersuchungen, die nachweisen wollen, daß es auch in protoplanetaren Scheiben zu solchen Entladungen gekommen ist und immer wieder kommt. Nach diesen Überlegungen sind es Blitze mit Durchmessern von einigen Kilometern und Längen von 10 000 km und mehr. Die Rätsel sind keineswegs alle gelöst, die mit der Entstehung des Sonnensystems verbunden sind. Aber je weiter die Astrophysiker mit ihren Einsichten über die Sternentstehung voranschreiten, um so mehr Klarheit gewinnen wir über die Vorgeschichte der Erde.

Der wahrscheinlich erste Planet auf einer Bahn um einen sonnenähnlichen Stern, 51 Pegasi, wurde im Oktober 1996 bekannt. Jupitergroß umkreist er den Stern in 7 Millionen km Entfernung alle 4 Tage. Die Oberflächentemperatur des Planeten beträgt über 1000 °C.

Gerade die Erforschung der Doppelsterne und veränderlichen Sterne hat unter dem Eindruck der modernen Astronomie aller Wellenlängen neu an Bedeutung gewonnen. Ein Beispiel sind Röntgenquellen in Doppelsternen, die erst mit dem Instrumentarium der Röntgen-Astronomie dargestellt werden konnten. Oder das Gebiet verän-

Schematische Darstellung der typischen Erscheinungen in der Umgebung eines entstehenden Sterns (nach J. Staude).

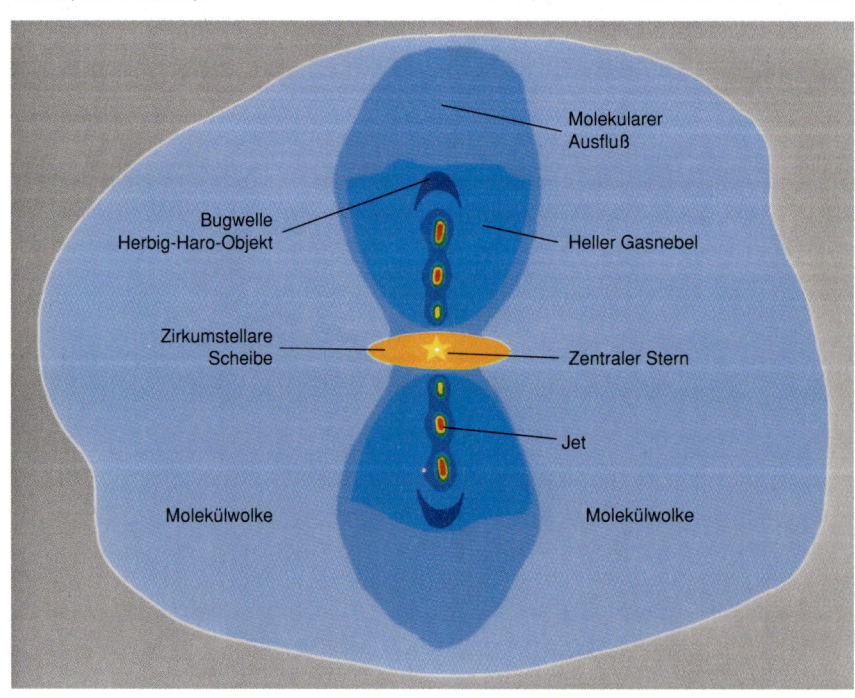

Molekularer Ausfluß

Bugwelle Herbig-Haro-Objekt

Heller Gasnebel

Zirkumstellare Scheibe

Zentraler Stern

Jet

Molekülwolke

Molekülwolke

Rechts: Ein Herbig-Haro-Objekt, kleine Emissionsnebel mit Kondensationserscheinungen. Sie zeigen Materieströmungen bei der Sternentstehung an.

Rechts außen: Protoplanetare Scheibe um den Stern Beta Pictoris. Die Hülle aus einströmendem Gas bei der zirkumstellaren Scheibe fehlt jetzt. Lücken sind erkennbar, die auf die dynamischen Prozesse bei der Planetenbildung hinweisen. Mittlerweile weiß man, daß »Staubscheiben« um die meisten Sterne der Spektralklassen A, F und G existieren.

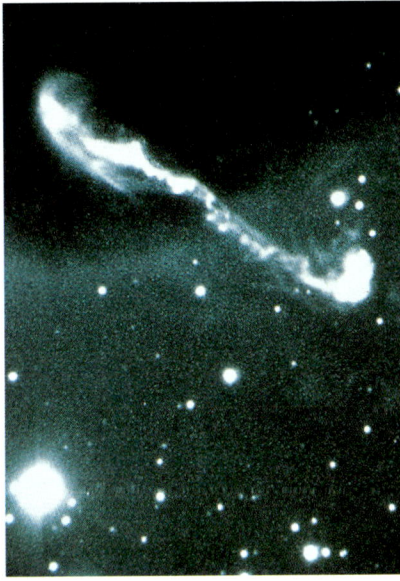 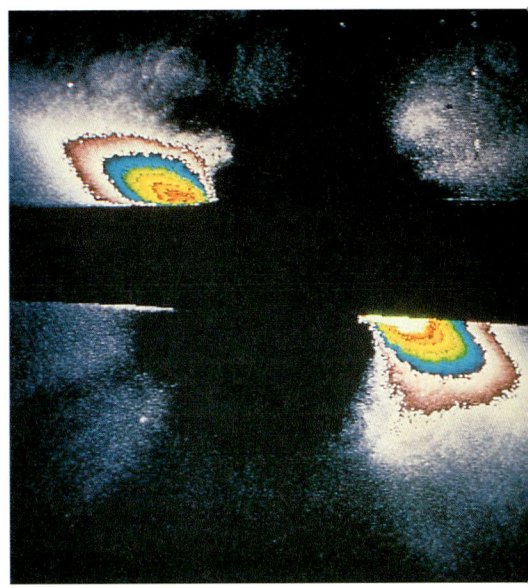

derliche Sterne: Seit der Einführung der Radioastronomie und Beobachtungsmöglichkeiten im Weltraum müssen Helligkeitsveränderungen weiter gefaßt werden. Sie sind zeitliche Strahlungsänderungen im gesamten elektromagnetischen Spektrum. Der Amateur wird sich auf herkömmliche visuelle und photographische Methoden beschränken müssen. Allerdings bietet auch ihm der technische Fortschritt elektronische Hilfsmittel, z. B. Halbleiterdedektoren (CCD, siehe S. 159), die fast schon professionelle Qualität haben.

Doppelsterne oder mehrfache Sterne

Ein aufmerksamer Beobachter stellt bei der Durchmusterung einer Himmelsgegend mit dem Feldstecher oder einem kleinen astronomischen Fernrohr recht bald Stellen fest, wo 2 Sterne gleicher oder verschiedener Helligkeit auffällig nahe beieinander stehen. Auch schon mit freiem Auge lassen sich Sterne ausmachen, die sich verhältnismäßig nahe sind. Ein schönes Beispiel dafür ist der Stern Alkor neben dem Stern Mizar im Sternbild Großer Bär (siehe S. 45). Die Astronomen messen den scheinbaren Abstand von Einzelsternen zueinander im Winkelmaß. Es gibt eine Faustregel, die besagt: Wir haben es mit einem visuellen Doppelstern zu tun, wenn der Winkelabstand nicht größer ist als

20 Bogensekunden (″) für Sterne mit der scheinbaren Helligkeit 4^m,
10″ für Sterne mit 6^m,
5″ mit Sterne mit 9^m,
3″ für Sterne mit 11^m,
1″ für Sterne, die weniger hell sind.

Visueller Doppelstern? Die Bezeichung besagt zunächst, daß 2 Sterne dicht nebeneinander zu stehen scheinen. Es gibt unter ihnen solche, die nur scheinbar nahe beieinanderstehen und in Wirklichkeit miteinander überhaupt nichts zu tun haben. Sie werden als »optische Doppelsterne« bezeichnet

und sind nicht weiter von Interesse. Die andere Gruppe dagegen besteht aus physischen Sternpaaren, aus 2 – unter Umständen noch mehr – Sternen, die einander umkreisen. Mit anderen Worten: Sie beschreiben ihre Bahn nach den Gesetzen der Gravitation.

Nun gibt es Doppelsterne, die so eng beieinanderstehen, daß kein Fernrohr sie aufzulösen vermag. Aber es gibt ein Verfahren, sie als Doppelstern nachzuweisen: die Spektroskopie. Deshalb heißen diese Sterne »spektroskopische Doppelsterne« Schließlich kann man einen Doppelstern noch photometrisch aufspüren: dann nämlich, wenn sich 2 Sterne gegenseitig bedecken und so Helligkeitsveränderungen hervorgerufen werden. Das ist der Fall bei den sogenannten Bedeckungsveränderlichen, deren berühmtester Vertreter der Stern Algol im Sternbild Perseus (siehe S. 37) ist und dessen Lichtwechsel mühelos erkannt werden kann.

Doppelsterne sind nicht selten. Ungefähr ein Drittel aller Sterne ist doppelt oder mehrfach. Die Umkreisung (Periode) dauert von wenigen Stunden bis zu vielen Jahrtausenden. Die Bahn der Doppelsterne mit kurzen Perioden ist in der Regel kreisförmig. Langperiodische Doppelsterne dagegen haben oft recht exzentrische Bahnen. Für die Wissenschaft sind Doppelsterne sehr wichtig. Ist die Bewegung eines Sternpaares nicht allzu langsam, läßt sich seine Bahn bestimmen. Ist außerdem noch die Entfernung berechenbar, steht der Bestim-

mung der Massen nichts mehr im Weg. Sternmassen verraten sich nur, wenn zwei oder mehr Sterne ihre Bahn nach den Gesetzen der Gravitation ziehen. Deshalb ist die Beobachtung der Doppelsterne so überaus bedeutsam für die Astrophysik. Geradezu spektakulär wird die Doppelsternbeobachtung obendrein bei solchen Paaren, die einen sogenannten »dunklen Begleiter« haben. Das ist zum Beispiel bei dem unserem Sonnensystem zweitnächsten Stern, Barnard's Stern, der Fall. Oder bei dem Stern 61 im Sternbild Schwan. Wegen seiner verhältnismäßigen Nähe konnte an diesem Fixstern zum erstenmal in der Geschichte der Himmelskunde eine trigonometrische Parallaxe genau gemessen werden. Außerdem ist der Stern ein visueller Doppelstern: Der hellere Partner hat $5,4^m$, der schwächere die scheinbare Helligkeit $6,2^m$. Der Winkelabstand von 28 Bogensekunden macht die Beobachtung mit dem kleinen Fernrohr möglich (RA 21^h07^m, Dekl. $+38°45'$). Der Astronom K. A. Strand konnte nachweisen, daß noch ein weiterer unsichtbarer Himmelskörper vorhanden ist, der einen Stern des Doppelsterns umkreist. Spannend wird diese Entdeckung aber erst durch folgende Feststellung: »Insbesondere hat unser zweitnächster Nachbar, Barnard's Stern mit dem Spektraltyp M5V und genähert 0,15 Sonnenmassen, einen Begleiter von nur 0,0015 Sonnenmassen oder genähert 1,6 Jupitermassen. Wir beobachten hier ein zweites Planetensystem in 1,84 pc Entfernung« – so Professor Unsöld in

137

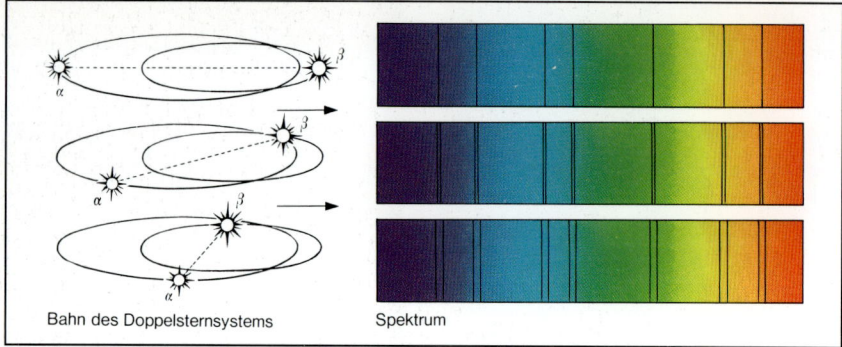

Bahn des Doppelsternsystems   Spektrum

Die Astronomen haben eine ebenso interessante wie zuverlässige Methode zur Trennung sehr nahe beieinanderstehender Doppelsterne: die Spektralanalyse.

1. Bild: Stern Alpha und Stern Beta bilden ein Doppelsternsystem. Sie bewegen sich senkrecht zur Blickrichtung. Das Spektrum zeigt noch keine Verschiebung.

2. Bild: Stern Alpha bewegt sich in Richtung auf die Erde (Pfeile!). Im Spektrum zeigen die Linien eine Verschiebung zum Violetten hin. Der sogenannte Doppler-Effekt macht sich bemerkbar: Wenn eine Lichtquelle sich der Erde nähert, läuft die Erde entgegen und empfängt pro Sekunde mehr Schwingungen. Mehr Schwingungen aber bedeuten blaues Licht, also sind die Spektrallinien nach Blau bzw. Violett verschoben. Gleichzeitig entfernt sich nun Stern Beta (die beiden Sterne bewegen sich ja umeinander). Das bedeutet Rotverschiebung der Linien. Insgesamt bedeutet das eine Veroppelung der Linien im vereinigten Spektrum beider Sterne.

3. Bild: Die Verdoppelung erscheint am ausgeprägtesten, wenn die Richtungen der Bewegungen beider Sterne exakt in der Blicklinie des Beobachters liegen.

seinem Buch »Der neue Kosmos«. 1,84 pc heißt 1,84 parsec, die Einheit für die Entfernung von Fixsternen und Sternsystemen. Ein pc entspricht 3,26 Lichtjahren. Das Licht von Barnard's Stern ist also 6 Jahre zu uns unterwegs. Für kosmische Dimensionen eine erstaunlich kurze Zeit. Man darf tatsächlich von einem Fixstern-Nachbarn sprechen.

Beispiel für die Auflösung eines Doppelsterns im Fernrohr mit zunehmender Vergrößerung (von links nach rechts). Das ist der Idealzustand! In der Praxis stören Dunst und Turbulenz in der Erdatmosphäre die Beobachtung und beeinträchtigen die Auflösung. In der Regel gilt deshalb ein deutlich länglich abgebildeter Doppelstern als aufgelöst.

Zweites Planetensystem?! Die Doppelsternbeobachtung eröffnet neue Perspektiven. Denn die Erwartung ist gerechtfertigt, daß es noch eine größere Anzahl von Doppelsternen mit planetenartigen Begleitern gibt.

Unter den Doppelsternen gibt es recht ungleiche Paare. 5 Prozent aller Doppelsterne sind Mehrfachsysteme. Die Sterne unterscheiden sich nach Helligkeit, Farbe und Größe. Das macht sich bereits bei der visuellen Beobachtung recht deutlich bemerkbar. Ist der Unterschied an scheinbarer Helligkeit groß, wird die Trennung des Paares wegen der Überstrahlung durch den helleren Stern schwierig. Jedes Fernrohr mit einem bestimmten Objektivdurchmesser hat eine gewisse Trennfähigkeit für Doppelsterne. Es gibt dafür eine Formel:

Trennbare Doppelstern-Distanz in Bogensekunden ($''$) =

$$= \frac{11{,}7''}{\text{Öffnung in cm}}$$

Danach trennt ein Fernrohr mit 100 mm Öffnung noch Doppelsterne mit dem Winkelabstand (Distanz) von 1,17'', vorausgesetzt, daß beide Sterne (Komponenten) gleich hell sind. Bereits eine Größenklasse Unterschied in der scheinbaren Helligkeit der Komponenten erschwert die Trennbarkeit. Doppelsterne eignen sich recht gut zur Prüfung der optischen Qualitäten eines Fernrohrs. Vor voreiligen Schlüssen muß man sich jedoch hüten, da Luftsauberkeit und Erfahrung des Beobachters eine Rolle spielen. Die Position des Begleitsterns zum Hauptstern ist gekennzeichnet einmal durch die Distanz in Bogensekunden, zum anderen durch den Positionswinkel, der in Grad von Nord über Ost, Süd, West von 0 bis 360 gezählt wird. Listen mit Doppelsternen, die für Feldstecher und kleine Astro-Fernrohre geeignet sind, veröffentlichen häufig die astronomischen Jahrbücher (siehe S. 173). Eine Zusammenstellung von 313 doppelten und merhfachen Systemen und Komponenten bis zur Größe 8,5^m und Distanz zwischen 1'' und 30'' enthält das »Handbuch für Sternfreunde«, das auch genaue Beobachtungsanleitungen einschließlich Mikrometermessungen gibt.

Ein sehr eindrucksvolles Beispiel für die unterschiedliche Färbung der Einzelsterne eines Doppelsterns ist der Stern Beta im Sternbild Schwan mit Namen Albireo. Der hellere Stern ist gelb, der schwächere blau. Im Feldstecher bei 15facher Vergrößerung ein schöner Anblick! Zum Auffinden des Sterns siehe Karte auf Seite 48.

Der unserem Sonnensystem nächste Fixstern, Alpha im Sternbild Centaurus, mit nur 4 Lichtjahren Entfernung, ist ebenfalls ein Doppelstern mit Komponenten von 0,3^m und 1,7^m. Er läßt sich mit einem Fernrohr von 50 mm Öffnung auflösen (siehe dazu auch S. 78).

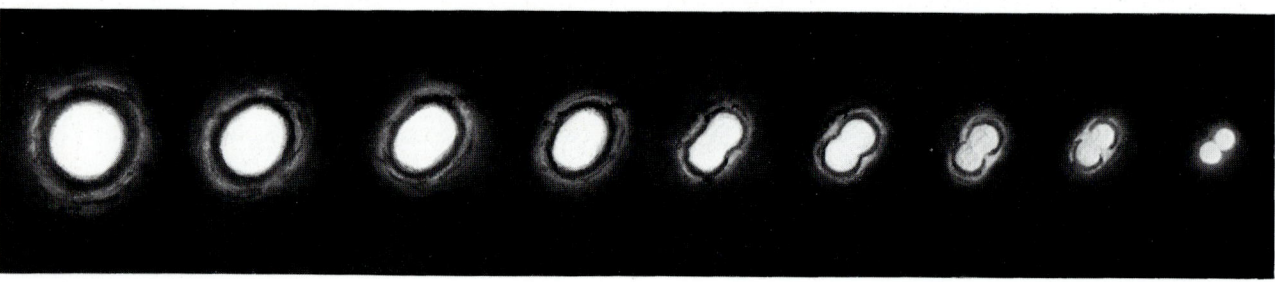

Die einfache Helligkeitsschätzung

Die Beobachtung des Lichtwechsels veränderlicher Sterne ist jedem Sternfreund mit einfachen instrumentellen Hilfsmitteln möglich. Der Feldstecher genügt. Das einfachste Verfahren besteht darin, daß seine jeweilige Helligkeit im Vergleich zu derjenigen umgebender Sterne geschätzt wird. Für zahlreiche veränderliche Sterne liegen Karten des Umfelds mit einer entsprechenden Anzahl von Vergleichssternen vor. Beispiel: die Karte für den veränderlichen Stern Mira im Sternbild Walfisch. Die Zahlen neben den Sternen bedeuten die jeweilige scheinbare Helligkeit in Größenklassen. Das Feld ist bequem im Feldstecher zu erfassen.

Die Schätzung geht folgendermaßen vor sich. Der Helligkeitsunterschied zwischen veränderlichem Stern und Vergleichsstern wird in 4 Stufen angegeben:

Stufe 0 = kein bemerkbarer Helligkeitsunterschied;
Stufe 1 = ein Stern ist gerade heller;
Stufe 2 = ein Stern ist deutlich heller;
Stufe 3 = ein Stern ist auffällig heller.

Das Resultat der Schätzungen wird schriftlich fixiert:

a m V bedeutet, daß der veränderliche Stern V um m Stufen schwächer ist als der Vergleichsstern a;

V m a bedeutet, daß der veränderliche Stern V um m Stufen heller ist als der Vergleichsstern a.

Ein geübter Beobachter erreicht mit dieser einfachen Einstufung eine Genauigkeit bis 0,1^m. Voraussetzung ist – neben dem Training –, daß der Helligkeitsunterschied zwischen den beiden Sternen, die Stufenweite, nicht zu groß gewählt wird. Die Wahl der Stufe 1 gibt die genauesten Werte. Mit Stufe 3 wächst die Streuung. Zweckmäßigerweise wird die Einstufung mit Hilfe mehrerer Vergleichssterne vorgenommen.

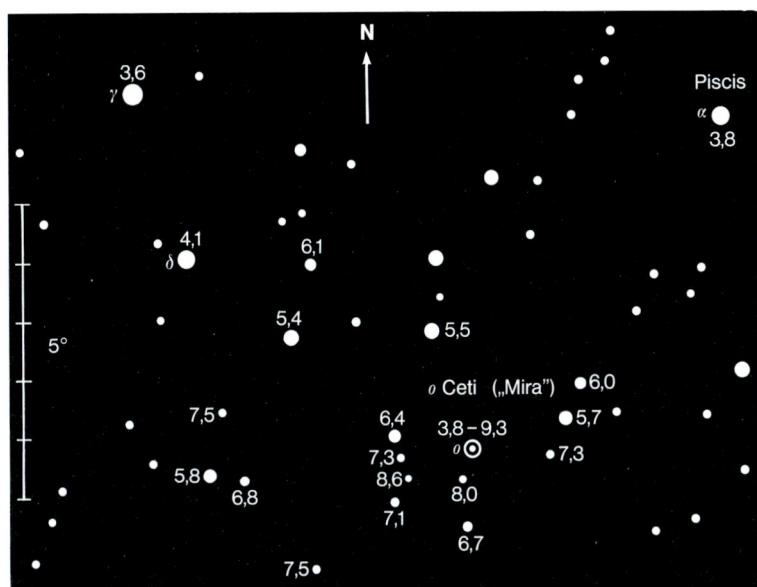

Veränderliche Sterne

Immer wieder liest man, dieser und jener Stern die Größe oder Größenklasse z. B. 4^m. Die Vermutung, daß das nichts mit dem Durchmesser oder Umfang eines Sterns zu tun hat, ist richtig. Die Größenklasse bezieht sich auf die Helligkeit, und zwar wird üblicherweise damit die sogenannte scheinbare Helligkeit bezeichnet, abgekürzt ^{m}. Helligkeitseindrücke werden verschieden empfunden, so etwa vom menschlichen Auge sehr viel anders als von photographischen Schichten der Filme und Platten. Deshalb wird noch nach der visuellen und photographischen scheinbaren Helligkeit unterschieden (vgl. S. 28/29).

Die Einteilung in scheinbare Größenklassen beruht auf der Festlegung von Helligkeitsstufen. Danach ist ein Stern erster Größenklasse 100mal heller als ein Stern sechster Größenklasse. Schon in der antiken Astronomie wurden die mit freiem Auge sichtbaren Sterne in 6 Größenklassen eingestuft.

Orion-Nebel (M 42), am 2. November 1988 aufgenommen von einem Amateur mit einem Schmidt-Cassegrain-Teleskop C 11. Belichtet 50 Minuten auf Fujichrome 400. Der bekannte Vierfachstern »das Trapez« (Pfeil) befindet sich im Orion-Nebel.

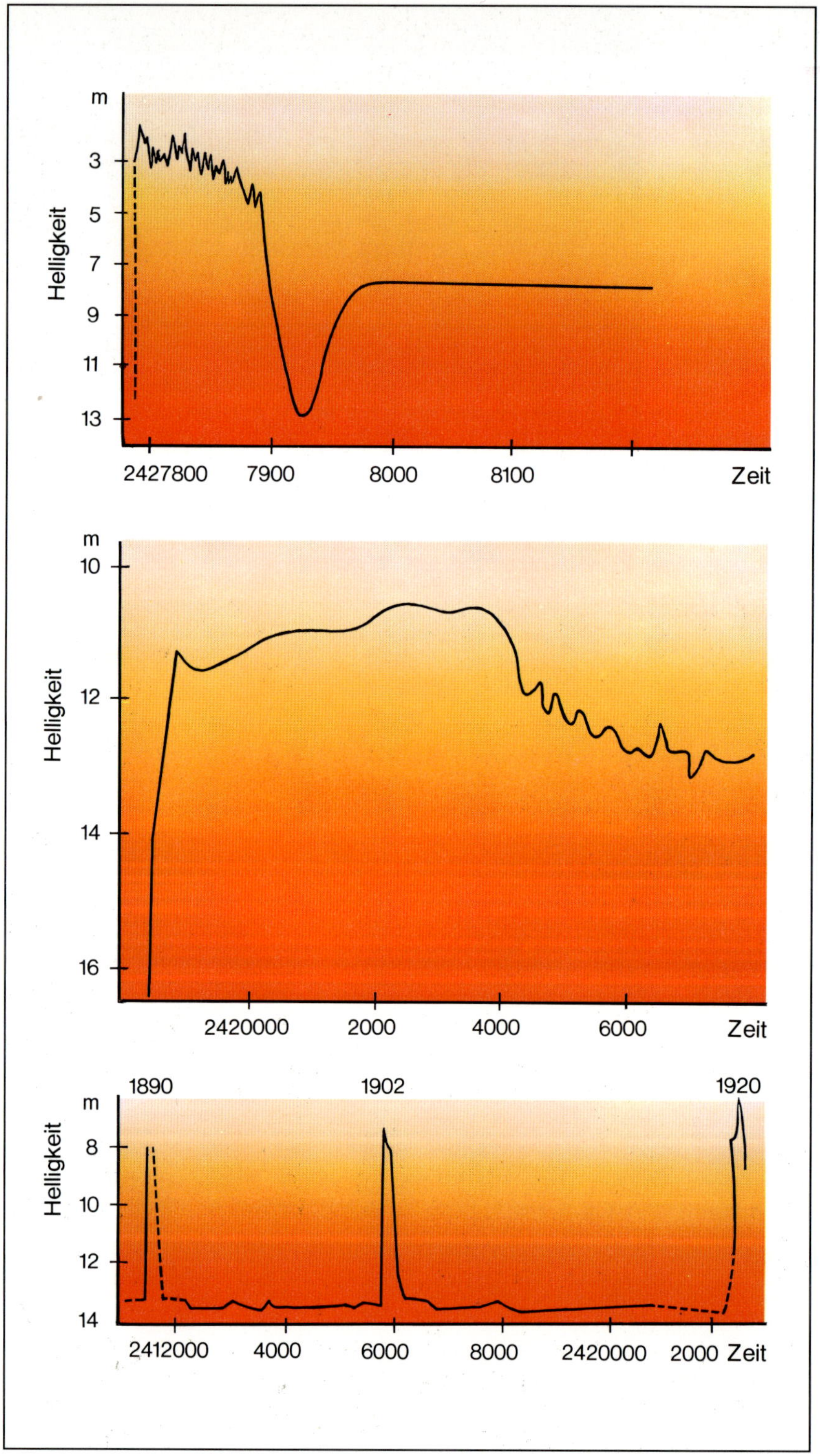

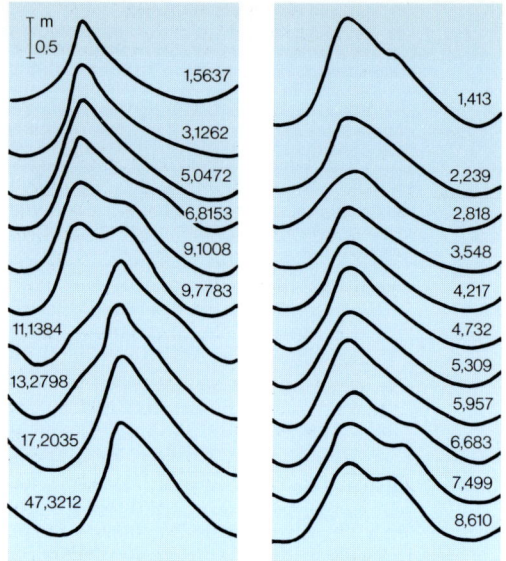

Es ist üblich, die Lichtkurven veränderlicher Sterne graphisch darzustellen. Hier im Bild handelt es sich um die Lichtkurvenvorm von Delta-Cephei-Sternen und die dazugehörige Periodenlänge (Zahlenangaben in Tagen). Aus: Cuno Hoffmeister, Veränderliche Sterne, Johann Ambrosius Barth Verlag, Leipzig 1970, S. 57.

Neue Sterne (Novae) sind faszinierende Objekte im Weltraum. Oft innerhalb von 24 Stunden erfolgt eine Helligkeitszunahme um bis zu 10 Größenklassen! Eine Reihe dieser interessanten Sterne ist von Amateurastronomen entdeckt worden, so die Nova Delphini von dem Engländer Alcock (Beobachtungsinstrument ein Feldstecher Tordalk 11 x 80!). Die farbigen Zeichnungen zeigen drei Lichtkurven von Novae: Nova DQ Herculis 1934 (oben), Nova RT Serpentis 1909 (Mitte), Nova T Pyxidis (unten). Nach dem Helligkeitsausbruch (steiler Anstieg der Kurven) erfolgt der Rückgang der Helligkeit nach Zeit und Intensität recht unterschiedlich. Aus: Cuno Hoffmeister, Veränderliche Sterne, Johann Abrosius Barth Verlag, Leipzig 1970, S. 88.

Das System der durchlaufenden Tageszählung ist besonders bei der Lichtkurven- und Periodenbestimmung veränderlicher Sterne üblich: Auf der Zeitachse solcher Darstellungen wird das Julianische Datum angegeben, das 1581 von Joseph Justus Scaliger eingeführt wurde. Die Zählung beginnt am 1. Januar 4713 v. Chr. mittags. Die Zahl der seit diesem Tag vergangenen mittleren Sonnentage bestimmen das Julianische Datum:

für 1. Januar 1996   245 0083,
für 1. Januar 1997   245 0449,
für 1. Januar 1998   245 0814.

NGC 1365 – einer der größten bekannten Spiralnebel am Südhimmel. Wegen der Form sprechen die Astronomen von einer Balkenspirale. Entfernung 50 Millionen Lichtjahre.

Dabei war das Verhältnis der Helligkeitsabstufung von einer Größenklasse zur folgenden erstaunlich gleichmäßig, wie moderne Kontrollmessungen bestätigen. Dafür gibt es sogar eine mathematische Ausdrucksweise: zwei Sterne unterscheiden sich um einen Faktor 2,512 = $\sqrt[5]{100}$, wenn sie die Helligkeitsdifferenz von einer Größenklasse aufweisen.

Die Einstufung nach der scheinbaren Helligkeit erfolgt entsprechend dem Anblick der Sterne von der Erde aus. Sie sagt aber noch nichts aus über die tatsächliche Strahlungskraft der Sterne. Deshalb wurde der Begriff der »absoluten Helligkeit« geschaffen: »Die absolute Größe eines Sterns definieren wir als die scheinbare Größe, die ein Stern haben würde, wenn er in eine Entfernung von 10 parsec (32,5 Lichtjahre) vom Sonnensystem versetzt wäre« (Otto Struve, »Astronomie – Einführung in ihre Grundlagen«). Es geht also darum, den Abstandsfaktor auszuschalten.

Nun aber zu den veränderlichen Sternen. Es ist nicht schwer zu erraten, daß es sich dabei um Sterne handelt, die ihre Helligkeit regelmäßig (= periodisch) oder unregelmäßig verändern. Dafür gibt es zwei sehr verschiedene Ursachen:

1. Innere Vorgänge lösen die Veränderlichkeit aus. Astronomen sprechen dann auch von einer »echten« Veränderlichkeit.

2. Die wechselseitige Bedeckung von zwei sich umkreisenden Sternen führt zur Veränderlichkeit. Das sind die erwähnten Bedeckungsveränderlichen, eigentlich Doppelsterne (siehe S. 137).

Bleiben wir bei den echten. Innere Vorgänge? Alle Fixsterne haben eine Eigenstrahlung wie unsere Sonne, die ebenfalls ein Fixstern ist. Sie erzeugen Energie durch Kernprozesse im Inneren und befördern diese Energie nach außen durch Strahlung. Dabei kann allerhand passieren: Der Kernprozeß verläuft nicht richtig oder während des Energietransportes treten Störungen auf. Das beeinflußt natürlich die Intensität der Eigenstrahlung und damit die Helligkeit des Sterns. Echte Veränderlichkeit hat verschiedene physikalische Ursachen:

1. Sterne pulsieren, ihre Gashüllen dehnen sich aus und ziehen sich wieder zusammen. Dieser Vorgang geschieht erstaunlich präzise (periodisch). Man unterscheidet langperiodisch und kurzperiodisch pulsierende Sterne. Das Musterbeispiel eines langperiodischen Veränderlich ist der Stern Mira Ceti (siehe S. 53). Kurzperiodische Veränderliche sind Sterne mit einer Periode, die kleiner ist als 5 Stunden!

2. Sterne pulsieren, aber der Vorgang ist nicht direkt beobachtbar, weil andere Einflüsse mitwirken und eine unregelmäßige Veränderlichkeit auslösen. Die Helligkeitsänderungen treten nicht in strengen Perioden auf.

3. Sterne explodieren: Angestaute Energie bricht plötzlich durch die äußeren Schichten der Sternatmosphäre und löst extrem rasche Helligkeitsanstiege aus. Diese Sterne werden als Novae, ja Supernovae bezeichnet, als »neue Sterne«, weil ihre ursprüngliche Helligkeit so viel geringer war (siehe auch S. 135).

Das sind die wichtigsten Erscheinungsbilder von echten veränderlichen Sternen. Es gibt aber noch andere, zum Beispiel Sterne, auf deren Oberfläche eine starke Fleckenbildung zu Helligkeitsänderungen Anlaß gibt. Oder Sterne, bei denen Helligkeitsveränderungen gleichzeitig bemerkenswerte Intensitätsveränderungen im Spektrum hervorrufen. Die Astronomen kennen inzwischen mehrere zehntausend veränderlicher Sterne und haben sie sorgfältig nach Merkmalen geordnet. Im Grunde genommen sind wahrscheinlich alle Sterne irgendwie und irgendwann einmal veränderlich. Nur wird das nicht wahrgenommen, obwohl die

141

Die beiden benachbarten offenen Sternhaufen h und χ Persei sind noch jung und bestehen deshalb aus vielen hellen Sternen.

Offene Sternhaufen

Wer sich nur ein wenig mit dem gestirnten Himmel beschäftigt, wird bald erkennen, daß es sternreichere und sternärmere Abschnitte gibt. Am deutlichsten erscheint eine Sternansammlung im Bereich der Milchstraße (siehe S. 152). Aber es gibt auch noch andere Gruppierungen, die für den Beobachter reizvoll sind. Dazu gehören die Sternhaufen im Milchstraßensystem. Davon gibt es zwei Arten, die sich nach Größe und Aufbau grundlegend unterscheiden: einmal die offenen Sternhaufen, der Astronom spricht auch von den galaktischen Sternhaufen; dann die Kugelsternhaufen.

In diesem Kapitel beschäftigen wir uns mit den offenen Sternhaufen, zu denen ein so berühmtes Objekt wie das Siebengestirn (Plejaden) zählt, das auf Seite 37 ausführlich beschrieben ist. Mit Recht dürfen wir annehmen, daß die Plejaden der erste offene Sternhaufen waren, der die Aufmerksamkeit der Menschen auf sich gelenkt hat. Früher freilich betrachtete man die Sternanhäufung unter anderen Gesichtspunkten als der moderne Astrophysiker. Folgen wir ein wenig den Erläuterungen, die Huberta von Bronsart in ihrer »Kleinen Lebensbeschreibung der Sternbilder« gibt: »Man kann bei der Zeitrechnung mancher Völker sozusagen von einem Plejadenjahr sprechen (so wie es das Mondjahr und das Sonnenjahr gibt). Fing bei den Inkas in Peru das Jahr Ende Mai mit dem Frühaufgang der Plejaden an, so rechnen die Südseeinsulaner ihr Jahr ebenfalls vom Frühsommer an, dem Erscheinen der Plejaden, denen übrigens von den Australiern auch die Zunahme der Wärme zugeschrieben wird. In Togo werden im Juni und November Feste gefeiert von je 3 Wochen Dauer; bestimmend für ihren Beginn ist der Frühaufgang der Plejaden bzw. ihre höchste Stellung am Himmel um Mitternacht. Bei den Konjagen auf der Insel Kadjak (Arktis) hat der erste Monat im Jahr den Namen »Plejadenaufgang« – es ist ebenfalls der Juni. Als Künder der Regenzeit werden die Plejaden in den tropischen Gebieten betrachtet, wie sie schon in der Frühzeit der Menschheit als Zeitmarken für Landwirtschaft und Seefahrt galten...«

Wie der Gesellschaftswissenschaftler die Merkmale menschlicher Zusammenschlüsse analysiert und Verhaltensweisen deutet, so untersucht der Astronom seine Gesellschaft, die Sterne, und will ihre Entstehung, Verteilung und Bewegung im Weltraum immer besser kennenlernen. Die Sterne bewegen sich nämlich keineswegs zusammenhanglos durch den Kosmos. Irgendwo und

modernsten Meßgeräte erst bei 0,002^m die Grenze der Genauigkeit erreichen.

Beobachtungstechnisch wird der Nachweis für die veränderliche Helligkeit eines Sterns durch die Ermittlung einer Lichtkurve erbracht. Das ist eine graphische Darstellung der scheinbaren Helligkeit des Sterns im Verlauf eines bestimmten Zeitabschnitts. Die Daten für diese Lichtkurve können mit Hilfe von visuellen Schätzungen der Sternhelligkeit, der Ausmessung der Schwärzung von Sternpünktchen auf Photos oder mit lichtelektrischen Messungen gewonnen werden. Alle Helligkeitsschätzungen und -messungen werden unter dem Sammelbegriff Photometrie geführt. Wichtige Bestimmungsgrößen jeder Lichtkurve eines veränderlichen Sterns sind:

1. Der Zeitraum zwischen zwei aufeinanderfolgenden größten und geringsten Helligkeiten, die als Maximum bzw. Minimum bezeichnet werden.
2. Der Bereich der Helligkeitsschwankungen zwischen Maximum und Minimum, auch Amplitude genannt.
3. Gestalt der Kurve, mehr symmetrisch, mehr unsymmetrisch.
4. Wiederholung der Kurvengestalt und der Amplitude über mehrere Maxima und Minima hinweg.

Es gibt da in der Tat eine Menge von Möglichkeiten, und die Bilder auf Seite 140 können nur ein paar typische Beispiele zeigen. Einfache Helligkeitsschätzungen und darauf beruhende Lichtkurven kann der Sternfreund bei helleren veränderlichen Sternen selbst ohne mächtigen instrumentellen Aufwand machen; der Feldstecher genügt als Gerät vollauf. Die Schätzungen geschehen nach bewährten Methoden unter Einbezug benachbarter Sterne, deren scheinbare Helligkeit bekannt und konstant ist (Beispiel auf S. 139). Diese Schätzungen sind bei einiger Übung recht genau, sie liegen etwa im Grenzbereich von 0,1^m und sind bei entsprechender Regelmäßigkeit geeignet, Daten für die wissenschaftliche Auswertung zu liefern. In einer Reihe von Ländern gibt es Beobachtergruppen, die systematisch diese Schätzungen ausführen und die Ergebnisse an international anerkannte Sammelstellen weitergeben. Ernsthaft interessierte Beobachter finden in dem schon mehrfach zitierten »Handbuch für Sternfreunde« alle Angaben für die Beobachtung und Auswertung. Dort werden auch technisch anspruchsvollere Methoden beschrieben, z. B. Helligkeitsmessungen mit Hilfe eines lichtelektrischen Photometers. Die Meßgenauigkeit läßt sich mit elektronischen Hilfsmitteln wesentlich steigern.

Die Kenntnis der physikalischen Ursachen für die Helligkeitsschwankungen ist sehr wichtig, um das Wissen über den Aufbau der Sterne zu vertiefen. Die Perioden-Leuchtkraft-Beziehung über die Bestimmung der mittleren scheinbaren Helligkeit bestimmter veränderlicher Sterne führt zu Entfernungsbestimmungen der Sternsysteme. Es sind vor allem die Veränderlichen vom Typ des Sterns Delta im Sternbild Cepheus, die hier eine Rolle spielen (siehe S. 51).

irgendwie gehört jeder Stern zu einem Sternsystem. So sind auch die Sterne eines offenen oder galaktischen Sternhaufens keine zufällige optische Konstellation am Himmel. Sie gehören vielmehr zusammen und zeigen das dem Beobachter auf verschiedene Weise.

Der Name macht uns schon auf ein Merkmal aufmerksam: Offene Sternhaufen erscheinen im Feldstecher oder Fernrohr als lockere Ansammlung von Sternen – manchmal so locker, daß es sogar schwerfällt, auf den ersten Blick überhaupt einen Sternhaufen zu erkennen. Auch ist die Anordnung am Himmel nicht unbedingt kreisförmig, und die Zunahme der Sternhäufigkeit zur Mitte des Sternhaufens weist längst nicht die Konzentration auf, wie sie die Kugelsternhaufen kennzeichnet. Unter den offenen Sternhaufen vereinen sich ebenso Sternhaufen mit einer erkennbaren Sternverdichtung wie Sternhaufen, die mehr das Aussehen von zufälligen Sternansammlungen haben und sich vom Sternhintergrund am Himmel gerade noch unterscheiden.

Alle offenen Sternhaufen sind Angehörige unseres Milchstraßensystems. In der galaktischen Ebene treten sie massiert auf. Deshalb stößt der Beobachter auf diese Objekte bevorzugt in der Milchstraße. Die meisten offenen Sternhaufen haben weniger als 100 Sterne, was aber nicht ausschließt, daß auch schon offene Sternhaufen mit 500 und 1000 Sternen entdeckt worden sind. Die Ausdehnung im Weltraum liegt bei einigen parsec bis etwa 50 parsec. Entfernt sind die offenen Sternhaufen zwischen 100 und 10 000 parsec.

Je näher ein offener Sternhaufen ist, um so mehr sind seine Sterne verteilt. Die Zuordnung zur gleichen Familie läßt sich dann nur noch auf Grund der Geschwindigkeit und Bewegungsrichtung bestimmen. Während die Geschwindigkeiten der nicht zum Sternhaufen gehörigen Sterne, der sogenannten Feldsterne, breit streuen, haben die Sterne eines Sternhaufens ungefähr die gleiche räumliche Geschwindigkeit und die gleiche Bewegungsrichtung. Für Sternhaufen, deren Sterne nichts oder wenig von einer Konzentration erkennen lassen, dafür aber die Gemeinsamkeit der Bewegung, haben die Astronomen den Namen »Bewegungshaufen«.

Daß die Plejaden seit urdenklichen Zeiten vielen Völkern ein vertrauter Anblick am Himmel sind, darauf wurde bereits hinge-

Die Plejaden, auch Siebengestirn genannt, sind der prächtigste unter den galaktischen Sternhaufen des Nordhimmels (siehe auch S. 55).

Der Messier-Katalog

Simon Marius hatte 1612 den Andromeda-Nebel entdeckt, Cysat 6 Jahre später den Orion-Nebel. Der erste große Entdecker kosmischer Nebel und Sternhaufen aber war Charles Messier (1730–1817). Der Astronom am Marine-Observatorium in Paris beobachtete in erster Linie Kometen. Er war einer der erfolgreichsten Kometenentdecker seiner Zeit. Sozusagen als Nebenprodukt fertigte er eine Nebelliste an, um Verwechslungen bei der Entdeckung von Kometen zu vermeiden. Allmählich entstand ein Verzeichnis von 103 nebligen Objekten am Sternhimmel, von denen Messier selbst 61 aufgefunden hat. Die Liste umfaßt alle möglichen galaktischen und extragalaktischen Objekte:
offene Sternhaufen (O),
galaktische Nebel (G),
planetarische Nebel (P),
Kugelsternhaufen (K),
extragalaktische Systeme (E).
Vor der Katalognummer steht ein M für Messier.
Das Objekt M 40 ist ein Doppelstern, der irrtümlich als Nebel geführt wurde. Bei M 47, M 48 und M 91 fehlten ursprünglich die Objekte. Mit Hilfe der Beobachtungsbücher von Messier wurden sie nachgetragen. Bei M 101 und M 102 handelte es sich ursprünglich um das gleiche Objekt. M 103 bis M 109 sind nicht in Messiers 1784 veröffentlichtem Katalog enthalten. Handschriftliche Vermerke in seinem Manuskript deuten aber darauf hin, daß die Objekte Messier bekannt waren.
Messier beobachtete meistens mit Refraktoren von etwa 90 mm Öffnung und 1100 mm Brennweite, eine Instrumentengröße also, die heute für jeden interessierten Amateurastronomen erreichbar ist. Die Sternkarten S. 34–87 in diesem Buch enthalten die Messierobjekte. Ausführliche Darstellungen der Messier-Objekte findet der Leser in 2 Büchern von H. Vehrenberg, die im Literaturverzeichnis S. 173 erwähnt sind. NGC bedeutet »New General Catalogue of Nebulae and Clusters«, ein Katalog mit über 6000 Objekten von J. L. E. Dreyer (1852–1926). Ein Nachtrag zum NGC heißt »Index-Catalogue« und wird IC abgekürzt.

M	NGC,	Koordinaten		Art	Helligkeit	Bemerkungen	Seite
1	1952	5^h34^m	+22,0°	G	8^m	Crabnebel	56
2	7089	21 34	– 0,9	K	6		68
3	5272	13 42	+28,4	K	6		62
4	6121	16 24	−26,5	K	6		64
5	5904	15 19	+ 2,1	K	6		62
6	6405	17 40	−32,2	O	5		82
7	6475	17 54	−34,8	O	4		82
8	6523	18 03	−24,4	G	6	Lagunen-Nebel	64
9	6333	17 20	−18,5	K	7		64
10	6254	16 58	– 4,1	K	7		64
11	6705	18 51	– 6,2	O	6		66
12	6218	16 48	– 2,0	K	7		64
13	6205	16 43	+36,5	K	6	Kugelsternhaufen im Herkules	46
14	6402	17 38	– 3,2	K	8		64
15	7078	21 30	+12,1	K	6		68
16	6611	18 20	−13,8	O	6		64
17	6618	18 21	−16,2	G	7	Omega-Nebel	64
18	6613	18 20	−17,2	O	8		64
19	6273	17 03	−26,3	K	7		64
20	6514	18 02	−23,0	G	9	Trifid-Nebel	64
21	6531	18 05	−22,5	O	7		64
22	6656	18 37	−23,8	K	6		64
23	6494	17 57	−19,0	O	7		64
24	6603	18 20	−18,4	O	5		64
25	IC 4725	18 32	−19,3	O	7		64
26	6694	18 46	– 9,4	O	9		66
27	6853	20 01	+22,7	P	8	Dumbbell-Nebel	66
28	6626	18 25	−24,9	K	7		64
29	6913	20 24	+38,6	O	7		48
30	7099	21 42	−23,2	K	8		68
31	224	0 43	+41,3	E	4	Andromeda-Nebel	34
32	221	0 43	+40,9	E	9	Begleiter des Andromeda-Nebels	34
33	598	1 34	30,6	E	6	Triangulum-Nebel	52
34	1039	2 42	+42,8	O	6		34
35	2168	6 09	+24,3	O	5		56
36	1960	5 36	+34,1	O	6		38
37	2099	5 52	+32,5	O	6		38
38	1912	5 28	+35,8	O	7		38
39	7092	21 33	+48,4	O	5		50
40	–	12 35	+58,2			Doppelstern	–
41	2287	6 47	−20,8	O	5		56
42	1976	5 36	– 5,4	G	3	Orion-Nebel	56
43	1982	5 36	– 5,3	G	9		56
44	2632	8 40	+19,8	O	4	Praesepe	58
45	–	3 47	+24,2	O	2	Plejaden	54
46	2437	7 42	−14,8	O	6		56
47	2422	7 37	−14,6	O	5		–
48	2548	8 14	– 5,8	O	6		–
49	4472	12 30	+ 8,0	E	9		60
50	2323	7 03	– 8,4	O	6		56
51	5194	13 30	+47,2	E	8		44
52	7654	23 25	+61,6	O	7		50
53	5024	13 13	+18,1	K	8		60
54	6715	18 55	−30,5	K	7		66
55	6809	19 40	−31,0	K	8		66
56	6779	19 18	+30,2	K	8		48

M	NGC	Koordinaten		Art	Helligkeit	Bemerkungen	Seite
57	6720	18h54m	+33,1°	P	9m	Ringnebel in der Leier	48
58	4579	12 38	+11,8	E	8		60
59	4621	12 42	+11,6	E	9		60
60	4649	12 44	+11,5	E	9		60
61	4303	12 22	+ 4,5	E	10		60
62	6266	17 02	−30,2	K	9		64
63	5055	13 16	+42,0	E	10		42
64	4826	12 57	+21,6	E	7		60
65	3623	11 19	+13,1	E	10		60
66	3627	11 21	+13,0	E	9		60
67	2682	8 51	+11,8	O	6		58
68	4590	12 40	−26,8	K	9		60
69	6637	18 31	−32,4	K	9		82
70	6681	18 44	−32,3	K	10		82
71	6838	19 54	+18,7	K	9		66
72	6981	20 54	−12,5	K	10		66
73	6994	20 59	−12,6	O		besteht nur aus 4 Sternen	−
74	628	1 37	+15,8	E	10		52
75	6864	20 06	−22,0	K	8		66
76	650	1 42	+51,6	P	12		34
77	1068	2 43	+ 0,0	E	9		52
78	2068	5 47	+ 0,1	G	8		−
79	1904	5 24	−24,6	K	8		56
80	6093	16 18	−23,0	K	8		64
81	3031	9 56	+69,1	E	8		40
82	3034	9 56	+69,7	E	9		40
83	5236	13 37	−29,8	E	10		62
84	4374	12 26	+12,9	E	9		60
85	4382	12 26	+18,2	E	9		60
86	4406	12 27	+12,9	E	10		60
87	4486	12 31	+12,4	E	9		60
88	4501	12 32	+14,4	E	10		60
89	4552	12 36	+12,5	E	10		60
90	4569	12 37	+13,1	E	10		60
91	4567	12 37	+11,2	E	10		−
92	6341	17 18	+43,2	K	6		46
93	2447	7 45	−23,9	O	8		56
94	4736	12 51	+41,1	E	8		42
95	3351	10 44	+11,7	E	10		60
96	3368	10 47	+11,8	E	9		60
97	3587	11 15	+55,0	P	12	Eulen-Nebel	42
98	4192	12 14	+14,9	E	11		60
99	4254	12 19	+14,4	E	10		60
100	4321	12 23	+15,8	E	11		60
101	5457	14 03	+54,4	E	10		44
102	5866	15 06	+65,8	E	11		44
103	581	1 33	+60,8	O	7		34
104	4594	12 40	−11,7	E	9	Sombrero-Nebel	60
105	3379	10 48	+12,6	E	10		60
106	4258	12 20	+47,3	E	9		42
107	6171	16 33	−13,1	K	9		64
108	3556	11 12	+65,4	E	11		42
109	3992	11 58	+53.4	E	11		42

wiesen. Auch im Rahmen der wissenschaftlichen Erforschung der offenen Sternhaufen zählt das Siebengestirn zu den bekanntesten. Die Plejaden sind uns verhältnismäßig nahe. Ihre Entfernung beträgt annähernd 130 parsec; sie wird mit Hilfe eines spektroskopischen Verfahrens ermittelt. Über 120 Einzelsterne gehören zur Plejaden-Familie. Die schwächsten Sterne haben die scheinbare Helligkeit 17m. Sehr interessant sind die diffusen Nebelmassen, die das Licht hellerer Plejaden-Sterne spiegeln. Das Vorhandensein solcher Nebelmaterie legt den Gedanken nahe, ob es sich hierbei etwa um Reste dichter Materie handelt, aus der sich die Sterne geformt haben.

Das systematische Erforschen offener Sternhaufen hat zu manchen neuen Kenntnissen über den Aufbau unserer Milchstraße und das Vorhandensein der interstellaren Materie beigetragen. Um die Entfernung der galaktischen Sternhaufen zu bestimmen, gibt es noch die Möglichkeit, die scheinbaren und absoluten Helligkeiten (siehe S. 141) zu vergleichen. Man kann auch eine Beziehung zwischen der Anzahl der Sterne und der Dichte der Sterne im Haufen herstellen. Mit zunehmender Entfernung weicht diese Beziehung immer mehr von der Norm ab, so daß die Annahme einer Lichtabsorption durch interstellare Materie richtig zu sein scheint.

Die offenen Sternhaufen sind gut geeignet, die Sterne in verschiedenen Entwicklungszuständen zu zeigen. Sind die Sterne in Gasnebel eingebettet (Beispiel: Plejaden), handelt es sich offensichtlich um verhältnismäßig junge Sternansammlungen. Das Alter der meisten bekannten offenen Sternhaufen liegt zwischen einigen Millionen und fünf Milliarden Jahren. Sterne entstehen aus Zusammenballungen interstellarer Gasmaterie, die in der galaktischen Ebene besonders häufig auftreten. Dabei sind neben hoher Dichte der Materie und starken Magnetfeldern ausreichend Masse und nur schwache innere Bewegung der Materie die Voraussetzungen für den Sternbildungsprozeß (vgl. S. 134).

Im Vergleich zum Alter der Milchstraße – es wird mit 10 Milliarden Jahren angegeben – sind die allermeisten offenen Sternhaufen junge Sternsysteme. Wenigstens ein großer Teil der galaktischen Sternhaufen stellt die erste Station der Sterne dar nach dem Sternbildungsprozeß. Die Lebensdauer offener Sternhaufen ist begrenzt, sehr wahrscheinlich auf eine Milliarde Jahre. Die einzelnen Haufensterne entweichen nach und nach. Die zusammengehörenden Sterne unterliegen gegenseitiger Anziehung, die so

wirksam werden kann, daß sich zwei Sterne aus der Bahn werfen. Dabei findet ein Energieaustausch statt, der einem der Sterne die notwendige Fluchtgeschwindigkeit verleiht.

Einer der schönsten Doppelsternhaufen ist im Sternbild Perseus. Er wird auf Seite 37 näher beschrieben.

Kugelsternhaufen

Die hellsten Kugelsternhaufen sehen wir am südlichen Himmel in den Sternbildern Kentaur und Tukan (siehe Karten auf S. 79 und S. 71). Mit bloßen Augen sind die Kugelsternhaufen ω Centauri und 47 Tucanae als »Nebelsternchen« wahrnehmbar. Im Sternbild Herkules befindet sich der hellste Kugelsternhaufen des Nordhimmels, das Objekt M 13 (siehe S. 47). Im Feldstecher beginnt die Auflösung in Einzelsterne am Rand. Was dabei sofort auffällt: Die Kugelsymmetrie der Sternansammlung ist ausgeprägt, und je mehr es zur Mitte hin geht, um so dichter scheint das Ganze zu werden. Eine Auflösung in Einzelsterne will in der Mitte auch mit einem größeren Fernrohr nicht gelingen – und gelingt in der Tat selbst mit den mächtigen Teleskopen der amerikanischen Sternwarten nicht. Die Photos lassen einiges ahnen von der enormen Sterndichte, die in einem Kugelsternhaufen herrschen muß.

So gesehen, sind die Kugelsternhaufen schon rein äußerlich anders als die offenen Sternhaufen. Die Anzahl der Sterne in Kugelsternhaufen liegt zwischen 100 000 und 10 000 000. Die linearen Durchmesser betragen in der Regel zwischen 10 und 20 parsec. Über 100 Kugelsternhaufen sind steckbrieflich erfaßt. Vermutlich eine ähnliche Anzahl verbirgt sich den Teleskopen und Astrokameras hinter Wolken interstellarer Materie.

Im Gegensatz zu den galaktischen Sternhaufen enthalten die Kugelsternhaufen keinerlei Gasnebel. »Man darf annehmen, daß alles Gas, das in ihnen anfangs bei der Sternentstehung noch übriggeblieben war oder das im Laufe der fortgeschrittenen

Farbaufnahme des kugelförmigen Sternhaufens M 13 im Sternbild Herkules. Dieser Grad von Auflösung in Einzelsterne wird nur in sehr großen Fernrohren erreicht. In der Regel sind es die Randsterne, die auch der Sternfreund mit einem kleinen Fernrohr mühelos sehen kann.

Entwicklung von den Sternen wieder abgestoßen wurde, bei jedem Durchpendeln des Haufens durch die Ebene der Milchstraße aus dem Haufen (durch die Gasmassen der Milchstraße) ›herausgefegt‹ worden ist« – so S. v. Hoerner und K. Schaifers in »Meyers Handbuch über das Weltall«. Also eine Versammlung älterer Sternengeneration?

Die Kugelsternhaufen sind im Gegensatz zu den offenen Sternhaufen nicht auf die galaktische Ebene beschränkt, sondern kommen in allen galaktischen Breiten vor. Sie bilden einen Ring um unser Milchstraßensystem und stellen damit so etwas wie Vorposten des Milchstraßensystems dar. Die Kugelsternhaufen führen eine Art Eigenleben innerhalb unserer Galaxis. Der Ring der Kugelsternhaufen nimmt kaum an der Rotation der Galaxis teil. Natürlich sind die Kugelsternhaufen in der Milchstraßenumgebung der Anziehung des Kerns des Milchstraßensystems ausgesetzt. Sie haben daher eine galaktische Umlaufzeit und sind seit der Existenz des Milchstraßensystems schon über 60mal durch die Ebene der Milchstraße »hindurchgetaucht«.

Wir müssen davon ausgehen, daß ganz am Anfang, zum Zeitpunkt der Milchstraßenwerdung, eine riesige turbulente Wasserstoffwolke vorhanden war, die um ihre Mitte rotierte und sich mit der Zeit in kleinere Gaswirbel auflöste, in denen sich dann die Sterne bildeten. Am zahlreichsten waren die Gaswirbel nahe der Äquatorebene unserer Galaxis. Hier vereinten sie sich zu dem bekannten linsenförmigen Spiralsystem. Aber nicht alle Gaswirbel gelangten dorthin – sie haben, wenn man es so nennen will, den Anschluß verpaßt. Für die Bildung einer selbständigen Galaxis indessen reichte die Kraft nicht; dafür übte die Anziehung des Kerns des Milchstraßensystems ihre Wirkung aus, so daß die am Rand befindlichen Gaswirbel mit der galaktischen Rotation begannen, zusammen mit den sich allmählich bildenden Sternen. Beim Eintauchen in die

Ebene der Milchstraße wurde das freie Gas »herausgefegt«, und die Sterne setzten ihren galaktischen Umlauf als Kugelsternhaufen fort. Ihr Alter wird heute mit 13–17 Milliarden Jahren angegeben. Zählt man rund 1 Milliarde Jahre als Entstehungszeit für die Kugelhaufen hinzu, ergibt das ein Weltalter zwischen 14 und 18 Milliarden Jahren.

Im Gegensatz zu den offenen Sternhaufen sind die Kugelsternhaufen stabile Sternansammlungen, und nur ganz außen am Rand gehen zuweilen Sterne »verloren«.

Übrigens haben die Astronomen auch in anderen Galaxien Kugelsternhaufen nachgewiesen, die dort einen ähnlichen Kranz um das eigentliche System bilden, wie das in unserem Milchstraßensystem der Fall ist. In der uns nächstgelegenen Galaxie, dem berühmten Nebel im Sternbild Andromeda, M 31 (siehe S. 30), sind rund 200 Kugelsternhaufen registriert worden.

Der nach M 13 schönste kugelförmige Sternhaufen am nördlichen Himmel befindet sich nicht weit weg vom hellen Stern Arktur im Sternbild Bootes (siehe S. 62). Es ist M 3 mit der scheinbaren Helligkeit 6,38^m. Schon im Vierzöller kann man am Haufenrand Einzelsterne wahrnehmen.

Planetarische Nebel

Es ist schon so, daß manches astronomische Objekt seinen Namen rein dem Aussehen nach bekommt und ihn auch dann nicht wieder los wird, wenn sich längst herausgestellt hat, daß seine tatsächliche physikalische Natur ganz anders ist. So wird weiterhin von den Mondmeeren (lat. »Maria«, Plural »Mariae«) gesprochen und auch von den planetarischen Nebeln, die weder mit den großen noch mit kleinen Planeten das geringste zu tun haben. Aber jeder kann sich selbst überzeugen, etwa am Beispiel des Ringnebels im Sternbild Leier (siehe S. 149), einem sehr schönen Vertreter der planetarischen Nebel. Im kleinen Fernrohr sieht man tatsächlich ein kleines scheibenförmiges Objekt, das mit dem Anblick eines weit entfernten Planeten, etwa des Planeten Uranus, im gleichen Fernrohr durchaus vergleichbar ist. Nur dieser scheinbaren Ähnlichkeit im Aussehen verdanken die planetarischen Nebel ihren irreführenden Namen. Schon in einem größeren Amateur-Fernrohr, etwa ab 200 mm Öffnung, ändert sich der Anblick: Der Ringnebel in der Leier erscheint jetzt wirklich ringförmig, mit abfallender Helligkeit in Richtung der größten

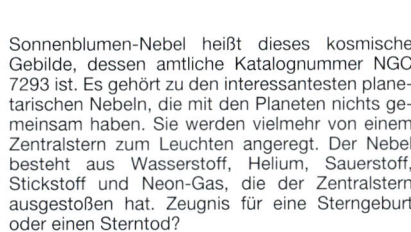

Sonnenblumen-Nebel heißt dieses kosmische Gebilde, dessen amtliche Katalognummer NGC 7293 ist. Es gehört zu den interessantesten planetarischen Nebeln, die mit den Planeten nichts gemeinsam haben. Sie werden vielmehr von einem Zentralstern zum Leuchten angeregt. Der Nebel besteht aus Wasserstoff, Helium, Sauerstoff, Stickstoff und Neon-Gas, die der Zentralstern ausgestoßen hat. Zeugnis für eine Sterngeburt oder einen Sterntod?

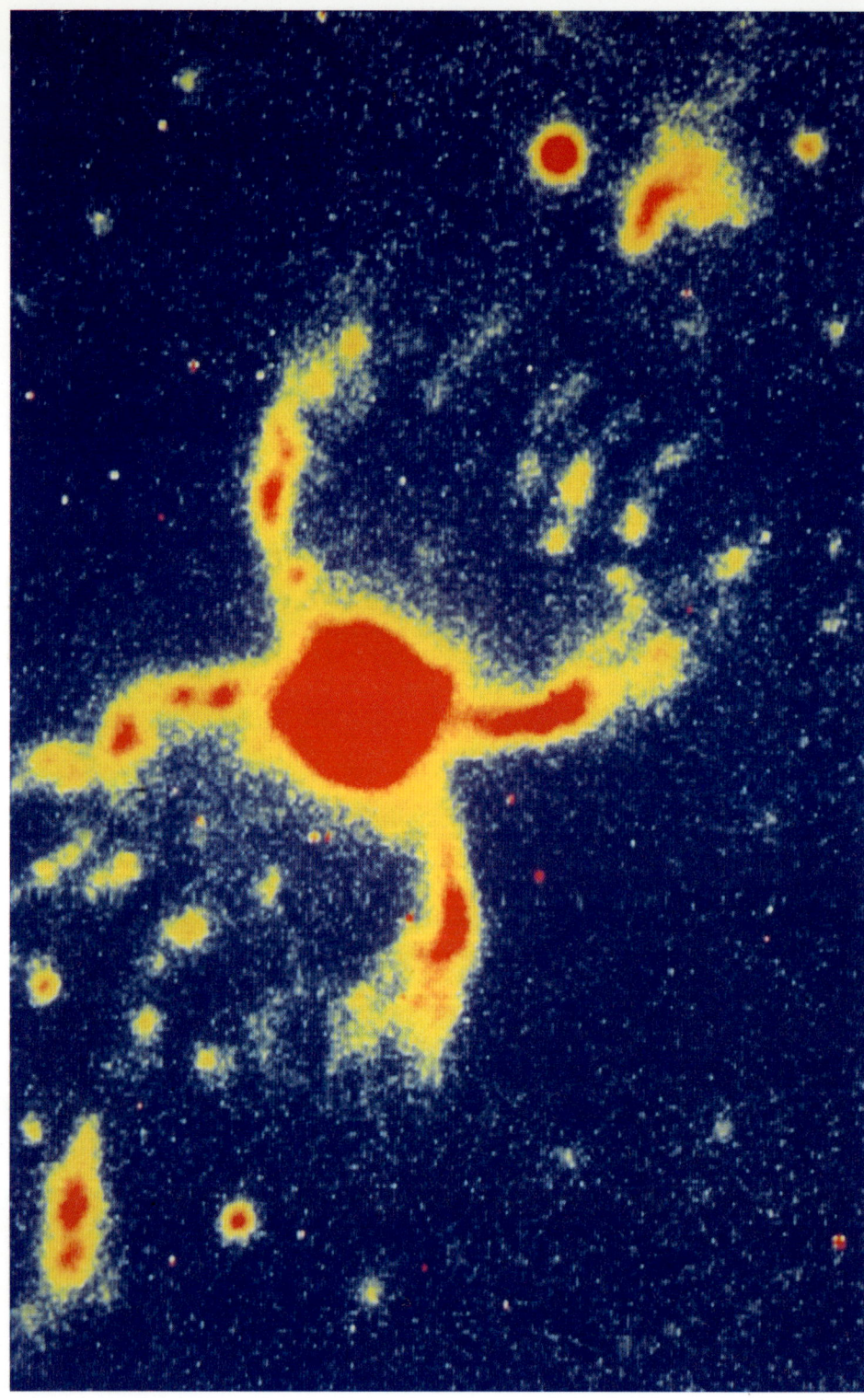

Ausdehnung des Ringes; das Ringinnere bleibt dunkel. Ein sogenannter Zentralstern hat die scheinbare Helligkeit 15^m und zeigt sich erst in wesentlich größeren Fernrohren. Jedenfalls ist vom »Planeten« nichts mehr vorhanden.

Die planetarischen Nebel treten in mancherlei Formen in Erscheinung. In unserem Milchstraßensystem sind bereits 1000 solche Nebel bekannt. Die tatsächliche Gesamtzahl dürfte bei 10 000 und mehr liegen: Wenn auch die Formen variieren, so zeigen sich doch alle bisher erfaßten planetarischen Nebel ziemlich rund. Häufig tritt die Form des Ringes auf, in dessen Zentrum sich ein Stern befindet. Inzwischen weiß man, daß die planetarischen Nebel Gasnebel sind, die ihr Licht von dem Stern in der Mitte aufnehmen. Dieser Zentralstern ist der Verursacher des ganzen Phänomens.

Die Zentralsterne in den planetarischen Nebeln sind nicht sehr groß, auf jeden Fall kleiner als unsere Sonne. Aber sie sind extrem heiß, mit Oberflächentemperaturen zwischen 50 000 und 100 000 Grad. Trotzdem ist der Zentralstern für den Beobachter wenig auffällig, denn der Nebelring ist viel heller. Dabei ist aber alles Licht des Nebels nur Fluoreszenzlicht des Sterns in der Mitte. Der Nebel stellt eine sehr dünne Gasansammlung dar, die durch das ultraviolette Licht des Zentralsterns zum Leuchten angeregt wird.

Ohne Zweifel demonstrieren uns die planetarischen Nebel ein gigantisches kosmisches Ereignis. Mit Geschwindigkeiten von 10–50 km/s dehnt sich ihre Gashülle aus, und vieles spricht dafür, daß diese Gasmassen dereinst zum Zentralstern gehört haben. Es muß so etwas wie eine Explosion stattgefunden haben. Was sind das für Sterne, bei denen solches vorkommen kann? Bietet am Ende der planetarische Nebel dem Betrachter ein Stadium des Sternentstehens oder des Sternvergehens?

Dieses eigenartige kosmische Objekt, bekannt unter seinem englischen Namen »Southern Crab Nebula« (He 2–104), verdient viel eher den Namen Krebs-Nebel als der berühmte Crabnebel im Sternbild Stier (siehe Seite 135). Das Objekt befindet sich am Südhimmel und stellt die Entstehung eines planetarischen Nebels dar. Aufgenommen wurde es mit dem 2,2-Meter-Spiegelteleskop der Europäischen Südsternwarte (ESO).

Das Paradebeispiel für einen planetarischen Nebel ist immer wieder der Ringnebel im Sternbild Leier (M 57). Diese Farbaufnahme läßt sowohl den Zentralstern wie die gasförmige Hülle gut erkennen. Mit den Hilfsmitteln des Amateurs lohnt es durchaus, dieses interessante Objekt zu beobachten.

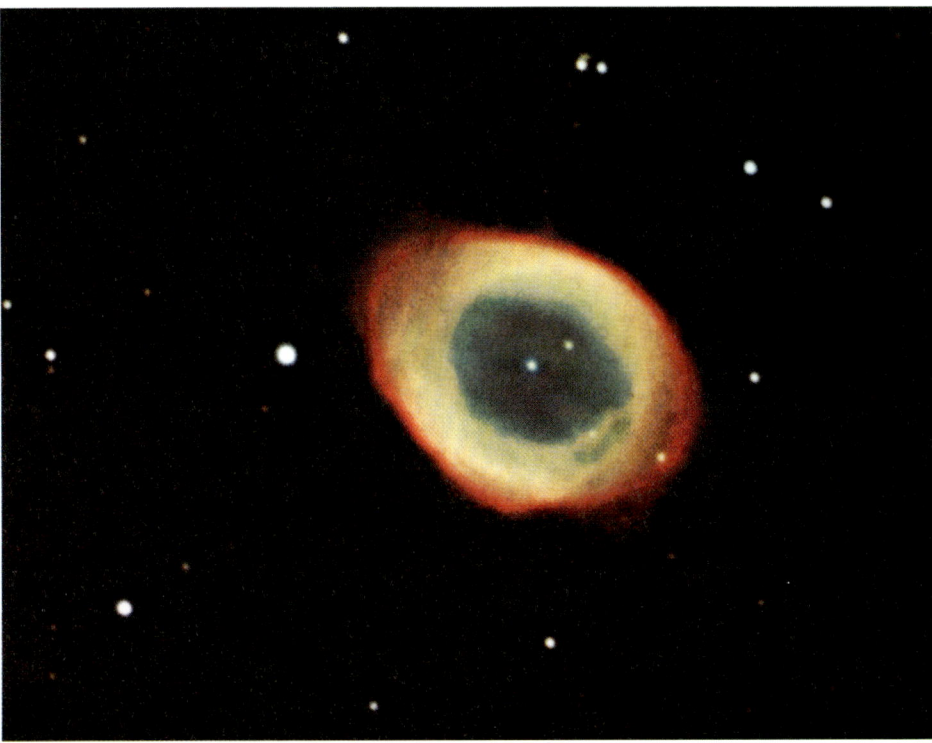

Der Zentralstern bläht sich auf und stößt eine dünne Schicht seiner Atmosphäre ab. Es ist das ein Verhalten, das dem der veränderlichen Sterne nicht unähnlich ist. Oft wird gesagt, daß zwischen den planetarischen Nebeln und Novae oder Supernovae eine Verwandtschaft bestehe. Starke Magnetfelder beherrschen die planetarischen Nebel, und die Lebensdauer eines solchen Nebels ist hunderttausendmal kürzer als die eines gewöhnlichen Fixsterns. Es wird deshalb auch die Meinung vertreten, die planetarischen Nebel seien Überbleibsel von Sternbildungsprozessen. Das Ausströmen von Gas aus dem Zentralstern scheint ein einmaliger Vorgang von verhältnismäßig kurzer Dauer zu sein – das ist die eine Meinung. Andere Forscher sagen, der Nebelring werde ständig aus seinem Zentralstern erneuert. Ordnet man diesen Zentralstern den sogenannten »Weißen Zwergen« zu, einer Art von Sternen sehr kleiner Masse, dann haben wir einen Stern vor uns, dessen Energiequellen zu Ende gehen.

Auf alle Fälle scheint festzustehen, daß planetarische Nebel relativ »kurzlebige« Objekte sind. Das expandierende Gas trifft auf interstellare Materie, die »aufgewirbelt« wird. Das aber bremst den Vorgang der Expansion ab, die äußeren Teile des Nebels verdichten sich. Damit in Einklang steht die Beobachtung verhältnismäßig scharf begrenzter, heller Außenränder der planetarischen Nebel. Die Nebelhülle gehört noch nicht zur interstellaren Materie. Aber wie lange? Die Dispersion des Gases führt, wenn der Energieschub des Zentralsterns ausbleibt, zum Verschwinden des planetarischen Nebels, zum Aufgehen der Nebelmaterie in der interstellaren Materie ...

Die Ansichten sind freilich nicht einhellig, so daß die planetarischen Nebel nach wie vor bevorzugte Forschungsobjekte sind. Die hohe Expansionsgeschwindigkeit läßt sich spektroskopisch messen. Das Studium der Spektren planetarischer Nebel hat auch zur Entdeckung sogenannter »verbotener« Linien geführt: Übergänge in den Spektren des 2fach ionisierten Sauerstoffs – eine Erscheinung, die nur in stark angeregten und sehr dünnen Gasen auftreten kann. Die planetarischen Nebel haben alle ein reinrassiges Emissionslinien-Spektrum, das auf glühendes Gas zurückzuführen ist. Außer von der Emission spricht man in der Spektralanalyse noch vom Kontinuum – es entsteht bei glühenden festen Körpern, Flüssigkeiten oder Gasen unter hohem Druck – und von einem Absorptionsspektrum. Bei letzterem ist das Kontinuum umgeben von kühleren Gasen bei niedrigem Druck.

Leuchtende Gasnebel

Südlich der 3 Gürtelsterne des Sternbildes Orion sieht der mit dem Sternhimmel vertraute Sternfreund sofort ohne optische Hilfsmittel einen Nebelfleck. Mit Hilfe des Feldstechers offenbart sich in dunkler, mondloser Nacht eine interessante kosmische Landschaft: Wir beobachten den berühmten Orion-Nebel, M 42, mit seinen Nachbarsternen (siehe S. 139). Im Sternbild Schütze bietet sich eine andere Gelegenheit zu einem ähnlich aufregenden Anblick. In dieser mit zahlreichen Dunkelwolken durchsetzten Milchstraßenpartie sind die Gasnebel M 8 und M 20. Besonders M 8, auch unter dem Namen Lagunen-Nebel bekannt, ist im lichtstarken Feldstecher ein imponierendes Objekt. Wer sich mit dieser Himmelsgegend oder dem Gebiet rund um den Orion-Nebel ein wenig beschäftigt, kommt schon vom bloßen Beobachten zur Vorstellung eines an Materie gar nicht so armen Weltraums.

Gasnebel. Was ist das? Selbst am Rand, wo sich Kugelsternhaufen wie Galaxien in Einzelsterne auflösen lassen, behält der Gasnebel sein milchiges Aussehen. Aber es ist kein kreisrundes oder sonst regelmäßig geformtes Gebilde. Die Ränder sind zerfasert, dunkle Einschlüsse – sie sehen aus wie dunkle Wolken – unterbrechen die helle Fläche, dazwischen leuchten Sterne aus dem Hintergrund und verstärken nur den chaotisch zu nennenden Anblick. So wie das Aussehen im Fernrohr und auf Photos ist, bestätigt sich die Struktur dieser kosmischen Erscheinungen. Diese diffusen Nebel sind nichts anderes als fein verteilte interstellare Gas- und Staubmaterie, die durch die Ultraviolettstrahlung nahestehender Sterne zum Leuchten angeregt wird. Wo kein Stern günstig steht, bleibt sie dunkel. Und ist die Materie etwas konzentrierter, verhindert sie das Durchscheinen der dahinterstehenden Sterne. Durch diese lichtabsorbierende Wirkung macht sich die

Dunkelwolke bemerkbar. Sie hat die gleiche Zusammensetzung wie ihre leuchtende Verwandtschaft, die Gasnebel. Leuchtende Gaswolken und Dunkelwolken stehen oft dicht beieinander, zum Beispiel in der Umgebung des östlichen Gürtelsterns des Orion (ζ Orionis, siehe S. 56). Das frappierendste Beispiel einer Dunkelwolke kann man im Sternbild Kreuz des Südens sehen (siehe S. 152) in Gestalt des berühmten »Kohlensacks«, einer ausgedehnten Wolke interstellarer Materie, die viele nicht so helle Milchstraßensterne verdeckt.

Nein, der Weltraum ist nicht arm an Materie. Außer den Sternen, von denen bestimmt viele auch Planeten und Monde haben wie unsere Sonne, gibt es im Raum zwischen ihnen eine gewaltige Menge Gas und Staub. Das ist auch der Stoff, aus dem sich bei Erfüllung bestimmter physikalischer Bedingungen wieder neue Sterne bilden – auch jetzt noch, 10 Milliarden Jahre nach der Entstehung unseres Milchstraßensystems. Alle Sterne und ihre Planeten sind Produkte eines Prozesses, bei dem sich interstellares Gas und interstellarer Staub infolge der Gravitationsanziehung der einzelnen Teilchen verdichten. Zur Kugelgestalt kommt es deshalb, weil die Gravitationskraft auf den Mittelpunkt des anziehenden Körpers ausgerichtet ist. Rotiert der Körper gleichzeitig, plattet die Kugel mehr oder minder stark ab. Beim Planeten Jupiter fällt die Abplattung schon dem ungeübten Beobachter nach einigem Hinschauen auf.

Die Gravitation ist die Anziehung, die zwei Massen aufeinander ausüben; ihr Entdecker ist der Engländer Isaac Newton (1643-1727). In seiner wichtigsten Veröffentlichung – sie erschien 1687 unter dem Titel »Philosophiae naturalis principia mathematica« – demonstriert er, daß die gebogene Bahn eines Planeten um die Sonne aus zwei Elementen besteht:

1. aus der dem Planeten eigenen Bewegung. Sie treibt ihm dem Trägheitsgesetz folgend mit gleicher Geschwindigkeit in Richtung der Tangente seiner Bahn entlang.

In der Gegend um den linken Gürtelstern ζ Orionis im Sternbild Orion ist interstellare Materie vielfältig gemischt. Helle heiße Sterne regen Gas zum Leuchten an. Der »Pferdekopf-Nebel« selbst ist eine Dunkelwolke, die von heißem Gas umströmt wird.

Ein typischer Emissionsnebel ist der Lagunen-Nebel (M 8) im Sternbild Schütze. Im Gegensatz zum Reflexionsnebel ist hier genügend Ultraviolett in der Strahlung des anregenden Sterns, um den Nebel zum Eigenleuchten zu bringen.

2. aus einer Kraft, die auf das Bewegungszentrum gerichtet ist. Sie ist, umgekehrt proportional dem Quadrat der Entfernung wirkend, mit der Kraft gleich, die auf der Erde den Körpern Schwere gibt. So formulierte Newton als erster mathematisch ein Fernwirkungsgesetz. Es besagt, daß die Sonne jeden Planeten und jeder Planet seine Monde mit einer Kraft anzieht, die der Masse des anziehenden Körpers proportional und dem Quadrat der Entfernung umgekehrt proportional ist. Das nach Newton benannte Gravitationsgesetz löst alle wichtigen Probleme der Himmelskunde, nicht nur innerhalb unseres Sonnensystems, sondern auch draußen im Weltraum, im Milchstraßensystem genauso wie in anderen Galaxien. Dabei ist die physikalische Natur der Gravitationskraft heute noch immer ein ungelöstes naturwissenschaftliches Rätsel.

Welche Zusammensetzung hat die interstellare Materie? Nach wie vor herrscht Wasserstoff vor, der bei der Entstehung unseres Milchstraßensystems den größten Teil des Weltraums gefüllt hat. Wir müssen uns folgenden zeitlichen Ablauf vor Augen halten: Die Sterne, die damals entstanden sind, gaben und geben noch ständig Energie in den Weltraum ab. Kernprozesse im Sterninneren sorgen für den Nachschub. Hierbei findet eine dauernde Umwandlung von Wasserstoff in Helium statt. Ohne Zweifel geht der Wasserstoffvorrat der Sterne einmal zu Ende. Es geschieht in den Sternen so etwas wie das Altern. Auch das Helium wird wiederum umgewandelt, aller Wahrscheinlichkeit nach in schwere Elemente. Es ist daher einleuchtend zu sagen: Die chemische Zusammensetzung im Weltraum unterliegt dauernden Veränderungen.

Wie Wolkenfetzen wirken diese Nebelfasern, die zum Cirrus-Nebel im Sternbild Schwan gehören. Überreste einer kosmischen Katastrophe, der Explosion eines Sterns? Mit der hohen Anfangsgeschwindigkeit von 100 Sekundenkilometern ist Gas von einem Zentrum in den Weltraum geschleudert und durch die interstellare Materie abgebremst worden. Die Explosion müßte vor 30 000 Jahren stattgefunden haben.

Gleichzeitig vollzieht sich ein Kreislauf von Sternwerden zum Sternvergehen und zu neuem Sternwerden. Dabei spielt die interstellare Materie eine wichtige Rolle. Mit der Energie, die unsere Sonne und alle anderen Sterne Tag für Tag in den Weltraum jagen, verstärkt oft noch durch explosionsartige Vorgänge in den äußeren Schichten der heißen Gaskugel, gelangt Material, und zwar chemisch bereits umgeformtes Material, aus den Sternen zurück in das gasförmige interstellare Medium. Wenn wir ein geläufiges Wort abwandeln: Es ist eine Art Weltraumverschmutzung. Ständig wird die interstellare Materie mit Helium und schweren Elementen angereichert. Während sich die Sterne vor Milliarden Jahren aus nahezu reinem Wasserstoff geformt haben, enthalten alle neuen Kondensationen von interstellarer Materie einen kräftigen Schuß Helium und schwere Elemente. Die chemische Zusammensetzung verteilt sich wie folgt: Wasserstoff 60 %, Helium 38 %, schwere Elemente 2 %. Der physikalische Zustand der interstellaren Materie weist auf einen Anteil von 99 % Gas und 1 % Staub hin, wobei der interstellare Staub identisch ist mit schweren Elementen, die in Mini-Körnern von einem zehntausendstel Millimeter und noch kleiner auftreten. Auf die Frage, um was für schwere Elemente es sich im Kosmos handelt, lautet die Antwort: Prinzipiell um Elemente, die schwerer sind als Helium; im einzelnen u.a. Lithium, Beryllium, Bor, Kohlenstoff, Stickstoff, Sauerstoff, Neon, Aluminium, Schwefel, Eisen.

Alles in allem ist es an dieser Stelle nur möglich, ein paar Anhaltspunkte zu so interessanten kosmischen Zusammenhängen zu geben. Der Sternfreund möge sie aber gegenwärtig haben, wenn er in seinem Feldstecher oder Fernrohr den Orion-Nebel und den Lagunen-Nebel anschaut. Staubförmige Bestandteile der interstellaren Materie lösen das sogenannte Reflexionsleuchten aus. Es entsteht der Eindruck eines »Reflexionsnebels«. Das typische Beispiel dazu sind die Nebel, die die Plejaden-Sterne umgeben (siehe S. 143). Emissionsnebel bestehen aus interstellarem Gas, das durch die Strahlung benachbarter Sterne zum Leuchten und zur Ausstrahlung (= Emission) eines Linienspektrums angeregt wird. Die Sterne sind in diesem Fall energie-geladen genug, um den Nebel ionisieren zu können.

Die interstellare Materie stellt den beobachtenden Astronomen auch vor manche »technischen« Probleme. Die mit ihr verbundene Lichtabsorption machte Entfernungsbestimmungen im Weltraum, die von der scheinbaren Helligkeit der Sterne ausgehen, korrekturbedürftig. Die hellen und dunklen Gas- und Staubwolken sind überdies starke Sender von Radiowellen und somit bevorzugte Forschungsobjekte eines jungen Zweigs der Himmelskunde, der Radioastronomie.

Milchstraße und extragalaktische Systeme

Es gehört mit zu den eindrucksvollsten himmelskundlichen Erfahrungen, die Milchstraße fernab aller störenden Lichtquellen auf dem Land oder im Hochgebirge zu beobachten. Der Anblick in den Sternballungsgebieten ist schlicht gesagt verblüffend! Solche Ballungsgebiete finden wir zum Beispiel in den Sternbildern Schütze und Schwan. Mit dem Feldstecher oder dem kleinen astronomischen Fernrohr wird das Glück des Sternfreundes vollkommen: Das verschwommen leuchtende Band der Milchstraße, das sich längs eines Großkreises über die Himmelssphäre ausdehnt, löst sich auf in Tausende von einzelnen Sternen, dazwischen dunkle oder leuchtende Gasnebel mit bizarren Formen.

Was ist die Milchstraße eigentlich? Sie ist das Musterbeispiel eines Sternsystems, unseres Sternsystems nämlich, dem auch die Sonne mit ihren Planeten angehört. Die Sterne geistern nicht als Einzelgänger im Weltraum herum, sie lieben offensichtlich die Geselligkeit. So ist der Weltraum von großen Sternsystemen erfüllt, der Astronom spricht auch von Galaxien. Gleichbedeutend erscheinen die Namen Spiralnebel und extragalaktische Nebel. Und unsere Milchstraße ist nun so ein riesiges Sternsystem, eine Sternfamilie mit sage und schreibe 200 Milliarden Mitgliedern.

Die Milchstraße hat die Phantasie der Menschen aller Völker beflügelt. In den meisten Kulturen gibt es die Vorstellung von der Straße – allerdings für die verschiedensten Zwecke. In den alten Vorstellungen erscheint sie genauso für die Seelen Verstorbener wie noch Ungeborener. Aber auch als Futterweg sah man sie an, die Sterne als Körner für die Hühner. Die alten Griechen schwankten zwischen Glaube und Physik. So sprach Aristoteles von einer Ansammlung brennbarer Dämpfe irdischen und kosmischen Ursprungs, derweil die Mehrzahl seiner Zeitgenossen an eine Versammlung von Heroen glaubte. Bei den mathematisch begabten Arabern endlich taucht die Vorstellung von einer Sternanhäufung auf.

Inzwischen haben die Fernrohre, Astro-Kameras und Radioteleskope Klarheit geschaffen und die Milchstraße als Sternsystem erkannt. Übrigens ein Sternsystem mit dem gleichen Spiralcharakter, wie ihn andere Galaxien eindrucksvoll auf Photos erkennen lassen. Auch wir würden das sofort se-

Die Milchstraße zusammen mit dem Sternbild Crux (»Kreuz des Südens«). In der Bildmitte der »Kohlensack«, eine ausgedehnte Dunkelwolke im Weltall.

Ein Blick in die Milchstraße. Eine Unmenge von Einzelsternen – wie unsere Sonne – und dazwischen Dunkelwolken interstellarer Materie. Das Photo verziert die Spur des Ballon-Satelliten Echo I, der während der Belichtung der Aufnahme durch das Gesichtsfeld flog. Mit der Zahl der künstlichen Erdsatelliten werden solche »Ausschmückungen« auf Astrophotos immer häufiger (s. auch S. 128).

hen können, wenn uns eine Beobachtung der Milchstraße aus dem Weltraum möglich wäre. So aber schauen wir aus der Ebene des stark abgeplatteten, linsenförmigen Systems heraus. Das bewirkt die Konzentration der Sterne auf jenes schimmernde Band, das rund um den Himmel zieht. Der Vollständigkeit halber sei erwähnt, daß es in der Milchstraße außer Sternen und Gasnebeln noch eine Reihe interessanter galaktischer, also zur Milchstraße gehöriger Objekte gibt: planetarische Nebel, offene

Sternhaufen, Kugelsternhaufen. Wir haben sie an anderer Stelle schon kennengelernt (siehe S. 142, 146, 147).

Ein richtiges Sternsystem hat alle in Frage kommenden Himmelsobjekte. Warum nicht auch Planeten mit Lebewesen?

Die Milchstraße und ihre kosmische Landschaft können wir exemplarisch beobachten. Schon der Feldstecher gibt jedermann eine Vorstellung. Schwieriger wird es, wenn wir uns die benachbarten Sternsysteme aussuchen. Das bekannteste sehen wir im Sternbild Andromeda. Im Messier-Katalog trägt es die Bezeichnung M 31, als Andromeda-Nebel ist es populärer. Dieser Spiralnebel ist ein Paradestück bei jeder Sternführung – sofern die geographische Breite seine Beobachtung erlaubt. Von der Erde ist der Andromeda-Nebel 1 500 000 Lichtjahre entfernt, und der Anblick im kleinen Fernrohr ist dieser Entfernung durchaus entsprechend. Verwöhnt von Photos, ist mancher Besucher einer Volkssternwarte vom visuellen Anblick selbst des Androme-

da-Nebels enttäuscht, von anderen Spiralnebeln gar nicht zu reden. Gerade bei der Beobachtung eines solchen Objekts hängt sehr viel von den Umweltbedingungen am Beobachtungsort und von der Anpassung der Augen des Beobachters an Dunkelheit und Fernrohr ab. Es ist nämlich schon beeindruckend, festzustellen, wie weit ausgedehnt die flache Nebelellipse in einem Feldstecher 14 x 100 erscheint – wenn die Beobachtungsbedingungen günstig sind! Empfehlenswert ist auch die binokulare Beobachtung mit einem modernen Refraktor 1:8 bis 1:5 oder einem Spiegelteleskop 1:6 bis 1:4. Der Sternfreund verwendet dabei Weitwinkelokulare, die Vergrößerungen zwischen 30- und 60fach bringen.

Sternsysteme außerhalb der Milchstraße, Galaxien genannt, gibt es in vielfältigen Formen. Es gibt aber auch elliptische und linsenförmige Galaxien. Jedes dieser galaktischen Systeme besteht aus vielen Milliarden Einzelsternen. Die Galaxien bilden Doppel- und Mehrfachsysteme im Weltraum. Auch unser Milchstraßensystem bildet mit anderen Galaxien (der Großen und der Kleinen Magellanschen Wolke, dem Andromeda-Nebel u.a.) die »Lokale Gruppe«.

Die Galaxien driften im Weltraum auseinander. Die Entfernungen von Galaxien erreichen Milliarden von Lichtjahren. Die Astrophysiker stellen Fluchtgeschwindigkeiten fest, die der Lichtgeschwindigkeit nahe kommen. Ein Mittelpunkt des Weltalls ist nicht auszumachen.

Neue Forschungsergebnisse lassen auf explosionsartige Vorgänge in einem Teil der Galaxien schließen. Astrophysiker sprechen von »Aktiven Galaxien«. Zu ihnen zählen auch die Quasare – Radioquellen, die im großen Teleskop das Aussehen eines Fixsterns haben. Die Umwandlung von Gravitationsenergie in Strahlungsenergie spielt hier die große Rolle. Über 1000 Aktive Galaktische Kerne sind bislang bekannt. Sie setzen Energien frei, die von Sternbildungsprozessen oder Supernova-Explosionen nicht erreicht werden.

Urknall und Expansion

Wann sind die großen Sternsysteme, die Galaxien entstanden? Je größer die Teleskope werden, um so mehr werden von diesen ferne Milchstraßensystemen entdeckt. Schon übersteigt die Zahl der bekannten Objekte die 100-Millionen-Grenze. Und jede dieser Galaxien besteht für sich wieder aus Milliarden einzelner Sterne – wahrhaft gigantisch! Es ist der Wunsch der Astrophysiker, immer fernere Objekte zu beobachten und so immer tiefer in die Vergangenheit des Weltalls zurückzublicken. Sie hoffen Ereignisse nachzuweisen, die als Folge der Entkoppelung der Naturkräfte als sichtbare Zeichen übriggeblieben sind.

Die Beobachtungen weisen auf das Auseinanderdriften der Galaxien. Früher waren sie näher beieinander. Die Astrophysiker sehen in der sogenannten Hintergrundstrahlung das beste Beweismittel für den Beginn eines sich ausdehnenden Weltalls im Zustand hoher Materiedichte und hoher Temperaturen. Die Expansion des beobachtbaren Universums begann vor 10 Milliarden Jahren, wahrscheinlicher vor 20 Milliarden Jahren. Die energiereichste Strahlung finden wir im Gammabereich. Hier war offensichtlich die Energie gespeichert, die die Expansion in Bewegung setzte (»Urknall«). Der »Zeitzeuge« dieses Infernos ist die sogenannte kosmische Hintergrundstrahlung. Sie wurde 1965 entdeckt und lange vorher schon vorhergesagt. Sie stammt aus einer Zeit, als das Weltall nur einige 100 000 Jah-

re alt war. Zu diesem Zeitpunkt hat es noch keine Galaxien gegeben. Die Stärke der Hintergrundstrahlung ist mit hoher Genauigkeit völlig unabhängig von der Richtung. Keines der uns bekannten stellaren Objekte kommt als Quelle der Hintergrundstrahlung in Frage. Diese hat sich einige 100 000 Jahre nach dem Urknall von der heißen Materie getrennt und nimmt seither unbehindert an der Expansion des Raumes teil. Die in ihr gemessene Energieverteilung entspricht erstaunlich gut dem Planckschen Strahlungsgesetz mit 2,735 Kelvin (3-Kelvin-Strahlung).

Prozesse, wie sie bei der Sternentstehung vermutet werden, begleiteten auch die Galaxienbildung: In ausgedehnten Materieansammlungen kommt es zur Bildung von Körpern großer Masse. Sie verdichten sich und verbinden sich durch die eigene Schwerkraft. Voll ausgebildete Galaxien reichen bis etwa 2 Milliarden Jahre an den Zeitpunkt des Urknalls heran. Aber das sind Einzelfälle. Insgesamt sind Beobachtungsgrundlagen für die ersten Milliarden Jahre nach dem Urknall dünn gesät. Das Thema Galaxienentstehung, das Werden von einem einfach organisierten Weltraum hin zur Vielfalt der Galaxien mit großen Haufenbildungen wird die Wissenschaft noch Jahre beschäftigen.

Die Galaxie M 33 läßt die Spiralform gut erkennen. Sie sieht nicht nur wie ein rotierendes kosmisches System aus, sie ist auch eines. Galaxien rotieren.

Ein Milchstraßensystem am Rande des Universums. Aufnahme mit dem 3,5-Meter-Teleskop (NTT) auf der Europäischen Südsternwarte (ESO).

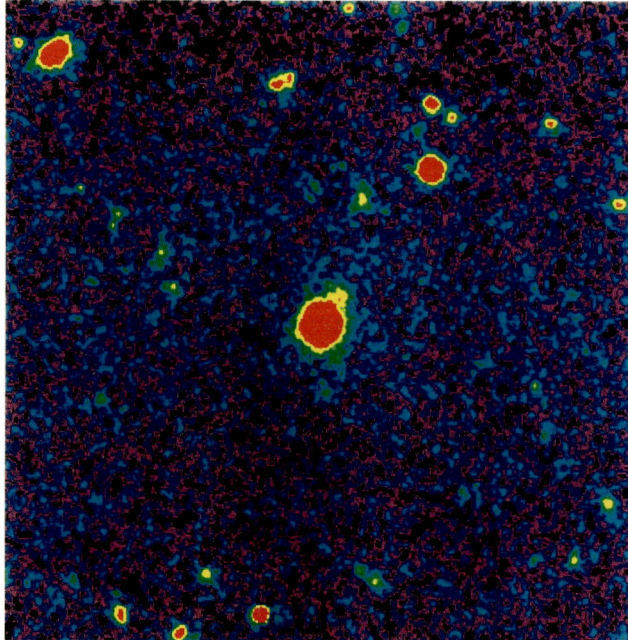

Fernrohre für Sternfreunde

Sehr häufig ist die Meinung zu hören, daß für astronomische Beobachtungen große und teuere Fernrohre notwendig sind. Dem ist nicht so. Bereits der Feldstecher und kleine astronomische Fernrohre bis 100 mm Objektivöffnung leisten sehr viel. Von Natur aus hat der Mensch seine Augen als Beobachtungsinstrument. Durch die Pupille tritt Licht ein, dessen Menge entscheidend für die Reizung der Netzhaut ist. Das voll an die Dunkelheit angepaßte Auge von Menschen jungen bis mittleren Alters hat einen Pupillendurchmesser von etwa 6,3 mm. In klaren Nächten ohne Mondschein kommt man mit bloßen Augen bis zur Wahrnehmung von Sternen der 6. Größenklasse. Von einer Reihe von Firmen werden kleine astronomische Fernrohre – sie führen oft die Bezeichnung Amateur- oder Schulfernrohr – mit Öffnungen zwischen 50 und 100 mm in einer Preisklasse zwischen DM 1000,– und DM 3000,– (einschließlich Montierung und Okular) angeboten.

Paul Ahnert schreibt in der Zeitschrift »Die Sterne« über die Leistungsfähigkeit eines Fernrohres von 63 mm Öffnung: »Ein kleines Fernrohr? Zugegeben. Aber seine Öffnung hat die 100fache Fläche wie die Augenpupille, sammelt also 100mal so viel Licht, zeigt Objekte, die 100mal lichtschwächer sind als die, die das bloße Auge wahrnehmen kann. Da die scheinbare Helligkeit eines Sterns mit dem Quadrat der Entfernung abnimmt, können wir einen Stern wie die Sonne noch aus der 10fachen Entfernung, über 550 Lichtjahre hinweg erkennen. Eine Vergrößerung der erreichbaren Distanz auf das Zehnfache bedeutet aber eine Erweiterung des überschaubaren Raums auf das $10^3 = 1000$fache. Absolut helle Objekte sieht man natürlich aus noch viel größerer Entfernung. Viele der extragalaktischen Nebel in den Sternbildern Coma und Virgo, die für das bloße Auge völlig unsichtbar sind, sind gut zu sehen – aus einer Entfernung von rund 30 Millionen Lichtjahren. Das leistet das ›kleine‹ Fernrohr.«

Übrigens ist das kleine Fernrohr auch bei der Mond- und Planetenbeobachtung kein Versager. Typische Erscheinungen, beispielsweise die Phasen der Venus, die Polkappen auf dem Mars, die Streifung auf dem Jupiter und der Ring des Saturn lassen sich bei gegebenen Sichtverhältnissen schön ausmachen.

Selbstverständlich gibt es für den Sternfreund größere Fernrohre. Sie kosten in der Regel mehrere tausend Mark, sofern nicht ein begabter Bastler am Werk ist, der den mechanischen Teil und unter Umständen auch die Optik selbst macht. Doch ist es mit diesen Kosten nicht getan. Fernrohre über 100 mm Öffnung werden zusammen mit der notwendigen Montierung immer schwerer und unhandlicher. Sie bedürfen für die optimale Nutzung der festen Aufstellung auf dem Balkon, Dachboden oder – besser – im Garten. Das hat aber nur Sinn,

Der Amateurrefraktor von Astro Physics mit 150 mm Öffnung, parallaktischer Montierung und Dreibein ist noch transportabel.

wenn das Fundament stabil ist (Betonboden!) und genügend Himmel überschaubar ist (freie Sicht nach Osten und Süden). Meistens wird ein Wetterschutz für das festaufgestellte Fernrohr unumgänglich (Schutzhütte, Kuppel).

Den Wünschen nach mehr Mobilität kommen moderne Fernrohrkonstruktionen entgegen: kurzer Tubus, geringes Gewicht und kleines Transportvolumen. Montierungen

155

mit computergesteuerten Schrittmotoren erleichtern die Steuerung und Nachführung. Hier gibt es Instrumente, die auch mit 15–30 cm Öffnung als noch bequem transportabel angesehen werden können. Für größere Instrumente gibt es inzwischen sogar eigene Anhänger, die es dem Sternfreund ermöglichen, sein Teleskop an einen ferngelegenen Beobachtungsort zu bringen. Mit dem Komfort wächst auch der finanzielle Aufwand.

Aus gutem Grund empfehlen wir in diesem Buch den Feldstecher und das kleine Fernrohr. Wer damit seine Erfahrungen gesammelt hat, mag nach mehr Optik Ausschau halten. In sehr vielen Fällen aber wird das kleine Instrument seinen Zweck erfüllen, ganz nach dem Motto: »Jedes Fernrohr hat seinen Himmel!«

Die Bestandteile des Fernrohrs

Ein paar Grundlagen, die man über das astronomische Fernrohr wissen soll:

1. Das astronomische Fernrohr besteht aus einem lichtsammelnden Objektiv und einem lichtsammelnden Okular.
2. Es gibt Objektive aus Linsen und aus Spiegeln. Demzufolge spricht man vom Refraktor bzw. Reflektor.
3. Das Okular ist eine Lupe, die den Sehwinkel vergrößert, unter dem das vom Objektiv entworfene Bild im Auge wahrgenommen wird.

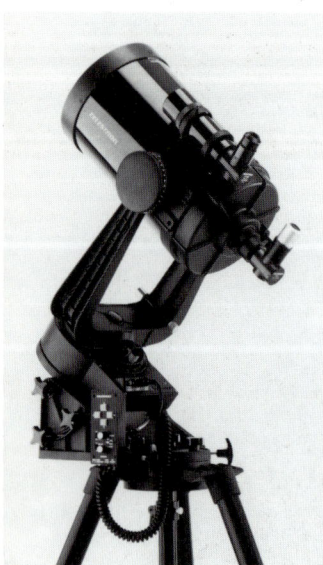

Wegen seiner Handlichkeit beliebt: das Schmidt-Cassegrain-Teleskop. Hier ein Celestron 8 mit 20 cm Öffnung und 2 m Brennweite. Der gleiche Typ ist unter dem Firmennamen Meade bekannt.

4. Das Bild im astronomischen Fernrohr ist seiten- und höhenverkehrt.
5. Die jeweilige Fernrohrvergrößerung ergibt sich aus dem Verhältnis von Objektiv- zu Okularbrennweite.

Gewöhnlich wird mit dem astronomischen Fernrohr monokular beobachtet, das heißt nur mit einem Auge. Ohne Zweifel bequemer ist das binokulare Sehen, das der Feldstecher bietet. Es gibt auch für astronomische Fernrohre binokulare Ansätze, die durchaus erschwinglich sind (binokularer Ansatz z. B. von Baader oder Pentax) und bei Fernrohren mit entsprechendem Öffnungsverhältnis (1:10 bis 1:5) genügend helle Bilder liefern.

Objektive

In Stichworten das Wichtigste über Linsenoptik:

1. Das einlinsige Objektiv für kleine Öffnungen und lange Brennweiten (1:20). Störende Farbsäume. Billige Optik zum Experimentieren (Selbstbau!).
2. Das 2linsige verkittete Objektiv (Achromat) für Öffnungen bis 80 mm (1:15). Sekundäres Spektrum merklich, aber kaum störend. Preiswerte Optik für Sternfreunde.
3. Das 2linsige Objektiv mit Luftabstand zwischen den Linsen (Fraunhofer-Objektiv). Standardobjektiv für astronomische Zwecke (1:15).
4. Das 2linsige Objektiv mit Luftabstand und vermindertem sekundärem Spektrum (Halbapochromat, AS-Objektiv von Zeiss, HA-Objektiv von Lichtenknecker).

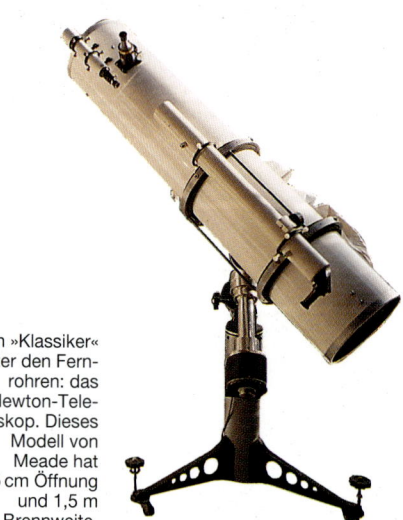

Ein »Klassiker« unter den Fernrohren: das Newton-Teleskop. Dieses Modell von Meade hat 25 cm Öffnung und 1,5 m Brennweite.

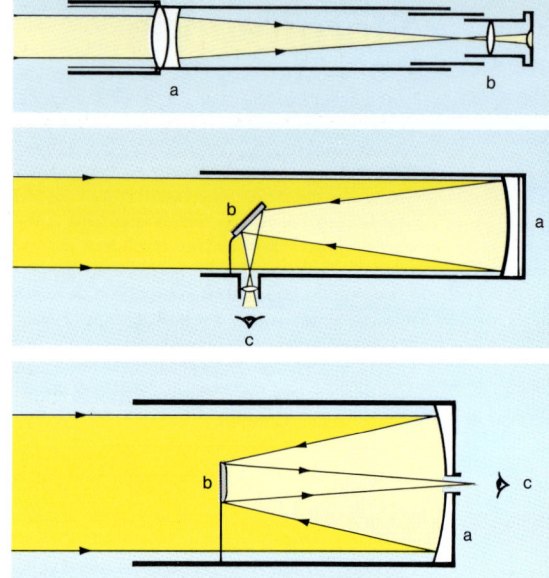

Oben: Strahlengang im Refraktor (Linsenfernrohr). Achromatisches Objektiv (a), Okular (b), Beobachter (c). Mitte: Strahlengang im Spiegelfernrohr nach Newton. Hauptspiegel (a), Fangspiegel (b), Okulareinblick für den Beobachter (c). Unten: Strahlengang im Spiegelfernrohr nach Cassegrain. Durchbohrter Hauptspiegel – mit kreisrunder Zentralbohrung – (a), Fangspiegel (b), Okulareinblick für den Beobachter (c).

Erfüllt hohe Ansprüche an die Korrektur (1:15 bis 1:10).

5. Das 2linsige Objektiv mit Luftabstand. Zweite Linse aus Flußspat oder einem Spezialglas. Bekannt unter den Markennamen Meade, Pentax, Takahashi, Vixen. Diese Objektive haben apochromatische Eigenschaften (1:9 bis 1:8).
6. Das 3linsige Objektiv mit Luftabständen zwischen den Linsen aus Spezialgläsern (z. B. CA-Objektiv von Lichtenknecker) oder mit verbundenen Linsen aus Spezialgläsern (z. B. Flußspat). Hersteller z. B. Astro-Physics, Takahashi, Zeiss. Alle diese Objektive sind Apochromate und liefern praktisch farbfreie Bilder (1:9 bis 1:5). Einzelne Hersteller verwenden mehr als 3 Linsen für ihre Apochromate, z. B. Tele Vue. Alle Objektive sind gleichermaßen für die visuelle Beobachtung und die Photographie geeignet.
7. Das mehrlinsige Objektiv für photographische Zwecke (z. B. Astrovierlinser), im Aufbau ähnlich den bekannten Tessar-Photo-Objektiven (1:6 bis 1:2,8).

Tritt an die Stelle der Linsen ein Spiegel, so entfällt der Aufwand zur Beseitigung der Farbabweichung (Achromasie). Kugel- und Parabolspiegel liefern farbreine Bilder und kennen keinen Unterschied zwischen visuellem und photographischem Brennpunkt. Die Kugelfläche ist jedoch nicht frei von Abbildungsfehlern. Den einfachen Kugelspiegel kann man deshalb nur mit einem Öffnungsverhältnis zwischen 1:10 und 1:20 verwenden. Beim aufwendigeren Parabolspiegel kann man zwischen 1:5 und 1:10 wählen. Die gebräuchlichen Spiegelsysteme sind:

1. Das Newton-Teleskop. Das von einem Kugel- oder Parabolspiegel erzeugte Bild wird von einem Planspiegel im Strahlengang aufgefangen und umgelenkt zum Okular. Einfache Optik, leichtes Bauen, geringe Kosten. Der Bildkontrast hängt von der Größe des Fangspiegels ab (Silhouettierung). Fangspiegel mit 15 % Durchmesser und weniger vom Hauptspiegel bringen hohen Bildkontrast. Drehbar gelagerter Tubus ermöglicht bequemen Okulareinblick.

2. Das Cassegrain-Teleskop. Vor dem Brennpunkt des durchbohrten parabolischen Hauptspiegels befindet sich ein hyperbolisch geformter kleiner Spiegel, der ebenfalls optisch korrigiert und die Brennweite streckt (Zweispiegelsystem). Kurze Baulänge auch bei längeren Brennweiten, sehr gute Definition in einem allerdings kleinen Sehfeld. Nachteile: Spiegel im Strahlengang, hohe Anforderung an die Qualität der Optik, Erfahrung beim Zentrieren des optischen Systems.

Ein weiteres von Sternfreunden verwendetes Spiegelsystem ist der Schiefspiegler. Abbildungsgüte und Bildkontrast sind hervorragend. Wie alle Spiegelsysteme ist er farbfehlerfrei, ist aber auch anfällig gegenüber thermischen Einflüssen der Umgebung (Offener Tubus!). Bei Spiegelfernrohren empfiehlt es sich, den Hauptspiegel nie kleiner als 100 mm (4 Zoll) zu wählen. Einfacher zu handhaben und optisch leistungsstärker ist beim kleinen Fernrohr (Öffnung unter 100 mm) auf jeden Fall der Refraktor. Neuesten Entwicklungen zufolge werden Linsen und Spiegel zu Objektiven kombiniert (Spiegellinsen-Fernrohre, katadioptri-

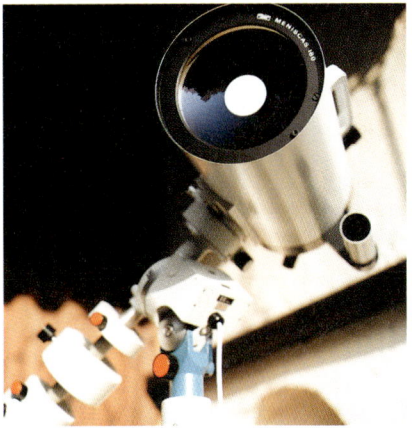

Auch das Maksutow-Teleskop mit der Meniskuslinse zählt zu den kompakten Fernrohren. Im Bild ein Modell von Zeiss mit 18 cm Öffnung und 1,8 m Brennweite.

Ein dreizölliger Refraktor (Vixen SP 80 M) mit dem Baader 10-Å-Protuberanzenansatz, einem Spezialgerät, um Protuberanzen sichtbar zu machen.

sche Systeme). 3 Typen verdienen die Aufmerksamkeit des Sternfreundes:

1. Das Schmidt-Cassegrain-System mit Korrektionsplatte und Kugel- oder Parabolspiegel. Fast farbfehlerfrei. Sehr kompakte Bauweise, geschlossenes optisches System, daher wenig anfällig gegenüber thermischen Einflüssen der Umgebung. Allerdings obstruierter Strahlengang und außeraxiale Bildfehler. Preiswertes Fernrohr. Bekannte Markennamen Celestron und Meade.

2. Maksutow mit Meniskuslinse und Kugelspiegel. Fast farbfehlerfrei. Sehr kompakte Bauweise, geschlossenes opti-

sches System, daher wenig anfällig gegenüber thermischen Einflüssen der Umgebung. Obstruierter Strahlengang, aber bessere außeraxiale Bildkorrektur im Vergleich zum Schmidt-Cassegrain. Markennamen u.a. Intes, Questar, Zeiss.

3. Die Schmidt-Kamera mit gläserner Korrektionsplatte (plan und asphärisch geformt) und Kugelspiegel. Ein Gerät nur für astrophotographische Aufgaben. Gestochen scharfe Bilder und sehr lichtstark (1:2 bis 1:4). Aber sehr empfindlich gegen Streulicht. Die beste Modifikation ist die Flatfieldkamera, die derzeit nur von einem Hersteller (Lichtenknecker) gebaut wird.

Fest aufgestellte Fernrohre in einer Schutzhütte mit abfahrbarem Dach – der Wunschtraum vieler Sternfreunde.

Okulare

Die Güte des Bildes hängt in hohem Maß auch von der Qualität der Okulare ab. Die wichtigsten Okulartypen sind:

1. Huygens-Okular. Preiswerte 2linsige Konstruktion. Brauchbar bis herab zu Brennweiten von 16 mm und einem Gesichtsfeld von ± 30 Grad.
2. Mittenzwey-Okular. 2linsige Konstruktion mit großem Gesichtsfeld (ungefähr 50 Grad). Für mittlere Brennweiten.
3. Kellner-Okular. 3linsige Konstruktion mit achromatischer Augenlinse. Gute Korrektur für lange und mittlere Brennweiten. Geeignet für ein Gesichtsfeld bis ± 40 Grad.
4. Monozentrisches Okular (achromatisch). 3linsig verkittet. Für Brennweiten von 10 mm und kürzer. Praktisch frei von Reflexen. Gesichtsfeld ± 15 Grad.
5. Orthoskopisches Okular (achromatisch). 4linsig. Für kurze und mittlere Brennweiten. Gesichtsfeld bis ± 45 Grad.

Neben diesen »klassischen« Okularen gibt es heute ein reichliches Angebot an sogenannten Weitwinkelokularen (»Großfeld-Okularen«), die gute optische Zeichnung mit großem Gesichtsfeld vereinen und für fast alle Beobachtungen von Vorteil sind.

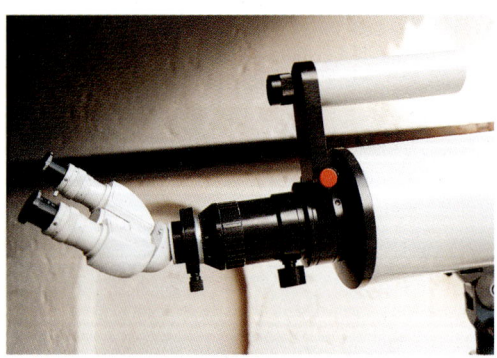

Binokularansatz und Sucher sind wichtiges Zubehör für jedes Fernrohr.

Diese Okulare sind mindestens 4linsig und abgeleitet von den Erfle- und Plössl-Okularen, z. T. werden sie auch als solche angeboten. Je nach Konstruktion und Brennweite ist das Einblickverhalten für den Beobachter angenehm oder gewöhnungsbedürftig. Anbieter sind u.a. Baader Planetarium, Celestron, Meade und Tele Vue.
Ein Satz mit 3 Okularen erfüllt in der Regel alle Ansprüche des Sternfreundes. Brennweiten: 40 mm, 20 mm, 10 mm. Wer häufig Doppelsterne beobachtet, den Mond und

die Planeten, wird gelegentlich höhere Vergrößerungen brauchen und nach Okularen mit 5 mm und 7,5 mm Brennweite Ausschau halten.

Zubehör

Üblicherweise werden die Fernrohre mit Sucherfernrohren geliefert (Standard 7 x 50). Sucher mit beleuchtbarem Gesichtsfeld erweisen sich als sehr praktisch. Als Sucher eignet sich auch ein monokularer Feldstecher.
Unerläßliches Zubehör für die Sonnenbeobachtung sind Sonnenfilter, entweder aus Folie (Spezialfolie) oder Glas. Folie oder Glas werden gefaßt und vorne auf den Teleskoptubus aufgesteckt. Sonnenfilter aus Folie oder Glas werden gebrauchsfertig geliefert. Folienfilter lassen sich im Selbstbau herstellen.
Ein besonderes Sonnenfilter ist das sogenannte H-Alpha-Filter. Weltweit bekannt geworden ist das DayStar H-Alpha-Filter, mit dem gleichzeitig die Sonnenoberfläche und Protuberanzen beobachtet werden können. Auf der Oberfläche, besser in der Sonnenchromosphäre, die ja ein Teil der Sonnenatmosphäre ist, lassen sich so Flecken, Fackeln, Flares, Filamente, Granulen usw. beobachten. Die Sichtbarkeit der Objekte hängt, abgesehen vom Luftzustand und anderen äußeren Umständen, von der Halbwertsbreite des Filters ab.
Eine andere wichtige Sorte von Filtern sind die Nebel- und Kometenfilter, die einfach

aufs Okular gesteckt oder geschraubt werden. Zweck dieser Filter ist es, den Kontrast insbesondere bei der visuellen und photographischen Beobachtung von Gasnebeln und planetarischen Nebeln zu steigern.

Montierungen

Zum Fernrohr gehört die Montierung, entweder azimutal oder besser parallaktisch Bei der parallaktischen Montierung ist das Nachführen des Fernrohrs einfacher. Ein Nachführen ist bei stärkerer Vergrößerung notwendig, da die Objekte zu schnell durch die Drehung der Erde aus dem Bildausschnitt verschwinden. Auf die solide Ausführung der Montierung sollte der Sternfreund größten Wert legen. Die Anforderungen an die Stabilität wachsen mit zunehmender Objektivöffnung rasch an. Viele Montierungen entstehen heute im Selbstbau. Dazu gibt es auch Bauanleitungen (siehe Literaturverzeichnis S. 173). Alle Anbieter von Fernrohren haben parallaktische Montierungen im Programm, in der Regel mit Feinbewegungen, elektrischer Nachführung und neuerdings auch mit computergestützter Einstellung.
Praktisch ist es, wenn die parallaktische Montierung mit einem beleuchteten Polsucher ausgestattet ist. Die Aufstellung wird so wesentlich vereinfacht. Ist die Montierung mit Computersteuerung ausgerüstet oder kann damit nachgerüstet werden, erfolgt die Einstellung der gespeicherten Himmelsobjekte per Knopfdruck.

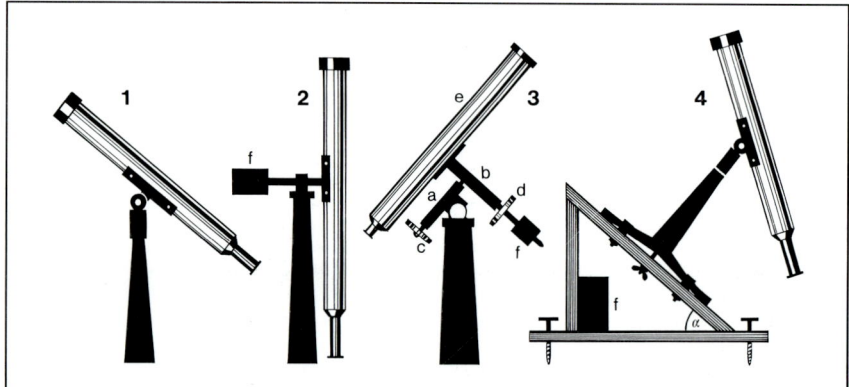

Die Abbildungen 1 und 2 zeigen das um zwei Achsen drehbar (eine Achse waagrecht, eine Achse senkrecht) montierte Fernrohr. Man spricht von der azimutalen oder horizontalen Montierung. Abbildung 3 veranschaulicht die parallaktische Aufstellung des Fernrohrs: a = Stundenachse, b = Deklinationsachse, c = Deklinationskreis, d = Deklinationskreis, e = Rohr, f = Ausgleichs- oder Gegengewicht. In der Abbildung ist das Fernrohr auf den Himmelspol ausgerichtet. Neigt man die senkrechte Achse eines azimutal aufgestellten Fernrohrs so, daß sie zum Himmelspol weist, geht die Aufstellung in eine parallaktische über. Ein kleines Fernrohr mit azimutaler Montierung läßt sich auf diese Weise parallaktisch aufstellen (Abbildung 4). Der Winkel Alpha entspricht 90° minus geographischer Breite. Das Gegengewicht f sorgt dafür, daß das Fernrohr nicht kippt.

Unter dem Namen Dobson werden Fernrohre angeboten, bei denen auf die parallaktische Montierung verzichtet wird. Diese Instrumente sind einfacher zu handhaben, leichter und billiger. Das verwendete optische System ist in der Regel ein Newton-Spiegel. Die Dobson-Montierung ist azimutal und ein gutes Beispiel für eine werkstoffgerechte Holzkonstruktion. Ihr Einsatzgebiet ist in erster Linie die visuelle Beobachtung.

Mit Hilfe der Computersteuerung ist es möglich, eine azimutale Montierung »parallaktisch« nachzuführen. Das geschieht mittels zweier computergesteuerter Schrittmotoren in beiden Achsen. Ein zusätzlicher Schrittmotor am Okularstutzen gleicht die Bilddrehung aus. So können Himmelsobjekte ohne Ausrichtung der Polachse photographiert werden.

Der Anzeigenteil in astronomischen Zeitschriften, z. B. »Sterne und Weltraum«, informiert über den aktuellen Stand der Angebote für Fernrohre, Montierungen und Zubehör. Auch auf Volkssternwarten und in optischen Fachgeschäften gibt es einschlägige Auskunft.

Für den Anfänger ist es immer nützlich, wenn er sich vor dem Fernrohrkauf mit einem erfahrenen Sternfreund bespricht. Das gilt auch vor dem Kauf von Zubehör, das je nach Umfang recht teuer kommen kann. Für den Anfang genügt meistens eine preiswerte Grundausstattung.

Photographie der Gestirne

Es ist ohne weiteres möglich, mit kleinen Fernrohren wirkungsvolle Photos von der Sonne, dem Mond und anderen Himmelskörpern zu machen. Obwohl die Refraktorobjektive in der Regel für die visuelle Beobachtung korrigiert sind (ausgenommen moderne Apochromate, bei denen visuelle und photographische Bildebene identisch sind!) eignen sie sich genauso für Astroaufnahmen wie Spiegel. Dabei bestehen die Möglichkeiten

1. im Brennpunkt des Fernrohrs (ohne Okular) oder
2. das vom Okular projizierte Bild zu photographieren.

Ganz einfach geschieht das mit Hilfe des Gehäuses einer einäugigen Spiegelreflexkamera nach Entfernen der Kameraoptik. Bezüglich Aufnahmetechnik, Filmmaterial usw. sei auf einige im Literaturverzeichnis (S. 173) angegebene Spezialveröffentlichungen verwiesen. Zum Experimentieren

Newton-Modell ICS mit Gitterrohrtubus und Dobson-Montierung; 25 cm Öffnung und 1,5 m Brennweite; leicht, zerlegbar und handlich.

genügt ein handelsüblicher 17-DIN-Film. Schnappschüsse vom Mond bekommt man bei stehendem Fernrohr mit Belichtungszeiten zwischen $1/5$ und $1/25$ Sekunde.

Handelsübliche Kameras aller Formate eignen sich auch als Mini-Astrokameras für Sternfeldaufnahmen. Sie werden auf dem parallaktisch montierten Fernrohr parallel zur optischen Achse des Fernrohrs befestigt und entsprechend der Belichtungszeit den Sternen nachgeführt. Lichtstarke Kleinbildobjektive (etwa um 1:2) bringen in Ver-

bindungen mit hochempfindlichem Filmmaterial (27 DIN) schon nach relativ kurzen Belichtungszeiten (1–10 Minuten) hübsche Bilder. Die kurze Brennweite der Kleinbildobjektive (50–75 mm) ist gegenüber Nachführungsfehlern noch verhältnismäßig unempfindlich, vor allem bei den kurzen Belichtungszeiten. Bei der Nachführung dient in diesem Fall das Fernrohr als Leitrohr. Man stellt im Okular einen hellen Stern auf Bildmitte ein und sorgt entweder von Hand oder mittels Elektromotor dafür, daß der Stern während der Belichtungszeit immer in der Gesichtsfeldmitte bleibt.

Die perfekte motorische Steuerung bei modernen Montierungen löst die Nachführung per Hand ab. Exakte Korrekturen während langer Belichtungszeiten erfolgen mit Knopfdruck.

Nicht nur die Genauigkeit in der Nachführung ist heute weit fortgeschritten. Mit der CCD-Technik wird die Reichweite kleiner Amateurfernrohre gewaltig vergrößert. Mit verhältnismäßig kurzen Belichtungszeiten gewinnt man Photos, die galaktische und extragalaktische Objekte mit sehr geringen scheinbaren Helligkeiten gut darstellen. Die Auswertung dieser Bilder im Personal Computer (PC) erlaubt Bearbeitungstechniken, die in der alten Dunkelkammer nicht möglich waren. Zudem erschließt die digitale Technik den Anschluß nach außen. Der Bildaustausch über die Mailbox ist jedermann zugänglich, der über die entsprechende technische Ausrüstung verfügt.

Zum Thema Astrophotographie gibt es Spezialliteratur (siehe S. 173).

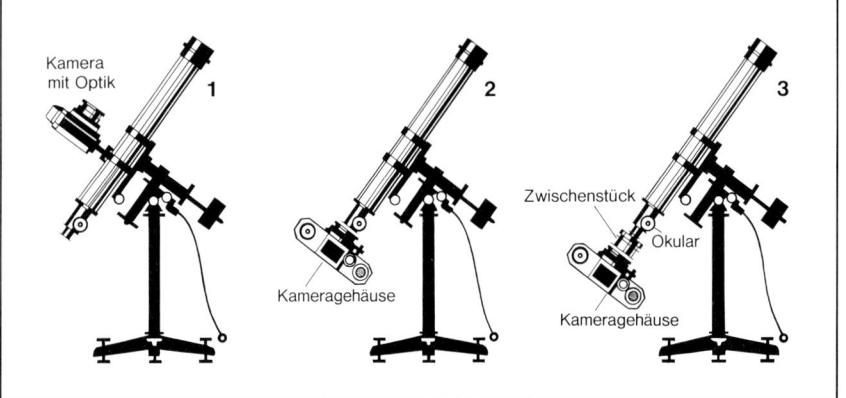

Möglichkeiten der Astrophotographie mit einem parallaktisch montierten Fernrohr und einer Handkamera (Systemkamera mit Wechseloptik): 1 = Kamera wird parallel zur optischen Achse des Fernrohrs aufgeschraubt. Fernrohr ist Leitrohr für Langzeitbelichtungen. 2 = Kameragehäuse (ohne Optik) wird an Stelle des Okulars am Fernrohr befestigt (Zwischenring mit Gewinde). So Aufnahmen im Fernrohr-Brennpunkt möglich. 3 = Kameragehäuse wird hinter dem Okular angesetzt.

Das Fernglas

Der Feldstecher oder das Fernglas ist kein Fernrohr für kleine Details und hohe Vergrößerungen. Man nehme ihn dort, wo er seine besten Eigenschaften konkurrenzlos zeigen kann: bei der Beobachtung der Fixsternwelt mit ihren zahlreichen Sternfeldern, Sternhaufen, Nebelflecken, veränderlichen und doppelten Sternen. Daß eine gute Feldstecheroptik auch Mondkrater zeigt und Sonnenflecken, die Jupitermonde und die Phasen der Venus, ist eine selbstverständliche, willkommene Zugabe.

Vier spezifische Pluspunkte vereint der Feldstecher:
1. Handlichkeit auch in großer Ausführung (im Vergleich zum Fernrohr);
2. beträchtliche lichtsammelnde Leistung;
3. binokulare Beobachtung;
4. aufrechte Bilder, Verwendbarkeit auch für Erdbeobachtungen.

Das Angebot an Feldstechern ist heute überreichlich. Hinsichtlich eines möglichen astronomischen Einsatzes sollte man bei der Neuanschaffung einiges beachten. Feldstecher werden in verschiedenen Leistungsstufen hergestellt. Benennungen wie Jagd-, Nacht- oder Marineglas deuten nicht nur auf bestimmte Einsatzbereiche hin, sondern auch schon auf die optische Leistung.

Die auf jedem Feldstecher eingravierten Zahlen 11x80 oder 10x40 bezeichnen die Vergrößerung (1. Zahl) und den Objektivdurchmesser (2. Zahl). Vergrößerung und Objektivdurchmesser sind die Kriterien für die optische Leistungsfähigkeit eines Feldstechers. Je größer der Objektivdurchmesser ist, um so mehr Licht von den zu beobachtenden Objekten gelangt in das Auge des Beobachters. Die Objekte sollen möglichst hell und klar erscheinen, dazu braucht man einen möglichst großen Objektivdurchmesser. Für astronomische Zwecke ist auf jeden Fall Feldstechern mit Objektivöffnungen zwischen 50 und 100 mm der Vorzug zu geben. Neben dem Objektivdurchmesser (der Optiker spricht von Eintrittspupille)

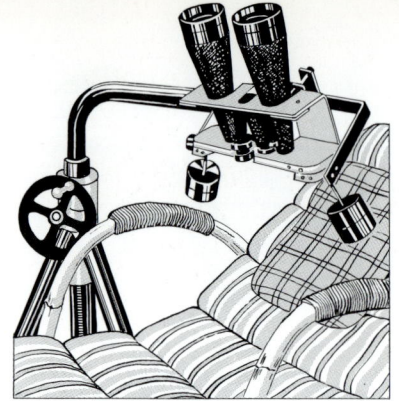

Azimutale Montierung für große Feldstecher zur Beobachtung von einem Liegestuhl aus.

spielt die Vergrößerung eine Rolle. Bleibt der Objektivdurchmesser gleich und wächst die Vergrößerung, nimmt die Lichtstärke des Feldstechers ab. Zwar wird der Winkel, unter dem der Beobachter das Objekt sieht, größer, aber das Bild ist blasser, verliert an Brillanz. Die Austrittspupille wird kleiner; sie ist nichts anderes als die durch das Okular abgebildete Eintrittspupille. Jeder erkennt sofort die Austrittspupille im Okular als helle Scheibe, wenn der Feldstecher gegen ein Fenster gehalten und das Okular aus 20–30 cm betrachtet wird.

Es gilt die Beziehung:
Objektivdurchmesser: Vergrößerung = Austrittspupille in mm.

In der Tabelle unten findet der Leser die Austrittpupillen von 4 Feldstechern. Dazu die Spalte »Geometrische Lichtstärke«, was nichts anderes ist als die Quadratzahl der jeweiligen Austrittspupille. Dadurch wird der Unterschied an Lichtstärke zwischen den einzelnen Konstruktionen noch deutlicher. Es ist zu beachten, daß zwar das menschliche Auge maximal einen Pupillendurchmesser von 8 mm erreichen kann, dieser Wert jedoch selten tatsächlich erreicht wird. Mit zunehmendem Alter verkleinert sich der Pupillendurchmesser. Der für die Praxis brauchbare Wert liegt im Mittel um 5 mm. Da nun die Pupille nicht mehr

Licht herein läßt, als es der Durchmesser erlaubt, sind Feldstecher mit Austrittspupillen von 4–6 mm für astronomische Beobachtungen optimal.

Es wäre jedoch falsch, den Feldstecher ausschließlich nach seiner Lichtstärke zu beurteilen. Es ist bekannt, daß eine zu große Lichtstärke einen zu hellen Himmelsgrund bringt, der feine Lichteindrücke undeutlich macht oder schluckt. Eine Erfahrung, die der Beobachter auch mit dem astronomischen Fernrohr macht, wenn eine sehr kleine Vergrößerung gewählt wird. Das gilt nicht nur für die Beobachtung in der Dämmerung, sondern auch während der Nacht, da der Himmelsgrund immer etwas aufgehellt ist. Den Ausgleich bringt die Vergrößerung. Die Gesamtleistung des Feldstechers hängt also von einem ausgewogenen Verhältnis zwischen Lichtstärke und Vergrößerung ab. Dafür ist eine weitere Meßzahl eingeführt worden, die Dämmerungszahl (DZ):

$$DZ = \sqrt{\text{Objektivdurchmesser} \cdot \text{Vergrößerung}}$$

Bei der Anschaffung eines Feldstechers wird man noch an anderes denken müssen, beispielsweise an die Handlichkeit, die unter Umständen wichtiger sein kann als extreme optische Werte. Beispiele für bequeme Handhabung und gute optische Leistung sind Ferngläser zwischen 10x40 und 10x50.

Einfache Universalgläser 8x30 sollte man nicht gering schätzen. Auch sie sind für astronomische Beobachtungen durchaus brauchbar. Sie haben überdies den Vorzug, daß man mit ihnen in der Regel freihändig beobachten kann. Die viel schwereren Feldstecher mit 11x80, 15x60 und 14x100 brauchen auf jeden Fall ein Stativ, wenn der Beobachter eine wirklich genußreiche Sternstunde erleben will.

Etwas Besonderes sind Ferngläser mit Bildstabilisierung, z.B. das Glas von Canon 12x36 IS. Das Fernglas hat eine 12fache Vergrößerung bei nur 36 mm Öffnung, besticht aber durch sein stabiles Bild. Einzelheiten können viel besser wahrgenommen werden, und der Beobachter ermüdet nicht so schnell. Ein Stativ ist trotz 12facher Vergrößerung nicht nötig!

Es gibt auch monokulare Feldstecher oder sogenannte Spektive. Letztere sind vielfach mit einem Zoom-Okular ausgerüstet, das in einem bestimmten Bereich stufenlos Vergrößerungen ermöglicht, z.B. von Minolta das FV 63 Spektiv mit 63 mm Öffnung und Vergrößerungen zwischen 20- und 50fach. Mehr noch als Feldstecher sind Spektive mit diesen Vergrößerungen stativabhängig.

Optische Daten von Ferngläsern

Marke	Vergrößerung	Objektivöffnung	Austrittspupille	Geom. Lichtstärke	Dämmerungszahl	Gesichtsfeld in Winkelmaß
Leica 10x42 BA	10x	42 mm	4,2 mm	17	20,0	7,0°
Zeiss 15x60	15x	60 mm	4 mm	16	30,0	4,6°
Fujinon FMT-SX 16x70	16x	70 mm	4,4 mm	19	33,5	4,0°
Vixen Deluxe 14x80	14x	80 mm	5,7 mm	32	33,5	3,5°

Aus der Geschichte der Himmelskunde

Altertum und Mittelalter

Die Himmelskunde ist die älteste aller Naturwissenschaften. Seit es Menschen auf dem Planeten Erde gibt, ist der gestirnte Himmel ein bevorzugtes Objekt ihrer Wißbegier. Die systematische Beobachtung der Gestirne setzt in dem Augenblick ein, da die Sterne im Bereich des Kultischen und Religiösen einen bevorzugten Platz zugewiesen bekommen und gleichzeitig die Notwendigkeit der Zeitbestimmung und Orientierung als Lebenshilfe notwendig wird. Von der täglichen Zeitmessung führt der Weg direkt zum jährlichen Kalender.

Die ältesten astronomischen Beobachtungen werden überliefert durch Schriften und Kulturdokumentationen der alten Kulturvölker des Nahen und des Fernen Ostens. Es gibt chinesische Aufzeichnungen über Sonnenfinsternisse aus dem 3. Jahrtausend v. Chr. Der indische und der babylonische Kulturkreis steht mit ähnlich weit zurückliegenden Belegen astronomischen Interesses nicht nach. Und es ist berechtigt anzunehmen, daß die Mayavölker Mittelamerikas sogar schon im 4. Jahrtausend v. Chr. regelmäßige Himmelsbeobachtungen gemacht haben. Die Auslegung einer alten Mayahandschrift, des sogenannten Dresdener Kodex, weist auf die Beobachtung einer totalen Mondfinsternis am 15. Februar des Jahres 3379 v. Chr. hin!

Die Gestirne spielen im Altertum die Rolle von Göttern. So ist jede himmelskundliche Beobachtung Hilfsmittel für Religion und Mythos. Hier liegt auch die Wurzel für die Astrologie, der Glaube an den Einfluß der Sterne auf das menschliche Schicksal. Erst allmählich gelingt es der Menschheit, die physikalische Wirklichkeit des Kosmos zu erkennen. Unbeschadet der religiösen Bindung astronomischer Beobachtungen im Altertum verblüffen die mathematisch-astronomischen Kentnnisse der Menschen jener Zeit. Die Orientierung nach der Sonne führt sogar zurück zu den Menschen der Steinzeit, z. B. zum Kultbau von Stonehenge in England und zu den Steinreihen von Carnac in Frankreich. Alte Zeitmarken im Alpenraum sind die sogenannten Uhrenberge, deren Namen, wie Neuner-, Zehner-, Elfer-, Zwölfer- und Einserspitze, noch heute an den einstigen Zweck erinnern, gigantische natürliche Zeitmarken zu sein.

Seit über 5000 Jahren wird von der Erde aus das Geschehen im Weltraum verfolgt, nur 390 Jahre davon mit dem Fernrohr. Die Astronomen des Altertums und des Mittelalters sind allein auf ihre Augen angewiesen. Einfache Meß- und Visiergeräte sind ihre einzigen Hilfsmittel. Doch die Grundlagen der sphärischen Astronomie werden bereits von den Ägyptern und Babyloniern erkannt. Die Bestimmung der Jahreslänge steht im Mittelpunkt des Interesses. Die scheinbare Bewegung der Sonne durch die Sternbilder des Tierkreises ist die naheliegende natürliche Grundlage für Zeitmessungen. Im Gegensatz zu den Bahnen der Planeten – Merkur, Venus, Mars, Jupiter und Saturn sind in der Antike bekannt – ist die Bahn der Sonne nicht kompliziert. Die Himmelskundigen nennen sie Ekliptik, die »Linie der Finsternis«, weil sich dort so auffällige Erscheinungen wie die Sonnen- und Mondfinsternisse abspielen. Man weiß bereits, daß Sonnenfinsternisse nur bei Neumond und Mondfinsternisse nur bei Vollmond auftreten. Die Wiederkehrperiode der Finsternisse, der sogenannte Saroszyklus (18 Jahre 11 Tage) ist Babyloniern und Chaldäern 1000 Jahre v. Chr. wohlbekannt. Mit Hilfe dieses Zyklus sagt Thales von Milet eine Sonnenfinsternis voraus, die dann auch prompt am 22. Mai 585 v. Chr. stattfindet.

Alle wichtigen Punkte auf der Ekliptik sind im Altertum bekannt: Frühlings- und Herbstpunkt (Äquinoktien) und Sommer- und Wintersonnenwende (Solstitien). Aus der Wiederbeobachtung der Sonnenwenden folgt die Definition des tropischen Jahres (die Bezeichnung hat mit den Tropen nichts zu tun, sondern kommt von dem griechischen Wort »tropos« = Wende). Die Wiederbeobachtung eines bestimmten hellen Fixsterns in der Morgendämmerung dient den antiken Sternkundigen als Kriterium für das siderische Jahr. Den tatsächlichen Wert dieses Jahres mit 365,256 mittleren Sonnentagen verfehlen die Babylonier nur um viereinhalb Minuten, und die Dauer des Sterntages, also einer Umdrehung der Fixsternsphäre als Folge der Erdrotation, rechnen sie um $3/_{100}$ länger.

Auch mit der Gestalt der Erde beschäftigen

So hat die Sternkunde bei allen Völkern angefangen. Das Gnomon der Sonnenwarte in Machu Picchu (Peru), geschätztes Alter 1500 Jahre, ist ein Beispiel für die Beobachtung des Schattenwurfs der Sonne zur Bestimmung der Sonnenwende.

sich die antiken Astronomen recht ausführlich. Viele Vorstellungen stehen zur Diskussion, angefangen von der Erde als einer flachen, auf dem Wasser des Ozeans schwimmenden Scheibe bis zur zylindrischen Säule. Der Sokratesschüler Platon (427–347 v. Chr.) lehrt die Kugelgestalt der Erde; wahrscheinlich vor ihm schon die Gelehrten Pythagoras (580–500 v. Chr.) und Xenophanes (565–480 v. Chr.). Bei Aristoteles (389–322 v. Chr.) ist die Kugelgestalt bereits eine Selbstverständlichkeit. Als Beweismittel dient die Erdkrümmung, die Tatsache, daß auf hoher See zuerst die Mastspitze des Schiffes zu sehen ist und daß die Höhe des Himmelspols nach Norden steigt, nach Süden fällt. Die nordsüdliche Krümmung beweist das letzte Argument eindeutig. Und Aristoteles macht darauf aufmerksam, daß der Rand des Erdschattens bei der Mondfinsternis immer die Form des Kreisbogens mit gleicher Krümmung hat. Die Kugel ist der einzige geometrische Körper, dessen Schatten immer kreisförmig auf einer Projektionsfläche begrenzt ist.

Kopfzerbrechen machen die Bahnen der Planeten. Sie passen nicht in das Dogma von der gleichförmigen Kreisbewegung aller Gestirne – ein Dogma, das eng verknüpft ist mit religiösen Vostellungen jener Epoche, mit dem Glauben an die Harmonie auf Erden und natürlich erst recht im Weltraum. Ptolemäus (85–100 n. Chr.), der berühmte Astronom der Spätantike, versucht die Ungleichförmigkeit der Planetenbewegungen unter Zuhilfenahme des Epizykels und der Exzentrizität zu erklären. Ein Epizykel ist ein Kreis, auf dem sich der Planet mit gleichbleibender Geschwindigkeit fortbewegt. Der Mittelpunkt dieses Kreises wandert seinerseits auf einem anderen Kreis, in dessen Mittelpunkt bzw. exzentrisch davon die Erde gedacht ist. Mit viel Scharfsinn hat Ptolemäus sein System entwickelt, das der Gelehrtenwelt immerhin erst 1300 Jahre später verbesserungsbedürftig erschien.

Die Zeit zwischen Ptolemäus und Kopernikus wird oft als Ruhepause, ja als Epoche des Niedergangs der Astronomie bezeichnet. Zwar hat sich in bezug auf das Weltbild in der Tat nichts geändert, dafür sind aber zahlreiche Neuerungen und Verfeinerungen der mathematischen Methoden und instrumentellen Hilfsmittel geschaffen worden. Es sind in erster Linie die Araber, die Mathematik und Beobachtungstechnik konsequent weiterentwickeln – denken wir nur an den Kosinussatz der sphärischen Trigonometrie, den Al Battani (gest. 929 n. Chr.) formuliert, und an die Tafeln der Funktionen Sinus und Tangens, die von seinem Landsmann Abul Wefa (940–998) stammen. Die Araber sind es auch, die das antike astronomische Wissen an das Abendland überliefern. Dort wird die Beschäftigung mit der Himmelskunde Bestandteil jeder akademischen Bildung. Die Übernahme der arabischen Astronomie ist nur möglich, weil man sich für Naturwissenschaften interessiert. Dem Hinweis auf die mittelalterliche Theologie als dem großen Hindernis für die Entfaltung der Naturwissenschaften stehen die Zeugnisse berühmter Theologen entgegen: Thierry von Chartres, Hugo von Sankt Viktor, Albertus Magnus, Thomas von Aquin und andere mehr. Sie rühmen die Astronomie als Hilfe des Menschen bei der wahren Gottes- und Welterkenntnis.

Zusammenfassung: Die antike Astronomie bemüht sich, die mit bloßem Auge am Himmel erkennbaren Erscheinungen der Sternenwelt zu deuten und in das rechte Verhältnis zu einem Weltbild zu bringen, dessen Mitte die Erde ist.

Neuzeit

Das wichtigste Ereignis zu Beginn der Neuzeit ist der Übergang vom geozentrischen zum heliozentrischen Weltbild. Er wird be-

Nikolaus Kopernikus, Astronom, 1473–1543.

reits im ausgehenden Mittelalter vorbereitet. Antikes Wissen und geistige Methodik werden in die Scholastik übernommen, die mit ihrer Systematik und geistigen Disziplin ein nicht zu unterschätzender Faktor für den kritischen Geist modernen wissenschaftlichen Denkens ist.

Das neue Weltbild und die endgültige Erklärung der Bewegungen von Sonne, Mond und Planeten sind untrennbar verbunden mit den Namen Nikolaus Kopernikus (1473–1543), Galileo Galilei (1564–1642), Johannes Kepler (1571 bis 1630) und Isaac Newton (1643–1727).

Kopernikus bringt das geozentrische Welt-

Johannes Kepler, Astronom, 1571–1630.

bild zu Fall, und zwar nicht durch Fakten astronomischer Beobachtungen, sondern auf dem Weg des Überdenkens des nicht gerade einfachen Ptolemäischen Systems. Erst die Astronomen Tycho Brahe (1546–1601) und Kepler sowie der Paduaer Universitätsprofessor Galilei schaffen durch neue und genauere Beobachtungen die empirische Grundlage für die neue Lehre. Der Kosmos des Ptolemäus war nicht nur für runde eineinhalb Jahrtausende die Lehrmeinung der Wissenschaft – er war zugleich das feste weltanschauliche Fundament für die europäische Gesellschaft des Mittelalters. Diese Sozialwelt wird beherrscht von der »ordinatio ad finem«, dem religiös untermauerten Ordnungsdenken in allen Lebensbereichen, einschließlich Politik, Wirtschaft und Wissenschaft. In dieses scheinbar so unerschütterliche Gefüge stößt Kopernikus mit seiner Idee von der Sonne als dem Mittelpunkt der Welt. Die Erde wird zum Trabanten degradiert. Es sind Behauptungen, deren ungeheuer revolutionärer Inhalt uns heute gar nicht mehr so gefährlich erscheint. Die Idee des Kopernikus reift in einer Zeit, da die Erde selbst größer wird und die Seewege nach Indien und Amerika entdeckt werden. Doch bleibt Kopernikus mit seinem Weltbild zu Lebzeiten sozusagen unter den Intellektuellen. Es ist ein anregender Gesprächsstoff im Kreis gelehrter Humanisten.

Der dramatische Augenblick für die neue Lehrmeinung, ihr Zeitpunkt der Bewährung, aber auch der Publicity, wie wir heute sagen würden, kommen erst fast hundert Jahre später. Das Fernrohr wird entdeckt. So wird es möglich, die Gestirne genauer in Augenschein zu nehmen. Dabei werden gleich zu Beginn erstaunliche Entdeckungen gemacht. Es ist Galilei, der als erster Naturwissenschaftler im Teleskop die rauhe Oberfläche des Mondes sieht, 1610 die vier hellen Jupitermonde entdeckt und mit der Beobachtung der Phasen der Venus einen praktischen Beitrag für die Bestätigung des heliozentrischen Weltbildes liefert. Im Jahr 1609 veröffentlicht Kepler die ersten zwei seiner Planetengesetze, die auf Beobachtungen des Planeten Mars von Tycho Brahe – noch ohne Fernrohr gemacht – fußen. 1619 folgt das dritte Gesetz (siehe Seite 107). Kepler hat den persönlichen Vorteil, daß im konfessionell zerstrittenen Deutschland keine obrigkeitliche Instanz gegen ihn vorgeht. Denn welche Erschütterung die astronomischen Erkenntnisse für die Sozialwelt bedeuten, beweist allein die Tatsache, daß erst im Jahre 1616, 73 Jahre nach dem Erscheinen, das Buch von Kopernikus,

Galileo Galilei, Physiker und Astronom,
1564–1642.

sieht es so aus, als ob der Zweck der Astronomie allein darin bestehe, »Regeln für die Bewegung jedes Gestirns zu finden, aus welchen sein Ort für jede beliebige Zeit folgt«. Diese Meinung vertritt F. W. Bessel (1784–1846), der einer der namhaftesten Astronomen seiner Zeit ist. Aber die Weichen in eine neue Richtung sind bereits gestellt. Schon 1814 zerlegt Joseph von Fraunhofer das Sonnenlicht im Prisma und gewinnt so das Spektrum der Sonne. Und 1859 erklären Kirchhoff und Bunsen die Grundlagen der Spektralanalyse. Fortan ist die Erforschung des physikalischen Zu-

Josef von Fraunhofer, Physiker und Astronom,
1787–1826.

das die neue Lehre beschreibt (»De Revolutionibus Orbium Coelestium«), auf den Index der römischen Kirche gesetzt wird, wo es bis zum Jahre 1757 verzeichnet bleibt. Und Galilei gar wird der Prozeß gemacht und er wird für den Rest des Lebens an seinem Wohnsitz in Haft gehalten.

Der Durchbruch des heliozentrischen Weltbildes ist von nun an jedoch nur noch eine Frage der Zeit. Das Fernrohr eröffnet den Astronomen die Möglichkeit der physischen Erforschung der einzelnen Himmelskörper, nachdem die Arbeit bislang auf die Bewegungslehre beschränkt war. Noch einmal ein Höhepunkt im Bemühen, die Bewegungen der Gestirne zu erklären, ist die Formulierung des Gravitationsgesetzes durch Isaac Newton (siehe Seite 150). Er gibt die Lösung des Zweikörperproblems (Bewegung eines Planeten um die Sonne) und damit den Anstoß für die weitere Verfeinerung der Himmelsmechanik. Immer genauere Vorausberechnungen der Bahnen der Himmelskörper des Sonnensystems kennzeichnen die Astronomie an der Wende vom 18. zum 19. Jahrhundert.

Daneben schreitet die Bestandsaufnahme des Weltraums fort. Die Erforschung der Fixsternwelt bekommt mit der Konstruktion leistungsfähiger Spiegelfernrohre in der 2. Hälfte des 18. Jahrhunderts neuen Auftrieb. Die Katalogisierung und Vermessung der Fixsterne ist mit dem Namen William Herschel (1738–1822) eng verknüpft. Der gelernte Militärmusiker kommt in England als Astronom zu höchsten Ehren.

Bis in die Mitte des 19. Jahrhunderts hinein

Isaac Newton, Physiker, Mathematiker und Astronom, 1643–1727.

stands und der stofflichen Zusammensetzung der Gestirne genauso wichtig wie die Kenntnis von den Bewegungen der Himmelskörper und ihrer räumlichen Anordnung. Es ist der Beginn der Astrophysik.

Das 19. Jahrhundert bringt auch entscheidende Fortschritte für die Beobachtungstechnik. Die Qualität der astronomischen Fernrohre und Hilfsgeräte (Spektroskope, Photometer) wird ständig verbessert. Von ganz umwälzender Bedeutung ist aber die Einführung der Photographie in die astronomische Beobachtung. Die photographische Platte macht es möglich, Lichteindrücke zu summieren und so mit Hilfe langer Belichtungszeiten Himmelskörper sichtbar zu machen, die der visuellen Beobachtung für immer unzugänglich sind. Auch ist die photographische Platte ein verhältnismäßig dauerhaftes Dokument, das immer wieder zur Kontrolle herangezogen werden kann.

Die Photographie fördert besonders die Erforschung der Milchstraße mit ihren Sternhaufen und Gasnebeln und der Spiralnebel. In Verbindung damit kommt die Zeit der großen Spiegelteleskope, die in den ersten Jahrzehnten unseres Jahrhunderts vor allem in den USA aufgestellt werden und der amerikanischen Astronomie internationale Geltung verschaffen.

Zusammenfassung: Das 16. und 17. Jahrhundert bringt die vielleicht wichtigste Standortverschiebung der Erde. An die Stelle des geozentrischen tritt das heliozentrische Weltbild. Die nächsten beiden Jahrhunderte bringen auf der einen Seite die mathematische Verfeinerung der Bewegungslehre von den Gestirnen, auf der anderen die theoretischen und technischen Grundlagen für die astrophysikalische Erforschung des Weltraums.

Das 20. Jahrhundert

Die Ereignisse in diesem Jahrhundert überstürzen sich. Wie in allen Wissenschaften wächst die Menge des Erkenntnisstoffes im Bereich der Astronomie rapid an. Neben der optischen Astronomie, die mit Hilfe des menschlichen Auges, der photographischen Platte und der lichtelektrischen Zellen den sichtbaren Spektralbereich und das anschließende Ultraviolett und Infrarot überwacht, entfaltet seit einigen Jahrzehnten die Radioastronomie eine verblüffende Leistungsfähigkeit. Große Spiegel und Antennensysteme mit sehr empfindlichen

163

Überlagerungsempfängern sind hier das technische Rüstzeug.

Mit der Landung von Menschen auf dem Mond (erstmals die Amerikaner Neil Amstrong und Edwin Aldrin von Apollo 11 am 20. Juli 1969) geht nicht nur ein alter Wunschtraum der Menschheit in Erfüllung, sondern es wird auch die Gelegenheit geschaffen, einen Himmelskörper unmittelbar zu studieren und Proben seiner Substanz zur Erde zu bringen.

Die Viking-Missionen mit weicher Landung von zwei Gerätekapseln am 20.7.1976 und 3.9.1976 auf Mars und die Vorbeiflüge der Voyager-Sonden an den Planeten Jupiter und Saturn 1979, 1980 und 1981 sowie der Voyager-2-Sonde an den Planeten Uranus (1986) und Neptun (1989) lieferten Astrophysikern und Geologen weiteres Anschauungsmaterial zum besseren Verständnis unseres Sonnensystems.

Zwei Schwerpunkte kennzeichnen die Astronomie in unserem Jahrhundert: Da ist einmal die Physik des einzelnen Sterns, von der man Auskunft über die Sternentwicklung erwartet. Zum anderen ist es die Erforschung der Milchstraße und der Galaxien. Bereits im 19. Jahrhundert entstehen umfangreiche Kataloge, die neben den Sternpositionen auch die Sternhelligkeiten enthalten, z. B. die Bonner Durchmusterung und für den Südhimmel die Cordoba-Durchmusterung. Gründer der photographischen Sternphotometrie ist 1904 Karl Schwarzschild in Göttingen. Photozelle und

Photomultiplier führen zu immer exakteren Helligkeitsmessungen. Die Messungen erfolgen in genau ausgewählten Wellenlängenbereichen, und für die einzelnen Sterne werden die Farbindices abgeleitet. Parallel dazu erfolgen die Fortschritte auf dem Gebiet der Spektroskopie der Sterne. Photographie der Spektren, Ausmessung und Klassifikation sind Aufgaben grundsätzlicher Natur. Ein wichtiges Zustandsdiagramm ist das auf die beiden Astronomen Hertzsprung (1873–1967) und Russell (1877–1957) zurückgehende Hertzsprung-Russell-Diagramm, das den Zusammenhang zwischen der Leuchtkraft und dem Spektraltyp der Sterne darstellt (entdeckt im Jahr 1913). Damit bekommt man einen Überblick von den im Weltraum verwirklichten Zuständen der einzelnen Sterne. Ein weiteres Ergebnis ist die Masse-Leuchtkraft-Beziehung, die aussagt, daß die Leuchtkraft eines Sterns um so höher ist, je massereicher er ist. Mit Hilfe der Spektralanalyse wird auch das bestätigt, was die Theorie vermutet hat: Wasserstoff ist das weitaus wichtigste Element eines jeden Fixsterns. Ist noch der Heliumanteil bekannt, so läßt sich aus diesem Mischungsverhältnis die Entwicklung des Sterns in Verbindung mit der Energieerzeugung durch Kernprozesse studieren und eine Aussage über das Alter machen.

In unserem Jahrhundert ist der Weltraum in seinem räumlichen Aufbau und in seiner zeitlichen Entwicklung insgesamt Objekt

der astronomischen Forschung geworden. Ein Schritt vorwärts in diese Richtung ist 1918 die photometrische Entfernungsmessung mit veränderlichen Sternen vom Typ Delta Cephei, die H. Shapley entwickelt (siehe auch S. 51). Es kommt in den 20er und 30er Jahren zu sehr konkreten Vorstellungen über den Bau unseres Milchstraßensystems. E. Hubble löst 1924 mit dem 100zölligen Spiegelteleskop des Mt. Wilson Observatoriums die Randpartien des Andromeda-Nebels in Einzelsterne auf. Die Gleichartigkeit von Milchstraße und Andromedanebel wird festgestellt. 1929 entdeckt Hubble in den Spektren der Galaxien eine Rotverschiebung proportional zu ihrer Entfernung. Das wird als Expansion des Weltalls gedeutet.

K. G. Jansky entdeckt im Jahr 1932 in der Milchstraße einen weiteren Frequenzbereich der elektromagnetischen Strahlung: die nichtthermische Komponente der Radiofrequenzstrahlung. Mittlerweile sind viele Radioquellen innerhalb und außerhalb der Milchstraße bekannt. Neue Erkenntnisse über den Energiehaushalt des Weltraums macht die Radioastronomie zugänglich. Wir haben es hier mit besonders energiereicher Strahlung zu tun, der maßgebliche Beteiligung beim Materiebildungsprozeß im Kosmos zugeschrieben werden kann.

Die Entwicklung der Raketentechnik hat den Transport wissenschaftlicher Meßgeräte außerhalb der die Erde umgebenden Atmosphäre möglich gemacht. 1946 wurde so erstmals das Ultraviolettspektrum der Sonne photographiert (V2-Rakete als Träger). Ohne deutliche Absorption erreichen nur sichtbares Licht und Radiostrahlung zwischen 1 cm und 20 m Wellenlänge den Erdboden (siehe Graphik S. 133). Die Untersuchung aller übrigen Arten der elektromagnetischen Strahlung sind nur in größeren Höhen oder vom Weltraum aus möglich. Mit Messungen im Ultraviolett-, Röntgen- und Infrarotlicht hat sich in den letzten Jahrzehnten eine Fülle neuer astrophysikalischer Einsichten ergeben (siehe S. 131).

Zusammenfassung: Die Astronomie des 20. Jahrhunderts erbringt im wesentlichen den Nachweis, daß der Weltraum einem ständigen Umwandlungsprozeß unterworfen ist, bei dem Strahlungen verschiedener Energiequalität mitwirken.

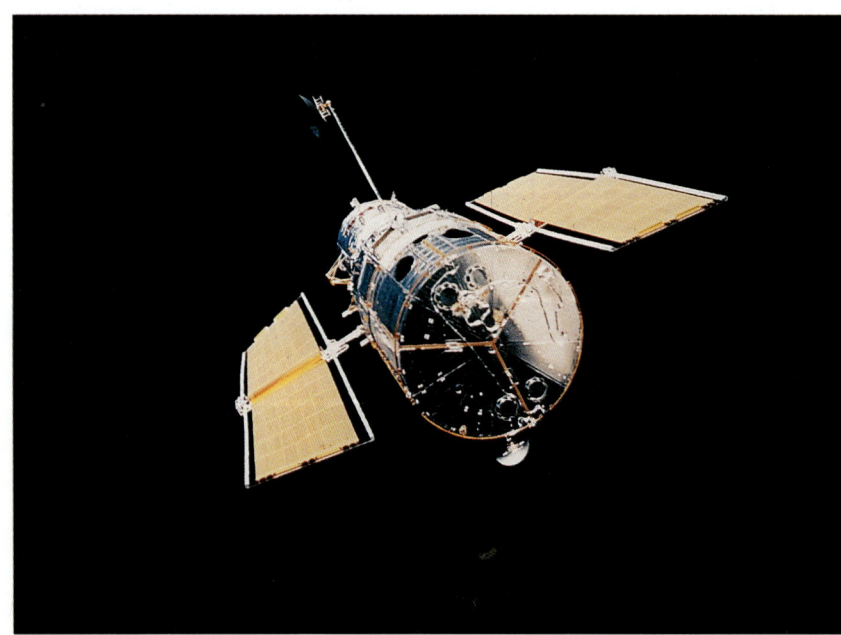

Das Hubble Space Telescope (HST) ist das erste Fernrohr, das außerhalb der Erdatmosphäre in einem großen Wellenlängenbereich von Ultraviolett bis Infrarot das Universum erforscht. Gestartet wurde das HST im April 1990. Es erreicht Sterne der 30. Größenklasse.

Aktuelle Himmelsereignisse

Ein Blick in die Zukunft. Die folgenden Seiten geben einen knappen Überblick über die Sichtbarkeit der großen Planeten in mittleren nördlichen Breiten für die kommenden Jahre. Dazu Hinweise auf einige besondere Himmelsereignisse, z. B. Begegnungen von hellen Planeten oder Bedeckungen von Planeten durch den Mond. Auch die Finsternisse werden aufgelistet. Für die wichtigsten totalen Sonnenfinsternisse sind auf der rückwärtigen Klappe Übersichtskarten mit Beobachtungsdaten. Die genauen und umfassenden Informationen über alle Ereignisse eines Jahres vermitteln Jahrbücher und Kalender (siehe Literaturverzeichnis S. 173).

1996

Merkur: Der sonnennächste Planet ist 4mal am Abendhimmel und 3mal am Morgenhimmel sichtbar (siehe Tabelle S. 167). Merkur ist immer ein schwieriges Objekt dicht über dem Horizont. Besonders günstig ist die Abendsichtbarkeit im letzten Aprildrittel und die Morgensichtbarkeit im ersten Oktoberdrittel.

Venus: Am Abendhimmel ist der Planet auffällig in den Monaten Januar bis Mai. Die größte östliche Elongation erreicht Venus am 1. April (45° 58′ Winkelabstand von der Sonne). Während des Sommers ist Venus am Morgenhimmel sichtbar. Die größte westliche Elongation erreicht der Planet am 20. August (45° 50′).

Mars: In der zweiten Jahreshälfte tritt der Planet am Morgenhimmel in Erscheinung. Gegen Jahresende dehnt sich die Sichtbarkeit über die zweite Nachthälfte aus.

Jupiter: In der ersten Jahreshälfte ist Jupiter am nachmitternächtlichen Himmel sichtbar. Er steht am 4. Juli in Opposition zur Sonne und ist dann die ganze Nacht über im Sternbild Schütze zu beobachten.

Saturn: Im Mai ist der Planet am Morgenhimmel zu sehen. In den folgenden Monaten rückt er immer mehr gegen Mitternacht, und mit der Opposition am 26. September im Sternbild Fische besteht Sichtbarkeit die ganze Nacht über.

Uranus: Opposition am 25. Juli im Sternbild Steinbock.

Neptun: Opposition am 18. Juli im Sternbild Schütze.

Pluto: Opposition am 22. Mai im Grenzgebiet der Sternbilder Schlangenträger und Skorpion.

Besondere Konstellationen: Am Südwesthimmel beobachtet man eine Konjunktion der Planeten Venus und Saturn am 3. Februar. Zwischen dem 31. Mai und 30. Juni gelangen die Planeten Mars, Venus und Merkur 4mal in Konjunktion zueinander. Beobachtungsmöglichkeit am Morgenhimmel kurz vor Sonnenaufgang.

Finsternisse: Von Mitteleuropa aus beobachtbar sind 2 totale Mondfinsternisse, am 4. April und am 27. September (siehe Tabelle S. 166). Am 12. Oktober ist eine partielle Sonnenfinsternis von Mitteleuropa aus zu sehen.

1997

Merkur: Der Planet ist 3mal am Abendhimmel und 3mal am Morgenhimmel sichtbar (siehe Tabelle S. 167). Besonders günstig sind die Abendsichtbarkeit Anfang April und die Morgensichtbarkeit Mitte September.

Venus: Am 6. November erreicht der Planet eine größte östliche Elongation (47° 08′). Venus ist Abendstern im Hochsommer und Herbst.

Mars: Am 17. März gibt es wieder eine Marsopposition (Sternbilder Löwe, Jungfrau). Bereits zum Jahresanfang ist der Planet ein auffälliges Objekt am Nachthimmel. Siehe auch Tabelle Seite 167.

Jupiter: Bereits im Frühjahr am Morgenhimmel sichtbar, gelangt der Planet am 9. August in Opposition und ist die ganze Nacht im Sternbild Steinbock zu beobachten.

Saturn: Im Hochsommer ist Saturn in der zweiten Nachthälfte sichtbar. Am 10. Oktober steht er in Opposition zur Sonne und ist im Sternbild Fische die ganze Nacht über zu sehen.

Uranus: Opposition am 29. Juli im Sternbild Steinbock.

Neptun: Opposition am 21. Juli im Sternbild Schütze.

Pluto: Opposition am 25. Mai im Sternbild Skorpion.

Besondere Konstellationen: Mars und Venus nähern sich im Oktober und kommen

Die Planetenbegegnung vom Juni 1991: Mars, Jupiter und Venus zusammen mit der Sichel des zunehmenden Mondes am Abendhimmel.

am westlichen Himmel am 26. Oktober in Konjunktion. In den folgenden Wochen stehen beide Planeten nahe beieinander. Am 12. November bedeckt der Mond den Planeten Saturn (siehe Tabelle S. 166).

Finsternisse: Von Mitteleuropa aus beobachtbar sind eine partielle, am 24. März, und eine totale Mondfinsternis, am 16. September (s. Tabelle S. 166). Die totale Sonnenfinsternis am 9. März ist in Rußland sichtbar (s. hintere Umschlagklappe).

1998

Merkur: Der Planet ist 3mal am Abendhimmel und 4mal am Morgenhimmel zu sehen (siehe Tabelle S. 167). Günstig die Abendsichtbarkeit Mitte März und die Morgensichtbarkeit Ende August.

Venus: Von Februar an bis in den Sommer hinein ist der Planet Morgenstern. Am 27. März erreicht Venus eine größte westliche Elongation (46° 30′).

Mars: In der zweiten Jahreshälfte erscheint der Planet am Morgenhimmel in den Sternbildern Fische und Widder.

Jupiter: Im Frühjahr am Morgenhimmel sichtbar. Jupiter kommt am 16. September in Opposition und ist die ganze Nacht im Sternbild Wassermann zu sehen.

Saturn: Im Spätsommer ist der Planet in der zweiten Nachthälfte zu beobachten. Am 23. Oktober gelangt er in Opposition und ist im Sternbild Fische die ganze Nacht über zu sehen.

Uranus: Opposition am 3. August im Sternbild Steinbock.

Neptun: Opposition am 23. Juli im Sternbild Schütze.

Pluto: Opposition am 28. Mai im Sternbild Skorpion.

Besondere Konstellationen: Konjunktion der Planeten Venus und Jupiter am 23. April sowie Venus und Saturn am 29. Mai am Morgenhimmel. Am 26. März bedeckt der Mond am Tag den Planeten Jupiter (siehe Tabelle).

Finsternisse: Am 26. Februar eine totale Sonnenfinsternis, die von Mittelamerika aus beobachtet werden kann (siehe hintere Umschlagklappe).

1999

Merkur: Der Planet ist jeweils 3mal am Abend- und am Morgenhimmel zu sehen (siehe Tabelle). Wer südlich des Äquators reist, hat gute Beobachtungschancen Ende Juni am Abendhimmel.

Venus: Von Januar an bis weit in den Sommer hinein ist Venus Abendstern. Am 11. Juni erreicht der Planet seine größte östliche Elongation (45° 23′). Im Spätsommer taucht der Planet am Morgenhimmel auf. Größte westliche Elongation (46° 29′) am 30. Oktober.

Mars: In Opposition steht der »Rote Planet« am 24. April. Mars ist das ganze Jahr über am Nacht- bzw. Abendhimmel in den Sternbildern Jungfrau, Waage, Skorpion und Schütze sichtbar.

Jupiter: Im Frühsommer erscheint der Planet am Morgenhimmel. Jupiter kommt am

In Mitteleuropa zu beobachtende Mondfinsternisse

Tag	Jahr	Finsternis	Höhepunkt (MEZ)
4. April	1996	total	1h 10m
27. September	1996	total	3h 55m
24. März	1997	partiell	5h 39m
16. September	1997	total	19h 47m
21. Januar	2000	total	5h 44m
9. Januar	2001	total	21h 21m
16. Mai	2003	total	4h 40m
9. November	2003	total	2h 19m
28. Oktober	2004	total	4h 04m
7. September	2006	partiell	19h 51m
4. März	2007	total	0h 21m
21. Februar	2008	total	4h 26m
16. August	2008	partiell	22h 10m
31. Dezember	2009	partiell	20h 23m
21. Dezember	2010	total	9h 16m

Bedeckungen von hellen Planeten durch den Mond

Beginn und Ende gerechnet für Berlin in WZ (von J. Meeus)
P = Positionswinkel (Nordpunkt der Mondscheibe 0°, über Ost −90°, Süd −180° und West −270°)
* = Die Bedeckung tritt bei Tag ein
(a) = Beginn 2° über dem Horizont, Ende unter dem Horizont

Tag	Jahr	Planet	Beginn			Ende		
			h	m	P	h	m	P
12. November	1997	Saturn	1	34	43°	2	22	281°
26. März	1998	Jupiter	11	34	81° *	12	39	233° *
29. Juli	2000	Merkur	17	37	82° *		(a)	
12. September	2001	Jupiter	13	07	139° *	13	44	232° *
3. November	2001	Saturn	21	09	62°	22	14	260°
1. Dezember	2001	Saturn	2	37	77°	3	43	264°
23. Februar	2002	Jupiter	2	47	109°	3	34	256°
16. April	2002	Saturn	20	50	126°	21	31	221°
21. Mai	2004	Venus	11	24	61° *	12	41	277° *

23. Oktober in Opposition und ist die ganze Nacht im Sternbild Widder zu beobachten.

Saturn: Am 6. November steht Saturn in Opposition zur Sonne und ist dann im Sternbild Widder die ganze Nacht über zu sehen.

Uranus: Opposition am 7. August im Sternbild Steinbock.

Neptun: Opposition am 26. Juli im Sternbild Steinbock

Pluto: Opposition am 31. Mai im Sternbild Schlangenträger.

Besondere Konstellationen: Im Februar nähert sich Venus dem Planeten Jupiter. Beide Planeten stehen am 23. Februar in Konjunktion. Am 20. März gelangt Venus in Konjunktion zum Planeten Saturn. Am 15. November erfolgt ein Vorübergang des Planeten Merkur vor der Sonne, der von der Südsee und dem Pazifischen Ozean aus zu beobachten ist.

Finsternisse: Am 16. Februar gibt es eine ringförmige Sonnenfinsternis, die jedoch nur in Australien zu verfolgen ist. Das große Ereignis aber ist die totale Sonnenfinsternis vom 11. August, die von Mitteleuropa aus zu beobachten ist (siehe hintere Umschlagklappe).

2000

Merkur: 3mal am Abend- und 3mal am Morgenhimmel erscheint der Planet (siehe Tabelle). Die abendliche Sichtbarkeit Mitte Februar ist allerdings nicht besonders günstig. Anfang Oktober erscheint Merkur mit dem »Abendstern« Venus am südwestlichen Himmel.

Venus: Zum Jahresanfang ist der Planet Morgenstern, ab August wieder Abendstern.

Mars: Nur noch in den ersten Monaten ist der Planet am Abendhimmel zu sehen.

Jupiter: Im Sommer taucht der Planet am Morgenhimmel auf. Seine Opposition erreicht er am 28. November im Sternbild Stier. Der Planet steht hoch am Himmel und sehr günstig für Planetenbeobachter.

Saturn: Am 19. November steht der Planet im Sternbild Stier in Opposition und ist unter ähnlich günstigen Bedingungen zu beobachten wie Jupiter.

Uranus: Opposition am 11. August im Sternbild Steinbock.

Neptun: Opposition am 27. Juli im Sternbild Steinbock.

Pluto: Oppostion am 1. Juni im Sternbild Schlangenträger.

Besondere Konstellationen: Im April am Westhimmel die Konjunktion der Planeten Mars, Jupiter und Saturn. Am Morgenhimmel des 31. Mai kommt es zu einer Konjunktion zwischen Jupiter und Saturn.

Finsternisse: Am 21. Januar von Mitteleuropa aus zu beobachten eine totale Mondfinsternis. Am 5. Februar, 1. Juli, 31. Juli und 25. Dezember gibt es partielle Sonnenfinsternisse, die aber in Europa nicht zu beobachten sind.

2001

Merkur: 3 östliche Elongationen mit Sichtbarkeit am Abendhimmel und 3 westliche Elongationen mit Sichtbarkeit am Morgenhimmel gibt es in diesem Jahr (siehe Tabelle). Günstige Abendsichtbarkeit im letzten Maidrittel und morgens Ende Oktober.

Venus: Am 17. Januar bereits gelangt der Planet in größte östliche Elongation (47° 06′). Erst zwei Monate später verschwindet er vom Abendhimmel. Im Mai wird Venus Morgenstern. Größte westliche Elongation am 8. Juni (45° 50′).

Mars: Am 13. Juni befindet sich der Planet in Opposition im Sternbild Schlangenträger. Er erreicht die Größenklasse –2,3^m (siehe Tabelle).

Jupiter: Die ersten Monate noch ist der Planet auffällig am Abendhimmel. In der zweiten Jahreshälfte ist er zunächst am Morgenhimmel, gegen Jahresende die ganze Nacht über zu beobachten. Er wechselt in das Sternbild Zwillinge und steht hoch am Himmel.

Saturn: Am 3. Dezember gelangt der Planet im Sternbild Stier in Opposition und beherrscht zusammen mit Jupiter den herbstlich-winterlichen Nachthimmel.

Uranus: Opposition am 15. August im Sternbild Steinbock.

Neptun: Opposition am 30. Juli im Sternbild Steinbock.

Pluto. Opposition am 4. Juni im Sternbild Schlangenträger.

Besondere Konstellation: Am 16. Mai findet eine am frühen Abendhimmel beobachtbare Konjunktion zwischen Merkur und Jupiter statt, am 15. Juli zwischen Venus und Saturn am Morgenhimmel. Ebenfalls am Morgenhimmel begegnen sich am 6. August Venus und Jupiter. Am 3. November und 1. Dezember bedeckt der Mond den Planeten Saturn (siehe Tabelle).

Finsternisse: Am 9. Januar findet eine von Mitteleuropa aus beobachtbare totale Mondfinsternis statt. Die totale Sonnenfinsternis vom 21. Juni ist von Afrika und Madagaskar aus beobachtbar (siehe hintere Umschlagklappe).

Marsoppositionen 1997–2010

Jahr	Opposition	Helligkeit	Durchmesser	Deklination
1997	17. März	–1,3^m	14,2″	+ 4,7°
1999	24. April	–1,7^m	16,2″	–11,6°
2001	13. Juni	–2,3^m	20,8″	–26,5°
2003	28. August	–2,9^m	25,1″	–15,8°
2005	7. November	–2,3^m	20,2″	+15,9°
2007	24. Dezember	–1,7^m	15,9″	+26,8°
2010	29. Januar	–1,3^m	14,1″	+22,2°

2002

Merkur: 4 Abend- und 3 Morgensichtbarkeiten (siehe Tabelle). Am Abendhimmel Anfang Mai und am Morgenhimmel Mitte Oktober dürfte die Suche lohnender sein.

Venus: Im März wird Venus Abendstern. Die größte östliche Elongation wird am 22. August erreicht (46° 00′). Zum Jahresende erscheint der Planet wieder am Morgenhimmel.

Mars: Am Jahresanfang ist der Planet noch am Abendhimmel zu sehen. Am Morgenhimmel erscheint er zum Jahresende.

Jupiter: Gleich am 1. Januar steht der Planet in Opposition zur Sonne. Er erreicht im Sternbild Zwillinge seinen höchsten Stand am nördlichen Himmel. Bis zur Jahresmitte ist Jupiter am Abendhimmel sichtbar.

Saturn: Die ersten Monate noch ist der Planet am Abendhimmel sichtbar. Im Spätsommer taucht er wieder am Morgenhimmel auf. Die Opposition findet am 17. Dezember im Sternbild Stier statt. Sehr günstig für Planetenbeobachter!

Uranus: Opposition am 20. August im Sternbild Steinbock.

Neptun: Opposition am 2. August im Sternbild Steinbock.

Pluto: Opposition am 7. Juni im Sternbild Schlangenträger.

Besondere Konstellationen: Konjunktionen finden statt am 4. Mai zwischen Mars und Saturn (Abendhimmel), am 7. Mai zwischen Venus und Saturn (Abendhimmel), am 10. Mai zwischen Venus und Mars (Abendhimmel), am 3. Juni zwischen Venus und Jupiter (Abendhimmel), am 3. Juli zwischen Mars und Jupiter (Abendhimmel). Der Mond bedeckt Jupiter am 23. Februar und Saturn am 16. April (siehe Tabelle).

Finsternisse: Die totale Sonnenfinsternis vom 4. Dezember ist von Südafrika und Australien aus zu sehen (siehe hintere Umschlagklappe).

Elongationen des Planeten Merkur 1996–2005

(von J. Meeus)

E = östliche Elongation (Abendhimmel)
W = westliche Elongation (Morgenhimmel)

1996		2001	
2. Jan.	19° 28′ E	28. Jan.	18° 26′ E
11. Febr.	25° 55′ W	11. März	27° 28′ W
23. Apr.	20° 14′ E	22. Mai	22° 27′ E
10. Juni	23° 42′ W	9. Juli	21° 08′ W
21. Aug.	27° 24′ E	18. Sept.	26° 32′ E
3. Okt.	17° 55′ W	29. Okt.	18° 34′ W
15. Dez.	20° 27′ E		
1997		**2002**	
24. Jan.	24° 32′ W	11. Jan.	19° 01′ E
6. Apr.	19° 13′ E	21. Febr.	26° 35′ W
22. Mai	25° 22′ W	4. Mai	20° 58′ E
4. Aug.	27° 19′ E	21. Juni	22° 44′ W
16. Sept.	17° 53′ W	1. Sept.	27° 13′ E
28. Nov.	21° 38′ E	13. Okt.	18° 04′ W
		26. Dez.	19° 52′ E
1998		**2003**	
6. Jan.	23° 04′ W	4. Febr.	25° 21′ W
20. März	18° 32′ E	16. Apr.	19° 46′ E
4. Mai	26° 44′ W	3. Juni	24° 26′ W
17. Juli	26° 41′ E	14. Aug.	27° 26′ E
31. Aug.	18° 11′ W	26. Sept.	17° 52′ W
11. Nov.	22° 57′ E	9. Dez.	20° 56′ E
20. Dez.	21° 38′ W		
		2004	
1999		17. Jan.	23° 55′ W
3. März	18° 11′ E	29. März	18° 53′ E
15. Apr.	27° 35′ W	14. Mai	26° 00′ W
28. Juni	25° 33′ E	27. Juli	27° 07′ E
14. Aug.	18° 48′ W	9. Sept.	17° 58′ W
24. Okt.	24° 17′ E	21. Nov.	22° 11′ E
3. Dez.	20° 23′ W	29. Dez.	22° 27′ W
2000		**2005**	
15. Febr.	18° 09′ E	12. März	18° 20′ E
28. März	27° 50′ W	26. Apr.	27° 10′ W
9. Juni	24° 03′ E	9. Juli	26° 15′ E
27. Juli	19° 48′ W	23. Aug.	18° 24′ W
6. Okt.	25° 31′ E	3. Nov.	23° 31′ E
15. Nov.	19° 20′ W	12. Dez.	21° 05′ W

Günstige Beobachtungsbedingungen: Für mittlere Nordbreiten im Frühjahr am Abend, im Herbst am Morgen (für mittlere Südbreiten umgekehrt!). Immer günstig: ein äquatornaher Beobachtungsort.

2003

Merkur: Je 3 Abend- und Morgensichtbarkeiten (siehe Tabelle). Am günstigsten die Abendsichtbarkeit Mitte April und die Morgensichtbarkeit Ende September.

Die Beobachtung einer totalen Sonnenfinsternis gehört zu den großen Erlebnissen eines jeden Sternfreunds. Mit Serienaufnahmen kann man den Verlauf einer Finsternis eindrucksvoll festhalten. Dafür reichen eine Klein- oder Mittelformatkamera mit einem Teleobjektiv vollkommen aus.

Venus: Zum Jahresanfang ist der Planet am Morgenhimmel eine prächtige Erscheinung. Größte westliche Elongation am 11. Januar (46° 58'). In der zweiten Jahreshälfte wird Venus wieder Abendstern.

Mars: In den ersten Monaten erscheint Mars in der zweiten Nachthälfte. Am 28. August kommt er in Opposition und ist die ganze Nacht über im Sternbild Wassermann zu sehen.

Jupiter: Am 2. Februar gelangt der Planet im Sternbild Krebs in Opposition und ist bis in den Sommer hinein am Abendhimmel sichtbar.

Saturn: In den ersten Monaten ist Saturn noch am Abendhimmel zu beobachten. Im Herbst ist er in der zweiten Nachthälfte zu sehen. Opposition am 31. Dezember im Sternbild Zwillinge.

Uranus: Opposition am 24. August im Sternbild Wassermann.

Neptun: Opposition am 4. August im Sternbild Steinbock.

Pluto: Opposition am 9. Juni im Sternbild Schlangenträger.

<u>Besondere Konstellationen:</u> In der Morgendämmerung am 8. Juli Konjunktion zwischen Venus und Saturn. Der Mond bedeckt den Planeten Venus am 29. Mai und 26. Oktober (in Europa nicht sichtbar). Merkurvorübergang vor der Sonne am 7. Mai (in Europa sichtbar).

<u>Finsternisse:</u> Von Mitteleuropa aus zu beobachtende totale Mondfinsternisse am 16. Mai und 9. November. Die totale Sonnenfinsternis vom 23. November ist vom Indischen Ozean und südlichen Pazifik aus zu sehen.

2004

Merkur: 3 Abend- und 4 Morgensichtbarkeiten (siehe Tabelle S. 167). Günstig erscheinen die Abendsichtbarkeit Ende März und die Morgensichtbarkeit Anfang September.

Venus: Der Planet beginnt als Abendstern. Größte östliche Elongation am 29. März (46° 00'). In der zweiten Jahreshälfte ist Venus Morgenstern. Größte westliche Elongation am 17. August (45° 49').

Mars: Am Jahresanfang ist der Planet noch am Abendhimmel. Am Morgenhimmel erscheint er zum Jahresende.

Jupiter: Zum Jahresanfang auffälliges Objekt am Nachthimmel. Opposition am 4. März im Sternbild Löwe. Bis in den Sommer am Abendhimmel sichtbar.

Saturn: Zum Jahresanfang hoch am nächtlichen Himmel im Sternbild Zwillinge. Am Abendhimmel bis Juni sichtbar. Im Herbst ist er in der zweiten Nachthälfte zu sehen.

Uranus: Opposition am 27. August im Sternbild Wassermann.

Neptun: Opposition am 6. August im Sternbild Steinbock.

Pluto: Opposition am 11. Juni im Sternbild Schlangenträger.

<u>Besondere Konstellationen:</u> 24. Mai am Abend Konjunktion zwischen Mars und Saturn. Am Morgenhimmel die Konjunktionen zwischen Venus und Saturn am 1. September, Venus und Jupiter am 4. November, Venus und Mars am 5. De-

zember. Der Mond bedeckt den Planeten Venus am 21. Mai (Tagbeobachtung, siehe Tabelle S. 166). Venusvorübergang vor der Sonne am 8. Juni (in Europa sichtbar!).

<u>Finsternisse:</u> Von Mitteleuropa aus zu beobachtende totale Mondfinsternisse am 4. Mai und 28. Oktober. Am 19. April und 14. Oktober finden zwei partielle Sonnenfinsternisse statt.

2005

Merkur: Je 3 Abend- und Morgensichtbarkeiten (siehe Tabelle S. 167). Günstig erscheint die Abendsichtbarkeit Mitte März.

Venus: Zum Jahresbeginn ist der Planet Morgenstern. Im Frühjahr erscheint Venus wieder als Abendstern. Größte östliche Elongation am 3. November (47° 06').

Mars: Die erste Jahreshälfte dominiert Mars nach Mitternacht. Am 7. November ist Opposition, und der Planet erreicht erstmals seit Jahren wieder eine positive Deklination (Sternbild Widder). Für den Rest des Jahres ein auffälliges Objekt am Abendhimmel.

Jupiter: Zum Jahresanfang beherrscht der Planet die 2. Nachthälfte. Er wird dann bei seiner Opposition am 3. April die ganze Nacht über im Sternbild Jungfrau sichtbar. Am Abendhimmel bis weit in den Sommer sichtbar.

Saturn: Am 13. Januar gelangt der Planet in Opposition zur Sonne und ist die ganze Nacht über im Sternbild Zwillinge zu beobachten. Immer noch sehr günstig für Planetenbeobachter. Am Abendhimmel ist Saturn bis in den Sommer sichtbar. Am Morgenhimmel erscheint er wieder im Herbst.

Uranus: Opposition am 1. September im Sternbild Wassermann.

Neptun: Opposition am 8. August im Sternbild Steinbock.

Pluto: Opposition im 14. Juni im Sternbild Schlange.

<u>Besondere Konstellationen:</u> Am Abendhimmel kommt es am 25. Juni zu einer Konjunktion zwischen Venus und Saturn und am 2. September zu einer Konjunktion zwischen Venus und Jupiter.

<u>Finsternisse:</u> Am 8. April findet eine ringförmig-totale Sonnenfinsternis statt (in Europa nicht mehr beobachtbar). Die ringförmige Sonnenfinsternis am 3. Oktober dagegen ist in Europa (Spanien) sichtbar (in Deutschland partiell).

Glossar

Abendstern Bezeichnung für den hellen Planeten Venus während seiner größten östlichen Elongation (siehe S. 101).

Abendweite Der Abstand der untergehenden Sonne vom Westpunkt.

Aberration Eine sehr kleine, scheinbare Verschiebung eines Sterns gegenüber seiner tatsächlichen Position am Himmel. Verursacht durch die Bewegung der Erde um die Sonne.

Abplattung Abweichung von der Kugelgestalt, z. B. beim Planeten Jupiter. Der Anblick im Fernrohr ist leicht elliptisch.

Absolute Helligkeit Scheinbare Helligkeit eines Sterns in 10 Parsec (ca. 33 Lichtjahre) Entfernung. Symbol: hochgestelltes großes M, z. B. $+4,8^M$ (absolute Helligkeit unserer Sonne in 33 Lichtjahren Entfernung).

Absoluter Nullpunkt Temperatur, bei der sich die Materie in vollkommener Ruhe befindet: −273 °C oder 0 Kelvin.

Absorptionsspektrum Gasatome absorbieren die Strahlung eines heißen Körpers (z. B. Sonne) bei bestimmten Wellenlängen, wenn sie durch ein kälteres Gas hindurchgeht. Im Spektrum beobachtet man dunkle Linien, die typisch für die absorbierenden Gase sind.

Achromat Linsenobjektiv aus zwei Gliedern unterschiedlicher Glassorten, die den Farbfehler (chromatische Aberration) verkleinern.

AG Astronomische Gesellschaft.

Akkretionsscheibe Die mehrere Millionen Grad heiße Gasscheibe um ein sogenanntes Schwarzes Loch. Beobachtbar im Röntgenlicht.

Albedo Maß für das Reflexionsvermögen der Oberflächen von Planeten und Monden.

Amplitude Unterschied in Größenklassen zwischen maximaler und minimaler Helligkeit, z. B. eines veränderlichen Sterns.

Anastigmat Vom Astigmatismus freies optisches System.

Anomalistisches Jahr Zeitraum zwischen zwei Durchgängen der Erde durch ihr Perihel. Jahreslänge 365,25962 Tage. Vgl. Tropisches Jahr.

Apastron Der größte Abstand der Sterne eines Doppelsternsystems vom gemeinsamen Schwerpunkt.

Aphel Der sonnenfernste Punkt auf der Bahn eines Planeten.

Aplanat Komafreies Objektiv.

Apochromatisch Bezeichnung für Linsenfernrohre mit fast völliger Korrektur der chromatischen Aberration.

Apogäum Größte Erdferne des Mondes.

Apsidenlinie Die Verbindungslinie zwischen Perigäum (siehe S. 172) und Apogäum.

Äquatorsystem Astronomisches Koordinatensystem mit Grundkreis Himmelsäquator und Himmelsnord- und -südpol. Siehe auch bewegtes Äquatorsystem S. 20.

Äquinoktium Präzession und Nutation ändern die Koordinaten der Gestirne ständig. Deshalb wird angegeben, für welchen Äquinoktialpunkt (Frühlingspunkt) Koordinaten gelten, z. B. 1950.0 oder 2000.0.

Aspekt Winkelabstand zweier Planeten auf der Ekliptik:

0° = Konjunktion,
90° = Quadratur,
180° = Opposition.

Astigmatismus Bildfehler optischer Systeme. Außerhalb der optischen Achse werden Lichtpunkte nicht als Punkte, sondern als kleine Striche abgebildet. Fehlerhafte Optik zeigt diese Striche auch in der optischen Achse.

Astrometrie Ausdruck für Positionsastronomie. Bestimmung der Einfallsrichtung des Lichtes eines Himmelskörpers. Richtungsveränderungen in der Zeit ermöglichen die Ableitung der Bewegungen.

Astronomische Einheit Die mittlere Entfernung Sonne–Erde = 149 565 800 km. Abgekürzt: AE.

Astronomische Refraktion Durch die Strahlenbrechung in der Erdatmosphäre wird ein Gestirn über seinen tatsächlichen Ort am Himmel gehoben. Um den tatsächlichen Ort zu bekommen, muß an die beobachtete Zenitdistanz eine Korrektur angebracht werden (= astronomische Refraktion).

Astronomisches Dreieck Ein Gestirn, das sich nicht im Meridian befindet, bildet mit dem Zenit und dem Himmelsnord- oder -südpol ein sphärisches Dreieck, das astronomische oder nautische Dreieck. Navigationshilfe auf See.

Auflösungsvermögen Fähigkeit eines Fernrohrs, zwei nahe beieinanderstehende Objekte zu trennen. Die kleinste mögliche Winkelauflösung im sichtbaren Licht ist 11,7 Bogensekunden geteilt durch den Objektivdurchmesser des Fernrohrs in cm.

Äußere Planeten Bezeichnung für die Planeten außerhalb der Erdbahn: Mars, Jupiter, Saturn, Uranus, Neptun, Pluto.

Azimut Zweite Koordinate im Horizontalsystem. Wird in der Ebene des Horizonts gemessen: Südrichtung Azimut 0°, Westrichtung 90°, Nordrichtung 180°, Ostrichtung 270°. Siehe Zenitdistanz.

Bahnelemente Größen, die die Bahn eines Planeten, Mondes oder Kometen bestimmen. Sie werden abgeleitet aus Beobachtungen der Position eines Gestirns am Himmel (z. B. Rektaszension und Deklination). Bahnelemente sind: die Perihelzeit, die Große halbe Bahnachse, die numerische Exzentrizität, die Bahnneigung, der Abstand des aufsteigenden Knotens vom Frühlingspunkt, Abstand des Perihels vom aufsteigenden Knoten.

Bahnneigung Bahnelement, das die Neigung zur Ekliptik (Erdbahnebene) angibt.

Balkenspiralen Erscheinungsform extragalaktischer Sternsysteme (Spiralnebel).

Beugungsgitter Dispergierendes (Licht zerstreuendes) Bauelement im Spektrographen (Gitterspektrograph).

Bewegtes Äquatorsystem Astronomisches Koordinatensystem mit Grundkreis Himmelsäquator und Himmelsnord- und -südpol. Der Frühlingspunkt, Nullpunkt der Koordinatenzählung, nimmt an der täglichen Himmelsdrehung teil (vgl. S. 20).

big bang Auch »Urknall«. Die frühe Entwicklungsphase des Universums.

Bildfeldwölbung Bildfehler optischer Systeme. Das vom Objektiv entworfene Bild ist nicht auf einer ebenen Bildfläche scharf. Vielmehr ist diese Bildfläche gewölbt.

Blauverschiebung Verschiebung der Linien in einem Sternspektrum zum blauen Ende hin. Der Stern nähert sich.

Bolometrische Helligkeit Messung der scheinbaren Helligkeit (siehe S. 172) mit einem für alle Wellenlängen gleichermaßen empfindlichen Strahlungsempfänger, z. B. Bolometer und Thermoelemente.

Brechung Die Richtungsänderung eines Lichtstrahls bei Eintritt in ein Medium anderer Dichte.

Brennpunkt Das von einem Fernrohrobjektiv gesammelte Licht wird im Brennpunkt gebündelt. Hier entsteht das Bild des Objekts.

Brennweite Der Abstand zwischen dem Fernrohrobjektiv und dem Brennpunkt.

CCD Charge Coupled Device. Photonenempfänger auf Halbleiterbasis, z. B. Bestandteil einer CCD-Kamera.

Chromatische Aberration Beim Durchgang durch eine Linse oder ein Prisma wird das Licht entsprechend seiner Wellenlänge abgelenkt. Eine einfache Linse liefert des-

halb ein Bild mit Farbsäumen. Diesen Vorgang nennt man chromatische Aberration.

Coelostat Spiegelsystem, das das Licht eines Himmelskörpers auf ein fest montiertes Fernrohr lenkt. Die tägliche Drehung der Erde und die Bildfelddrehung werden dabei kompensiert.

Coudé-Fernrohr Ein Fernrohr, in dem mit Hilfe von Planspiegeln das Bild an eine Stelle projiziert wird, wo es unabhängig von der Stellung des Fernrohrs immer am gleichen Ort beobachtet werden kann.

Dämmerung Übergang vom Tag zur Nacht bzw. von der Nacht zum Tag. In mittleren Breiten ($40°$–$50°$) dauert die »bürgerliche Dämmerung« im Mittel eine halbe Stunde (Sonne 6–7° unter dem Horizont). Die »astronomische Dämmerung« dauert im Mittel zwei Stunden (Sonne 17–18° unter dem Horizont). Ab etwa eine Stunde nach Sonnenuntergang bzw. bis vor Sonnenaufgang sind die Sterne bis zur 5, Größenklasse zu sehen.

Dämmerungsbögen Sie entstehen durch Strahlen der noch unter dem Horizont befindlichen Sonne an Schichten der Erdatmosphäre. Der erste Dämmerungsbogen verschwindet bei Sonnenuntergang am Ende der bürgerlichen Dämmerung bzw. taucht bei Sonnenaufgang am Anfang der bürgerlichen Dämmerung auf.

Deklination Koordinate im bewegten Äquatorsystem (siehe S. 20), die die Entfernung eines Gestirns vom Himmelsäquator 0° bis zum Himmelspol ±90° angibt. Deklinationsachse der parallaktischen Montierung.

Dichtewellentheorie Zur Erklärung der Spiralstruktur extragalaktischer Sternsysteme geht man von Dichtewellen aus, die interstellares Gas in bestimmten Regionen komprimieren. Die Sternentstehungsrate ist dort am größten, wo sich Dichtemaxima der interstellaren Materie befinden.

DLR Deutsche Forschungsanstalt für Luft- und Raumfahrt.

Dreifachsysteme Drei Sterne bilden ein Mehrfachsternsystem. Rund 80 % aller Sterne sind Mitglieder von Doppel- und Mehrfachsystemen. Vermutlich entstanden die meisten Sterne in Doppel- und Mehrfachsystemen, weil hier die einfachsten Voraussetzungen für Energie- und Drehimpulserhaltung gegeben sind.

Durchgang Auch Vorübergang. Scheinbare Bewegung eines Gestirns über ein anderes hinweg, z. B. Merkurvorübergang vor der Sonne.

Eigenbewegung Fixsterne bewegen sich mit großen Geschwindigkeiten im Weltraum. Die Vorstellung von der Unbeweg-lichkeit (Fixstern!) ist falsch. Der Winkel der jährlichen Eigenbewegung ist klein (etwa $1/10$ Bogensekunde und darunter).

Ekliptikales System Astronomisches Koordinatensystem mit dem Grundkreis Ekliptik und dem ekliptikalen Nord- und Südpol.

Elektron Negativ geladenes, leichtes Elementarteilchen. Die Hülle der Atome bilden Elektronen.

Emissionsspektrum Hoch erhitzte dünne Gase senden Strahlung in ganz bestimmten Wellenlängen aus. Im Spektrum zeigen sich helle Linien.

Entweichgeschwindigkeit Auch Fluchtgeschwindigkeit. Notwendige Energie zur Beförderung einer Masse, z. B. Raumsonde, weg vom Gravitationsfeld der Erde (Sonne) in den Weltraum.

Ephemeriden Koordinaten eines Himmelskörpers für einen bestimmten Zeitpunkt, z. B. täglich 0 Uhr.

Ephemeridenzeit (ET) Die Gleichförmigkeit der Uhr Erde ist nicht gegeben. Um die Unterschiede zwischen beobachteten und berechneten Werten zu berücksichtigen, wurde die Ephemeridenzeit geschaffen. Die Ephemeridensekunde ist definiert als der 31 556 925,9747te Teil des Tropischen Jahres für die Epoche 1900 Jan.0d12h ET. Verknüpfung mit der Internationalen Atomzeit (siehe S. 171).

Erdschatten Bei Mondfinsternissen beobachtbarer Schatten der Erde. Am Schatten ist auch die Erdatmosphäre beteiligt.

ESA European Space Agency.

ESO European Southern Observatory.

ESOC European Space Operation Centre.

Extinktion Schwächung des Lichts eines Gestirns abhängig von seiner Höhe über dem Horizont und der Wellenlänge. In Horizontnähe leuchten Sterne, Sonne und Mond rötlich, weil das blaue Licht stärker als das rote gestreut wird.

Exzentrizität Bahnelement, das die Größe der Bahn z. B. eines Planeten und ihre Abweichung von der Kreisbahn angibt.

Farben-Helligkeits-Diagramm Ein Diagramm mit den scheinbaren Sternhelligkeiten auf der Ordinate und den Farbindices auf der Abszisse. Dient zur Alters- und Entfernungsbestimmung besonders von Sternhaufen. Abgekürzt FHD.

Farbindex Maßzahl zur Bestimmung der Farbe eines Sterns.

Finsternis-Jahr Zeitraum zwischen zwei Durchgängen der Sonne durch einen bestimmten Mondknoten (siehe Knoten, S. 171).

Flash-Spektrum Das optische Spektrum der Chromosphäre kurz vor oder nach einer totalen Sonnenfinsternis.

Frühlingspunkt Schnittpunkt des Äquatorkreises und der Ekliptik. Ausgangspunkt der Koordinatenzählung.

Galaktische Koordinaten Sie beziehen sich auf die Hauptebene des Milchstraßensystems und werden bevorzugt für galaktische und extragalaktische Objekte verwendet. Die galaktische Breite gibt den Abstand eines Objekts vom galaktischen Äquator an. Die galaktische Länge wird in der Ebene des galaktischen Äquators gezählt. Im Sternbild Schütze bei Rektaszension 17h24,4m und Deklination 28°55′ (Äquinoktium 1950.0) befindet sich der Nullpunkt des galaktischen Koordinatensystems.

Geoid Bezeichnung für die Erdfigur, weil die Erdoberfläche gebirgig geformt und von Tiefseebecken strukturiert ist. Das Geoid weicht von der Form des Rotationsellipsoides ab.

Geozentrisch Betrachtungsweise des Weltbildes mit der Erde als Mittelpunkt.

Gesichtsfeld (Bildfeld) Ausschnitt des Himmels, der durch ein Fernrohr gesehen oder photographiert werden kann.

Gezeiten Unterschiedliche Gravitations- und Zentrifugalkräfte, die Mond und Sonne auf die Erde ausüben, bewirken die Gezeiten, in erster Linie Ebbe und Flut der Meere. Gezeiten sind auch in der Atmosphäre und im Erdkörper zu beobachten. Die Gezeiten verursachen eine Gezeitenreibung (Verlangsamung der Erdrotation).

Globulen Turbulente Strukturen an Schockfronten zwischen massereichen, heißen Sternen und kühlerer, interstellarer Materie. Die erhöhte Dichte fördert die Bildung neuer Sterne.

Gravitationskollaps Zusammenbruch eines Neutronensterns, wenn seine Masse größer als 3,2 Sonnenmassen wird. Führt zur Verstärkung des Schwerkraftfeldes und zur Bildung eines »Schwarzen Lochs«.

Gravitationszentrum Der größte und massereichste Körper eines Sonnensystems bildet das Gravitationszentrum, z. B. unsere Sonne.

Größenklassen (magnitudo, abgekürzt mag oder m) Die Helligkeitsstufen für die Gestirne. Die Skala ist ein logarithmisches Maß: ein Stern 2. Größe ist 2,512mal weniger hell als ein Stern 1. Größe, der wiederum 100mal heller ist als ein Stern 6. Größe. Die Schreibweise ist für die Helligkeit ein m (magnitudo), z. B. 6m für einen Stern 6. Größe.

Große halbe Bahnachse Bahnelement, das zusammen mit der Numerischen Exzentrizität Größe und Form der Bahnellipse, z. B. eines Planeten, beschreibt.

Große Mauer Ansammlung von Galaxienhaufen im Weltall. Zwischen diesen Ansammlungen ist die Galaxiendichte gering. Die Galaxienhaufenansammlungen werden mit »Mauern« oder »Wänden« im Universum verglichen.

Hauptreihenstern Stern innerhalb der Hauptreihe im Hertzsprung-Russell-Diagramm, die von den blauen, hellen bis zu den roten, lichtschwachen Sternen reicht. Die meisten Sterne der Milchstraße haben auf dieser Reihe ihren Platz.

Heliozentrisch Betrachtungsweise des Weltbildes mit der Sonne als Mittelpunkt.

Herbig-Haro-Objekte Kleine Emissionsnebel, 10mal größer als unser Planetensystem, als Form ausströmender Materie aus unregelmäßigen, veränderlichen Sternen. Möglicherweise ein Stadium bei der Entwicklung eines Planetensystems.

Hertzsprung-Russell-Diagramm Diagramm, auf dem die absoluten Helligkeiten von Sternen in Abhängigkeit von ihrer Spektralklasse aufgezeichnet sind. Dient z. B. zur Darstellung der Sternentwicklung. Abgekürzt HRD.

Himmelsblau Erscheinung, die hervorgerufen wird dadurch, daß das kurzwellige blaue Licht zu allen Tageszeiten am stärksten absorbiert und zerstreut wird.

Horizontsystem Astronomisches Koordinatensystem mit dem Grundkreis Horizont und den Polen Zenit und Nadir.

IAU International Astronomical Union.

Innere Planeten Bezeichnung für die Planeten innerhalb der Erdbahn: Merkur, Venus.

Interferometer Die Strahlung eines Sterns wird von zwei voneinander entfernten Empfängern (z. B. Radioteleskope) empfangen und überlagert. Es entsteht ein Muster, das zur Bestimmung von Sternentfernungen und -durchmessern verwendet werden kann. Je größer die Entfernung der Empfänger voneinander ist, um so höher ist die Auflösung.

Internationale Atomzeit (TAI) Zur weiteren Verbesserung der Genauigkeit bei der Zeitbestimmung bedient man sich der Atomsekunde. Die Atomzeit wird mit Cäsium-Atomuhren gemessen. Die Atomzeit ist jetzt auch üblich für die alltäglichen Zeitangaben. Rundfunk und Fernsehen senden die Koordinierte Weltzeit (UTC), die nicht mehr als 0,9 Sekunden von der UT1 (siehe Weltzeit, S. 172) abweichen darf.

Julianisches Datum Fortlaufende Tageszählung. In Verbindung mit der Gregorianischen Kalenderreform 1582 eingeführt. Nullpunkt der Tageszählung 4713 **vor** Chr., um einen langen Zeitraum ohne negatives Vorzeichen zu haben; z. B. für Ephemeridenrechnungen. Abgekürzt JD.

Kalender Erfassung und Einteilung von Zeitabschnitten nach Tagen, Monaten und Jahren. Unser Kalender beruht auf dem Sonnenjahr. Die Kalender der Juden und Muslime haben das Mondjahr zur Grundlage.

Katadioptrisch Bezeichnung für Fernrohrsysteme, die aus Linsen und Spiegeln bestehen, z. B. Schmidt-Cassegrain-Teleskope und Maksutow-Teleskope.

Kataklysmische Veränderliche Halbgetrennte Doppelsterne, deren Abstand dem Radius des größeren Sterns entspricht. Starke Gravitationswirkung setzt Gezeitenkräfte frei und führt zu Materieaustausch zwischen den beiden Sternen. Ursache für den Lichtwechsel.

Knoten Bezeichnung für die Schnittpunkte einer Planetenbahn (auch Mondbahn) mit der Ekliptik. Wechselt der Planet von der Südseite zur Nordseite der Ekliptik, spricht man vom aufsteigenden Knoten. Der Abstand des aufsteigenden Knotens vom Frühlingspunkt in Bogenmaß ist ein Bahnelement. Ebenso der Abstand des Perihels vom aufsteigenden Knoten.

Koma Ein Bildfehler optischer Systeme, wenn gegen die optische Achse geneigte Strahlen in verschiedenen Entfernungen zu einem Bildpunkt vereinigt werden. Die Sterne bekommen ein kometenschweiffähnliches Aussehen.

Konvektion Form des Energietransports in Sternen, z. B. unserer Sonne, bei Störung des thermodynamischen Gleichgewichts in bestimmten Schichten. Heißere Materie steigt auf, kühlere sinkt ab. Die Sonnengranulation ist ein beobachtbares Zeichen von Konvektion.

Kugelspiegel Reflektierender Hohlspiegel mit Kugelgestalt.

Kulmination Während einer ganzen, 24stündigen, scheinbaren Umdrehung der Himmelskugel geht jedes Gestirn zweimal durch den Meridian: beim Übergang von der östlichen auf die westliche Himmelshalbkugel und umgekehrt. Der erste Meridiandurchgang ist die obere Kulmination, der zweite die untere Kulmination.

Libration Bei gleichmäßiger Rotation bewegt sich der Mond in seiner elliptischen Bahn ungleichmäßig. So sieht man im Perigäum (siehe S. 172) mehr von der rechten Mondseite, im Apogäum (siehe S. 169) mehr von der linken Seite. Das wird mit Libration in Länge bezeichnet. Außerdem gibt es die Libration in Breite: Im Verlauf einer Lunation schaut der Beobachter mehr über den Nordpol oder über den Südpol des Mondes hinweg. Ursache ist die nicht senkrechte Mondachse auf der Mondbahnebene. Schließlich die parallaktische Libration als Folge unterschiedlicher Blickwinkel der Beobachter auf der Erdoberfläche. Die Librationen machen es möglich, daß von der Erde aus rund 59 % der Mondoberfläche sichtbar sind.

Lichtjahr Längenmaß. Entfernung, die das Licht in 1 Jahr zurücklegt. Das sind 9 500 000 000 000 km bei einer Geschwindigkeit von 299 792 km je Sekunde. Abgekürzt: Lj. 1 Lj = 0,3 Parsec (siehe S. 172).

Linienspektrum Linien im Spektrum von Licht, wenn es von einem Gas ausgestrahlt wird oder durch ein Gas hindurchgeht.

Morgenstern Bezeichnung für den hellen Planeten Venus während seiner größten westlichen Elongation (siehe S. 101).

Morgenweite Der Abstand der aufgehenden Sonne vom Ostpunkt.

MPI Max-Planck-Institut (z. B. für Astronomie).

Nadir Fußpunkt der Himmelskugel. Höhe −90°. Sterne unter dem Horizont haben negative Höhenwinkel! Die Zenitdistanz (siehe S. 172) des Nadir beträgt −180°.

NASA National Aeronautics and Space Administration (USA).

Nautisches Dreieck Siehe Astronomisches Dreieck.

Neutron Elementarteilchen ohne elektrische Ladung. Zusammen mit Protonen bilden Neutronen die Atomkerne.

Neutronensterne Sterne im Endstadium mit Radien zwischen 5 und 10 km.

Numerische Exzentrizität Bahnelement, das zusammen mit der Großen halben Bahnachse Größe und Form der Bahnellipse, z. B. eines Planeten, beschreibt.

Nutation Neben der Präzession (siehe S. 172) Bewegung der Erdachse, die durch Gravitationskräfte des Mondes, der Sonne und der Planeten verursacht wird. In erster Linie die unterschiedliche Stellung des Mondes gegenüber der Ebene der Erdbahn. Periode 19 Jahre.

Objektiv Lichtsammelnde Optik eines Fernrohrs. Der Objektivdurchmesser bestimmt die Leistung des Fernrohrs. Er wird in Millimeter, Zentimeter oder Zoll (engl. inches; 1 Zoll = 2,54 cm) angegeben.

Orientierung Schaut man durch einen Refraktor ohne Umlenkspiegel oder -prisma, ist im Okular Norden unten, Süden oben, Westen links, Osten rechts. Mit bloßen Augen ist Norden oben, Süden unten, Westen rechts, Osten links.

Parabolspiegel Ein reflektierender Hohlspiegel mit der Gestalt eines Rotationsparaboloids.

Parallaxenbestimmung Methode der Entfernungsmessung für nicht zu weit entfernte Sterne. Das Verfahren beruht auf der trigonometrischen Bestimmung der Sternparallaxe. Dabei nutzt man den Effekt, daß dem Sonnensystem nähere Sterne ihre Position relativ zu den Sternen des Hintergrunds verändern, wenn die Erde die Sonne umkreist. Als Basislinie wird der Erdbahnhalbmesser = 1 AE (siehe S. 169) benützt. Auch für die nächsten Sterne ist die Parallaxe kleiner als 1 Bogensekunde (1″).

Parsec Längenmaß. Abkürzung für Parallaxensekunde. Entspricht der Entfernung, aus der eine Astronomische Einheit (siehe S. 169) unter einem Winkel von 1 Bogensekunde (1″) erscheint. 206 265 AE oder 30,8 Billionen km entsprechen einem Parsec. Abgekürzt pc. In der Astronomie üblich sind ebenfalls das Kiloparsec (1000 pc), abgekürzt kpc, und das Megaparsec (1 000 000 pc), abgekürzt Mpc.

Pekuliar-Sterne Sterne, deren Spektren sich nicht ohne weiteres in die üblichen Spektralklassen bzw. Leuchtkraftklassen einordnen lassen (Pekuliar-Spektrum).

Periastron Der geringste Abstand der Sterne eines Doppelsternsystems vom gemeinsamen Schwerpunkt.

Perigäum Größte Erdnähe des Mondes.

Perihelzeit Bahnelement, das die Zeit beschreibt, zu der ein Himmelskörper (z. B. Planet oder Komet) durch sein Perihel läuft.

Phasenwinkel Winkel den, von einem Planeten aus betrachtet, Sonne und Erde bilden.

Photonen Die Elementarteilchen, aus denen die elektromagnetische Strahlung besteht.

Platonisches Jahr Periode der Präzession mit 25 800 Tropischen Jahren Dauer.

Präzession Ungleichmäßige Anziehungskräfte von Mond und Sonne bewirken eine langsame Bewegung der Erdachse mit einer Periode von 25 800 Jahren um den Ekliptiknordpol. Die Periode heißt auch Platonisches Jahr. Die Präzession verursacht die Wanderung der Himmelspole um die Ekliptikpole und die rückläufige Wanderung der Äquinoktialpunkte (siehe S. 169). In die Präzession geht die Nutation ein.

Proton Elementarteilchen mit positiver elektrischer Ladung. Zusammen mit den Neutronen bilden Protonen die Atomkerne.

Pulsar Radioquelle, die in sehr regelmäßiger Folge Strahlungsimpulse aussendet. Bei den Pulsaren handelt es sich um Neutronensterne (siehe S. 135).

Quasar Quasistellares Objekt (QSR). Außergalaktische Energiequelle von großer Intensität und dabei klein, »sternartig«. Es handelt sich um sehr weit entfernte Milchstraßensysteme. Starke Quellen im Röntgenbereich.

Radialgeschwindigkeit Bewegung eines Sterns auf den Beobachter zu oder von ihm weg. Die Radialgeschwindigkeit wird in km/s gemessen. Abgekürzt RG.

Reflektor Fernrohr mit Spiegelobjektiv.

Refraktor Fernrohr mit Linsenobjektiv.

Rektaszension Koordinate im bewegten Äquatorsystem (siehe S. 20) in der Äquatorebene vom Frühlingspunkt nach Ost in Zeitmaß gezählt: 24h = 360°. Rektaszensions(Stunden)achse der parallaktischen Montierung.

Rotverschiebung Verschiebung der Linien in einem Sternspektrum zum roten Ende hin. Der Stern entfernt sind. Deutung als Fluchtbewegung der Galaxien und Ausdehnung des Weltalls.

Saros-Zyklus Zeitraum von 18 Jahren und 11,3 Tagen, in dem sich Sonnen- und Mondfinsternisse wiederholen.

Scheinbare Helligkeit Die unterschiedlichen Helligkeiten der Sterne, wie sie der Beobachter sieht (visuell) oder photographisch festhält. Eingeteilt in Größenklassen (siehe S. 170). Um die absolute Helligkeit (siehe S. 169) zu bestimmen, muß die Entfernung des Sterns bekannt sein.

Sekundärspiegel Der kleinere, zweite Spiegel in Spiegelfernrohren (z. B. Cassegrain- und Newton-Teleskop). Seine Aufgabe ist es, Strahlen zu bündeln und auf geeignete Weise zum Okular zu bringen. Planspiegel dienen nicht der Systemkorrektur, sondern ausschließlich der Umlenkung.

Siderisches Jahr Zeitraum zwischen zwei Vorübergängen der mittleren Sonne an einem bestimmten Fixstern. Jahreslänge 365,25636 Tage.

Solarkonstante Die auf der Erdoberfläche eintreffende Strahlungsleistung der Sonne. Meßgröße pro Flächeneinheit: 1367 Watt/m^2.

Sonnentag Die Zeit zwischen zwei aufeinanderfolgenden unteren Kulminationen der Sonne durch den Meridian (Wahrer Sonnentag). Der Mittelwert aller Sonnentage eines Jahres wird als mittlerer Sonnentag bezeichnet. Er ist 3^{m}56,55^s länger als ein Sterntag.

Speckle-Interferometrie Mit kurzer Belichtungszeit (unter $1/10$ s) werden mehrere Photos eines Sterns gemacht. Sie werden überlagert und das »wahre Bild« des Sterns rekonstruiert. Verfahren dient u. a. zur Bestimmung von Sterndurchmessern.

Spektrum Die Strahlung in der Natur setzt sich aus Wellen unterschiedlicher Frequenzen zusammen. Ein nach Frequenzen (Wellenlängen) zerlegtes Strahlungsgemisch ist ein Spektrum. Die Zerlegung erfolgt z. B. mit Hilfe eines Glasprismas oder eines Beugungsgitters. Die Untersuchung der Spektren, z. B. Sternspektren, erlaubt wichtige Aussagen über Physik und Chemie im Universum (Spektroskopie).

Sphärische Aberration Bildfehler optischer Systeme. Dabei haben die Bildpunkte, die zentrale und Randstrahlen nach Durchgang durch die Linse bilden, unterschiedliche Abstände von der Objektivlinse.

Sterntag Die Zeit zwischen zwei oberen Kulminationen des Frühlingspunktes durch den Meridian.

Sterntypen Mit der fortgeschrittenen Erforschung der Helligkeitsschwankungen und besonderen spektralen Merkmale von Sternen sind besondere Sterntypen entdeckt worden, z. B. Weiße Zwerge, Neutronensterne, Kataklysmische Veränderliche, Pekuliar-Sterne u. a. Siehe auch die Seiten 135 und 141.

Stundenwinkel Koordinate im festen Äquatorsystem (siehe S. 169). Gezählt wird der Meridian über Westen im Zeitmaß.

Szintillation Luftunruhe, ausgelöst von Luftschlieren. Sie entstehen z. B. als Folge von Temperaturunterschieden am Beobachtungsort.

Tropisches Jahr Zeitraum zwischen zwei Durchgängen der mittleren Sonne durch den Frühlingspunkt (siehe S. 170). Jahreslänge 365,24219 Tage.

Ursubstrat Zusammensetzung der Teilchen (»Urbrei«) zum Zeitpunkt des Urknalls: X-Partikel, Photonen, Neutrinos, Elektronen, Gluonen und Quarks.

Weltzeit Auch Universal Time (UT). Das ist die Ortszeit des durch die Sternwarte Greenwich gehenden Null-Meridians.
UT1 = Weltzeit korrigiert um Polbewegung.
UT2 = die um jahreszeitliche Schwankungen (Veränderung der Drehgeschwindigkeit der Erde) korrigierte Weltzeit.

Winkelgröße 1 Grad (°) = 60 Bogenminuten (′) = 3600 Bogensekunden (″).

Zenit Scheitelpunkt der Himmelskugel. Höhe 90°.

Zenitdistanz Erste Koordinate im Horizontalsystem. 90° minus Höhe eines Sterns über dem Horizont ergibt die Zenitdistanz. Zenitdistanzen größer als 90° zeigen an, daß der Stern unterhalb des Horizonts steht und unsichtbar ist.

Zonenzeit Zeitzonen, meist von 15 Längengraden Breite, sollen die Ortszeiten dem Alltag besser anpassen. Die Mitteleuropäische Zeit (MEZ) ist die Ortszeit des Meridians 15° östlicher Länge. Die einzelnen Zonenzeiten unterscheiden sich um volle Stunden.

Literaturhinweise und Anschriften

Gesamtdarstellungen, Astronomiegeschichte

F. Becker: Geschichte der Astronomie. Bibliographisches Institut, Mannheim 1980.

J. Gürtler und J. Dorschner: Das Sonnensystem. Johann Ambrosius Barth Verlag, Leipzig, Berlin, Heidelberg, 1993.

H. Elsässer: Weltall im Wandel. Die neue Astronomie. Deutsche Verlags-Anstalt, Stuttgart, 1986.

Meyers Handbuch Weltall. Bibliographisches Institut, Mannheim, Wien, Zürich, 1994.

G. D. Roth: Kosmos – Astronomiegeschichte. Astronomen, Instrumente, Entdeckungen. Franckh'sche Verlagshandlung, Stuttgart, 1987.

A. Unsöld und B. Baschek: Der neue Kosmos. Springer-Verlag, Berlin, Heidelberg, New York, 1988.

Anleitungen für Beobachtungen

R. Beck, H. Hilbrecht, K. Reinsch und P. Völker (Herausgeber): Handbuch für Sonnenbeobachter. Eine Veröffentlichung der Vereinigung der Sternfreunde e.V., c/o Wilhelm-Foerster-Sternwarte, Berlin, 1989.

C. Hoffmeister, G. Richter und W. Wenzel: Veränderliche Sterne. Springer-Verlag, Berlin, Heidelberg, New York, 1984.

B. Koch (Herausgeber): Handbuch der Astrofotografie. Springer-Verlag, Berlin, Heidelberg, New York, 1995.

O. Montenbruck, T. Pfleger: Astronomie mit dem Personal-Computer. 2., überarbeitete und stark erweiterte Auflage – mit Diskette. Springer-Verlag, Berlin, Heidelberg, 1994.

G. D. Roth (Herausgeber): Handbuch für Sternfreunde – Wegweiser für die praktische astronomische Arbeit. 2 Bände. Springer-Verlag, Berlin, Heidelberg, New York, 1989.

G. D. Roth (Herausgeber): Taschenbuch für Planetenbeobachter. Sterne und Weltraum Verlag, München, 1997. Erschienen als Band 4 der Reihe »Sterne-und-Weltraum-Taschenbücher«.

W. Schwinge: Das Kosmos Buch der Astrofotografie. Ausrüstung, Technik, Fotopraxis. Franckh-Kosmos Verlag, Stuttgart, 1993.

H. Vehrenberg: Mein Messier-Buch. Treugesell-Verlag, Düsseldorf, 1966.

H. Vehrenberg und D. Blank: Handbuch der Sternbilder. Treugesell-Verlag, Düsseldorf, 1981.

O. Zimmermann: Astronomisches Praktikum I und II für Arbeitsgemeinschaften und zum Selbstunterricht. Verlag Sterne und Weltraum, München, 1995. Erschienen als Band 8 und 9 der Reihe »Sterne-und-Weltraum-Taschenbücher«.

Fernrohre und Montierungen

U. Laux: Astrooptik. Optik-Systeme für die Astronomie. Verlag Sterne und Weltraum, München, 1993. Erschienen als Band 11 der Reihe »Sterne-und-Weltraum-Taschenbücher«.

H. Oberndorfer: Fernrohr-Selbstbau. Verlag Sterne und Weltraum, München, 1992. Erschienen als Band 1 der Reihe »Sterne-und-Weltraum-Taschenbücher«.

H. Rohr: Das Fernrohr für jedermann. Selbstbau eines Spiegelteleskops. Rascher-Verlag, Zürich, Stuttgart, 1983.

G. D. Roth (Herausgeber): Astronomische Zusatzgeräte für Sternfreunde. Verlag Uni-Druck, München, 1976.

G. D. Roth (Herausgeber): Refraktor-Selbstbau. Verlag Uni-Druck, München, 1977.

A. Staus: Fernrohrmontierungen und ihre Schutzbauten. Verlag Uni-Druck, München, 1983.

K. Wenske: Spiegeloptik. Verlag Sterne und Weltraum, München, 1985. Erschienen als Band 7 der Reihe »Sterne-und-Weltraum-Taschenbücher«.

Instrumentehersteller, PC-Software und Bildverarbeitungsprogramme

Alle namhaften Anbieter von Teleskopen, z. B. Astrocom GmbH, Altostr. 110, 81249 München; Baader Planetarium GmbH, Zur Sternwarte, 82291 Mammendorf; Intercon Spacetec, Gablinger Weg 9a, 86154 Augsburg; Vehrenberg KG, Postfach 140551, 40075 Düsseldorf, führen astronomische Software für den PC und Bildverarbeitungsprogramme zur Umsetzung von CCD-Aufnahmen im Computer. In Zeitschriften, z. B. »Sterne und Weltraum«, werden laufend Angebote verschiedener Hersteller, Neuentwicklungen und Erfahrungsberichte veröffentlicht.

Zeitschriften

»Sterne und Weltraum«. Zeitschrift für Astronomie mit Nachrichten der Vereinigung der Sternfreunde e.V., im Verlag Sterne und Weltraum Dr. Vehrenberg GmbH, D-81545 München, Portiastraße 10 (monatlich).

»Die Sterne«, Zeitschrift für alle Gebiete der Himmelskunde (ab 1997 vereinigt mit »Sterne und Weltraum«).

»Der Sternenbote«. Monatsschrift für Österreichs Amateurastronomen. Astronomisches Büro, H. Mucke, Hasenwartgasse 32, A-1238 Wien (monatlich).

»Orion«. Zeitschrift der Schweizerischen Astronomischen Gesellschaft. Zentralsekretariat, Paul-Emile Müller, Ch. Marais, Long 10, CH-1217 Meyrin (GE) (6 Hefte pro Jahr).

Astronomische Jahrbücher für Sternfreunde

Ahnerts Kalender für Sternfreunde – Kleines astronomisches Jahrbuch, im Verlag Johann Ambrosius Barth, Leipzig, Berlin, Heidelberg.

E. Hügli, H. Roth und K. Städeli: Der Sternenhimmel – Astronomisches Jahrbuch für Sternfreunde, im Birkhäuser Verlag, Basel, Boston, Berlin.

H.-U. Keller: Das Himmelsjahr, im Verlag Franckh'sche Verlagshandlung, Stuttgart.

R. Luthardt: Sonneberger Jahrbuch für Sternfreunde, im Verlag Harri Deutsch, Frankfurt a. M./Thun.

Anschriften von Organisationen zur Förderung und Pflege der volkstümlichen Himmelskunde

Sekretariat der Vereinigung der Sternfreunde, H. Plötz, Jagdfelding 31, D-85540 Haar.

Zentralsekretariat der Schweizerischen Astronomischen Gesellschaft, Paul-Emile Müller, Ch. Marais, Long 10, CH-1217 Meyrin (GE).

Österreichischer Astronomischer Verein, Hermann Mucke, Hasenwartgasse 12, A-1238 Wien.

Planetarien und Sternwarten

s-Planetarium, Im Thäle 3, 86152 Augsburg

Archenhold-Sternwarte, Alt-Treptow 1, 12435 Berlin-Treptow

Wilhelm-Foerster-Sternwarte und Planetarium, Munsterdamm 90, 12169 Berlin

ZEISS-Großplanetarium, Prenzlauer Allee 80, 10405 Berlin

Planetarium und Sternwarte, Castroper Straße 67, 44777 Bochum

Sternwarte der Olbers-Gesellschaft, Olbers-Planetarium der Hochschule Bremen, FB Nautik, Werderstraße 73, 28199 Bremen

Raumflugplanetarium, Peißnitzinsel 4, 06108 Halle

Planetarium, Hindenburgstraße Ö1, 22303 Hamburg

Planetarium, Am Planetarium 5, 07743 Jena

Planetarium im Museum für Astronomie und Technikgeschichte, Orangerie, An der Karlsaue 20 c, 34121 Kassel

Planetarium, Knooper Weg 62, 24103 Kiel

Planetarium im Zoologischen Garten, Pfaffendorfer Straße 29, 04105 Leipzig

Planetarium im Verkehrshaus der Schweiz, Lidostraße 5, CH-6000 Luzern

Planetarium, W.-Varnholt-Platz 1, 68165 Mannheim

Planetarium und Bayerische Volkssternwarte, Anzinger Straße 1, 81671 München

Zeiss-Planetarium, Forum der Technik, Museumsinsel 1, 80538 München

Planetarium im Naturkundemuseum, Sentruper Straße 285, 48161 Münster

Planetarium, Am Plärrer 41, 90431 Nürnberg

Naturwissenschaftliches Museum/Planetarium, Am Schölerberg 8, 49082 Osnabrück

Westf. Volkssternwarte/Planetarium, Stadtgarten Cäcilienhöhe, 45657 Recklinghausen

Carl-Zeiss-Planetarium mit Sternwarte Welzheim, Mittlerer Schloßgarten, 70173 Stuttgart

URANIA-Sternwarte, Uraniastraße 1, A-1010 Wien

Planetarium, Oswald-Thomas-Platz, A-1020 Wien

Planetarium, Uhlandweg 2, 38440 Wolfsburg

URANIA-Sternwarte, Uraniastraße 9, CH-8000 Zürich

Register

Seitenzahlen in Fettdruck bezeichnen den Hauptverweis

Mehr wissen über Weltraum und Wetter

Die Deutsche Bibliothek –
CIP-Einheitsaufnahme

Roth, Günter D.:
Sterne und Planeten erkennen und beobachten : das Praxisbuch mit übersichtlichen Himmelskarten, aktuellen Beobachtungsdaten und neuen Ergebnissen der Weltraumforschung/Günter D. Roth.
7., überarb. Aufl. – München ; Wien ; Zürich ; BLV, 1997
  ISBN 3-405-15306-9

BLV Verlagsgesellschaft mbH,
München Wien Zürich
80797 München

Siebte, überarbeitete Auflage

© 1997 BLV Verlagsgesellschaft mbH, München

Das Werk einschließlich aller seiner Teile ist urheberrechtlich geschützt. Jede Verwertung außerhalb der engen Grenzen des Urheberrechtsgesetzes ist ohne Zustimmung des Verlags unzulässig und strafbar. Das gilt insbesondere für Vervielfältigungen, Übersetzungen, Mikroverfilmungen und die Einspeicherung und Verarbeitung in elektronischen Systemen.

Lektorat: Dr. Friedrich Kögel
Layout: E. Großkopf

DTP: Satz und Layout
Peter Fruth GmbH, München
Lithos: Repro Ludwig, Zell/See
Druck und Bindung: Passavia, Hutthurm

Gedruckt auf chlorfrei gebleichtem Papier

Printed in Germany
ISBN 3-405-15306-9

Bildnachweis

Astrofoto/Anglo-Australian Telescope Board: 130; Astrofoto/Kohlhauf: 8, 120 u; Astrofoto/Shigemi Numazawa: 1, 16, 88
Bildarchiv Baader Planetarium: 157 or
D. Bissiri: 92 u
California Institut of Technology and Carnegie Institution of Washington: 108 ol, 109, 143, 149, 150, 151 o
Deutsche Aerospace: 129 u, 132 o
Deutsches Museum: 162, 163
J. Dragesco: 95
European Southern Observatory (ESO)/R. West: 2/3, 4/5, 23, 114 l, 122, 132 ul, 135 u, 137 l, 137 r, 141, 148, 154 r
B. Fogle: 127
Akira Fujii/Baader Planetarium: 32, 152
Tony Hallas & Daphne Mount/Baader Planetarium: 30
HST/NASA/ESO/M. Rosa: 104 ur

HST/NASA/ESO/R. West: 111 u
Intercon Spacetec: 26 u, 159 o
F. Kögel: 161
C. Leinert/Baader Planetarium: 126
W. Lille/Baader Planetarium: 6/7, 90 u
N. Martin: 22 u
Max-Planck-Institut für extraterrestrische Physik (MPE)/K. Dennerl & W. Voges: 28 r, 29 l, 29 r
A. McEwen/Baader Planetarium: 115 ol
R. C. Mitchell/Baader Planetarium: 14 M, 15 M, 26 o
MPG Pressebild: 132 ur
NASA: 102 u, 104 ul, 116 u, 119 u, 120 ol
NASA/Archiv T. Althaus: 164
NASA/Baader Planetarium: 96 u, 99, 108 ur, 116 M, 118 l, 119 o, 125 u
NASA/ESO/M. Rosa: 117
NASA/Sterne und Weltraum: 113
G. Nemec: 92 o, 101, 108 or, 114 r, 116 o
P. Parviainen/Baader Planetarium: 19 o, 123 u
R. Phildius: 27
L. Rader/Baader Planetarium: 125 o
H. Rose: 28 l
G. D. Roth: 91 l, 91 Mr, 93 or, 94 ol, 94 or, 104 Ml, 155, 156 ur, 157 ol, 157 u, 158, 165
K. Rüpplein: 93 ol, 139 u
H. R. Salm/Baader Planetarium: 168
W. Schwarz/W. Lille: 96 ol, 96 or
P. Stättmayer/Baader Planetarium: 142
Archiv Sterne und Weltraum/ H. J. Staude: 102 o, 110, 121 o

(verändert), 121 u, 123 o, 134 l, 134 r, 135 o, 154 l
P. Stolzen: 90 o
Fa. Treugesell: 156 ul
US Naval Observatory: 146, 147, 151 u
K.-B. Veenhoff: 91 or
H. Vehrenberg: 18, 35, 37, 39, 41, 43, 45, 47, 49, 51, 53, 55, 57, 59, 61, 63, 65, 67, 69, 71, 73, 75, 77, 79, 81, 83, 85, 87, 128, 153
Abb. S. 10, 14 o, 15 o aus: Bode, Vorstellung der Gestirne, 1782 (Nachdruck im Treugesell-Verlag, Düsseldorf)
Abb. S. 103 aus: Moore/Hurt, Atlas des Sonnensystems, Herder Verlag

Zeichnungen: Barbara von Damnitz, außer S.19 u: D. Farnhammer
S. 136: Archiv Sterne und Weltraum/H. J. Staude
Finsterniskarten auf der hinteren Umschlagklappe: Viertaler & Braun nach Vorlagen von K. Löchel

Umschlaggestaltung: Studio Schübel, München

Titelfoto: Astrofoto/NOAO (großes Bild)
Astrofoto/ROE/AAT Board
Rückseite: Astrofoto/Shigemi Nurnazawa (oben)
Grafik Barbara v. Damnitz (Mitte und außen)
Astrofoto/Anglo-Australien Telescope Board (unten)